SPSS를 활용한 통계분석의 선택방법

SELECTION METHOD OF STATISTICAL ANALYSIS *using* SPSS

노형진 지음

MEDIA JIPHIL
(주)지필미디어

머/리/말

저자는 20여 년 동안 통계학 관련 서적을 집필해 오면서 독자들로부터 다음과 같은 질문을 많이 받았다.

"데이터를 수집해 놓았는데, 어떠한 통계분석을 적용하면 좋을까?"

때로는

"박사학위 논문 작성과정에 있는데, 지도교수로부터 분석수법이
데이터에 적합하지 않다는 지적을 받았다"

라고 하는 난감함을 호소해 오기도 한다.

또는

"학회의 발표까지 앞으로 1주일밖에 남지 않았는데,
빨리 이 데이터를 논문으로 정리해 놓고 싶다"

라고 하는 지원을 요구해 오기도 한다.

언제인가는 외국에 유학을 간 학생으로부터

"가까스로 데이터를 수집하여 컴퓨터로 계산했더니,
무엇인가 알 수 없는 숫자가 나왔다!"

라고 하는 SOS도 받은 적이 있다.

그래서 이와 같은 데이터 분석에 고민하는 연구자들을 위해서, 『통계분석의 선택방법』이라고 하는 책을 집필해 보기로 작정했다.

이 책의 특징은 다음의 세 가지로 요약할 수 있다.

첫째, 통계학이나 수학적 설명은 가능한 한 생략했다.
둘째, 그 데이터에 적합한 통계분석을 선택할 수 있다.
셋째, 논문발표에 임박해서 즉응(卽應)할 수 있다.

통계분석은 연구·논문·발표 등을 위한 강력한 도구라고 할 수 있다.

그러나 그 도구를 배우기 위해서 우리들은 귀중한 연구시간을 할애할 수 없는 상황에 처하기 쉽다.

이 책을 이용해서 통계분석은 SPSS에게 맡기고 우리들은 연구나 조사에 전념하도록 하자! 이 책에서 사용한 소프트웨어는 SPSS 22 버전이다.

이 책의 출간이 있기까지는 많은 분들의 학문적인 은혜를 입었다. 저자의 일본유학 시절에 지도교수이셨던 다카하시 이와로(高橋磐郎) 교수, 개인적으로 많은 지도를 아끼지 않으셨던 와세다대학의 이와쯔보 슈이치(岩坪秀一) 교수, 대응분석에 대한 지적호기심에 불타 있을 때 디딤돌을 놓아 주었던 남아프리카대학의 그린에커(Michael J. Greenacre) 교수, 일본 문부성 통계수리연구소의 오오수미(大隅昇) 교수에게 깊이 감사를 드린다. 특히 질적 데이터의 수량화에 대한 결정적인 계기를 마련해 주셨던 고 하야시 치끼오(林知己夫) 교수께 심심한 감사의 말씀을 드린다. 마지막으로 지필미디어 사장 및 관계자 여러분이 안 계셨더라면 이 책은 햇빛을 보지 못했을 것이다. 다시 한번 이분들에게 감사를 드리는 바이다.

2015년 10월
저자 씀

목/차

CHAPTER

1

일변수 데이터

CHAPTER 1

일변수 데이터

1.1 | 하나의 변수에 대한 측정 데이터

다음과 같은 형태의 데이터의 경우 어떠한 통계분석을 적용할 것인가?

표 1.1 데이터의 형태

No.	X
1	$x(1)$
2	$x(2)$
3	$x(3)$
⋮	⋮
n	$x(n)$

하나의 변수에 대해서 데이터를 모아놓은 형태이다. 여러 가지 분석이 가능하다.

이러한 데이터의 특징은 "하나의 변수 X에 대해서 n개의 데이터를 측정하고 있다"라고 하는 점에 있다. 이 데이터에 대한 통계분석방법을 예제 풀이를 통하여 살펴보도록 하자.

[예제 1-1]

다음의 데이터는 아르바이트를 하고 있는 대학생 10명의 시급(時給)에 관한 것이다.

표 1.2 대학생 10명의 시급

No.	시급(원)
1	5500
2	4800
3	6000
4	5200
5	5000
6	8500
7	11000
8	6500
9	6800
10	9000

이와 같은 불과 10개의 데이터를 분석하는 것이 실제로 있을까 하는 생각이 들지도 모른다. 그러나 그 연구대상이 '특수한 질병'과 같이 보기 드문 경우에는 소표본이 되는 일도 흔히 있다.

이러한 경우 연구대상인 모집단으로부터 표본을 추출해서 이로부터 표본조사를 실시하여 기초통계량을 구한다. 이 기초통계량을 통하여 모집단의 정보를 추측하는 것이 통계분석의 프로세스일 것이다.

[예제 1–2]

다음의 데이터는 어떤 대학의 학생 100명에 대한 영어시험 득점이다. 990점 만점으로 평가되고 있다. 이 대학의 학생 전원을 모집단으로 해서 100명은 모집단으로부터 무작위로 추출된 학생이다.

표 1.3 영어시험 득점표

435	320	585	400	520
410	315	390	480	640
340	500	315	315	280
500	365	315	305	425
800	385	365	440	385
440	385	475	545	300
305	445	595	555	485
430	210	300	355	505
315	315	415	620	365
380	545	390	435	375
415	580	220	680	310
510	435	480	690	365
385	550	500	530	435
625	365	355	365	510
455	405	555	425	555
490	525	500	475	680
590	515	300	660	365
440	355	325	480	410
365	570	395	360	665
435	260	580	290	395

이 표와 같이 데이터의 개수가 많을 때는 데이터의 특징을 파악하기 쉽도록 요약해 놓는 것이 중요하다. 데이터의 요약에는

- 그림이나 표를 사용하는 방법
- 수치로 대표하는 방법

등이 있다.

그런데 표본을 추출한 다음은 무엇을 할 것인가?

물론 그 다음은 표본평균, 표본분산, 표본비율 등의 기초통계량을 계산해서 모집단의 평균이나 비율의 추정·검정을 실시한다.

1.2 | 그래프 표현

통계분석의 첫걸음은 그 데이터를 그래프로 표현해 보는 것이다.

데이터의 특징을 시각적으로 파악하는 데는 그래프 표현이 최적의 수법이다. 가로축에 변수 X를 취하고, 세로축에 데이터의 개수를 취하면 완성된다.

<표 1.2>의 데이터를 그래프로 표현해 보면 다음의 그림과 같이 된다.

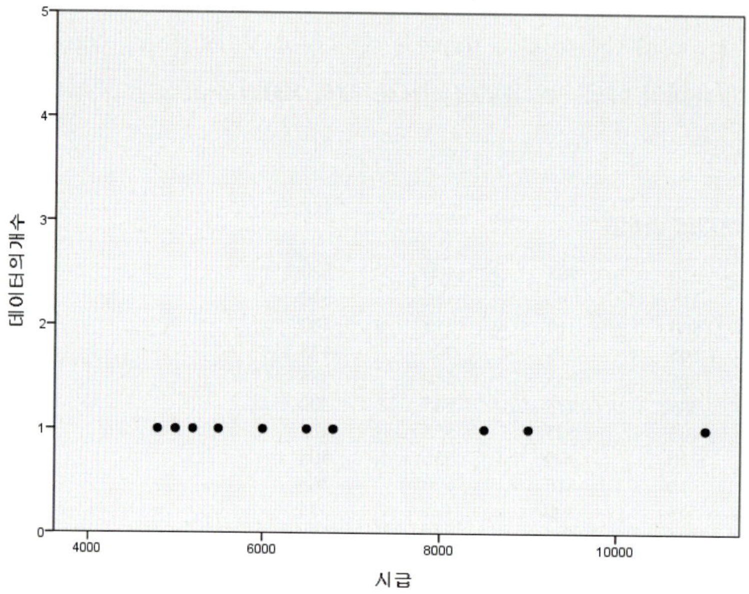

그림 1.1 표 1.2의 그래프 표현

데이터의 개수가 적을 때는 이 그래프 표현으로부터 데이터의 특징을 간파하는 것은 조금 무리일 것이다.

1.3 | 기초통계량

다음에 평균·분산·표준편차를 구해보자. SPSS에 데이터를 입력하면, 다음과 같이 평균이나 분산 등을 구할 수 있다.

■ SPSS의 순서

〈순서 1〉 데이터의 입력

다음과 같이 <표 1.2>를 SPSS에 입력한다.

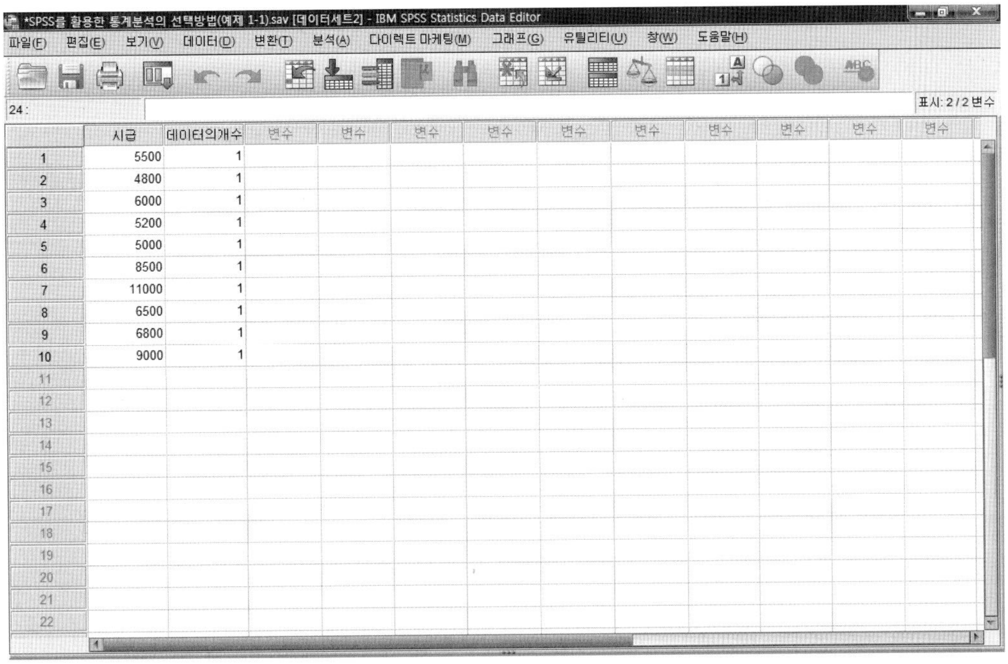

〈순서 2〉 분석수법의 선택

메뉴에서 [분석]-[기술통계량]-[기술통계]를 선택한다.

〈순서 3〉 변수의 선택

다음 대화상자에서 [변수]에 '시급'을 투입한다.

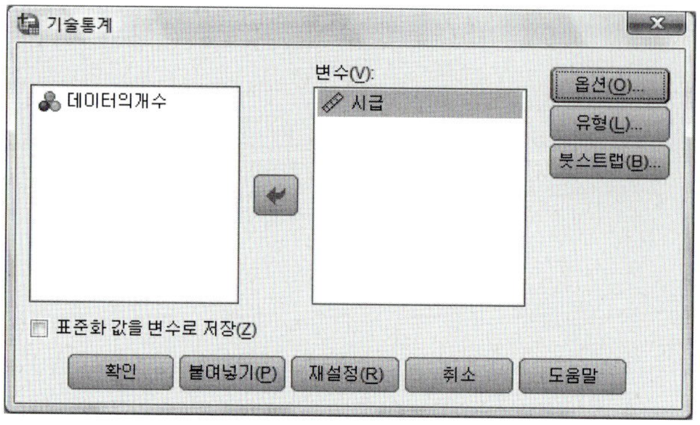

〈순서 4〉 옵션의 선택

[옵션]을 클릭하면 다음 대화상자가 나타난다. 다음과 같이 선택하고 [계속]을 클릭한다. 앞의 화면으로 되돌아오면 [확인]을 클릭한다.

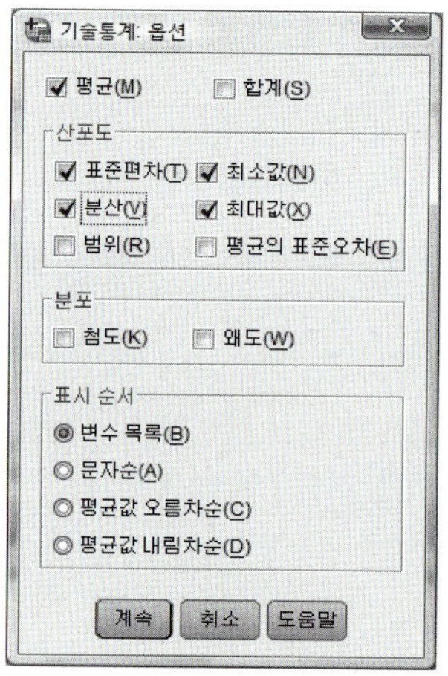

■ **분석결과**

기술통계량

	N	최소값	최대값	평균	표준편차	분산
시급	10	4800	11000	6830.00	2043.445	4175666.667
유효 N(목록별)	10					

평균은 데이터를 대표하는 값이다. 표본평균 $\bar{x}$의 정의는 다음과 같다.

$$\bar{x} = \frac{x(1) + x(2) + \cdots + x(n)}{n}$$

표본분산은 평균을 중심으로 해서 데이터가 어느 정도 산포되어 있는지를 나타내는 통계량이다. 이 값이 클수록 데이터는 산포되어 있다.

이 정의에는 다음의 두 가지가 있는데, 분모가 다르다는 점에 주의를 요한다.

$$s^2 = \frac{(x(1)-\bar{x})^2 + (x(2)-\bar{x})^2 + \cdots + (x(n)-\bar{x})^2}{n-1} \qquad \cdots \text{ 표본분산}$$

$$\sigma^2 = \frac{(x(1)-\mu)^2 + (x(2)-\mu)^2 + \cdots + (x(n)-\mu)^2}{n} \qquad \cdots \text{ 모분산}$$

일반적으로 모집단의 개수는 N으로 표시하기 때문에, 모분산은 다음과 같이 표현한다.

$$\sigma^2 = \frac{(x(1)-\mu)^2 + (x(2)-\mu)^2 + \cdots + (x(N)-\mu)^2}{N}$$

표본분산을 **불편분산**이라고도 한다. 통계적 추정·검정에서는 불편분산을 사용하므로, 컴퓨터에서 출력되는 분산은 표본분산 s^2으로 되어 있다.

표준편차는 역시 표본표준편차를 가리킨다. 표준편차의 정의도 다음 두 가지이다.

$$s^2 = \sqrt{\text{표분분산}} = \sqrt{s^2} \qquad \cdots \text{ 표본표준편차}$$

$$\sigma^2 = \sqrt{\text{모분산}} = \sqrt{\sigma^2} \qquad \cdots \text{ 모표준편차}$$

1.4 | 도수분포표와 히스토그램

통계분석의 첫걸음은 데이터의 요약과 그래프 표현이다. 그래서 데이터 수가 많을 때는 도수분포표를 만들어 데이터의 요약을 한다. 그리고 그 도수분포표를 그래프로 표현한 것이 히스토그램이다.

표 1.4 표 1.3의 데이터를 크기순으로 정렬

210	355	395	455	545
220	355	395	475	550
260	355	400	475	555
280	360	405	480	555
290	365	410	480	555
300	365	410	480	570
300	365	415	485	580
300	365	415	490	580
305	365	425	500	585
305	365	425	500	590
310	365	430	500	595
315	365	435	500	620
315	375	435	505	625
315	380	435	510	640
315	385	435	510	660
315	385	435	515	665
315	385	440	520	680
320	385	440	525	680
325	390	440	530	690
340	390	445	545	800

■ 도수분포표

도수분포표란 데이터의 폭을 등간격의 계급으로 구분하고, 그 계급에 포함되는 데이터의 개수를 다음과 같이 표로 나타낸 것이다.

		빈도	퍼센트	유효 퍼센트	누적 퍼센트
유효	225.00	2	2.0	2.0	2.0
	275.00	6	6.0	6.0	8.0
	325.00	12	12.0	12.0	20.0
	375.00	23	23.0	23.0	43.0
	425.00	17	17.0	17.0	60.0
	475.00	12	12.0	12.0	72.0
	524.00	10	10.0	10.0	82.0
	575.00	9	9.0	9.0	91.0
	625.00	3	3.0	3.0	94.0
	675.00	5	5.0	5.0	99.0
	775.00	1	1.0	1.0	100.0
	전체	100	100.0	100.0	

이 도수분포표를 보면, 375의 계급(351 ~ 400)의 도수가 23으로 가장 크다. 다시 말하면, 이 계급의 값을 취하는 학생이 가장 많으므로 이 계급값 375를 최빈값이라고 하고, $M_0 = 375$로 표현한다.

다음에 100명의 학생을 점수의 크기순으로 늘어놓았을 때, 맨가운데의 점수를 알고 싶을 때는 어떻게 하면 좋을까?

맨가운데의 누적 퍼센트는 50%이므로, 50%가 포함되어 있는 누적 퍼센트의 계급값을 찾으면 된다. 그러면 누적 퍼센트가 60%인 곳에 상당하므로, 100명의 학생 점수의 맨가운데 값은 425점이라는 것을 알 수 있다.

이 값을 중앙값 또는 중위수라 하고, $M_e = 425$로 표현한다.

■ 히스토그램

데이터의 분포상태를 보려면 그래프 표현이 최적이므로, 도수분포표를 그래프로 표현해 본다. 그것을 히스토그램이라고 한다. 그리는 방법은 간단해서, 가로축에 계급을 세로축에 도수(빈도)를 취하면 된다.

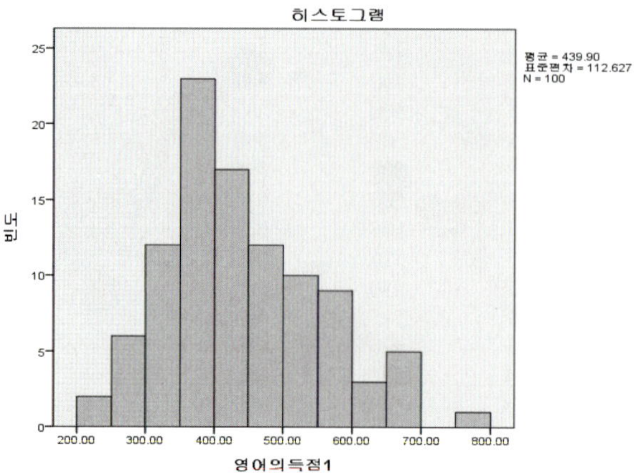

이 히스토그램으로부터 학생들 점수의 분포는 좌우대칭이 아니라 중심이 약간 왼쪽으로 기울어 있다는 것을 알 수 있다.

이와 같은 때, "오른쪽 꼬리가 긴 분포"라고 하는 표현을 할 수 있다.

■ SPSS의 순서

〈순서 1〉 데이터의 입력

다음과 같이 <표 1.3>이나 <표 1.4>를 SPSS에 입력한다.

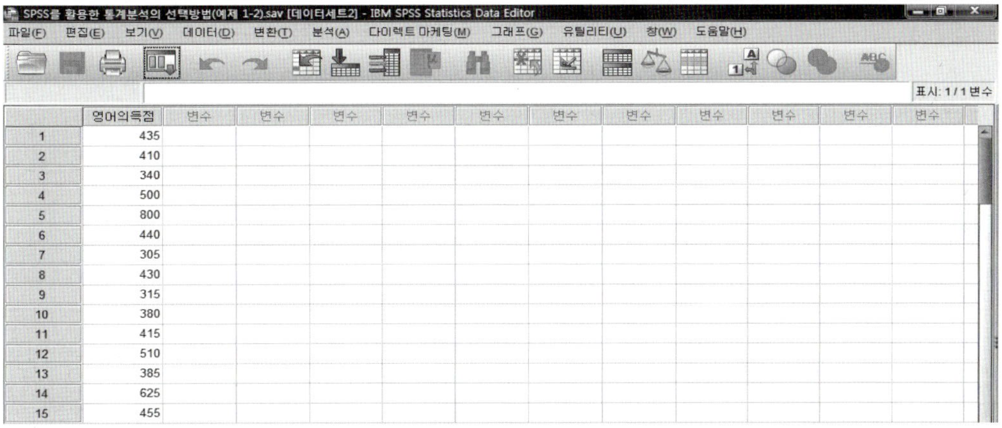

〈순서 2〉 코딩 변경

① 메뉴에서 [변환]-[다른 변수로 코딩변경]을 선택한다.

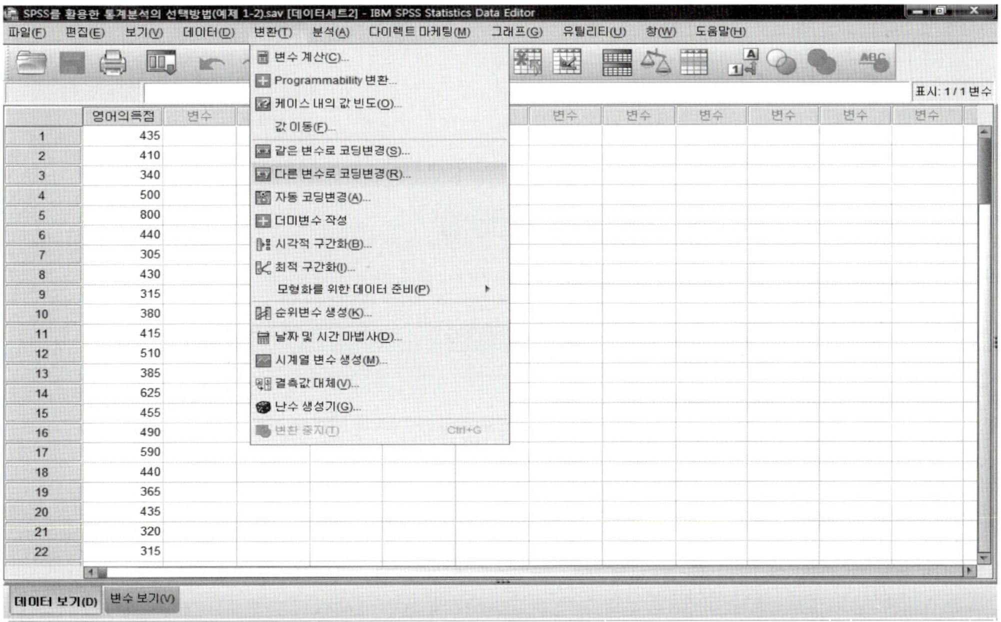

② 다음 화면에서 [출력변수]의 [이름]에 '영어의 득점1'을 입력한다.

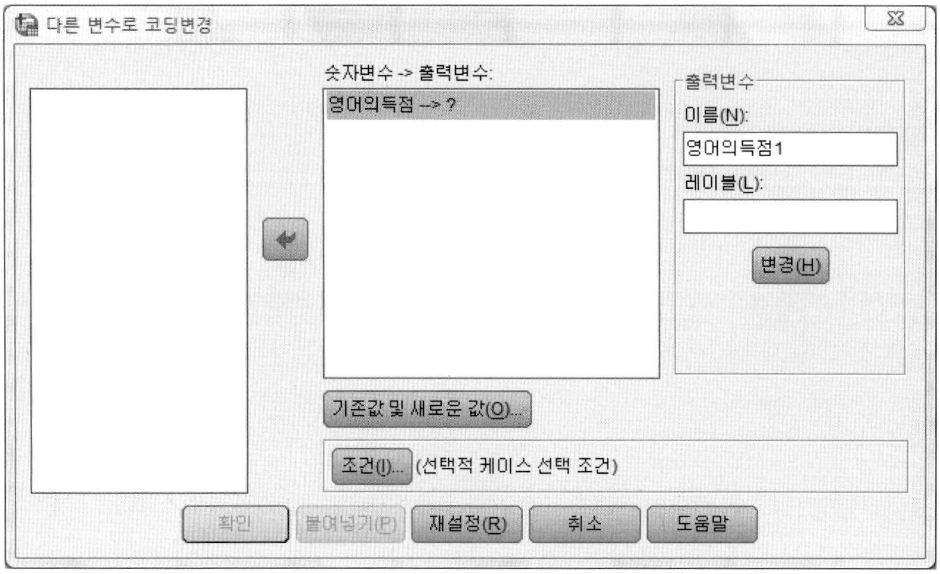

③ 그리고 [변경]을 클릭하면 '영어의 득점→영어의 득점1'이 된다.

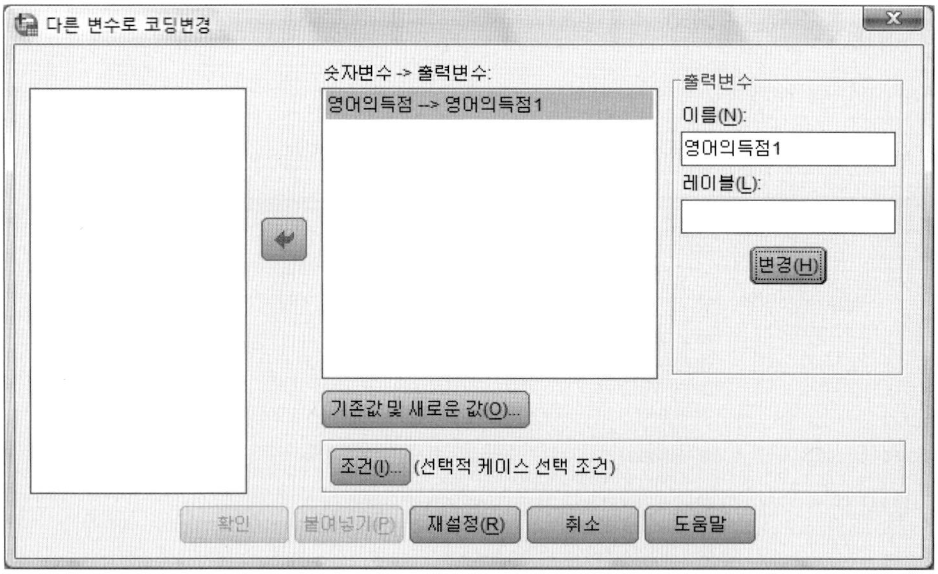

다음에 [기존 값 및 새로운 값]을 클릭한다.

④ 다음 화면이 나타나면, [범위]를 클릭한다.
세 개의 ☐ 안에 다음과 같이 201, 250, 225라고 순서대로 입력한다.
그리고 [추가]를 클릭한다.

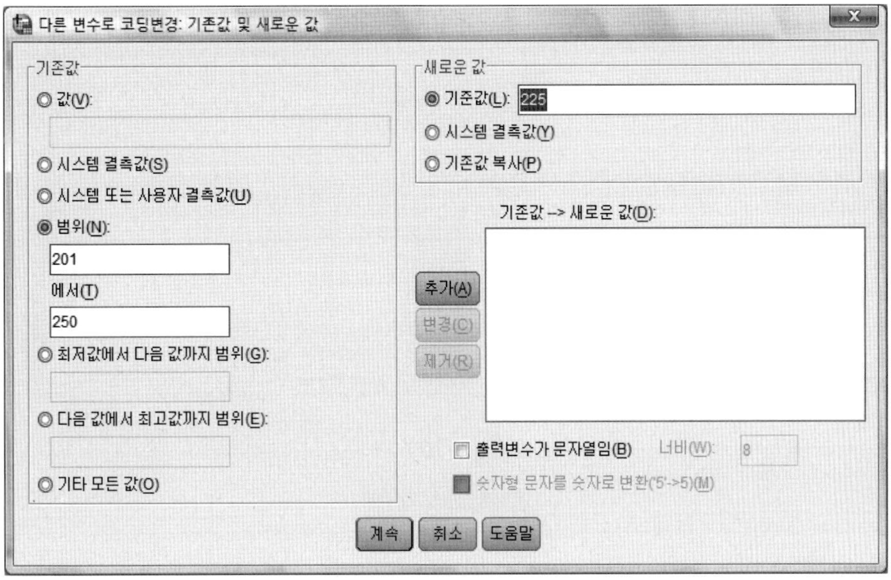

⑤ 다음은 251, 300, 275라고 입력하고, [추가]를 클릭한다.
이것을 반복한다.

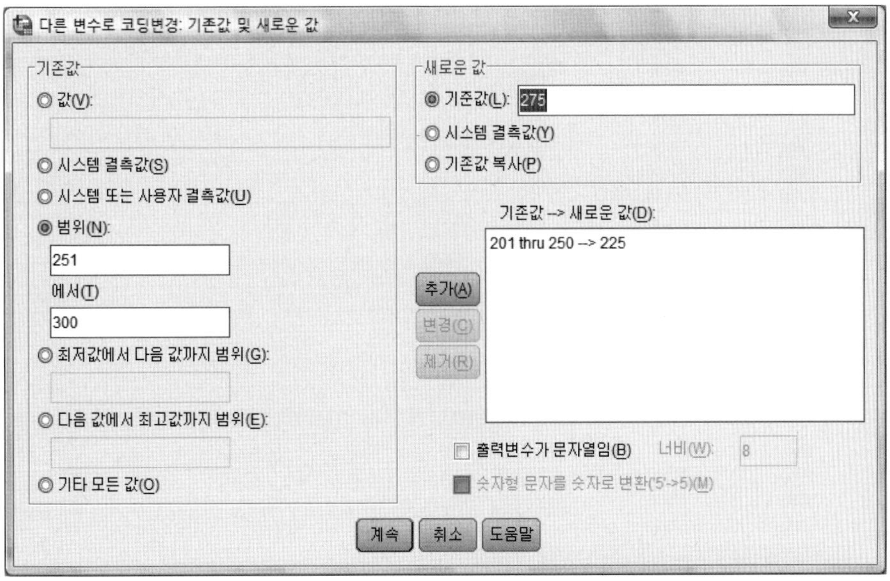

⑥ 다음과 같이 계급의 폭은 50으로 되어 있고, 전체 11개 계급으로 나누어져 있는 것을 알 수 있다.
여기에서 [계속]을 클릭한다. 앞의 화면으로 되돌아오면 [확인]을 클릭한다.

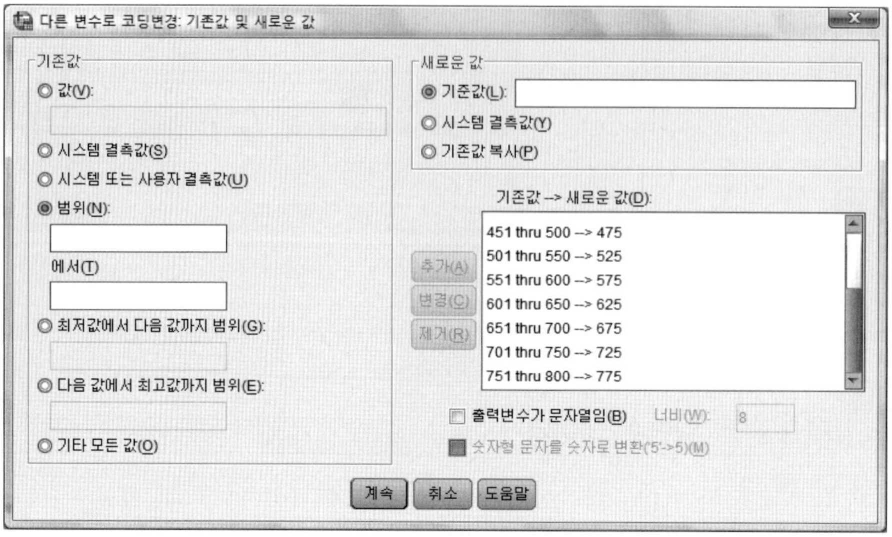

⑦ 그러면 [데이터 보기]는 다음과 같이 되어 있을 것이다.
새로운 변수 [영어의 득점1]이 생성되어 있는 것을 확인할 수 있다.

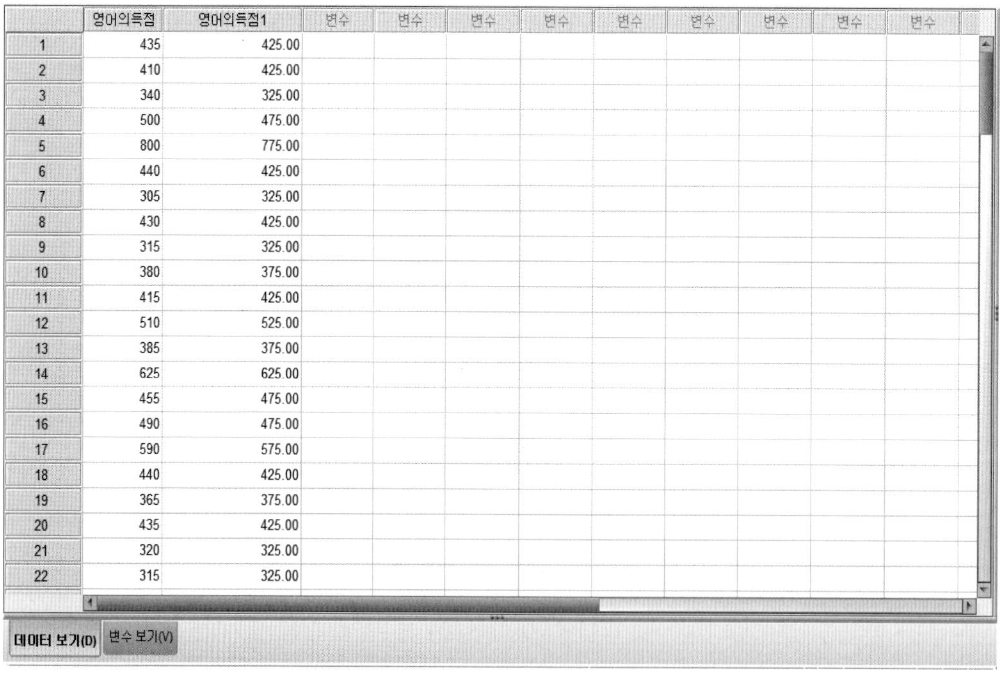

	영어의득점	영어의득점1	변수	변수	변수	변수	변수	변수	변수	변수	변수
1	435	425.00									
2	410	425.00									
3	340	325.00									
4	500	475.00									
5	800	775.00									
6	440	425.00									
7	305	325.00									
8	430	425.00									
9	315	325.00									
10	380	375.00									
11	415	425.00									
12	510	525.00									
13	385	375.00									
14	625	625.00									
15	455	475.00									
16	490	475.00									
17	590	575.00									
18	440	425.00									
19	365	375.00									
20	435	425.00									
21	320	325.00									
22	315	325.00									

〈순서 3〉 분석수법의 선택

메뉴에서 [분석]-[기술통계량]-[빈도분석]을 선택한다.

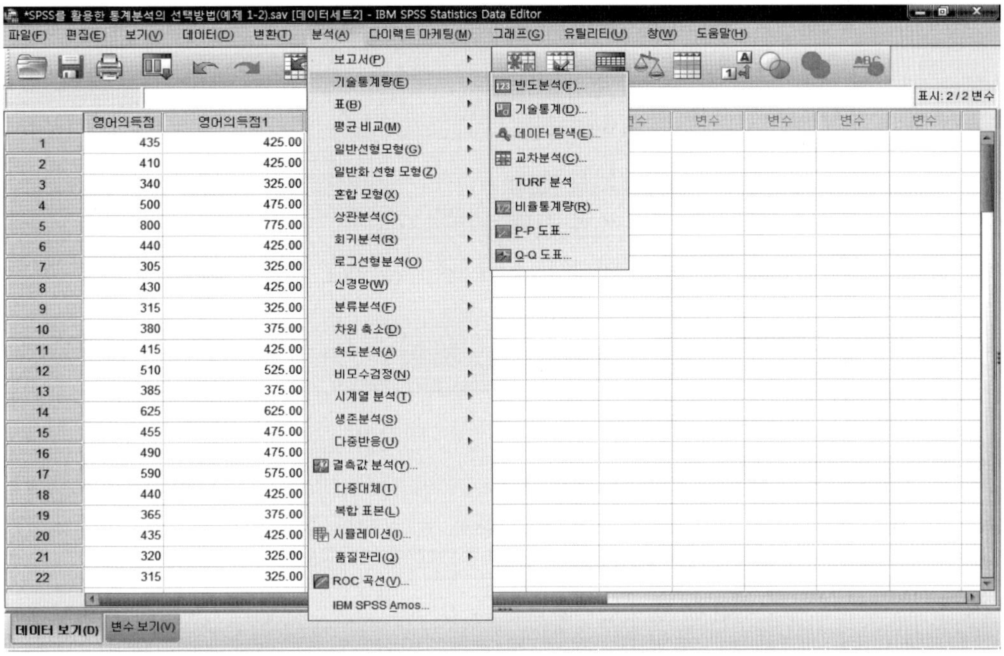

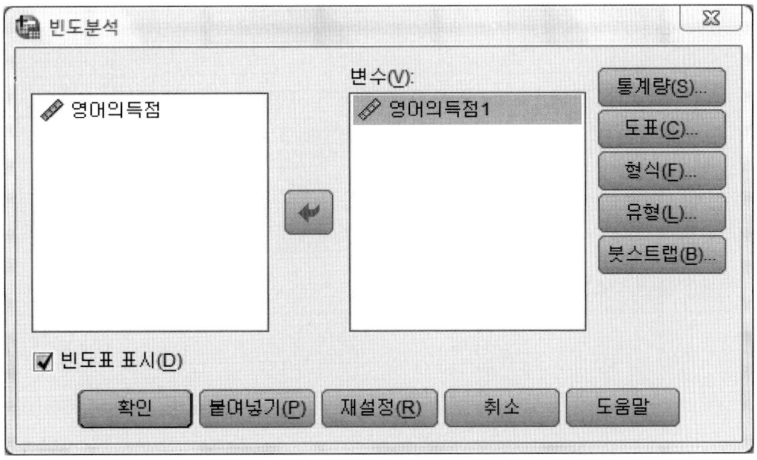

〈순서 4〉 변수의 선택

다음 화면에서 [변수]에 '영어의득점1'을 이동한다.

〈순서 5〉 도표의 선택

[도표]를 클릭하면 다음화면이 나타난다.

[도표 유형]에서 [히스토그램]을 체크한다.

[계속]을 클릭한다. 앞의 화면으로 되돌아오면 [확인]을 클릭한다.

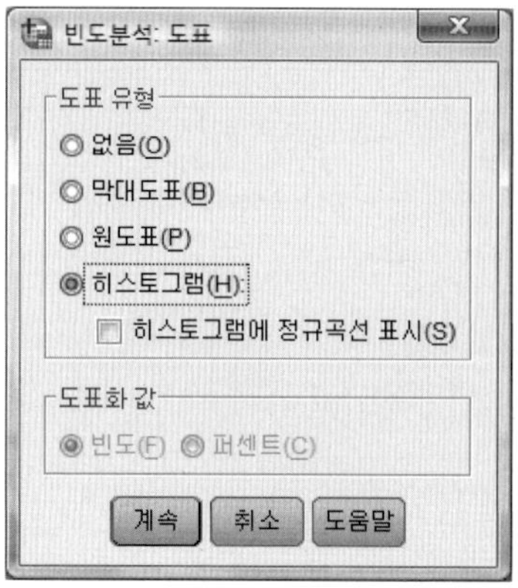

■ 분석결과

영어의득점1

		빈도	퍼센트	유효 퍼센트	누적 퍼센트
유효	225.00	2	2.0	2.0	2.0
	275.00	6	6.0	6.0	8.0
	325.00	12	12.0	12.0	20.0
	375.00	23	23.0	23.0	43.0
	425.00	17	17.0	17.0	60.0
	475.00	12	12.0	12.0	72.0
	525.00	10	10.0	10.0	82.0
	575.00	9	9.0	9.0	91.0
	625.00	3	3.0	3.0	94.0
	675.00	5	5.0	5.0	99.0
	775.00	1	1.0	1.0	100.0
	전체	100	100.0	100.0	

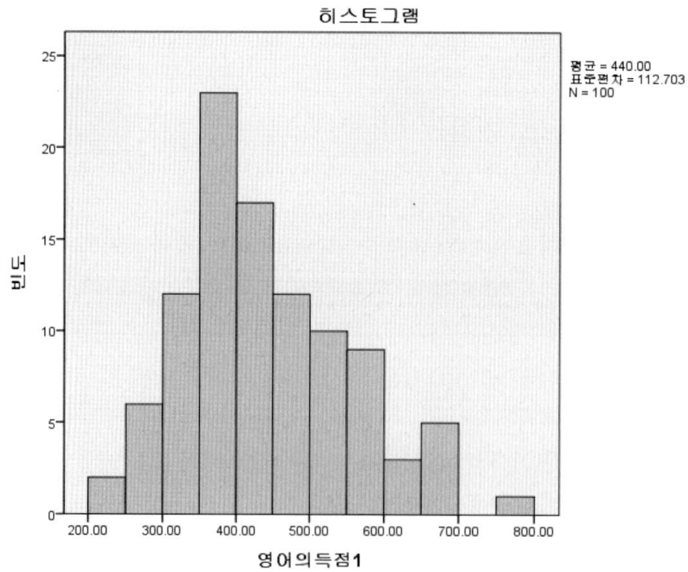

1.5 | 모평균의 구간추정

<표 1.2>의 데이터는 대학생 시급(時給)의 전체가 아니라, 한국의 대학생 시급의 극히 일부분에 지나지 않는다.

조사대상 또는 연구대상으로 되어 있는 모든 집합을 모집단이라고 정의하므로, 이 예에서의 모집단은 '전국의 대학생 아르바이트 시급'이 된다.

그래서 다음에 알고 싶은 것은, "전국의 대학생 아르바이트 평균 시급은 얼마쯤 될까?"라고 하는 것이 된다. 이것은 모집단의 평균을 가리키므로 모평균 μ라고 부른다.

그런데 이 모평균 μ는 현실적으로는 구할 수 없다. 왜냐 하면, 데이터를 수집하고 있는 사이에 그만두는 학생도 있을 것이고, 거꾸로 채로 채용되는 사람도 있을 수 있기 때문이다.

그래서 모집단을 추정하기 위해서는 '모집단'과 '표본'이라는 개념을 도입하지 않으면 안 된다.

<표 1.2>의 데이터를 모집단으로부터 추출된 표본이라고 생각하여, 모평균 μ를 추정해 보기로 하자. 이것을 모평균 μ의 구간추정이라고 한다.

모평균 μ의 구간추정은 예를 들면,

"신뢰수준 95%에서 모평균의 신뢰구간은 ○○○ ≤ μ ≤ △△△ 이다"

라고 하는 것으로, 그 유도방식은 모집단의 분포에 정규성을 가정한다거나 해서 다소 번거롭지만, 결국 다음의 공식을 계산하면 된다.

$$\bar{x}-t(n-1\,;\alpha/2)\cdot\sqrt{\frac{s^2}{n}}\leq\mu\leq\bar{x}+t(n-1\,;\alpha/2)\cdot\sqrt{\frac{s^2}{n}}$$

단, $t(n-1\,;\alpha/2)$는 자유도 $(n-1)$의 t분포의 수표(數表)로부터 구한다.

그런데 학술논문을 살펴보면 SE라고 하는 기호가 자주 눈에 띄는데, 이것은

$$\text{SE}=\frac{SD}{\sqrt{n}}=\sqrt{\frac{s^2}{n}}$$

을 의미하고 표준오차(standard error)라고 불리고 있다.

여기에서 SPSS를 이용해서 95% 신뢰구간을 구해 보자.

■ SPSS의 순서

〈순서 1〉 데이터의 입력

다음과 같이 <표 1.2>를 SPSS에 입력한다.

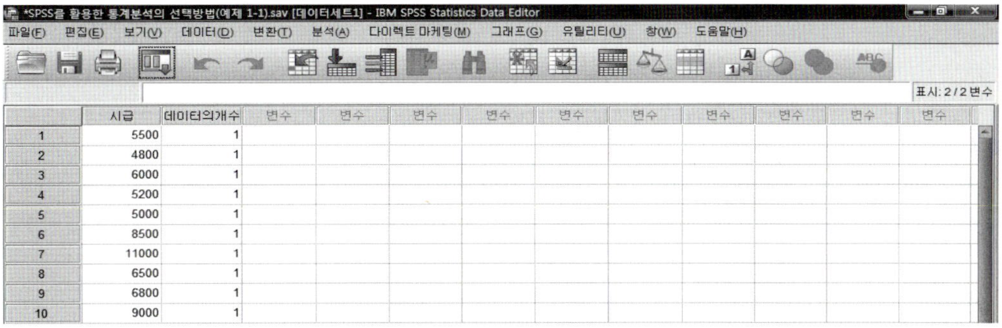

〈순서 2〉 분석수법의 선택

메뉴에서 [분석]-[기술통계량]-[데이터 탐색]을 선택한다.

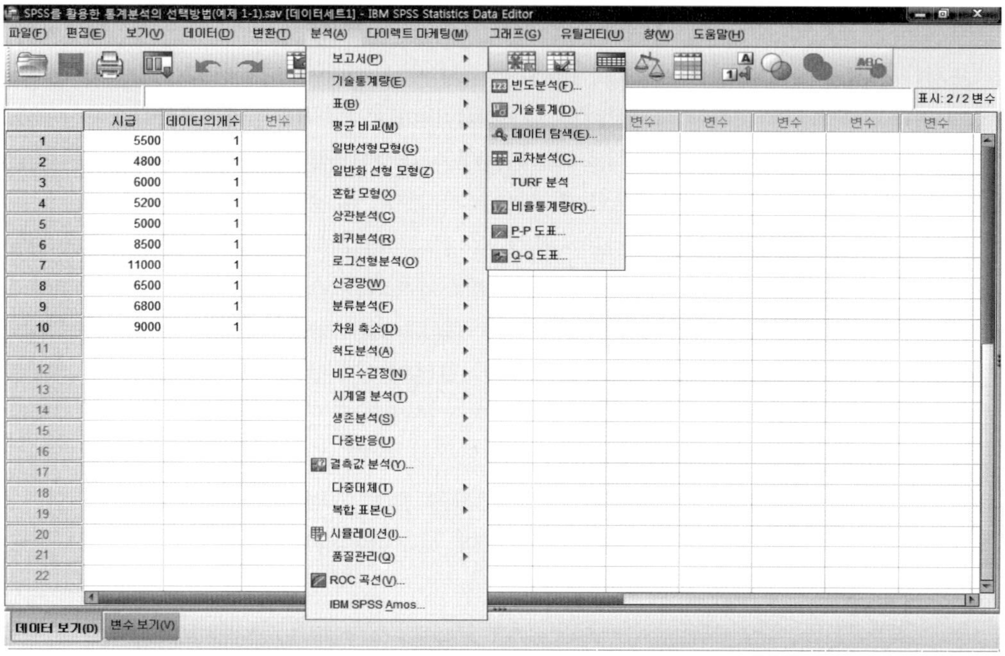

〈순서 3〉 변수의 선택

다음 화면에서 [종속변수]로 '시급'을 이동한다.

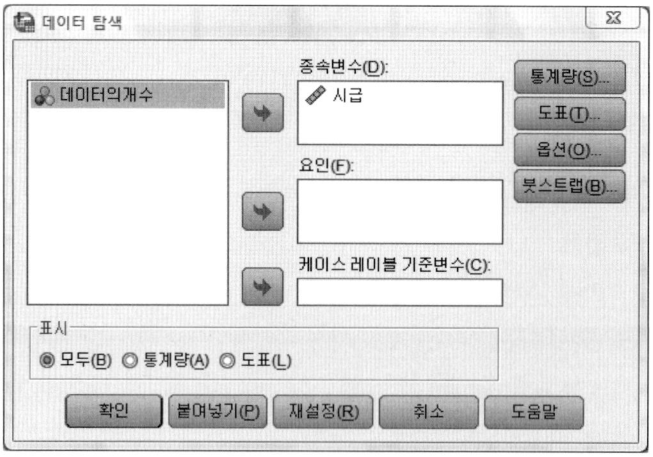

〈순서 4〉 통계량의 선택

[통계량]을 클릭하면 다음 대화상자가 나타난다. 다음과 같이 선택·지정하고 [계속]을 클릭한다.

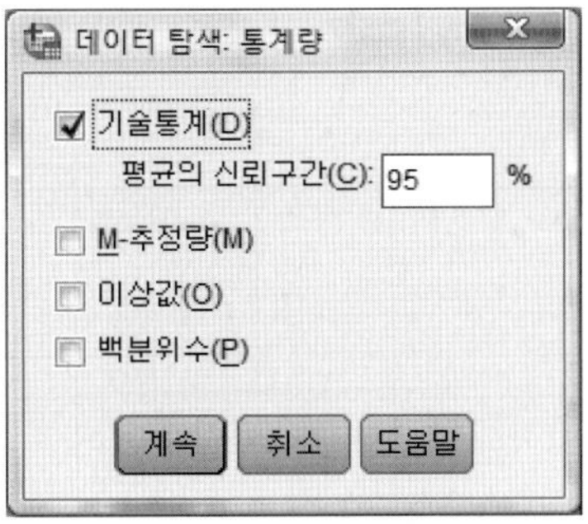

〈순서 5〉 붓스트랩의 선택

[붓스트랩]을 클릭하면 다음 대화상자가 나타난다. [붓스트랩 수행]에 체크하고, [표본 수]에 '100'을 입력한다. 특별한 언급이 없으면 붓스트랩 결과는 100개 붓스트랩 표본을 기반으로 한다. [계속]을 클릭한다. 앞의 화면으로 되돌아오면 [확인]을 클릭한다.

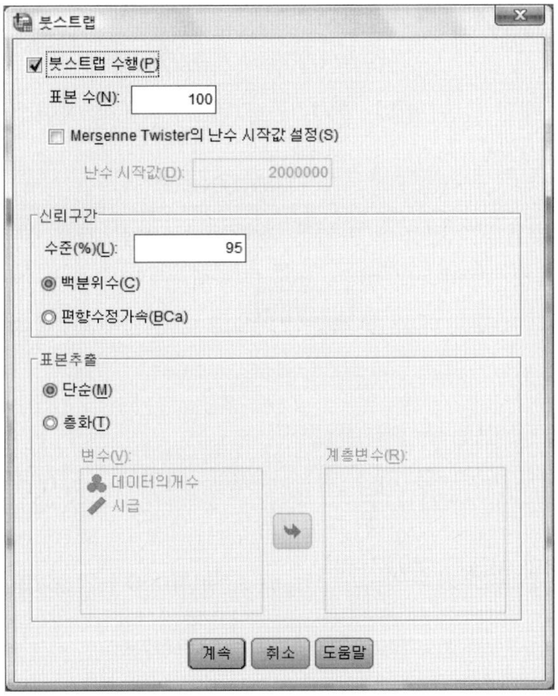

■ 분석결과

붓스트랩 지정 사항

표본추출 방법	단순
표본 수	100
신뢰구간 수준	95.0%
신뢰구간 유형	백분위수

기술통계

				붓스트랩[a]			
						95% 신뢰구간	
		통계량	표준오차	편향	표준오차	하한	상한
시급	평균	6830.00	646.194	-53.80	619.93	5785.67	8411.65
	평균의 95% 신뢰구간 하한	5368.21					
	상한	8291.79					
	5% 절사평균	6711.11		-13.78	650.28	5659.27	8421.09
	중위수	6250.00		78.00	825.46	5100.00	8858.27
	분산	4175666.667		-709335.556	1604357.394	970650.640	7017246.806
	표준편차	2043.445		-234.587	443.090	985.159	2648.946
	최소값	4800					
	최대값	11000					
	범위	6200					
	사분위수 범위	3475		-660	1205	1071	5800
	왜도	1.068	.687	-.097	.624	-.429	2.487
	첨도	.307	1.334	.156	2.048	-2.145	6.699

a. 특별한 표기가 되어 있지 않으면 붓스트랩 결과는 100개 붓스트랩 표본을(를) 기반으로 합니다.

이 데이터의 경우, 출력결과를 보면 평균 $\bar{x} = 6830.00$, 표준편차 $s = 2043.445$로 되어 있다. t분포의 수표 값은 다음과 같다.

$$t(9\,;0.025) = 2.2622$$

참고로 Excel에서 구할 수도 있다. 좌측 스튜던트 t분포의 역함수 값을 구해준다.

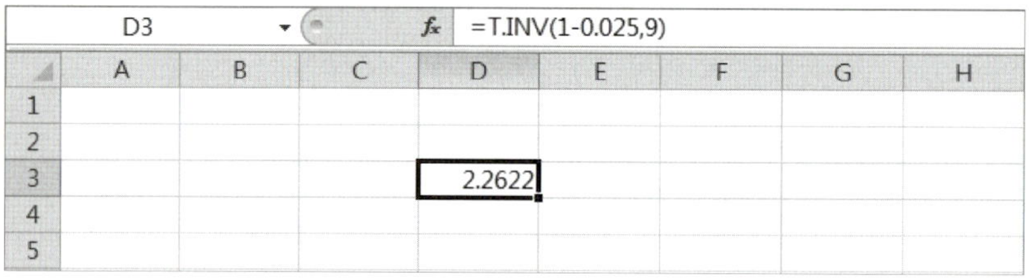

그러면 신뢰구간을 구하는 공식에 대입하면

$$\bar{x} - t(n-1\,;\alpha/2) \cdot \sqrt{\frac{s^2}{n}} \le \mu \le \bar{x} + t(n-1\,;\alpha/2) \cdot \sqrt{\frac{s^2}{n}}$$

$$6830.00 - 2.2622 \times \frac{2043.445}{\sqrt{10}} \le \mu \le 6830.00 + 2.2622 \times \frac{2043.445}{\sqrt{10}}$$

$$5368.21 \le \mu \le 8291.79$$

가 된다.

1.6 | 모평균의 검정

다음과 같은 문제도 자주 발생한다.

"금년의 대학생 아르바이트 시급은 작년의 시급과 다른가?"

이와 같은 때는 가설의 검정을 실시한다.

가설의 검정은 다음의 세 가지 순서로 이루어진다.

〈순서 1〉 귀무가설 H_0와 대립가설 H_1을 세운다

〈순서 2〉 검정통계량 T를 계산한다.

〈순서 3〉 검정통계량 T가 기각역 R에 포함되면 귀무가설 H_0를 기각한다

그런데 <표 1.2>의 데이터의 경우, 문제는

"작년의 대학생 아르바이트 평균시급은 약 6000원이었는데,
금년의 대학생 아르바이트 시급은 아무래도 작년과 달라진 것 같다!?"

라고 하자.

이와 같은 때

모집단=금년의 모든 대학생의 아르바이트 시급

귀무가설 H_0 : 금년의 대학생의 아르바이트 평균시급은 6000원

이라 하고, 다음에 이 모집단으로부터 표본을 랜덤하게 추출한다.

그래서 귀무가설 H_0가 성립한다고 가정하면,

$$\text{검정통계량 } T = \frac{\bar{x} - 6000}{\sqrt{\frac{s^2}{n}}}$$

은 95%의 확률로

$$|T| < t(n-1\,;0.025)$$

를 충족시킨다는 것을 알고 있으므로,

만일 검정통계량 T가

$$|T| \geq t(n-1\,;0.025)$$

가 되면, 나머지 5%의 확률이 일어난 셈이 된다.

그래서

이 5%의 확률="좀처럼 일어나지 않는 경우"

라고 생각하면,

"그 좀처럼 없는 경우가 발생해 버린 원인은 귀무가설에 있다"

라고 하는 것이다. 다시 말하면,

"처음에 세운 귀무가설
『금년의 대학생 아르바이트 평균시급은 6000원』
은 틀렸다. 따라서 금년의 평균시급은 6000원이 아니다"

라고 결론을 짓는 것이다.

여기에서 SPSS를 이용해서 가설검정을 실시해 보자.

■ SPSS의 순서

〈순서 1〉 데이터의 입력

다음과 같이 <표 1.2>를 SPSS에 입력한다.

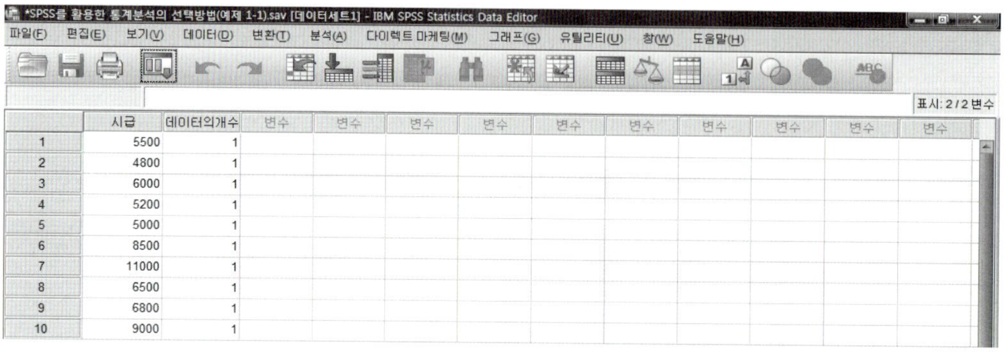

〈순서 2〉 분석수법의 선택

메뉴에서 [분석]-[평균비교]-[일표본 T검정]을 선택한다.

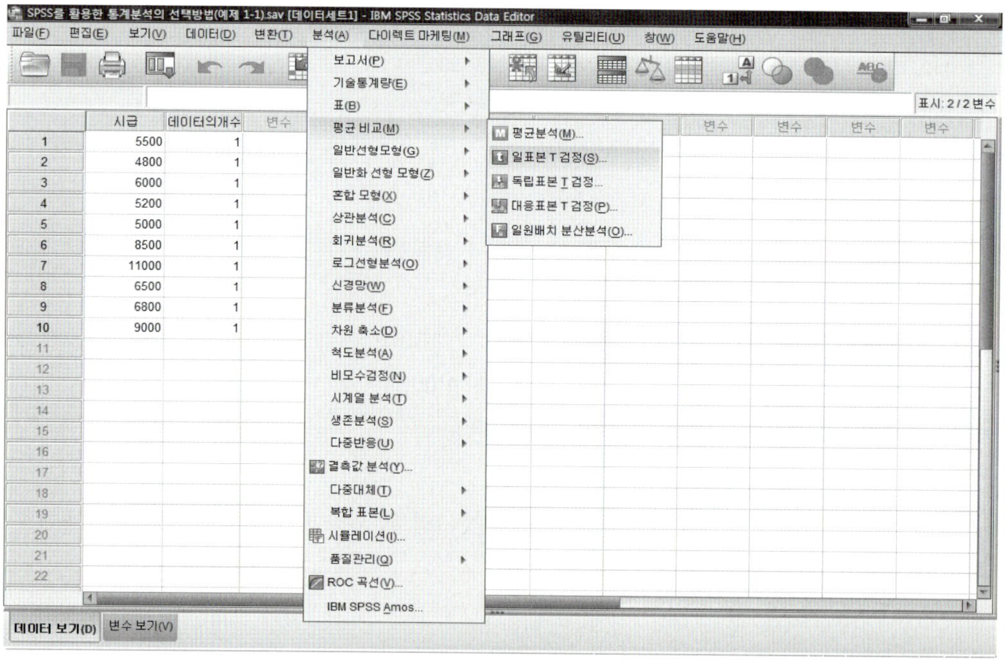

〈순서 3〉 검정변수의 선택

다음 대화상자가 나타나면, [검정변수]로 '시급'을 이동한다.

[검정 값]에 '6000'을 입력한다.

신뢰구간을 선택하기 위해서 [옵션]을 클릭한다.

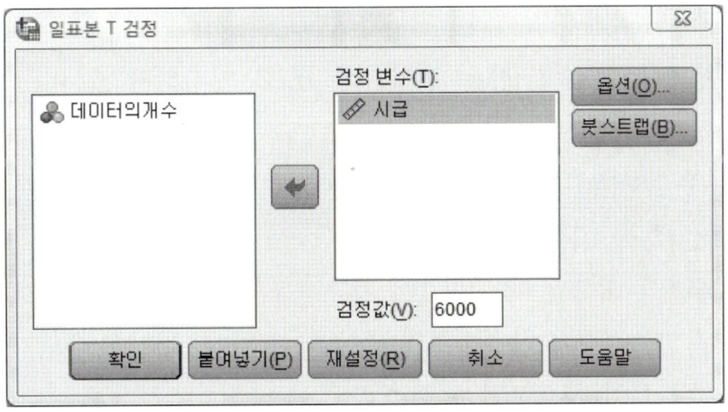

〈순서 4〉 옵션의 선택

다음과 같이 [신뢰구간]에 '95'를 입력한다. [계속]을 클릭하고 앞의 화면으로 되돌아오면 [확인]을 클릭한다.

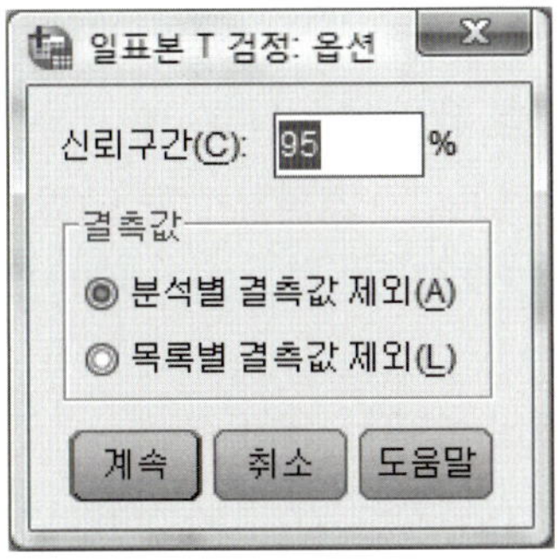

■ 분석결과

일표본 통계량

	N	평균	표준편차	평균의 표준오차
시급	10	6830.00	2043.445	646.194

일표본 검정

	검정값 = 6000					
					차이의 95% 신뢰구간	
	t	자유도	유의확률 (양측)	평균차이	하한	상한
시급	1.284	9	.231	830.000	-631.79	2291.79

검정의 순서 <순서 3>에 따라서 검정통계량(檢定統計量) T와 자유도 $(n-1)$의 t분포의 값 $t(n-1;0.025)$의 대소를 비교하면 된다.

유의확률을 보고

유의확률≤유의수준일 때는 귀무가설 H_0를 기각한다

유의확률>유의수준일 때는 귀무가설 H_0를 기각하지 않는다

와 같이 판정한다.

이 예제에서는 유의확률 0.231>유의확률 0.05이므로,

귀무가설 H_0는 기각되지 않는다.

다시 말하면, 금년의 대학생 아르바이트 평균시급은 작년과 다르다고는 할 수 없다.

그런데 검정에는 양측검정과 단측검정의 두 종류가 있다. 이것은 대립가설을 취하는 방법에 따르므로, 다음과 같이 생각하면 알기 쉽다.

가설의 검정이란 어떤 추측에 대해서 그것이 옳은지 어떤지를 확인하기 위해서 실시하는 것이기 때문에, 예를 들면

"금년의 시급은 작년의 시급보다 높을 것이다"

라고 추측될 때는,

금년의 평균시급 μ > 작년의 평균시급 6000

과 같이 된다. 이 추측은 귀무가설 $H_0 : \mu = 6000$ 에 대립하는 것으로 이 추측을 대립가설이라고 부르며, 이것을

$$대립가설\ H_1 : \mu > 6000$$

이라고 표현하기로 한다.

역으로 금년의 시급은 작년보다 낮다고 추측될 때는

$$대립가설\ H_1 : \mu < 6000$$

이 될 것이다. 금년의 시급은 작년과 같지는 않다고 하는 추측이라면

$$대립가설\ H_1 : \mu \neq 6000$$

이 될 것이다.

CHAPTER

2

두 그룹 동일한 변수의 데이터

CHAPTER 2 # 두 그룹 동일한 변수의 데이터

2.1 | 두 그룹에 대한 같은 변수의 측정 데이터

다음과 같은 형태의 데이터의 경우 어떠한 통계분석을 적용할 것인가?

표 2.1　데이터의 형태

그룹 A_1

No.	X
1	$x(1, 1)$
2	$x(1, 2)$
3	$x(1, 3)$
⋮	⋮
n_1	$x(1, n_1)$

그룹 A_2

No.	X
1	$x(2, 1)$
2	$x(2, 2)$
3	$x(2, 3)$
⋮	⋮
n_2	$x(2, n_2)$

이 데이터의 형태의 특징은 두 개의 그룹 A_1, A_2에 대해서 같은 변수 X에 대하여 각각 n_1, n_2회 측정하고 있다, 라고 하는 점에 있다. 이 데이터에 대한 통계분석방법을 예제 풀이를 통하여 살펴보도록 하자.

[예제 2-1]

<표 2.2>는 편의점과 식당에서 아르바이트를 하고 있는 사람의 시급(時給)에 관한 것이다.

표 2.2　편의점과 식당의 시급

No.	편의점(원)	No.	식당(원)
1	5500	1	11500
2	4800	2	12000
3	6000	3	12800
4	5200	4	14200
5	5000	5	13500
6	8500	6	12500
7	11000	7	13000
8	6500	8	11800

이 데이터를 보면 분명히 식당의 시급 쪽이 높지만 그 사실을 통계적으로 나타내 보이기로 한다.

2.2 | 그래프 표현

통계분석의 첫걸음은 그래프 표현으로부터 시작된다. 그런데 데이터의 개수가 적으므로, 데이터의 분포의 특징은 파악할 수 없다. 그렇지만 다음의 그림을 보면 두 개의 그룹 사이에 확실한 차가 있다는 것을 알 수 있다.

또한 데이터의 산포는 편의점의 시급 쪽이 큰 것 같다.

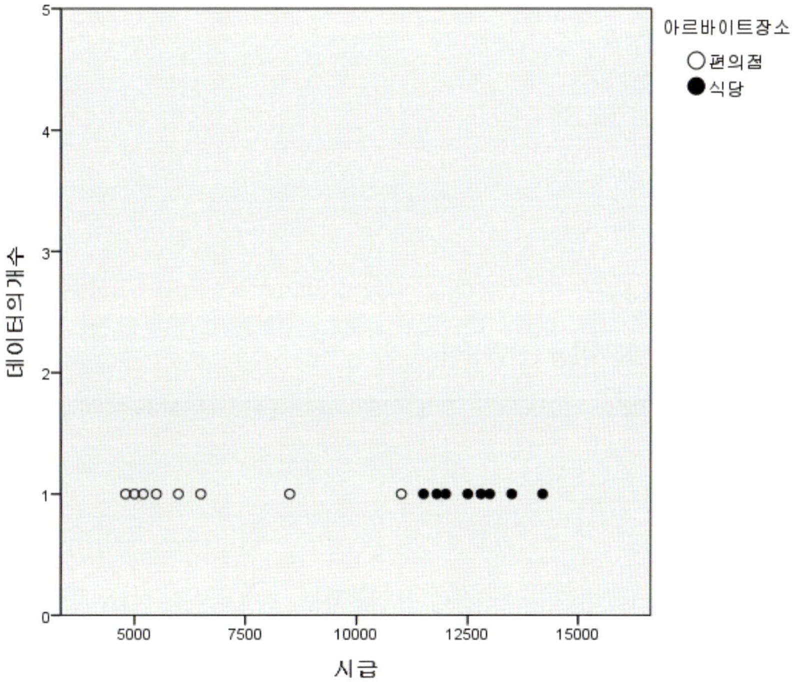

그림 2.1 표 2.2의 그래프 표현

2.3 | 기초통계량

다음에 평균·분산·표준편차 등의 통계량을 구해보자. SPSS에 데이터를 입력하면, 다음과 같이 평균이나 분산 등을 구할 수 있다.

■ SPSS의 순서

〈순서 1〉 데이터의 입력

다음과 같이 <표 2.2>를 SPSS에 입력한다.

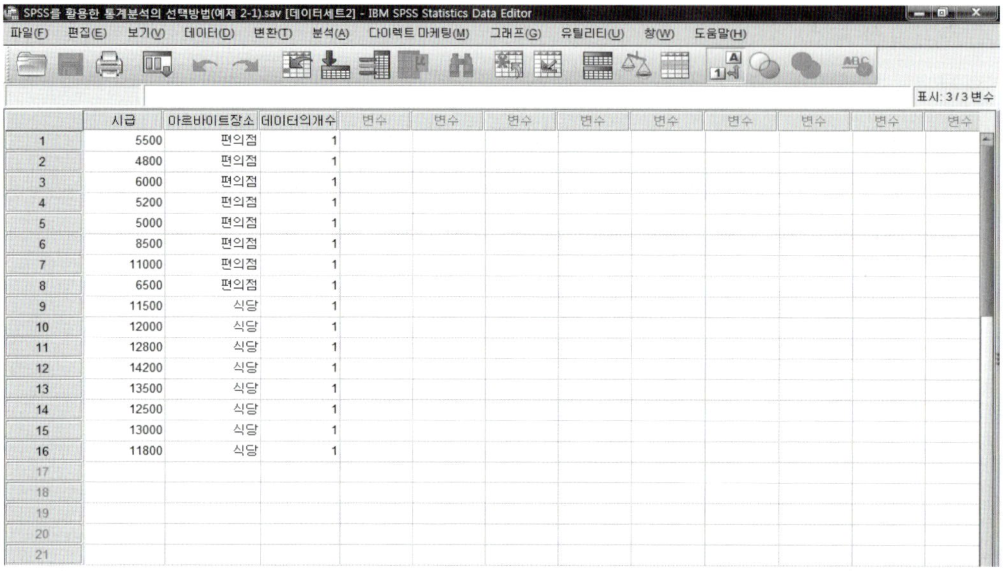

〈순서 2〉 파일분할의 선택

메뉴에서 [데이터]-[파일분할]을 선택한다.

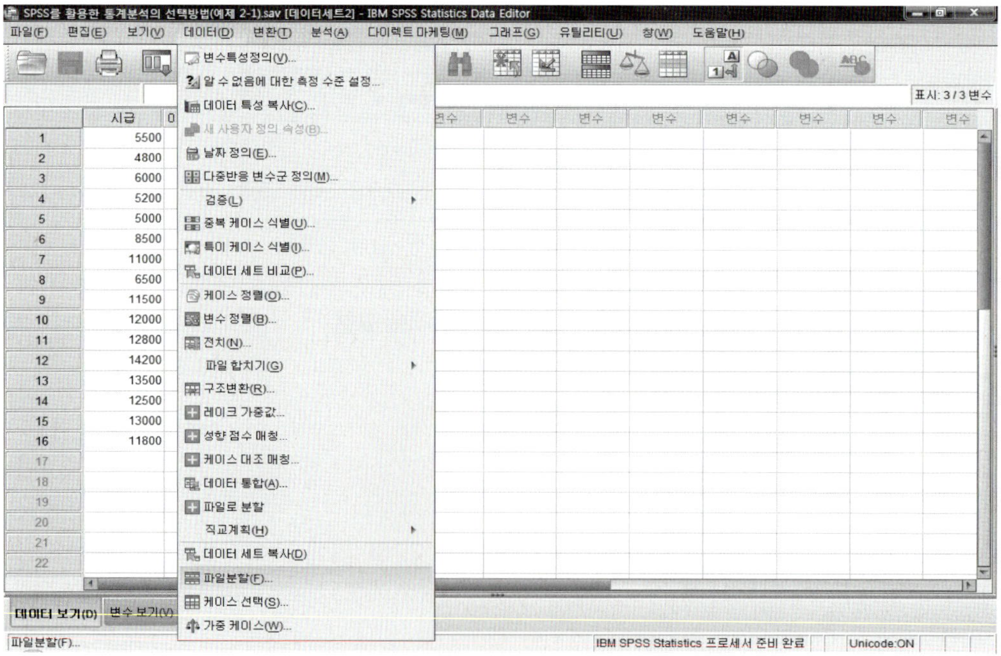

〈순서 3〉 변수의 선택

다음 대화상자에서 [각 집단별로 출력결과를 나타냄]에 체크하고, [분할 집단변수]에 '아르바이트장소'를 이동한다. [확인]을 클릭한다.

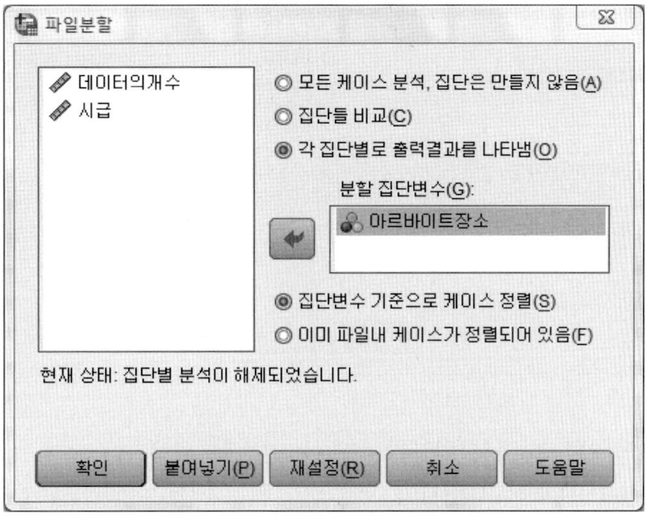

〈순서 4〉 파일분할의 결과

아르바이트 장소로서 편의점과 식당 두 그룹으로 나누어져 있다.

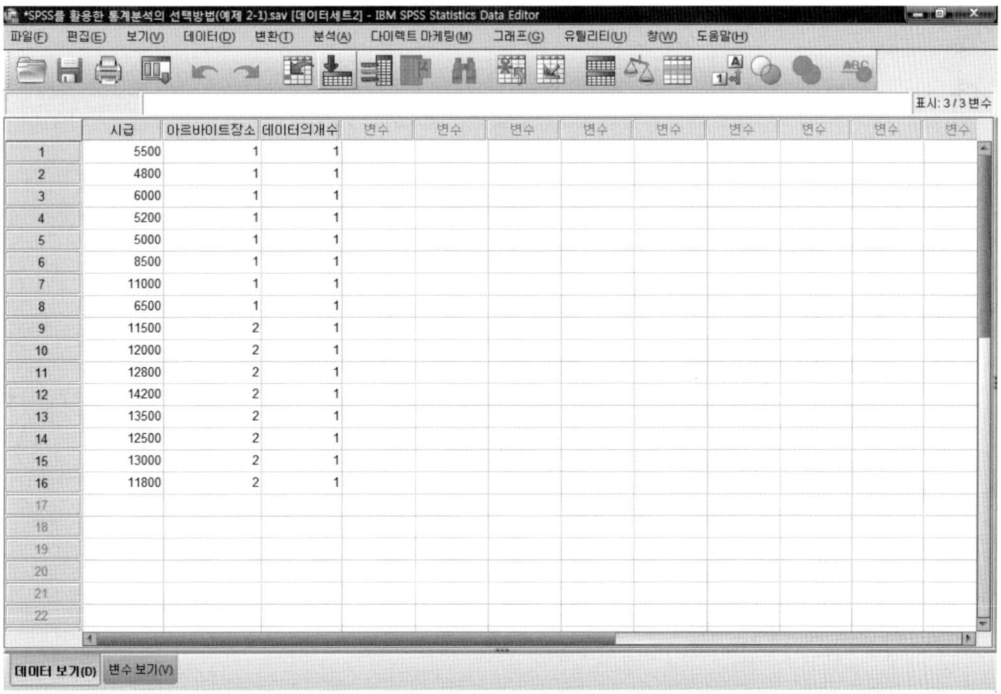

	시급	아르바이트장소	데이터의개수
1	5500	1	1
2	4800	1	1
3	6000	1	1
4	5200	1	1
5	5000	1	1
6	8500	1	1
7	11000	1	1
8	6500	1	1
9	11500	2	1
10	12000	2	1
11	12800	2	1
12	14200	2	1
13	13500	2	1
14	12500	2	1
15	13000	2	1
16	11800	2	1

〈순서 5〉 분석수법의 선택

메뉴에서 [분석]-[기술통계량]-[기술통계]를 선택한다.

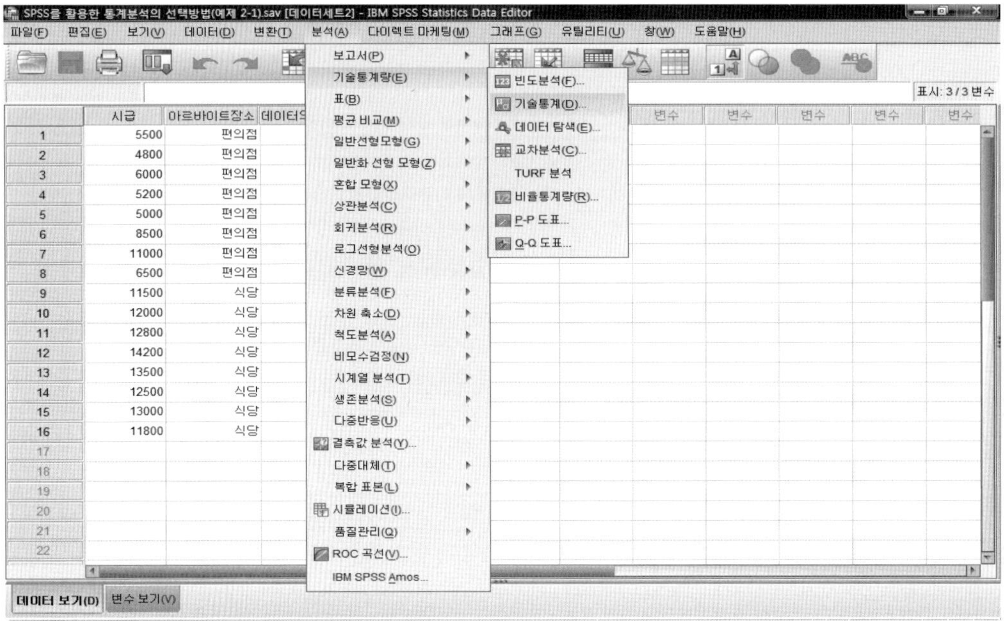

〈순서 6〉 변수의 선택

다음 대화상자에서 [변수]에 '시급'을 투입한다.

〈순서 7〉 옵션의 선택

[옵션]을 클릭하면 다음 대화상자가 나타난다.

평균, 표준편차, 분산, 범위, 최소값, 최대값 등을 체크한다.

[계속]을 클릭한다. 앞의 화면으로 되돌아오면 [확인]을 클릭한다.

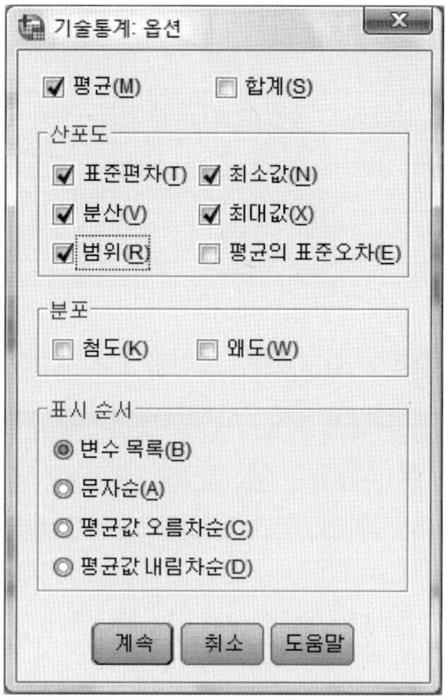

■ **분석결과**

아르바이트장소 = 편의점

기술통계량[a]

	N	범위	최소값	최대값	평균	표준편차	분산
시급	8	6200	4800	11000	6562.50	2148.047	4614107.143
유효 N(목록별)	8						

a. 아르바이트장소 = 편의점

아르바이트장소 = 식당

기술통계량[a]

	N	범위	최소값	최대값	평균	표준편차	분산
시급	8	2700	11500	14200	12662.50	907.016	822678.571
유효 N(목록별)	8						

a. 아르바이트장소 = 식당

이 출력을 보면, 편의점의 표본분산이 식당에 비해서 상당히 크다는 것을 알 수 있다. 또한 편의점과 식당의 표본평균의 차는 두 배 가까이 이르러 분명히 두 그룹 사이에 차가 있음을 알 수 있다.

2.4 | 두 모평균의 구간추정

이 데이터의 경우, 흥미로운 것은 두 그룹의 비교에 있으므로 반드시 모평균의 구간추정을 할 필요는 없다. 그러나 두 모평균의 신뢰구간을 비교해 보자.

■ SPSS의 순서

〈순서 1〉 데이터의 입력

다음과 같이 <표 2.2>를 SPSS에 입력한다. 파일분할된 상태에서 진행한다.

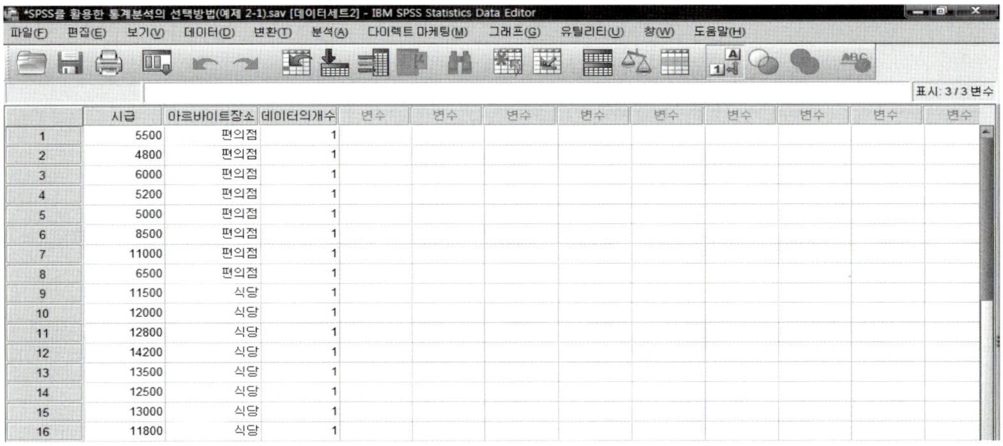

〈순서 2〉 분석수법의 선택

메뉴에서 [분석]-[기술통계량]-[데이터 탐색]을 선택한다.

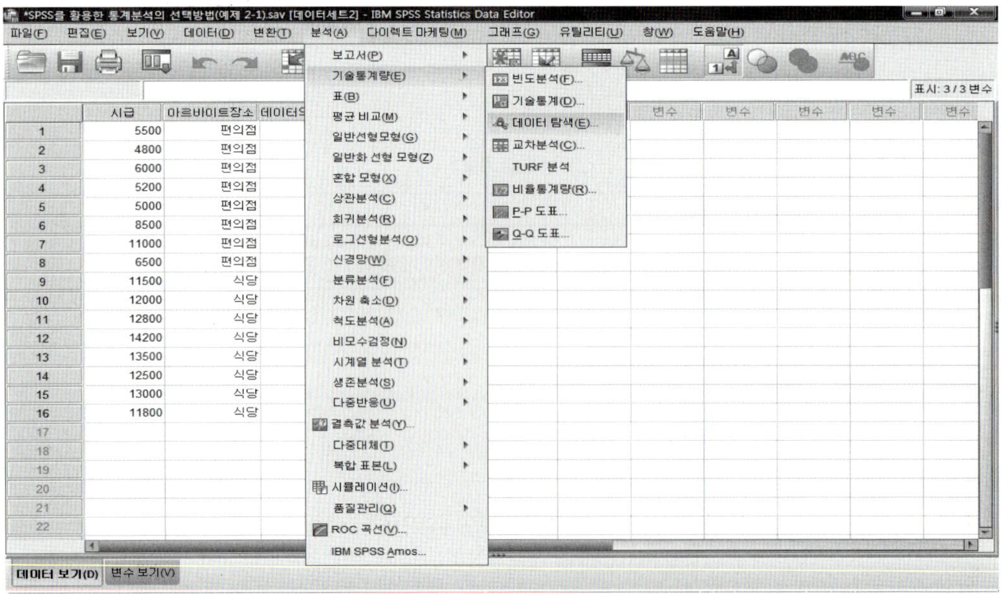

〈순서 3〉 변수의 선택

다음 화면에서 [종속변수]로 '시급'을 이동한다. [요인]에 '아르바이트 장소'를 이동한다.

〈순서 4〉 통계량의 선택

[통계량]을 클릭하면 다음 대화상자가 나타난다. 다음과 같이 선택·지정하고 [계속]을 클릭한다. 앞의 화면으로 되돌아오면 [확인]을 클릭한다.

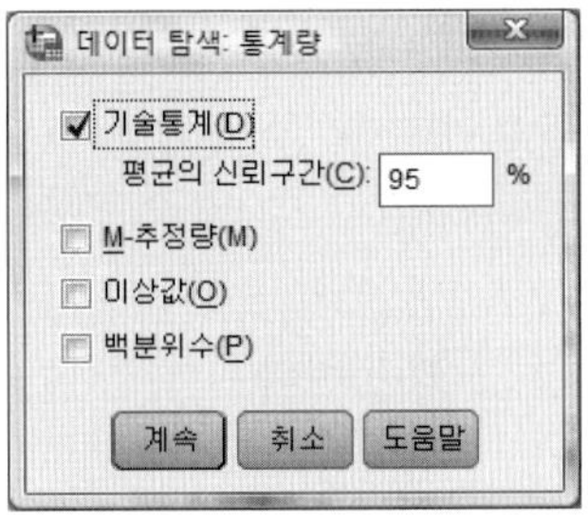

■ 분석결과

기술통계[a]

아르바이트장소				통계량	표준오차
시급	편의점	평균		6562.50	759.449
		평균의 95% 신뢰구간	하한	4766.69	
			상한	8358.31	
		5% 절사평균		6413.89	
		중위수		5750.00	
		분산		4614107.143	
		표준편차		2148.047	
		최소값		4800	
		최대값		11000	
		범위		6200	
		사분위수 범위		2950	
		왜도		1.565	.752
		첨도		1.900	1.481

a. 아르바이트장소 = 편의점

기술통계[a]

아르바이트장소				통계량	표준오차
시급	식당	평균		12662.50	320.679
		평균의 95% 신뢰구간	하한	11904.22	
			상한	13420.78	
		5% 절사평균		12641.67	
		중위수		12650.00	
		분산		822678.571	
		표준편차		907.016	
		최소값		11500	
		최대값		14200	
		범위		2700	
		사분위수 범위		1525	
		왜도		.448	.752
		첨도		-.510	1.481

a. 아르바이트장소 = 식당

분석결과를 보면 편의점의 모평균의 95% 신뢰구간은 다음과 같다.

$$4766.69 \leq \mu_{편의점} \leq 8358.31$$

그리고 식당의 모평균의 95% 신뢰구간은

$$11904.22 \leq \mu_{식당} \leq 13420.78$$

이다.

2.5 | 두 모평균의 차의 검정

그러면 두 모평균의 차의 검정에 들어가자.

두 그룹을 비교한다고 하는 것은 그룹 A_1의 모평균 μ_1과 그룹 A_2의 모평균 μ_2의 비교를 의미하고, 이것을 통계학에서는 '두 모평균의 차의 검정'이라고 한다.

이 두 모평균의 차의 검정은 모분산의 상황에 따라서 다음의 세 가지로 나누어진다.

[1] 두 개의 모분산 σ_1^2, σ_2^2의 값을 알고 있는 경우

[2] 두 개의 모분산 σ_1^2, σ_2^2의 값을 모르지만, $\sigma_1^2 = \sigma_2^2$

다시 말하면, 두 개의 모집단의 산포상태가 같다고 생각되는 경우

[3] 두 개의 모분산에 대해서 전혀 정보가 없는 경우

힌트

정규분포 $N(\mu, \sigma^2)$는 평균 μ, 분산 σ^2의 두 개의 모수로 완전히 결정되어 버린다. 따라서 평균 μ에 대해서 논의할 때, 분산 σ^2의 취급방법에도 주의가 필요하다.

그렇다면, [1], [2], [3]의 어느 것을 선택하면 좋을까?

실은 그 염려를 할 필요는 별로 없다.

조사나 연구를 하고 있는 경우, 그 대상이 되는 데이터의 움직임을 항상 관찰하고 있기 때문에, 이 그룹은 산포가 크다든가 작다든가 하는 것은 자연히 알아차리게 된다.

게다가 그때까지의 연구로부터 두 개의 모분산 σ_1^2, σ_2^2의 값에 대해서도 어느 정도 예측이 가능할지도 모른다.

따라서 두 개의 모분산 σ_1^2, σ_2^2의 값을 알면 [1]을 선택한다. 그러나 보통은 [2]나 [3]의 어느 쪽이 될 것이다.

그렇다면 [2]나 [3]의 어느 쪽을 선택하면 좋을까?

실은 이것에 대해서도 걱정할 필요 없다.

Excel의 분석결과

	A	B	C	D	E	F	G
1	편의점	식당		F-검정: 분산에 대한 두 집단			
2	5500	11500					
3	4800	12000			편의점	식당	
4	6000	12800		평균	6562.5	12662.5	
5	5200	14200		분산	4614107	822678.6	
6	5000	13500		관측수	8	8	
7	8500	12500		자유도	7	7	
8	11000	13000		F 비	5.608639		
9	6500	11800		P(F<=f) 단측 검정	0.018388		
10				F 기각치: 단측 검정	3.787044		
11							
12							

이 검정을 **등분산성의 검정**이라고 한다. 이 검정은 다음과 같이 이용된다.

이것은 두 개의 모분산 σ_1^2, σ_2^2이 같은지 어떤지의 검정이므로, 귀무가설은

$$\text{귀무가설}\ H_0\ :\ \sigma_1^2 = \sigma_2^2$$

이 된다.

그래서 이 귀무가설 H_0가 기각되면 [3]의 웰치(Welch)의 검정을, 기각되지 않으면 등분산이라고 가정해서 [2]를 선택한다.

이 <표 2.2> 데이터에서는 검정통계량

$$F\text{비} = 5.609$$

에 대해서 유의수준 5%의 기각역이 3.787이므로 귀무가설 H_0는 기각된다.

따라서 등분산성은 가정할 수 없으므로, [3]의 웰치의 검정을 선택하게 된다.

여기에서부터 두 모평균의 차의 검정에 들어간다.

〈순서 1〉 귀무가설 H_0와 대립가설 H_1을 설정한다

〈순서 2〉 검정통계량 T와 유의확률을 계산한다

〈순서 3〉 검정통계량 T가 기각역에 포함되면 귀무가설 H_0를 기각한다

〈순서 3'〉 유의확률 ≤ 유의수준일 때 귀무가설 H_0를 기각한다

그런데,

$$\text{귀무가설 } H_0 \ : \ \mu_1 = \mu_2$$

에 대해서 대립가설은 다음의 세 가지이다.

[양측검정]　귀무가설 $H_0 \ : \ \mu_1 \neq \mu_2$

[단측검정]　귀무가설 $H_0 \ : \ \mu_1 < \mu_2$

[단측검정]　귀무가설 $H_0 \ : \ \mu_1 > \mu_2$

검정통계량이나 유의확률의 계산은 컴퓨터에 맡기면 오케이!!

■ SPSS의 순서

〈순서 1〉 데이터의 입력

다음과 같이 <표 2.2>를 SPSS에 입력한다.

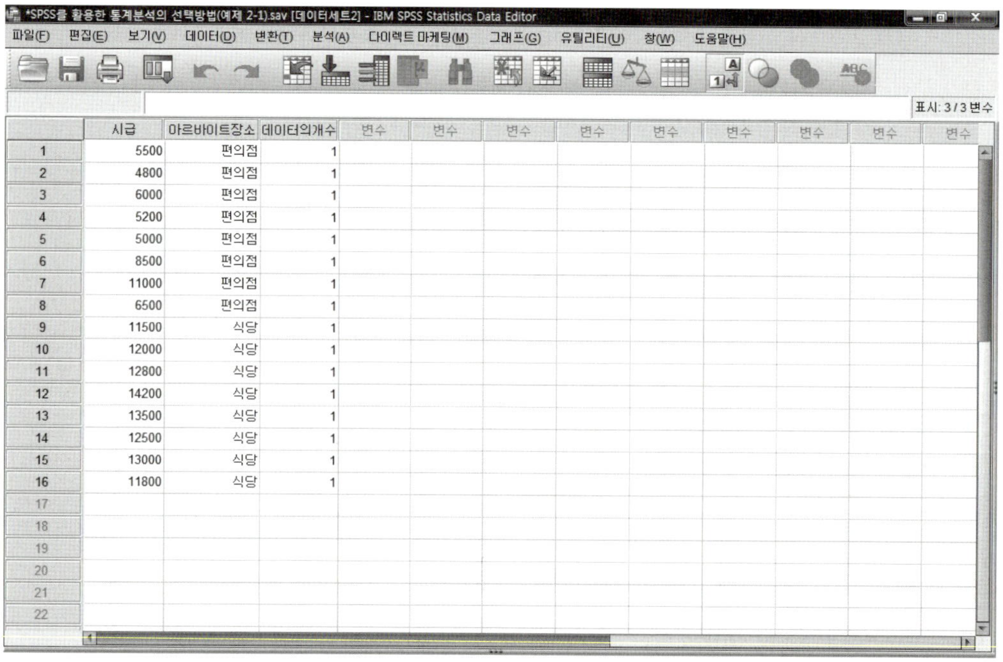

	시급	아르바이트장소	데이터의개수
1	5500	편의점	1
2	4800	편의점	1
3	6000	편의점	1
4	5200	편의점	1
5	5000	편의점	1
6	8500	편의점	1
7	11000	편의점	1
8	6500	편의점	1
9	11500	식당	1
10	12000	식당	1
11	12800	식당	1
12	14200	식당	1
13	13500	식당	1
14	12500	식당	1
15	13000	식당	1
16	11800	식당	1

〈순서 2〉 분석수법의 선택

메뉴에서 [분석]-[평균비교]-[독립표본 T검정]을 선택한다.

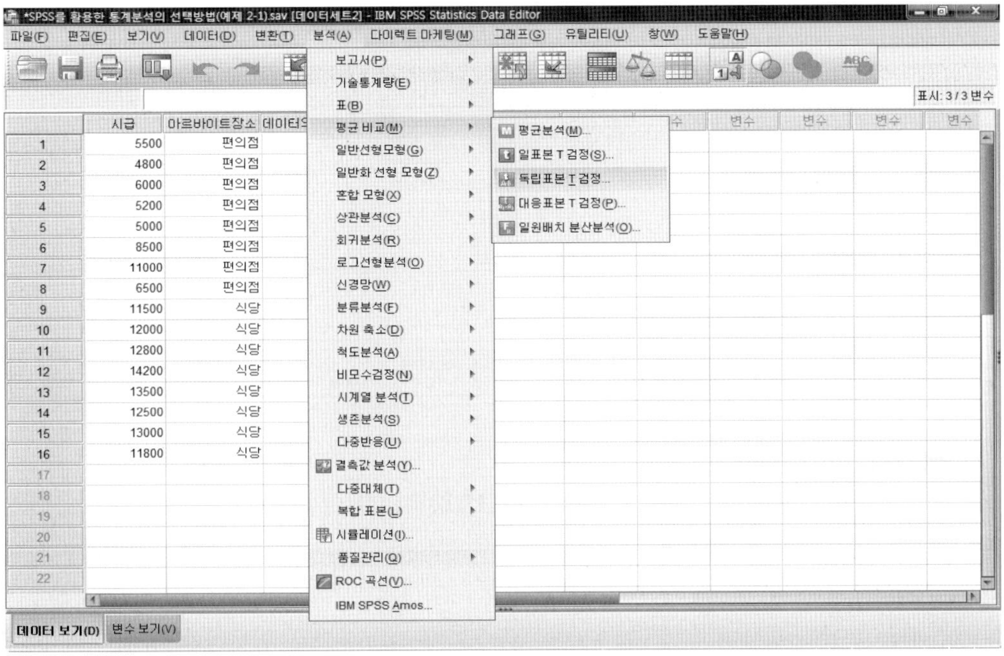

〈순서 3〉 변수의 선택

다음 대화상자가 나타나면 [검정변수]에 '시급'을 이동한다.

[집단변수]에 '아르바이트장소'를 이동한다.

[집단 정의]에서 [집단1]은 '1', [집단2]는 '2'라고 정의한다.

[옵션]을 클릭한다.

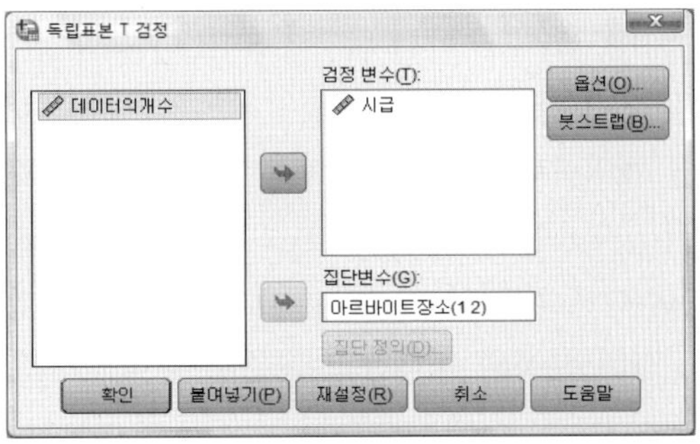

〈순서 4〉 옵션의 선택

다음 대화상자에서 [신뢰구간]에 '95'를 입력하고 [계속]을 클릭한다. 앞의 화면으로 되돌아오면 [확인]을 클릭한다.

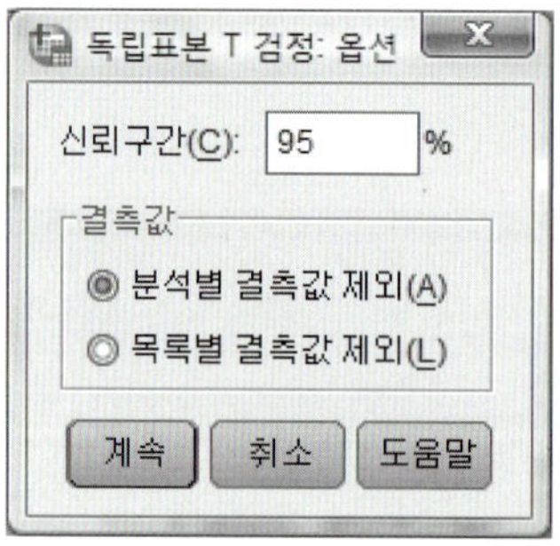

■ **분석결과**

독립표본 검정

		Levene의 등분산 검정		평균의 동일성에 대한 T 검정						
		F	유의확률	t	자유도	유의확률 (양측)	평균차이	차이의 표준오차	차이의 95% 신뢰구간 하한	차이의 95% 신뢰구간 상한
시급	등분산을 가정함	3.180	.096	-7.400	14	.000	-6100.000	824.377	-7868.114	-4331.886
	등분산을 가정하지 않음			-7.400	9.419	.000	-6100.000	824.377	-7952.295	-4247.705

루빈(Levene)의 등분산 검정결과, F값은 3.180, 유의확률은 0.096 > 유의확률 0.05이므로 두 모집단의 분산이 동일하다는 귀무가설이 채택된다. 따라서 등분산이 가정되는 전제 하에서 t검정을 실시한다.

등분산을 가정한 경우의 유의확률 0.000 ≤ 유의수준 0.05이므로 귀무가설 H_0는 기각된다.

따라서 편의점과 식당의 평균시급에 차가 있다는 것을 알 수 있다.

그런데 t분포를 사용하고 있으므로, 이 검정을 t검정이라고 부르는 사람이 많다.

2.6 | 윌콕슨의 순위합검정

두 모평균의 차를 검정할 때, 의외로 간과하는 것은 모집단의 정규성에 대해서가 아닐까?

차의 검정, 다시 말하면 t검정을 할 때,

"두 개의 모집단은 모두 정규분포에 따르고 있다"

라고 하는 대전제가 놓여 있다. 실은 검정통계량 T의 분포를 알고 있는 것도 이 정규성의 덕분이고, 연구대상의 모집단에 대해서 ,

"모집단의 분포의 형태는 정규분포에 따르고 있다" **➡중심극한정리**

라고 가정하고 있다.

"모집단을 정규분포로 간주해도 좋은지" 어떤지에 대해서는 몇 가지의 정규성검정이 알려져 있다. 엄밀하게 정규분포에 따르고 있는 모집단이 과연 어느 정도 이 세상에 존재할 것인가?

그래서 모집단의 정규성이 의심스럽다고 생각될 때는, 분포의 형태에 의존하지 않는 비모수적 검정을 실시한다.

비모수적 검정에는 몇 종류의 수법이 개발되어 있는데, 두 개의 그룹 사이에 차가 있는지 어떤지를 조사할 때에는 윌콕슨(Wilcoxon)의 순위합검정이 자주 쓰인다.

윌콕슨의 순위합검정은 데이터를 순위로 치환해서 실시하는 검정으로, 모집단의 분포에 관한 정보가 아무 것도 없을 때는, 평균보다도 중위수(중앙값) 쪽이 대푯값으로서 우수하다고 생각되고 있다.

윌콕슨의 순위합검정은 다음의 순서로 실시한다.

먼저 두 그룹의 데이터를 하나로 합쳐서 작은 쪽부터 순위를 매겨 간다.

<표 2.2>의 데이터는 16개이므로 순위는 1위에서 16위까지가 된다.

표 2.3　　표 2.2의 순위표

No.	편의점(원)	순위	No.	식당(원)	순위
1	5500	4	1	11500	9
2	4800	1	2	12000	11
3	6000	5	3	12800	13
4	5200	3	4	14200	16
5	5000	2	5	13500	15
6	8500	7	6	12500	12
7	11000	8	7	13000	14
8	6500	6	8	11800	10

순위로 치환함으로써 원래의 데이터가 가지고 있는 정보량의 손실을 초래한다고 하는 결점도 있다.

여기에서 SPSS를 이용해서 윌콕슨의 순위합검정을 실시해 보자.

■ SPSS의 순서

〈순서 1〉 데이터의 입력

다음과 같이 <표 2.2>를 SPSS에 입력한다.

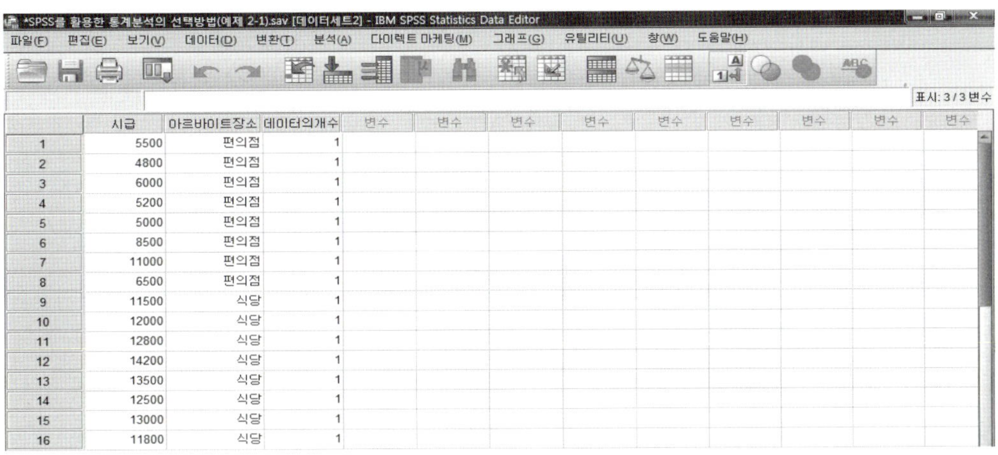

〈순서 2〉 분석수법의 선택

메뉴에서 [분석]-[비모수검정]-[레거시 대화상자]-[2-독립표본]을 선택한다.

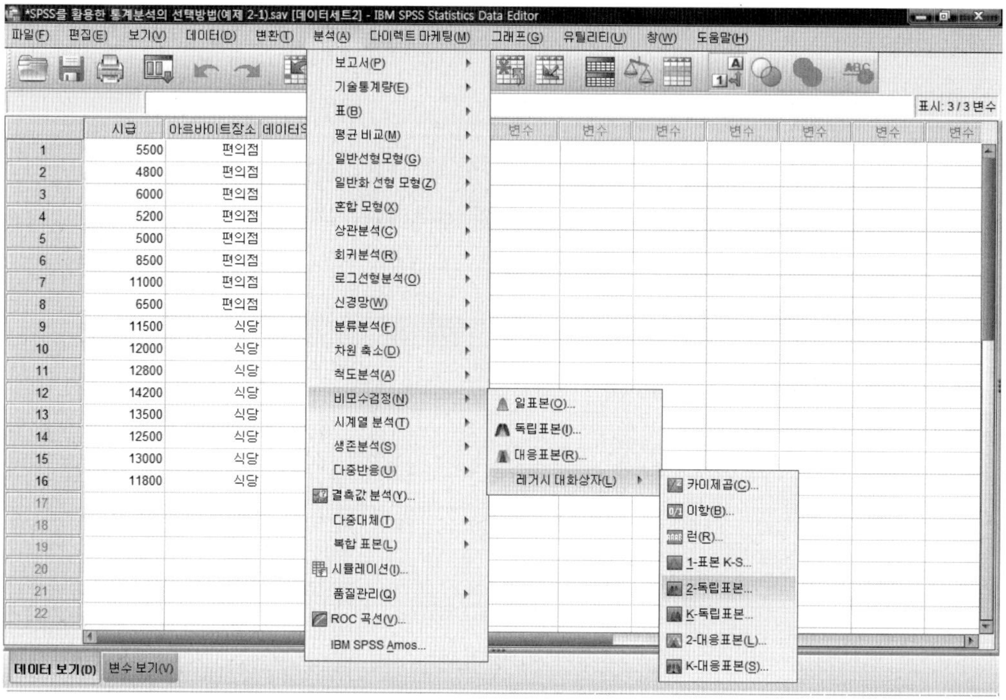

〈순서 3〉 검정변수의 선택

다음 화면에서 [검정변수]에 '시급'을 이동한다. [집단변수]에 '아르바이트 장소'를 이동하고 집단을 정의한다. [검정 유형]에서 [Mann-Whitney의 U]를 선택한다. 다음에 [확인]을 클릭한다.

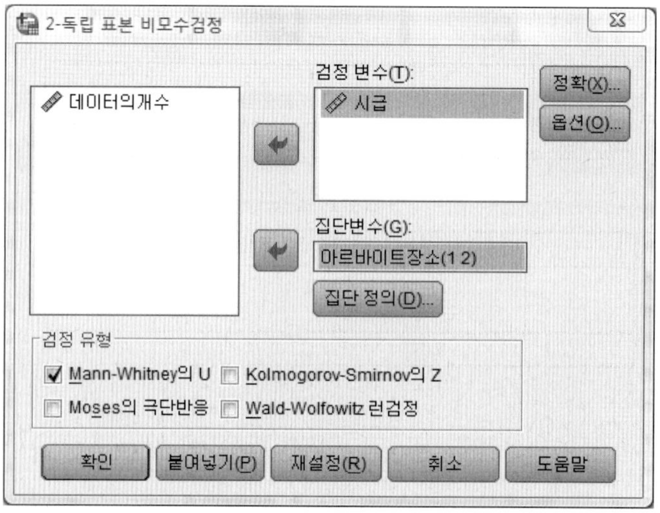

■ 분석결과

Mann-Whitney 검정

순위

	아르바이트장소	N	평균 순위	순위합
시급	편의점	8	4.50	36.00
	식당	8	12.50	100.00
	전체	16		

검정 통계량[a]

	시급
Mann-Whitney의 U	.000
Wilcoxon의 W	36.000
Z	-3.361
근사 유의확률(양측)	.001
정확 유의확률[2*(단측 유의확률)]	.000[b]

a. 집단변수: 아르바이트장소

b. 동순위에 대해 수정된 사항이 없습니다.

분석결과 근사 유의확률(양측)

$$\text{유의확률 } 0.001 < \text{유의수준 } 0.05$$

이므로 귀무가설 H_0는 기각된다. 즉 편의점과 식당의 평균시급에는 차가 있다.

2.7 | 콜모고로프·스미르노프의 검정

콜모고로프·스미르노프(Kolmogorov-Smirnov)의 검정도 비모수적 검정의 일종으로 두 그룹 사이에 차가 있는지 어떤지를 조사할 수 있다.

콜모고로프·스미르노프의 검정은 데이터의 분포가 이론치의 분포와 일치하고 있는지 어떤지를 체크하는 적합도검정의 하나이다.

귀무가설 H_0 : 데이터의 분포는 이론치의 분포와 일치하고 있다

대립가설 H_1 : 데이터의 분포는 이론치의 분포와 일치하고 있지 않다

예를 들면, 데이터 분포의 정규성에 대해서 검정할 수 있다.

두 개의 그룹의 분포함수가 일치하고 있는지 어떤지도 체크할 수 있다.

귀무가설 H_0 : 두 개의 분포함수는 일치하고 있다

대립가설 H_1 : 두 개의 분포함수는 일치하고 있지 않다

■ SPSS의 순서

〈순서 1〉 데이터의 입력

다음과 같이 <표 2.2>를 SPSS에 입력한다.

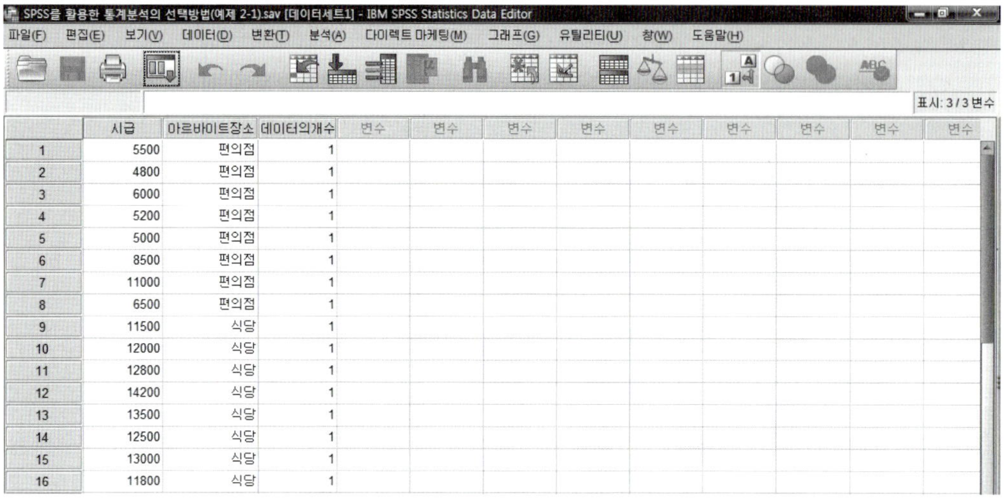

〈순서 2〉 분석수법의 선택

메뉴에서 [분석]-[비모수검정]-[레거시 대화상자]-[2-독립표본]을 선택한다.

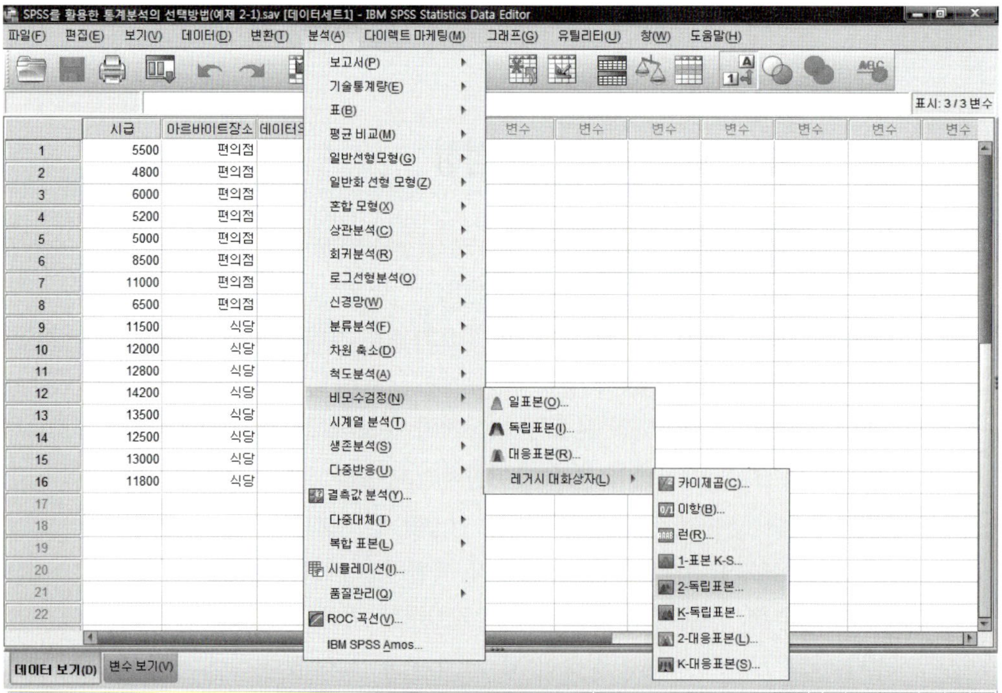

〈순서 3〉 변수의 선택

다음 화면에서 [검정변수]에 '시급'을 이동하고, [집단변수]에 '아르바이트 장소'를 이동한다. [집단 정의]에서 집단을 '1', '2'로 각각 정의한다.

[검정 유형]에서 [Kolmogorov-Smirnov의 Z]를 선택한다. [확인]을 클릭한다.

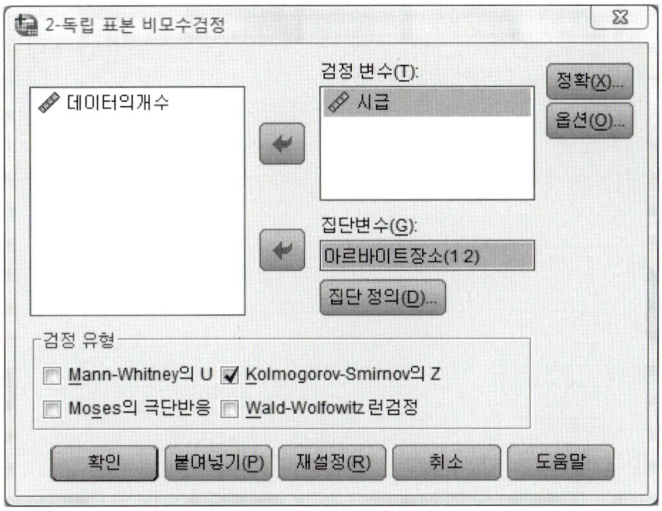

■ 분석결과

이표본 Kolmogorov-Smirnov 검정

빈도

	아르바이트장소	N
시급	편의점	8
	식당	8
	전체	16

검정 통계량[a]

		시급
최대극단차이	절대값	1.000
	양수	1.000
	음수	.000
Kolmogorov-Smirnov의 Z		2.000
근사 유의확률(양측)		.001

a. 집단변수: 아르바이트장소

이 출력결과를 보면,

근사 유의확률(양측) 0.001 ≤ 유의수준 0.05

이므로, 두 그룹 사이에 차가 있다는 것을 알 수 있다.

힌트 : 중심극한정리

평균 μ, 분산 σ^2의 모집단으로부터 크기 n의 표본을 추출했을 때, n이 충분히 크면, 그 표본평균 $\bar{x}$는 정규분포 $N\left(\mu, \frac{\sigma^2}{n}\right)$에 따른다.

이 정리는 정규분포의 중요성을 보이고 있다. 중심극한정리는 추정방법이나 검정방법의 확실성을 보증하고 있다고 생각되고 있다. 이 정리에 의해 데이터 수 n이 충분히 클 때, 이항분포 $B(n,p)$는 정규분포 $N(0,p(1-p))$에 근사한다.

콜모고로프·스미르노프의 검정을 다른 방법으로 실행해 보자.

SPSS의 순서

〈순서 1〉 데이터의 입력

<표 2.2>를 SPSS에 입력한다.

〈순서 2〉 분석수법의 선택

① 메뉴에서 [분석]-[비모수검정]-[독립표본]을 선택한다.

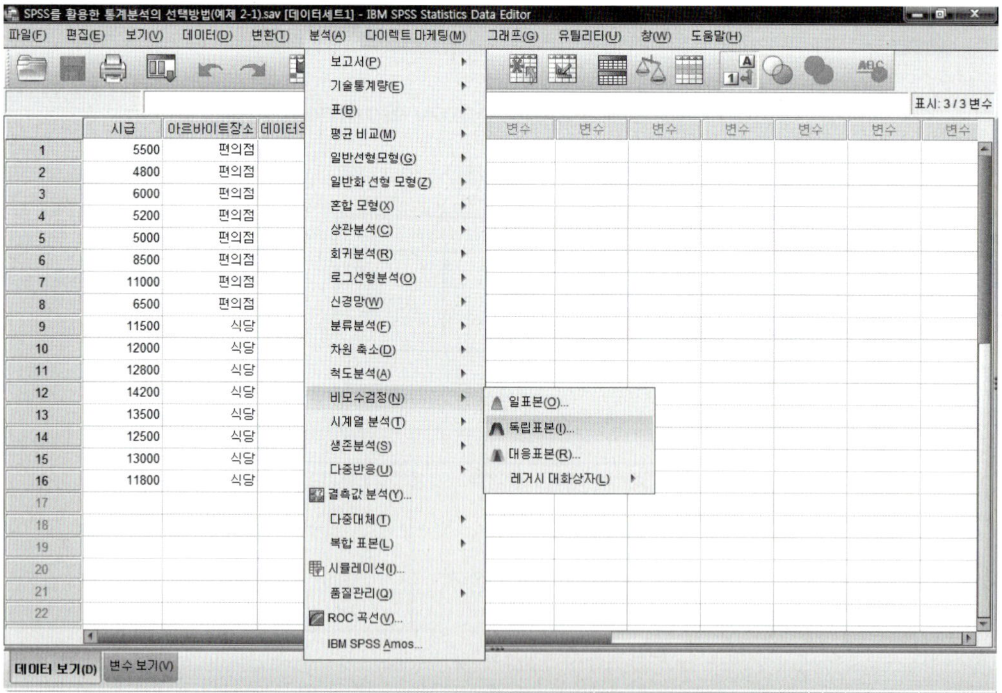

② 다음 대화상자에서 [필드]를 클릭한다.

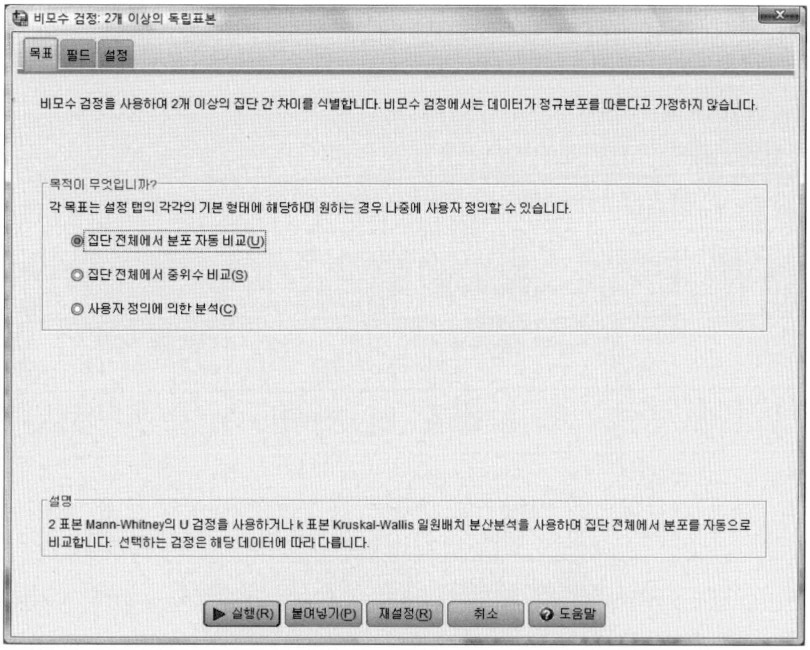

③ 다음 대화상자에서 [검정 필드]에 '시급', [집단]에 '아르바이트 장소'를 각각 이동한다. [설정]을 클릭한다.

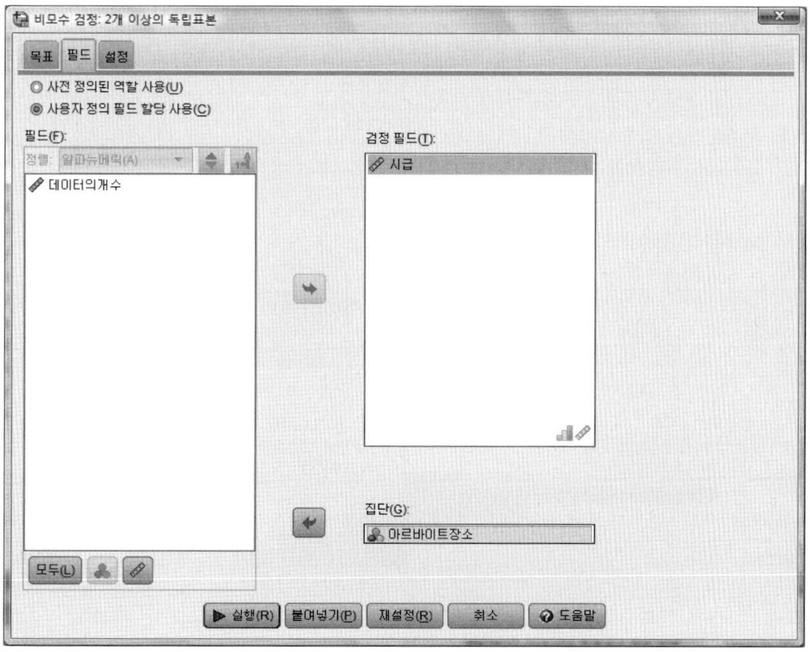

④ 다음 화면에서 [사용자 정의에 의한 검정]을 체크하고, [집단 전체에서 분포 비교]에서 [Kolmogorov-Smirnov(2표본)]를 선택하여 체크한다. [실행]을 클릭한다.

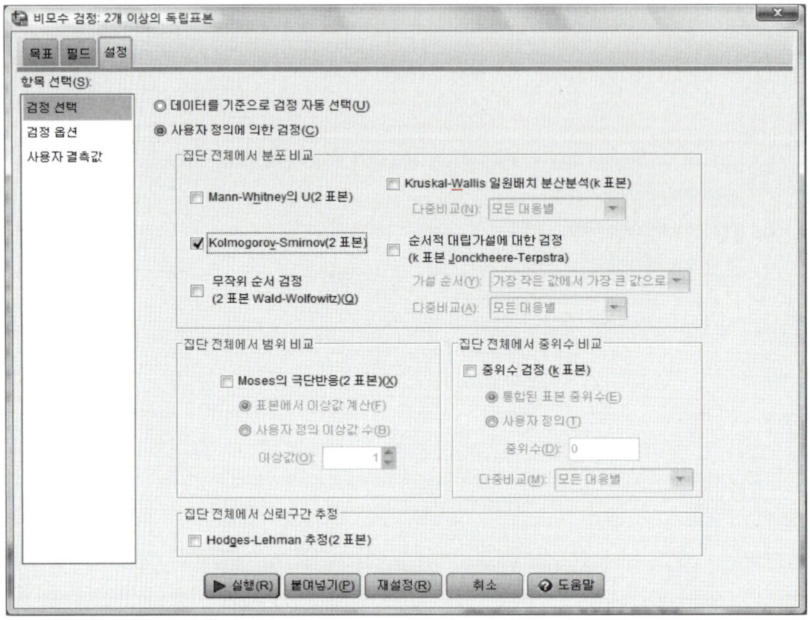

■ 분석결과

가설검정 요약

	영가설	검정	유의확률	의사결정
1	시급의 분포가 아르바이트장소의 범주에서 같습니다.	독립표본 Kolmogorov-Smirnov 검정	.001	영가설을 기각합니다.

근사 유의확률이 표시됩니다. 유의수준이 .05입니다.

출력결과를 더블클릭하면 상세한 결과가 표시된다.

독립표본 Kolmogorov-Smirnov 검정

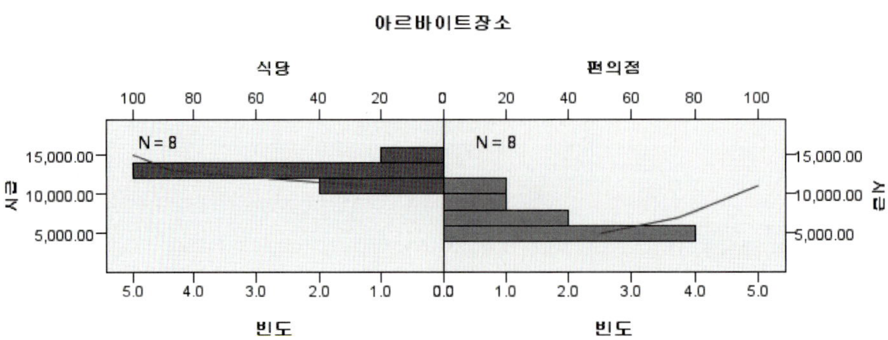

전체 N		16
최대극단차이	절대값	1.000
	양수	1.000
	음수	.000
검정 통계량		2.000
근사 유의확률 (양측검정)		.001

앞에서와 같은 결과를 얻고 있다.

이 출력결과를 보면,

근사 유의확률(양측검정) $0.001 \le$ 유의수준 0.05

이므로, 두 그룹 사이에 차가 있다는 것을 알 수 있다. 즉, 편의점과 식당의 평균시급 사이에는 유의한 차가 있다.

CHAPTER

3

세 그룹 동일한 변수의 데이터

CHAPTER 3

세 그룹 동일한 변수의 데이터

3.1 | 세 그룹에 대한 같은 변수의 측정 데이터

다음과 같은 형태의 데이터의 경우 어떠한 통계분석을 적용할 것인가?

표 3.1 데이터의 형태

그룹 A_1

No.	X
1	$x(1,1)$
2	$x(1,2)$
3	$x(1,3)$
⋮	⋮
n_1	$x(1,n_1)$

그룹 A_2

No.	X
1	$x(2,1)$
2	$x(2,2)$
3	$x(2,3)$
⋮	⋮
n_2	$x(2,n_2)$

그룹 A_3

No.	X
1	$x(3,1)$
2	$x(3,2)$
3	$x(3,3)$
⋮	⋮
n_3	$x(3,n_3)$

이 데이터의 형태의 특징은 세 개의 그룹 A_1, A_2, A_3에 대해서 같은 변수 X에 대하여 각각 n_1, n_2, n_3회 측정하고 있다, 라고 하는 점에 있다. 이 데이터에 대한 통계분석방법을 예제 풀이를 통하여 살펴보도록 하자.

[예제 3-1]

다음의 데이터는 세 종류의 진통제 A_1, A_2, A_3에 대해서 약효(藥效)의 지속시간을 측정한 것이다.

표 3.2 세 종류 진통제의 약효 지속시간(단위: 분)

그룹 A_1

No.	시간
1	53.2
2	49.3
3	58.2
4	49.8
5	35.8
6	42.7
7	45.8
8	51.5

그룹 A_2

No.	시간
1	30.2
2	40.7
3	18.5
4	43.2
5	22.4
6	13.6
7	46.2
8	38.4

그룹 A_3

No.	시간
1	18.4
2	21.5
3	27.5
4	16.3
5	11.8
6	16.4
7	10.5
8	12.7

진통제에 따라서 약효의 지속시간에 차가 있는지 어떤지를 조사해 보자. 모집단의 정규성이나 등분산성에 의문이 있을 때는 어떻게 할 것인가?

3.2 | 그래프 표현

통계분석의 첫걸음은 그래프 표현으로부터 시작된다. 데이터의 개수가 많을 때는 각각의 그룹별로 도수분포표와 히스토그램을 작성함으로써 분포의 상태를 비교할 수 있다.

그러나 이 예제와 같이 데이터의 개수가 적을 때는, 다음과 같은 그래프로 표현할 수밖에 없다.

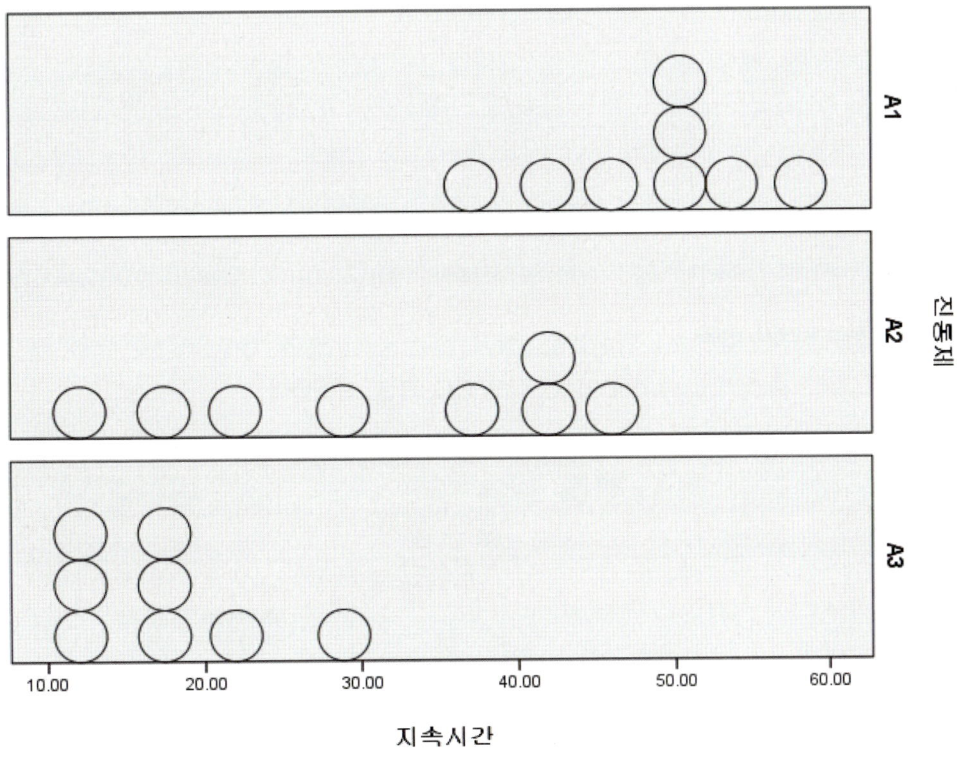

그래프로부터 A_1의 지속시간은 다른 두 종류에 비해서 길다는 것을 곧 알 수 있다. 또한 분산에 대해서는 A_2의 지속시간의 산포가 특히 큰 것으로 보인다.

이러한 그래프를 그리는 방법은 역시 SPSS의 그래프 작성 기능을 활용할 수 있다.

■ SPSS의 순서

〈순서 1〉 데이터의 입력

다음과 같이 <표 3.2>를 SPSS에 입력한다.

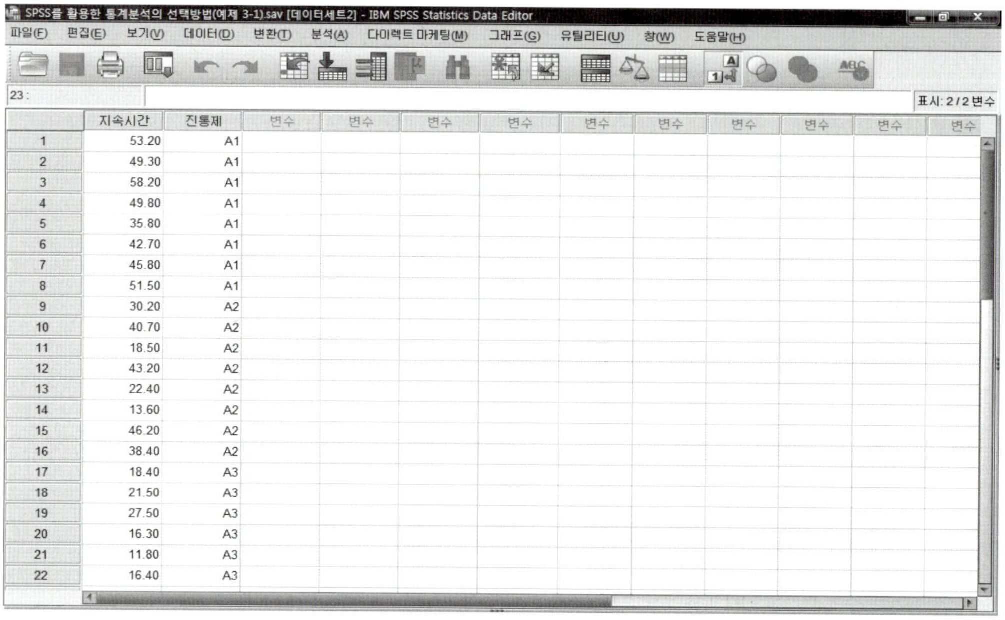

〈순서 2〉 분석수법의 선택

메뉴에서 [그래프]-[레거시 대화상자]-[산점도/점도표]를 선택한다.

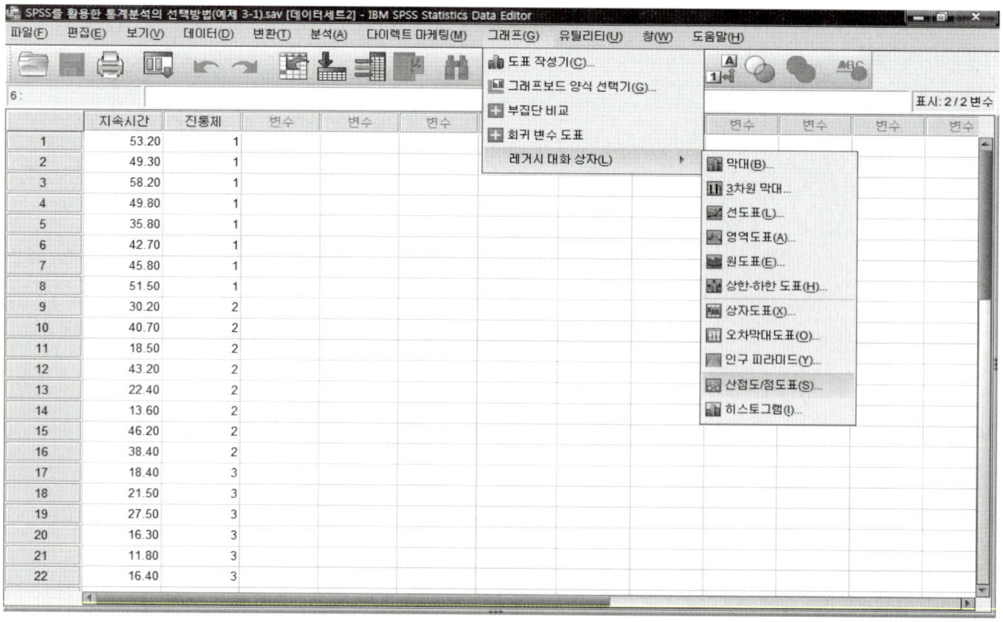

〈순서 3〉 도표의 정의

다음 대화상자에서 [단순 점도표]를 선택하고 [정의]를 클릭한다.

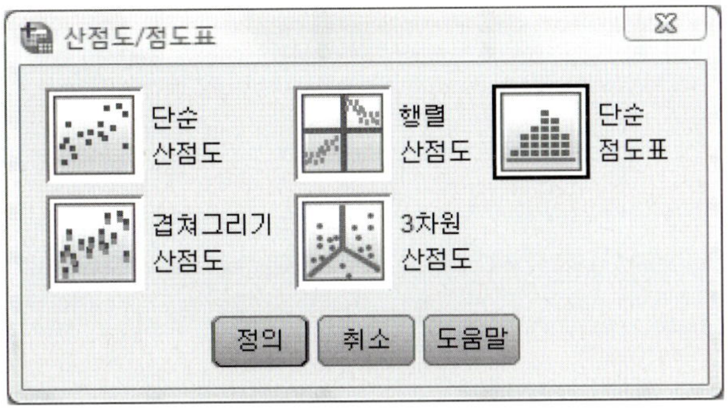

〈순서 4〉 변수의 선택

다음 대화상자에서 [X축 변수]에 '지속시간'을 이동하고, [행]에 '진통제'를 이동한다. [확인]을 클릭하면 그래프가 출력된다.

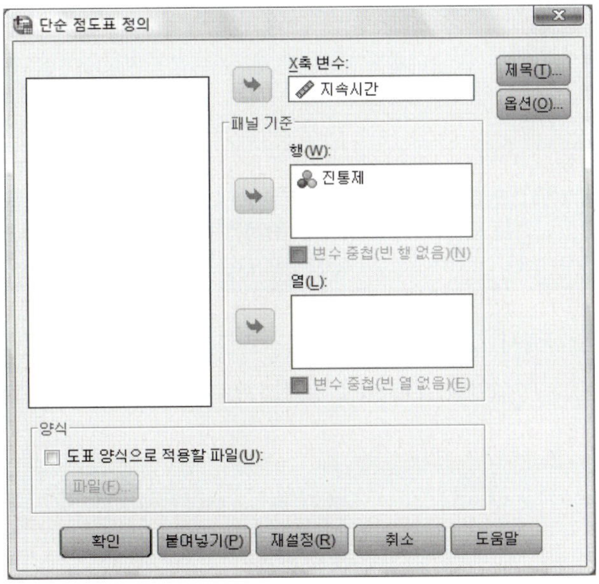

3.3 ı 기초통계량

다음에 평균, 분산, 표준편차 등을 구해보자. 세 종류의 진통제 A_1, A_2, A_3에 대해서 각각 기초통계량을 구하기 위해서는 먼저 파일을 분할해야 한다.

■ SPSS의 순서

〈순서 1〉 데이터의 입력

<표 3.2>를 SPSS에 입력한다.

〈순서 2〉 파일의 분할

① 메뉴에서 [데이터]-[파일분할]을 선택한다.

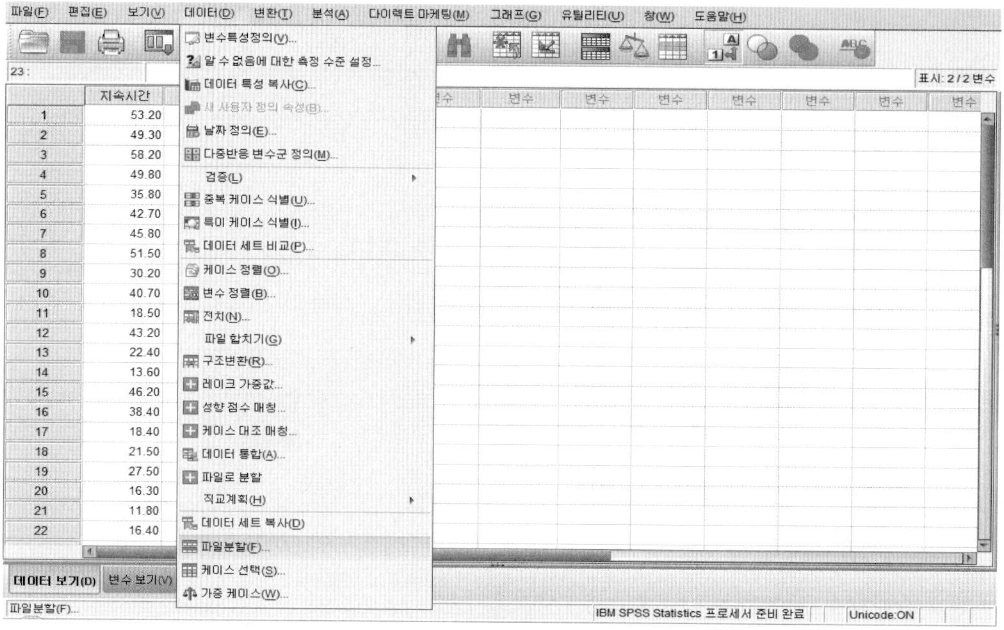

② 다음 대화상자에서 [각 집단별로 출력결과를 나타냄]을 체크하고, [분할 집단변수]에 '진통제'를 이동한다. [확인]을 클릭하면 집단별로 파일이 분할된다.

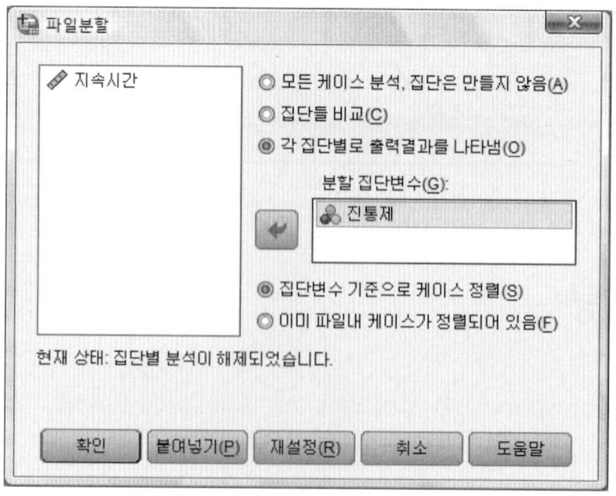

〈순서 3〉 분석수법의 선택

메뉴에서 [분석]-[기술통계량]-[기술통계]를 선택한다.

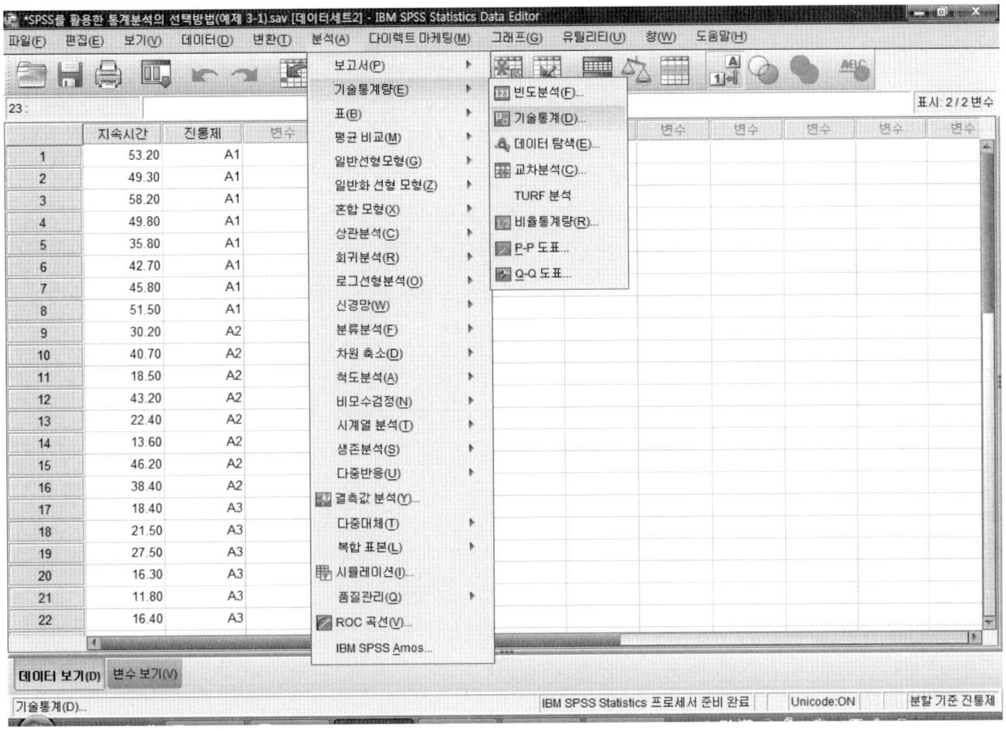

〈순서 4〉 다음 대화상자에서 [변수]에 '지속시간'을 이동한다. [옵션]을 클릭한다.

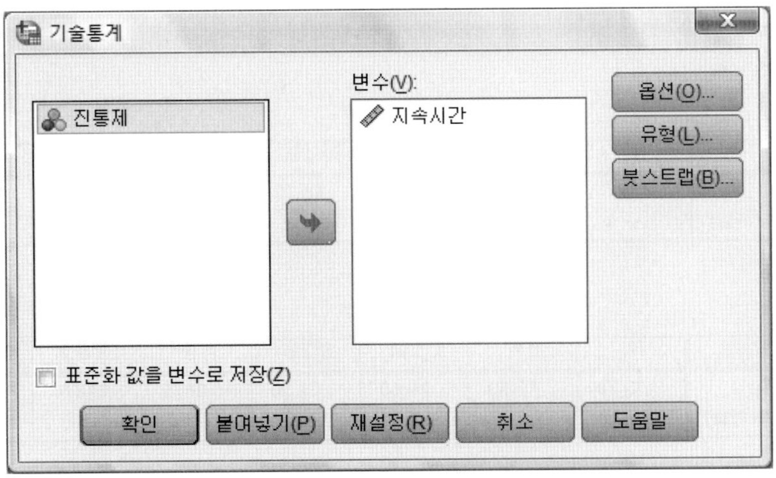

〈순서 5〉 옵션의 선택

[옵션] 대화상자에서 다음과 같이 선택하고 [계속]을 클릭한다. 앞의 화면으로 되돌아오면 [확인]을 클릭한다.

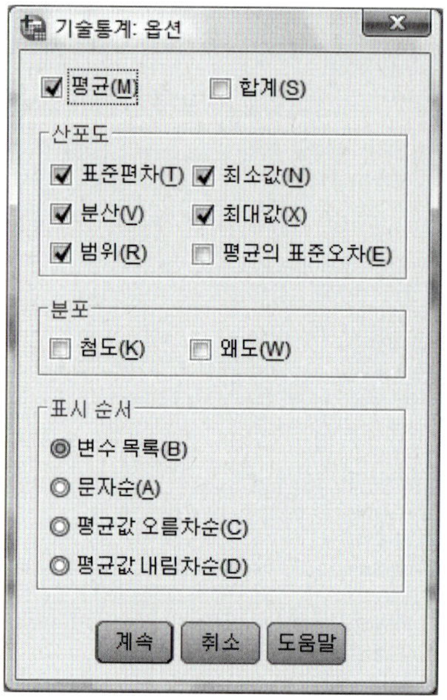

■ 분석결과

기술통계량[a]

	N	범위	최소값	최대값	평균	표준편차	분산
지속시간	8	22.40	35.80	58.20	48.2875	6.85950	47.053
유효 N(목록별)	8						

a. 진통제 = A1

기술통계량[a]

	N	범위	최소값	최대값	평균	표준편차	분산
지속시간	8	32.60	13.60	46.20	31.6500	12.29959	151.280
유효 N(목록별)	8						

a. 진통제 = A2

기술통계량[a]

	N	범위	최소값	최대값	평균	표준편차	분산
지속시간	8	17.00	10.50	27.50	16.8875	5.61870	31.570
유효 N(목록별)	8						

a. 진통제 = A3

이 출력결과를 보더라도 그룹 A_2의 표본분산은 151.280으로 크므로 A_1, A_3에 비해서 약효 지속시간의 산포가 크다는 것을 알 수 있다.

3.4 | 세 모평균의 구간추정

세 종류의 진통제 약효의 지속시간을 각각 추정해 보자.

여기에서 SPSS를 이용해서 구간추정을 실시해 보자.

■ SPSS의 순서

〈순서 1〉 데이터의 입력

다음과 같이 <표 3.2>를 SPSS에 입력한다. 파일분할 상태에서 진행한다.

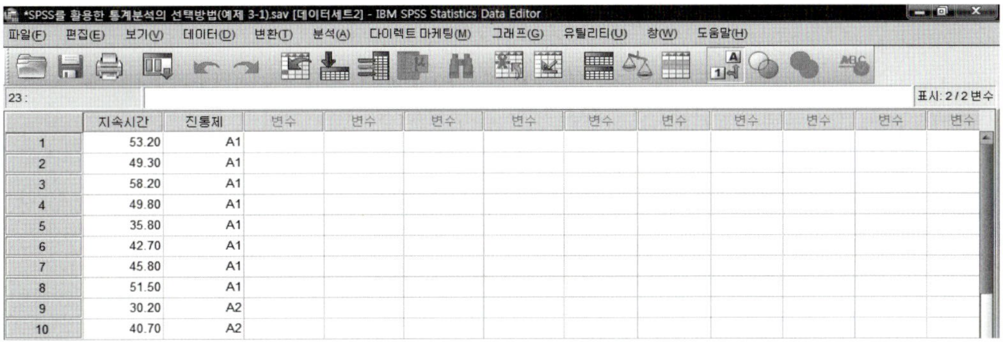

〈순서 2〉 분석수법의 선택

메뉴에서 [분석]-[기술통계량]-[데이터 탐색]을 선택한다.

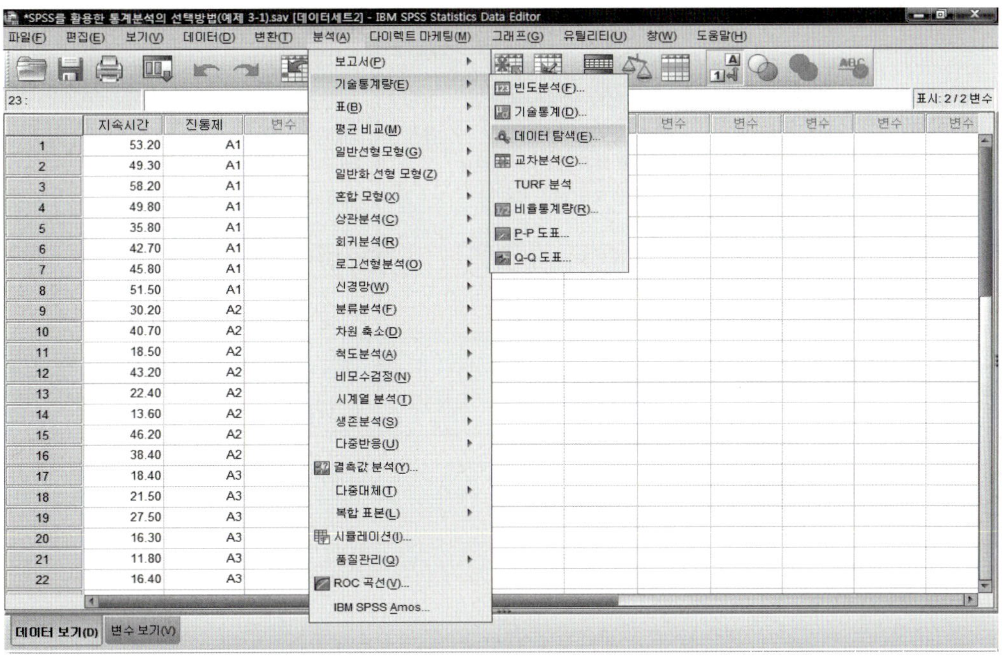

〈순서 3〉 변수의 선택

다음 대화상자에서 [종속변수]에 '지속시간'을 이동하고, [요인]에 '진통제'를 이동한다. [확인]을 클릭한다.

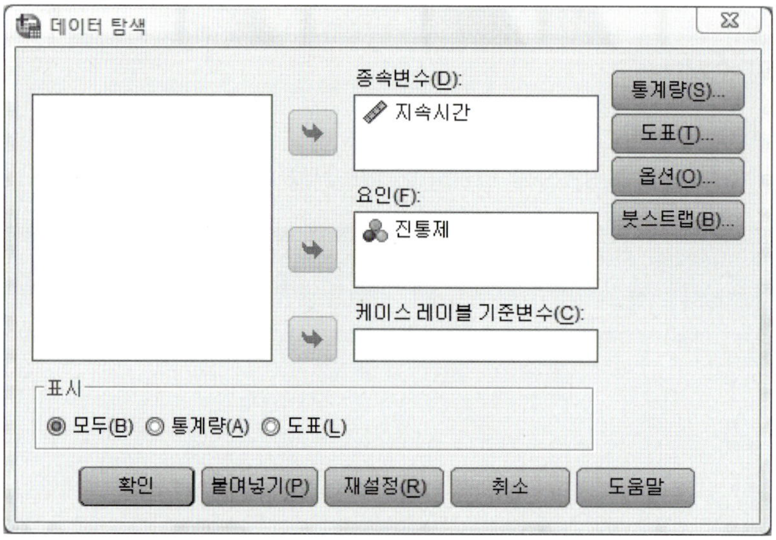

■ 분석결과

기술통계[a]

진통제				통계량	표준오차
지속시간	A1	평균		48.2875	2.42520
		평균의 95% 신뢰구간	하한	42.5528	
			상한	54.0222	
		5% 절사평균		48.4306	
		중위수		49.5500	
		분산		47.053	
		표준편차		6.85950	
		최소값		35.80	
		최대값		58.20	
		범위		22.40	
		사분위수 범위		9.30	
		왜도		-.594	.752
		첨도		.625	1.481

a. 진통제 = A1

기술통계[a]

진통제				통계량	표준오차
지속시간	A2	평균		31.6500	4.34856
		평균의 95% 신뢰구간	하한	21.3673	
			상한	41.9327	
		5% 절사평균		31.8444	
		중위수		34.3000	
		분산		151.280	
		표준편차		12.29959	
		최소값		13.60	
		최대값		46.20	
		범위		32.60	
		사분위수 범위		23.10	
		왜도		-.336	.752
		첨도		-1.682	1.481

a. 진통제 = A2

기술통계[a]

진통제				통계량	표준오차
지속시간	A3	평균		16.8875	1.98651
		평균의 95% 신뢰구간	하한	12.1901	
			상한	21.5849	
		5% 절사평균		16.6528	
		중위수		16.3500	
		분산		31.570	
		표준편차		5.61870	
		최소값		10.50	
		최대값		27.50	
		범위		17.00	
		사분위수 범위		8.70	
		왜도		.892	.752
		첨도		.530	1.481

a. 진통제 = A3

세 종류의 진통제 A_1, A_2, A_3에 대한 모집단의 95% 신뢰구간은 각각 다음과 같다.

$$A_1 : \quad 42.5528 \le \mu_{A1} \le 54.0222$$

$$A_2 : \quad 21.3673 \le \mu_{A2} \le 41.9327$$

$$A_3 : \quad 12.1901 \le \mu_{A3} \le 21.5849$$

이로부터 A_1과 A_3 사이에는 지속시간에 상당한 차가 있는 것으로 보인다. 그러나 정확하게 그룹 간에 차가 있다는 것을 보이기 위해서는, 다음의 분산분석과 다중비교의 방법을 채택하지 않으면 안 된다.

3.5 | 일원배치 분산분석과 다중비교

그런데 세 개의 모평균을 비교하고 싶기 때문에, 우선 두 개의 모평균의 차에 대한 검정을 이용해 보자.

이 경우는 모평균이 μ_1, μ_2, μ_3이므로 다음의 세 가지 귀무가설

귀무가설 $H_0: \mu_1 = \mu_2$

귀무가설 $H_0: \mu_1 = \mu_3$

귀무가설 $H_0: \mu_2 = \mu_3$

에 대해서,

"두 개의 모평균의 차에 대한 검정을 3회 반복하면 좋을 것 같다"

라고 생각하고 싶겠지만, 이 방법은 틀렸다.

검정의 정의를 상기해 보자.

검정에는 유의수준 5%라고 하는 확률을 이용한다. 그래서 귀무가설 H_0는 5%의 확률로 기각된다거나 채택된다거나 한다.

그런데 유의수준 5%로 검정을 3회 반복하면, 각각의 유의수준은 5%이더라도 합계하면 유의수준은 15%까지 늘어날 가능성이 있다.

유의수준이 증가한다고 하는 것은 "귀무가설을 기각하기 쉽게 된다"라고 하는 것으로, 원래 유의차가 없었음에도 불구하고 차가 있는 것처럼 귀무가설을 기각해 버릴 위험성이 있다.

그래서 세 개 이상의 모평균의 차에 대한 검정을 위해서

1. 일원배치 분산분석
2. 다중비교

라고 하는 2단계의 통계분석이 개발되었다.

먼저 "세 개의 그룹 A_1, A_2, A_3의 모평균이 모두 같은지 어떤지?"를 조사한다.

그러기 위해서는 다음의 귀무가설

귀무가설 $H_0: \mu_1 = \mu_2 = \mu_3$

의 검정을 하면 된다.

이 통계분석을 일원배치 분산분석이라고 한다. 일원배치란 데이터의 배열을 가리킨다. 그런데 다중비교를 할 때 반드시 먼저 일원배치 분산분석을 해 놓을 필요는 없다.

힌트

인원배치 분산분석에서는 그룹 A_1, A_2, A_3의 대신에 수준 A_1, A_2, A_3라고 하는 통계용어를 이용한다.

여기에서 SPSS를 이용해서 가설검정을 실시해 보자.

■ SPSS의 순서

〈순서 1〉 데이터의 입력

다음과 같이 <표 3.2>를 SPSS에 입력한다.

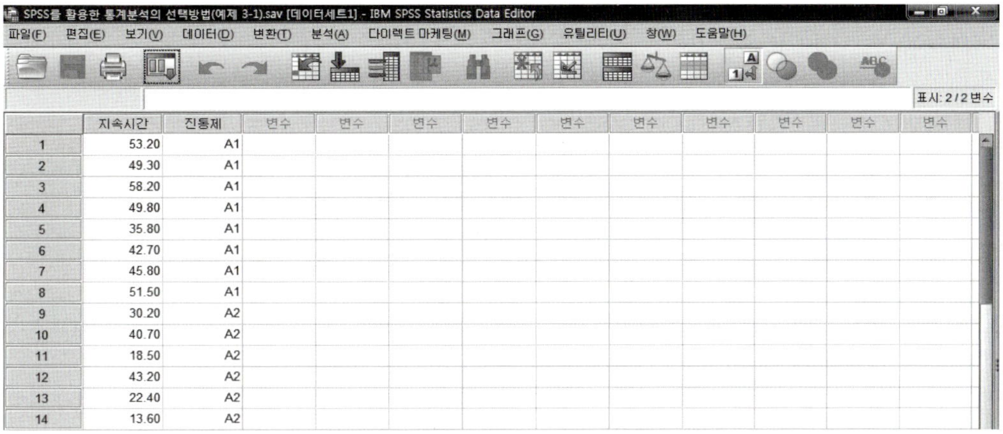

〈순서 2〉 분석수법의 선택

메뉴에서 [분석]-[평균 비교]-[일원배치 분산분석]을 선택한다.

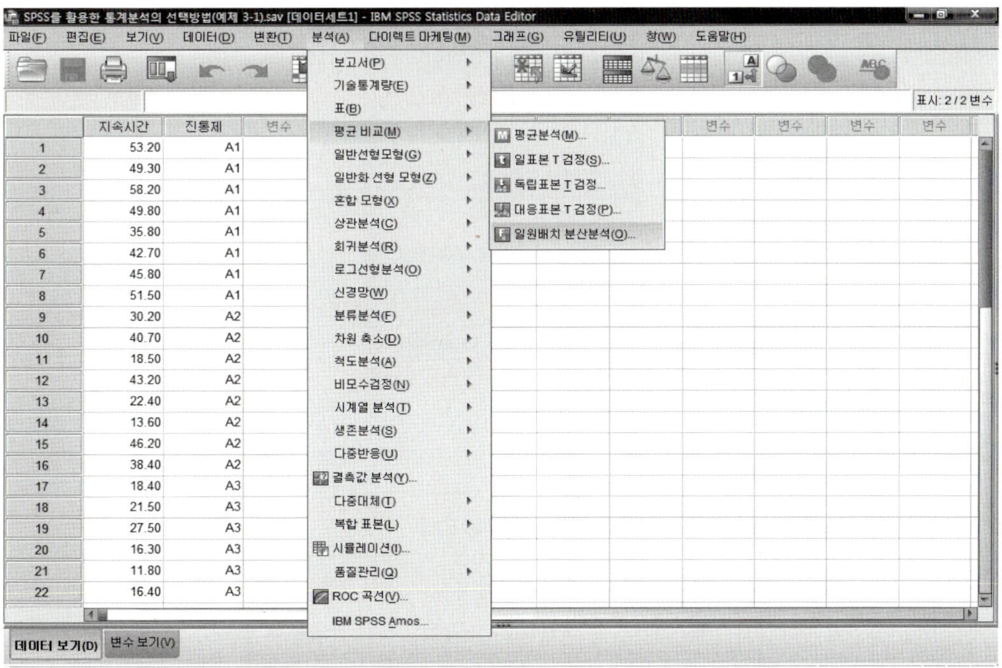

〈순서 3〉 변수의 선택

다음 대화상자에서 [종속변수]에 '지속시간', [요인]에 '진통제'를 각각 이동한다. [옵션]을 클릭한다.

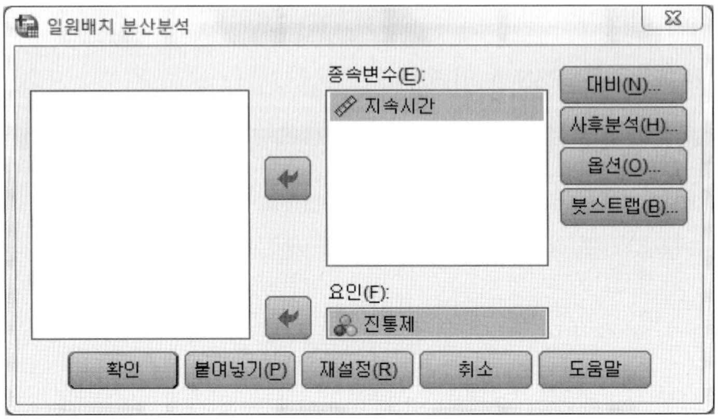

〈순서 4〉 옵션의 선택

다음 대화상자에서 [분산 동질성 검정]을 체크한다. [계속]을 클릭한다. 앞의 화면으로 되돌아오면 [확인]을 클릭한다.

■ 분석결과

분산의 동질성 검정

지속시간

Levene 통계량	자유도1	자유도2	유의확률
5.079	2	21	.016

ANOVA

지속시간

	제곱합	자유도	평균제곱	F	유의확률
집단-간	3948.528	2	1974.264	25.762	.000
집단-내	1609.318	21	76.634		
전체	5557.845	23			

루빈의 등분산성에 대한 검정

귀무가설 H_0 : "세 그룹의 분산은 서로 같다"

를 검정한다.

검정통계량이 $F = 5.079$이고 그 때의 유의확률 $0.016 \leq$ 유의수준 0.05이므로, 귀무가설은 기각된다. 따라서 등분산성이 성립되지 않는다고 판단할 수 있다.

분산분석은 다음의 가설을 검정하고 있다.

귀무가설 H_0 : "세 그룹의 모평균은 서로 같다"

유의확률 $0.000 \leq$ 유의수준 0.05이므로 귀무가설 H_0는 기각된다.

따라서 "세 종류의 진통제에 대한 평균 약효 지속시간에 차가 있다"는 것을 알았다.

이와 같이 분산분석의 결과, 귀무가설 H_0가 기각되면 다음은 어떻게 하나?

"세 개의 모평균 μ_1, μ_2, μ_3가 모두 같지는 않다"

라고 하는,

"어딘가에 차가 있다"

라고 주장하고 있으므로, 다음은 모든 조합 (A_1, A_2), (A_1, A_3), (A_2, A_3) 중에서 차가 있는 조합을 찾아내기로 한다.

모든 조합 중에서 차가 있는 조합을 찾아내는 통계분석을 **다중비교**라고 부른다.

다중비교는 처음에 유의수준 α를 정하고, 그 유의수준 α 중에서 모든 조합을 동시에 비교하는 방법이다. 유의수준 α의 차의 검정을 몇 번이고 반복한다.

유의수준은 점차 증가하여 검정이 싱거워지므로 충분히 주의를 해야 한다.

다중비교에는 Tukey의 방법, Scheffe의 방법, Bonferroni의 방법 등 여러 가지 수법이 고안되었다.

■ Tukey의 방법에 의한 다중비교

Tukey의 방법은 다중비교 중에서 가장 자주 이용되고 있다.

그런데 다음의 세 가지 귀무가설

귀무가설 $H_0 : \mu_1 = \mu_2$

귀무가설 $H_0 : \mu_1 = \mu_3$

귀무가설 $H_0 : \mu_2 = \mu_3$

를 동시에 검정할 때, Tukey의 방법의 기각역은 스튜던트화된 범위의 분포를 이용한다.

Tukey의 방법은 원래 각 그룹의 데이터 수가 모두 같지 않으면 안 되었지만, 최근의 통계 소프트웨어에서는 각 그룹의 데이터의 개수가 달라도 Tukey의 다중비교를 실시하도록 해 준다.

■ SPSS의 순서

〈순서 1〉 사후분석의 선택

앞의 <순서 4> 옵션의 선택 이후, [계속]을 클릭하면 다음 화면으로 되돌아간다. 여기에서 [사후분석]을 클릭한다.

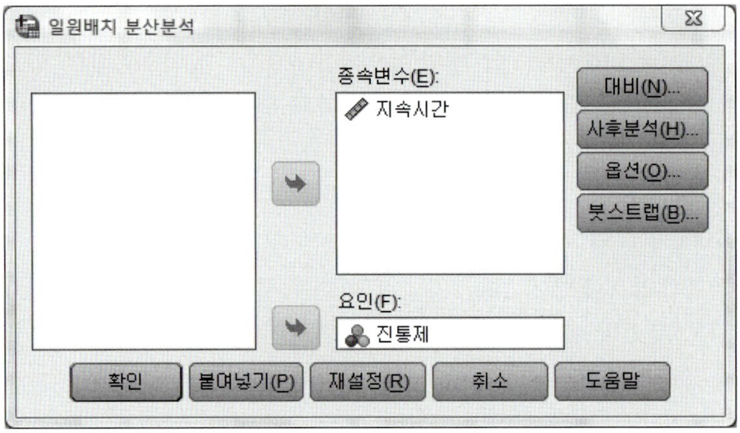

〈순서 2〉 다중비교 방법의 선택

다음 화면에서 [Tukey 방법]을 체크한다. [계속]을 클릭한다.

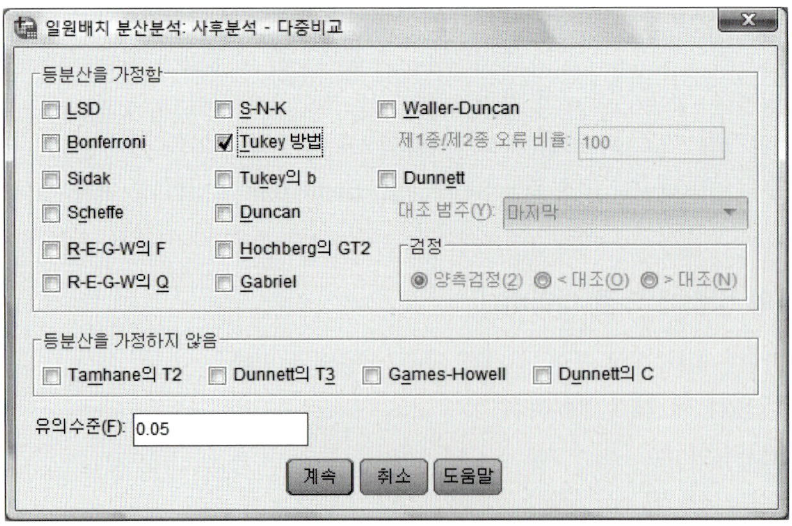

앞의 화면으로 되돌아오면 [확인]을 클릭한다.

분석결과

다중비교

종속변수: 지속시간
Tukey HSD

(I) 진통제	(J) 진통제	평균차이(I-J)	표준오차	유의확률	95% 신뢰구간 하한	95% 신뢰구간 상한
A1	A2	16.63750*	4.37705	.003	5.6048	27.6702
	A3	31.40000*	4.37705	.000	20.3673	42.4327
A2	A1	-16.63750*	4.37705	.003	-27.6702	-5.6048
	A3	14.76250*	4.37705	.008	3.7298	25.7952
A3	A1	-31.40000*	4.37705	.000	-42.4327	-20.3673
	A2	-14.76250*	4.37705	.008	-25.7952	-3.7298

*. 평균차이는 0.05 수준에서 유의합니다.

동질적 부분집합

지속시간

Tukey HSD[a]

진통제	N	유의수준 = 0.05에 대한 부분집합 1	2	3
A3	8	16.8875		
A2	8		31.6500	
A1	8			48.2875
유의확률		1.000	1.000	1.000

동질적 부분집합에 있는 집단에 대한 평균이 표시됩니다.
a. 조화평균 표본크기 8.000을(를) 사용합니다.

Tukey의 방법을 이용한 다중비교 결과, 모든 조합 (A_1, A_2), (A_1, A_3), (A_2, A_3) 사이에 차가 있다는 것을 알 수 있다.

Scheffe의 방법에 의한 다중비교

Scheffe의 방법에 의한 다중비교는 대단히 재미있는 검정방법이다.

모든 계수 C_1, C_2, C_3에 대해서

귀무가설 $H_0 : C_1\mu_1 + C_2\mu_2 + C_3\mu_3 \quad (C_1 + C_2 + C_3 = 0)$ ➡선형대비

라고 하는 무한개의 가설을 동시에 검정해 주는 것이다.

언뜻 보아 무슨 뜻인지 알 수 없는 가설일지 모르지만, 다음과 같이 C_1, C_2, C_3에 숫자를 적용해 보면, 바로 이해할 수 있을 것이다.

$C_1 = 1, C_2 = -1, C_3 = 0$로 놓으면, 귀무가설 $H_0 : \mu_1 - \mu_2 = 0$

$C_1 = 1, C_2 = 0, C_3 = -1$로 놓으면, 귀무가설 $H_0 : \mu_1 - \mu_3 = 0$

$C_1 = 0, C_2 = 1, C_3 = -1$로 놓으면, 귀무가설 $H_0 : \mu_2 - \mu_3 = 0$

따라서 이 방법은 Tukey의 가설도 포함하고 있다는 것을 알 수 있다.

■ SPSS의 순서

〈순서 1〉 사후분석의 선택

앞의 <순서 4> 옵션의 선택 이후, [계속]을 클릭하면 다음 화면으로 되돌아간다. 여기에서 [사후분석]을 클릭한다.

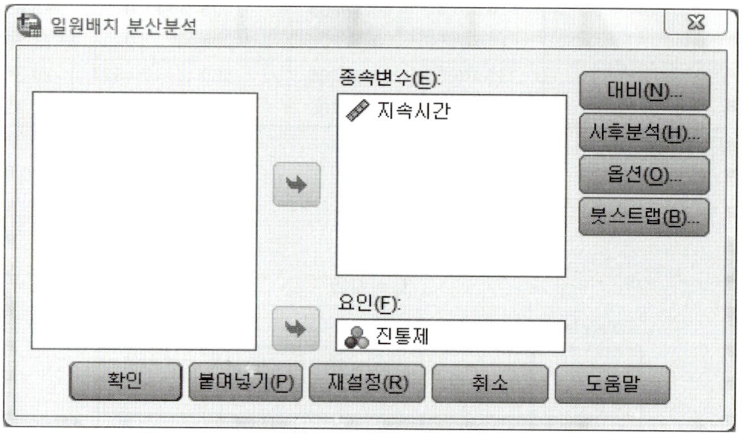

〈순서 2〉 다중비교 방법의 선택

다음 화면에서 [Scheffe]를 체크한다. [계속]을 클릭한다. 앞의 화면으로 되돌아오면 [확인]을 클릭한다.

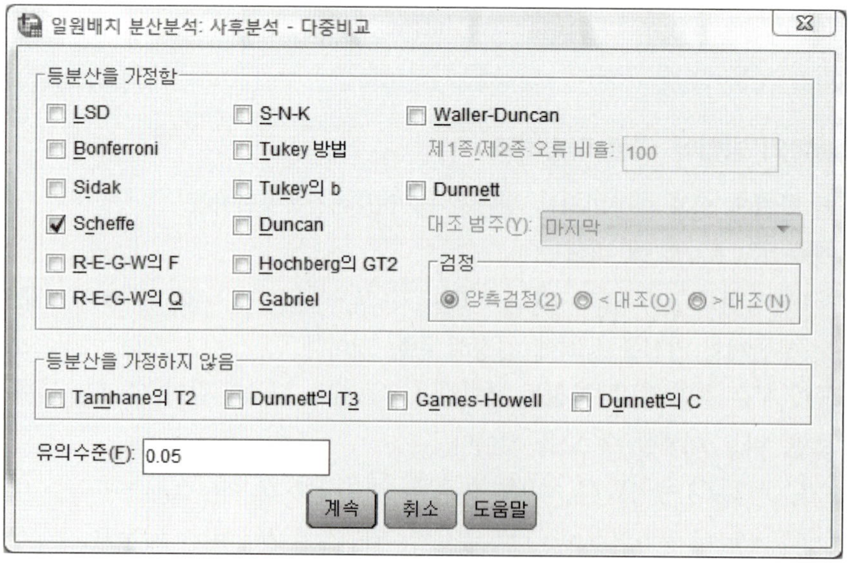

■ 분석결과

다중비교

종속변수: 지속시간

Scheffe

(I) 진통제	(J) 진통제	평균차이(I-J)	표준오차	유의확률	95% 신뢰구간 하한	95% 신뢰구간 상한
A1	A2	16.63750*	4.37705	.004	5.1120	28.1630
	A3	31.40000*	4.37705	.000	19.8745	42.9255
A2	A1	-16.63750*	4.37705	.004	-28.1630	-5.1120
	A3	14.76250*	4.37705	.011	3.2370	26.2880
A3	A1	-31.40000*	4.37705	.000	-42.9255	-19.8745
	A2	-14.76250*	4.37705	.011	-26.2880	-3.2370

*. 평균차이는 0.05 수준에서 유의합니다.

Scheffe의 방법을 이용한 다중비교 결과 역시 모든 조합 (A_1, A_2), (A_1, A_3), (A_2, A_3) 사이에 차가 있다는 것을 알 수 있다.

그런데 Scheffe의 방법에는 다음과 같은 편리한 이용방법도 있다.

$C_1 = 2,\ C_2 = -1,\ C_3 = -1$로 놓으면

$$\text{귀무가설 } H_0 : 2\mu_1 - \mu_2 - \mu_3 = 0$$

가 되는데, 이것은

$$\text{귀무가설 } H_0 : \mu_1 = \frac{\mu_2 + \mu_3}{2}$$

로 변형할 수 있으므로, 그룹 A_1과 그룹 A_2, A_3와의 비교를 하고 있다고 생각할 수 있다.

■ Bonferroni의 방법에 의한 다중비교

다음의 부등식을 Bonferroni의 부등식이라고 한다.

$$P_r(A_1 \cup A_2 \cup A_3) \leq P_r(A_1) + P_r(A_2) + P_r(A_3)$$

이 식으로부터 유의수준 α의 검정을 3회 반복하면, 그 유의수준은

$$\text{3회 반복했을 때의 유의수준} \leq 3\alpha$$

가 되는 것을 알 수 있다.

따라서 유의수준 α로 억제해 놓기 위해서는,

"하나하나의 유의수준을 미리 $\frac{\alpha}{3}$로 해 두면 된다"

라고 하는 것이 Bonferroni의 사고방식이다.

$$P_r(A_1 \cup A_2 \cup A_3) \leq \frac{\alpha}{3} + \frac{\alpha}{3} + \frac{\alpha}{3}$$

■ SPSS의 순서

〈순서 1〉 사후분석의 선택

앞의 <순서 4> 옵션의 선택 이후, [계속]을 클릭하면 다음 화면으로 되돌아간다. 여기에서 [사후분석]을 클릭한다.

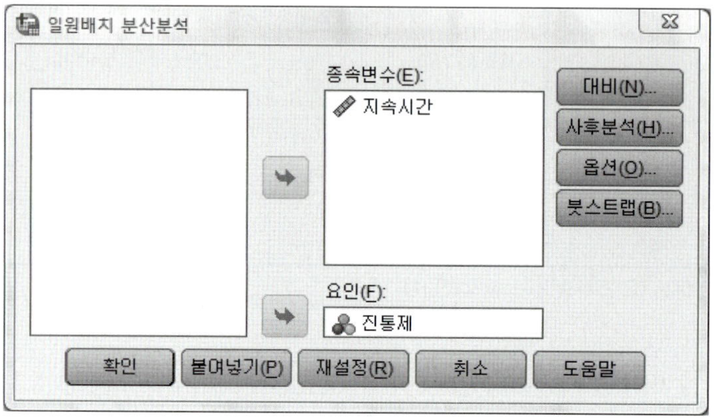

〈순서 2〉 다중비교 방법의 선택

다음 화면에서 [Bonferroni]를 체크한다. [계속]을 클릭한다. 앞의 화면으로 되돌아오면 [확인]을 클릭한다.

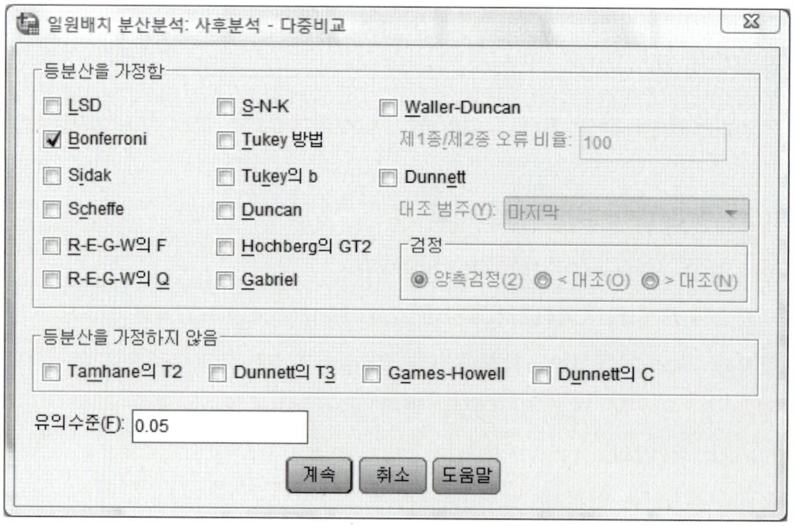

■ 분석결과

Bonferroni의 방법을 이용한 다중비교 결과 역시 모든 조합 (A_1, A_2), (A_1, A_3), (A_2, A_3) 사이에 차가 있다는 것을 알 수 있다.

다중비교

종속변수: 지속시간

Bonferroni

(I) 진통제	(J) 진통제	평균차이(I-J)	표준오차	유의확률	95% 신뢰구간 하한	95% 신뢰구간 상한
A1	A2	16.63750*	4.37705	.003	5.2513	28.0237
	A3	31.40000*	4.37705	.000	20.0138	42.7862
A2	A1	-16.63750*	4.37705	.003	-28.0237	-5.2513
	A3	14.76250*	4.37705	.009	3.3763	26.1487
A3	A1	-31.40000*	4.37705	.000	-42.7862	-20.0138
	A2	-14.76250*	4.37705	.009	-26.1487	-3.3763

*. 평균차이는 0.05 수준에서 유의합니다.

3.6 | 크러스컬·월리스의 검정

세 개의 그룹 간에 차가 있는지 어떤지를 조사하고 싶을 때는, 일원배치 분산분석이라고 하는 수법이 있는데, 이 방법을 사용하기 위해서는, 세 개 그룹의 모집단이 정규분포에 따르고 있다고 하는 전제가 필요하다.

그래서 모집단의 정규성을 걱정하지 않고 차의 검정을 하고 싶을 때는, 비모수적 검정을 이용한다.

이 예제와 같이 그룹의 개수가 세 개 이상인 경우에는 **크러스컬·월리스의 검정**(Kruskal-Wallis test)이 자주 쓰인다. 크러스컬·월리스의 검정에서는 중위수를 모집단의 대푯값으로 생각하고 있으므로, 데이터를 순위로 치환한다.

데이터가 주어지면 각 그룹의 데이터를 하나로 합쳐서 작은 쪽부터 순위를 매긴다. 이때, 각 그룹의 순위평균과 전체의 순위평균과의 차에 대한 제곱합을 사용해서, 검정통계량 KW를 정의한다.

표 3.2 세 종류 진통제의 약효 지속시간(단위: 분)

그룹 A_1 No.	시간	순위	그룹 A_2 No.	시간	순위	그룹 A_3 No.	시간	순위
1	53.2	23	1	30.2	12	1	18.4	7
2	49.3	20	2	40.7	15	2	21.5	9
3	58.2	24	3	18.5	8	3	27.5	11
4	49.8	21	4	43.2	17	4	16.3	5
5	35.8	13	5	22.4	10	5	11.8	2
6	42.7	16	6	13.6	4	6	16.4	6
7	45.8	18	7	46.2	19	7	10.5	1
8	51.5	22	8	38.4	14	8	12.7	3
순위평균		19.63	순위평균		12.38	순위평균		5.50

전체의 순위평균은

$$\frac{1+2+3+\cdots+23+24}{24}=12.5$$

가 되므로, 검정통계량 KW를 계산하면, 다음과 같이 된다.

$$KW=\frac{12}{24(24+1)}\{8\times(19.63-12.5)^2+8\times(12.38-12.5)^2+8\times(5.50-12.5)^2\}$$
$$=15.965$$

다음은 이 검정통계량을 기각역과 비교하면 된다. 데이터의 개수가 많을 때는 이 기각역은 χ^2분포로 근사된다는 것이 알려져 있다.

따라서,

$$KW\geq\chi^2(a-1\,;0.05)\qquad\qquad (a\text{는 그룹의 수})$$

일 때, 귀무가설은 기각된다.

■ SPSS의 순서

〈순서 1〉 데이터의 입력

다음과 같이 <표 3.2>를 SPSS에 입력한다.

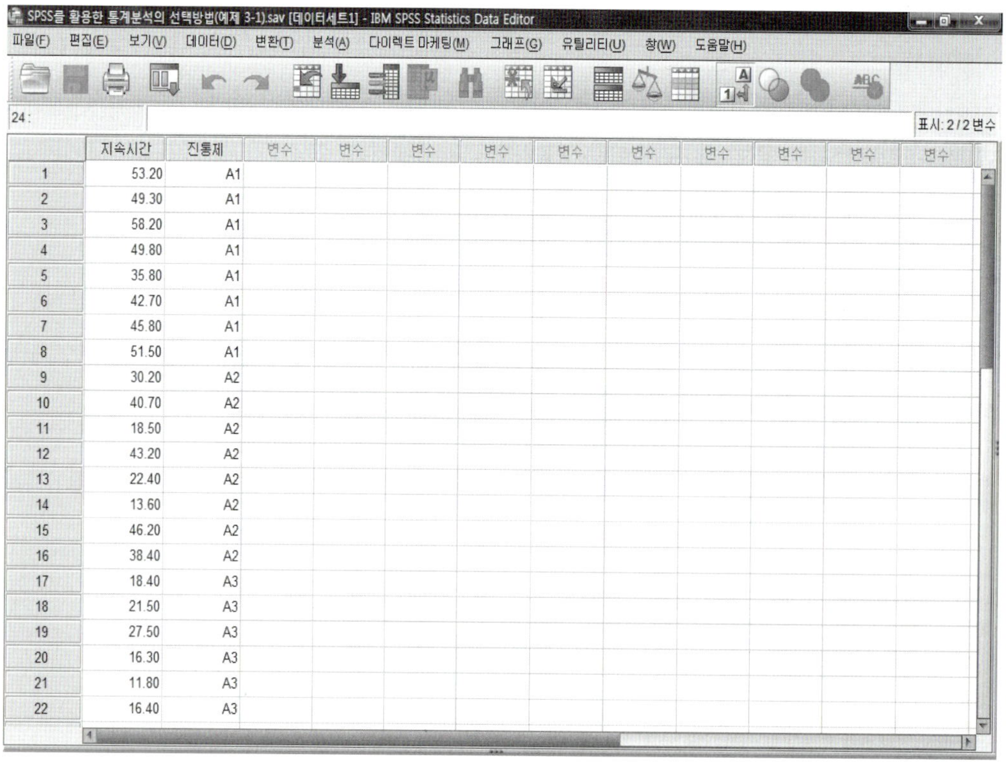

	지속시간	진통제	변수	변수	변수	변수	변수	변수	변수	변수	변수	변수
1	53.20	A1										
2	49.30	A1										
3	58.20	A1										
4	49.80	A1										
5	35.80	A1										
6	42.70	A1										
7	45.80	A1										
8	51.50	A1										
9	30.20	A2										
10	40.70	A2										
11	18.50	A2										
12	43.20	A2										
13	22.40	A2										
14	13.60	A2										
15	46.20	A2										
16	38.40	A2										
17	18.40	A3										
18	21.50	A3										
19	27.50	A3										
20	16.30	A3										
21	11.80	A3										
22	16.40	A3										

〈순서 2〉 분석수법의 선택

메뉴에서 [분석]-[비모수검정]-[레거시 대화상자]-[K-독립표본]을 선택한다.

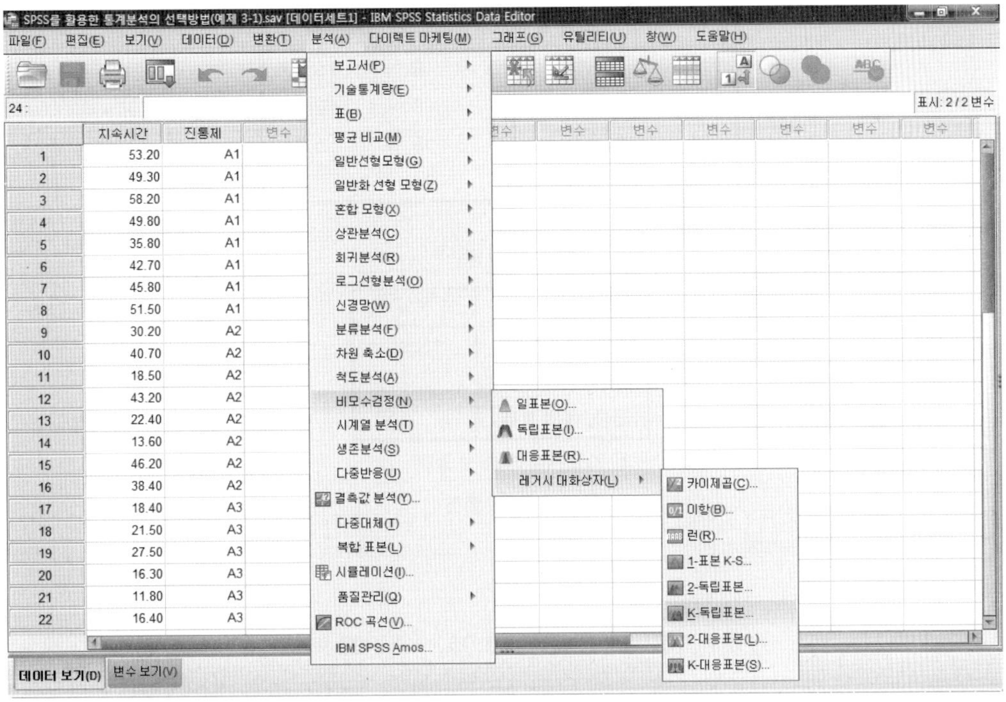

〈순서 3〉 변수의 선택

다음 대화상자에서 [검정변수]로 '지속시간'을 이동하고, [집단변수]로 '진통제'를 이동한다. [범위지정]에서 [최소값]에 '1', [최대값]에 '3'을 입력하고 [계속]을 클릭한다. 다음 화면에서 [확인]을 클릭한다.

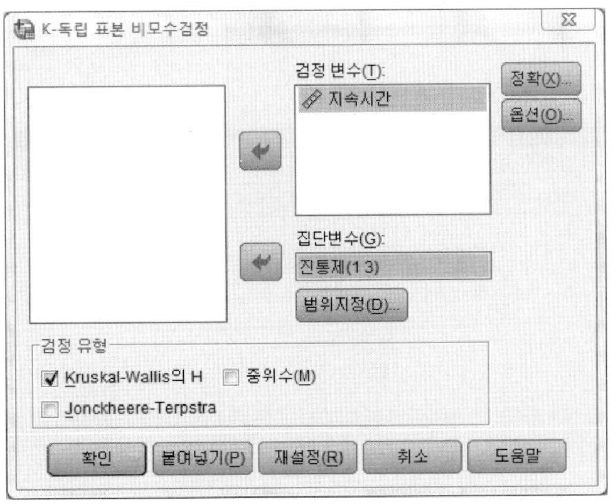

■ 분석결과

순위

	진통제	N	평균 순위
지속시간	A1	8	19.63
	A2	8	12.38
	A3	8	5.50
	전체	24	

검정 통계량[a,b]

	지속시간
카이제곱	15.965
자유도	2
근사 유의확률	.000

a. Kruskal Wallis 검정

b. 집단변수: 진통제

따라서

$$KW = 15.965 \geq \chi^2(2;0.05) = 5.99146$$

으로부터 유의수준 0.05에서 세 개의 그룹 사이에 차가 있다는 것을 알았다.

그렇다면 어느 그룹과 어느 그룹 사이에 차가 있는지를 알고 싶으면 다중비교를 실시한다.

크러스컬·월리스의 검정을 다른 방법으로 실행해 보자.

■ SPSS의 순서

〈순서 1〉 데이터의 입력

다음과 같이 <표 3.2>를 SPSS에 입력한다.

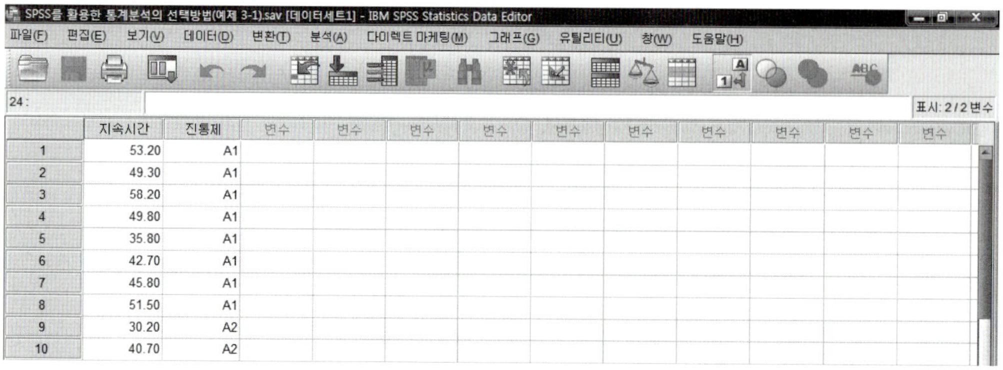

	지속시간	진통제	변수	변수	변수	변수	변수	변수	변수	변수	변수	변수
1	53.20	A1										
2	49.30	A1										
3	58.20	A1										
4	49.80	A1										
5	35.80	A1										
6	42.70	A1										
7	45.80	A1										
8	51.50	A1										
9	30.20	A2										
10	40.70	A2										

〈순서 2〉 분석수법의 선택

① 메뉴에서 [분석]-[비모수검정]-[독립표본]을 선택한다.

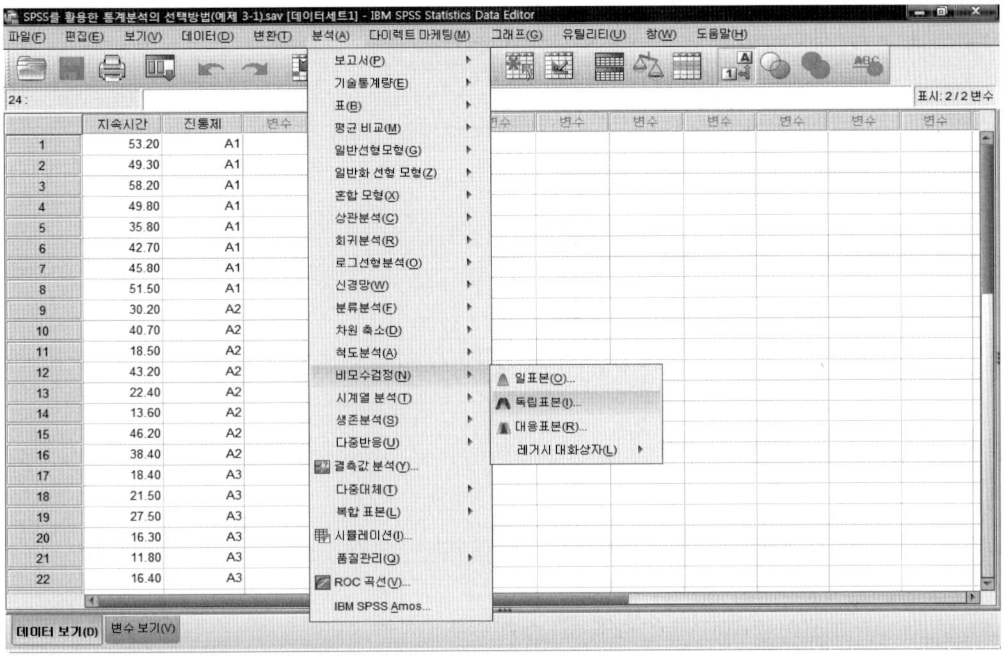

〈순서 3〉 다음 화면에서 [사용자 정의에 의한 분석]을 체크한다. [필드]를 클릭한다.

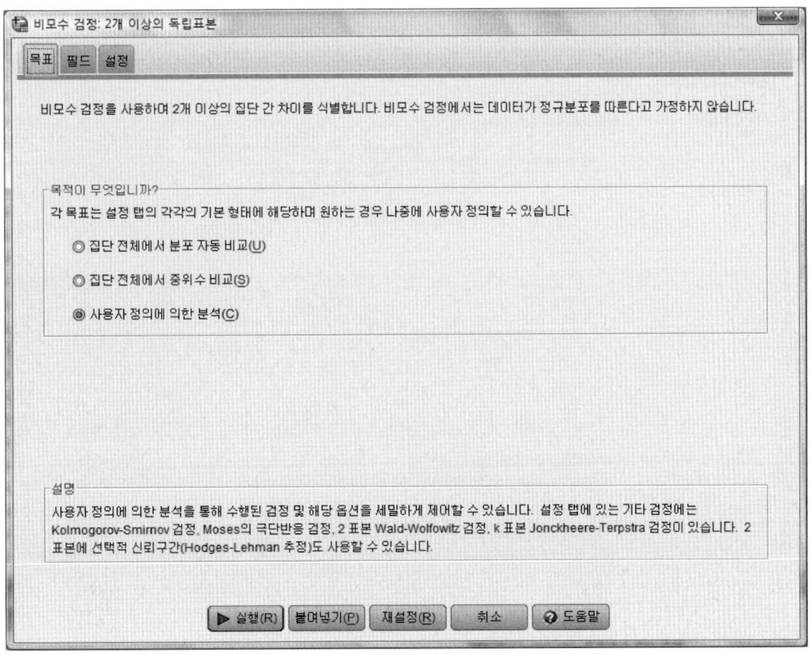

〈순서 4〉 다음 화면에서 [사용자 정의 필드 할당 사용]을 체크한다. [검정 필드]에 '지속시간'을 이동하고, [집단]에 '진통제'를 이동한다. [설정]을 클릭한다.

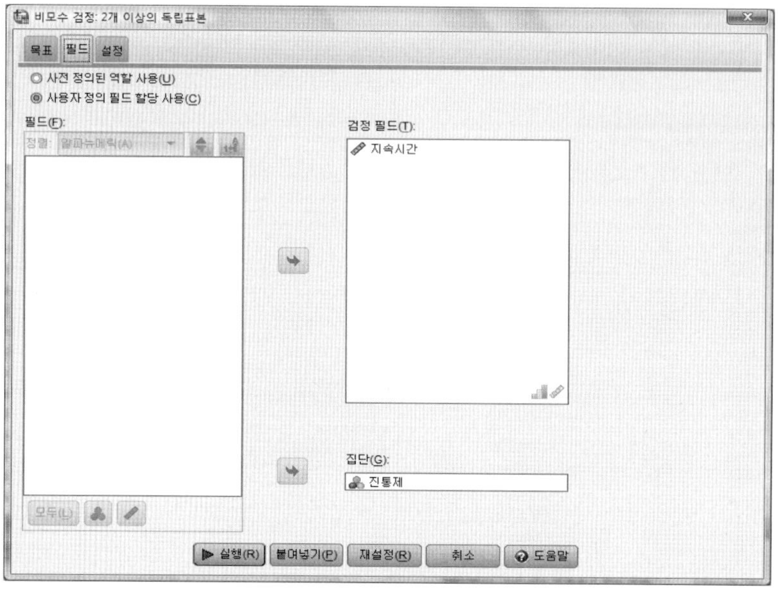

〈순서 5〉 다음 화면에서 [항목 선택]에서 [검정 선택]을 선택한다. [사용자 정의에 의한 검정]을 체크하고, [Kruskal-Wallis 일원배치 분산분석(k 표본)]에 체크한다.

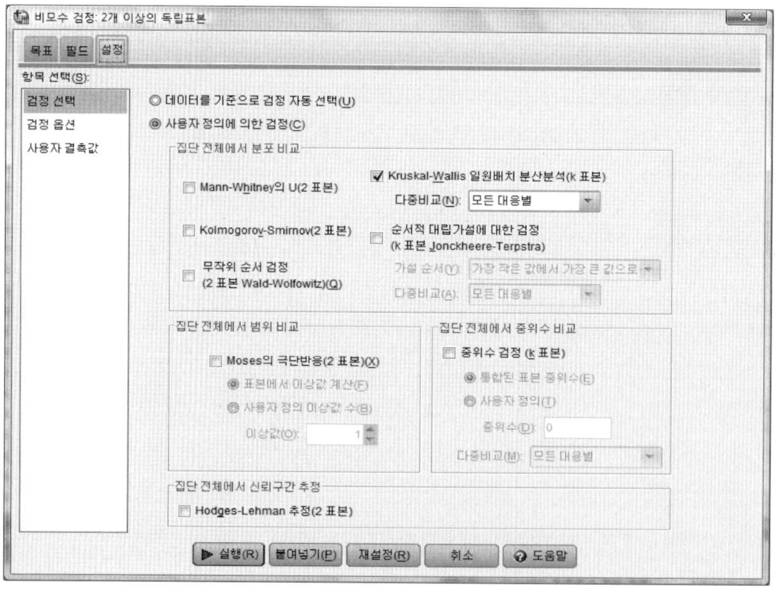

다음에 마지막으로 [실행]을 클릭한다.

■ **분석결과**

가설검정 요약

	영가설	검정	유의확률	의사결정
1	지속시간의 분포가 진통제의 범주에서 같습니다.	독립표본 Kruskal-Wallis 검정	.000	영가설을 기각합니다.

근사 유의확률이 표시됩니다. 유의수준이 .05입니다.

출력결과를 더블클릭하면 상세한 결과가 표시된다.

독립표본 Kruskal-Wallis 검정

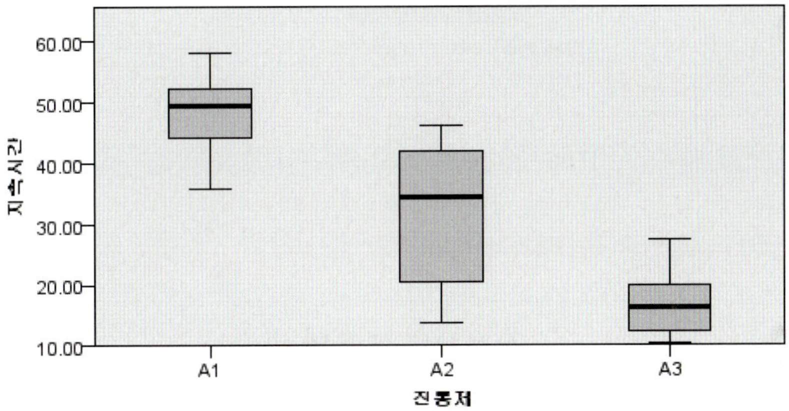

전체 N	24
검정 통계량	15.965
자유도	2
근사 유의확률 (양측검정)	.000

1. 검정 통계량이 동순위로 수정됩니다.

다중비교 분석결과를 보려면 [모형 뷰어] 화면 [독립표본 검정 보기]에서 [대응별 비교]를 선택한다.

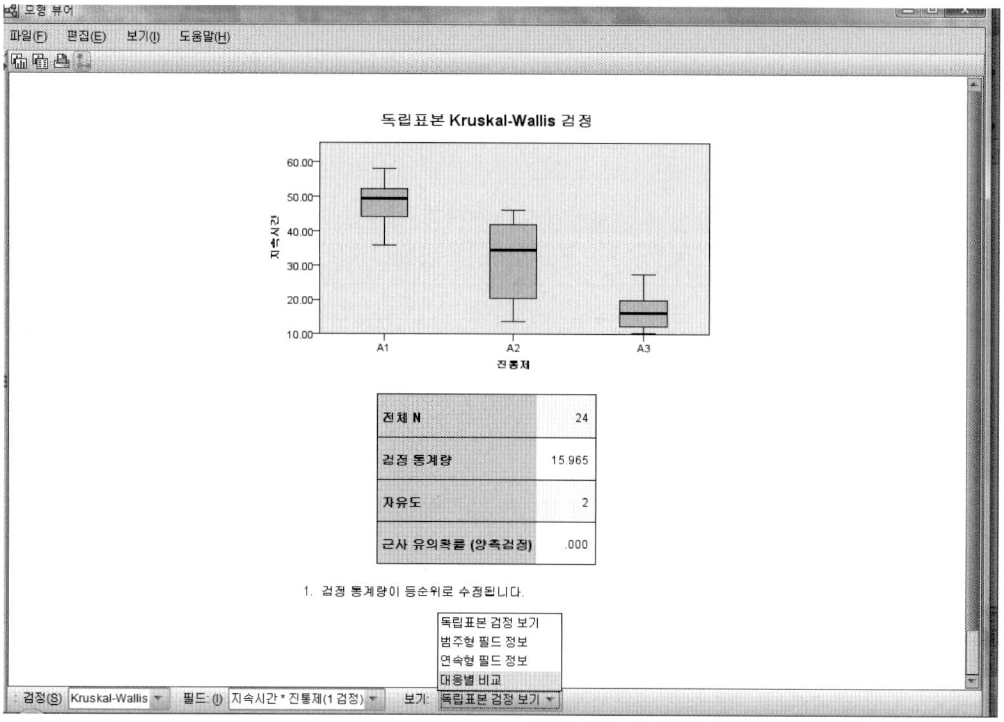

다음과 같은 다중비교 분석결과가 나타난다.

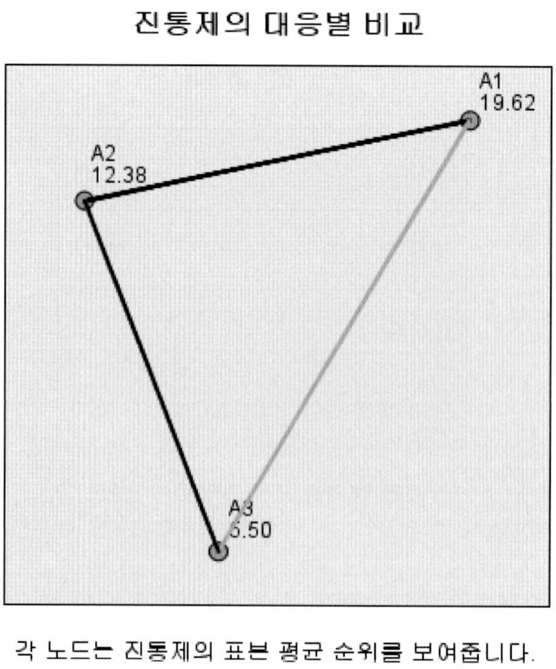

각 노드는 진통제의 표본 평균 순위를 보여줍니다.

표본1-표본2	검정 통계량	표준 오차	표준 검정 통계량	유의확률	수정된 유의확률
A3-A2	6.875	3.536	1.945	.052	.155
A3-A1	14.125	3.536	3.995	.000	.000
A2-A1	7.250	3.536	2.051	.040	.121

각 행은 표본 1과 표본 2 분포가 동일한 영가설을 검정합니다.
근사 유의확률(양측검정)이 표시됩니다. 유의수준이 .05입니다.

다중비교의 분석결과 $\{A_1,\ A_3\}$에서 유의확률 $0.000 \leq$ 유의수준 0.05이므로, 귀무가설이 기각된다. 즉, 유의차가 있다는 것을 알 수 있다.

CHAPTER

4

대응하는 두 그룹 동일한 변수의 데이터

CHAPTER 4 대응하는 두 그룹 동일한 변수의 데이터

4.1 | 대응하는 두 그룹에 대한 같은 변수의 측정 데이터

다음과 같은 형태의 데이터의 경우 어떠한 통계분석을 적용할 것인가?

표 4.1 데이터의 형태

	그룹 A_1	그룹 A_2
No.	X	X
1	$x(1,1)$	$x(2,1)$
2	$x(1,2)$	$x(2,2)$
3	$x(1,3)$	$x(2,3)$
⋮	⋮	⋮
n	$x(1,n)$	$x(2,n)$

이 데이터 형태의 특징은 대응하고 있는 두 개의 그룹에 대해서 같은 변수 X에 대하여 측정하고 있다는 점에 있다. 같은 변수이므로 좌우를 비교할 수 있다.

데이터의 형태가 제2장 두 그룹 동일한 변수의 데이터와 비슷하지만, 조금 다른 점에 주의를 요한다.

[예제 4-1]

다음의 데이터는 8명의 달리기 운동에 의한 체중의 변화를 조사한 것이다.

표 4.2 운동의 효과 (단위: kg)

No.	운동 전의 체중	운동 후의 체중
A	54.5	52.3
B	61.2	58.6
C	55.6	55.4
D	59.8	55.3
E	62.7	58.9
F	56.4	53.2
G	50.7	47.6
H	60.3	56.8

이 데이터로부터 알고 싶은 것은

"달리기 운동에 의해서 정말로 체중이 줄어들까?"

라고 하는 것이다.

4.2 | 그래프 표현

달리기 운동 후의 체중에서 운동 전의 체중을 빼보면 다음과 같다.

표 4.3 운동의 전후의 차이(단위: kg)

No.	운동 전의 체중	운동 후의 체중	운동 전후의 차이
A	54.5	52.3	−2.2
B	61.2	58.6	−2.6
C	55.6	55.4	−0.2
D	59.8	55.3	−4.5
E	62.7	58.9	−3.8
F	56.4	53.2	−3.2
G	50.7	47.6	−3.1
H	60.3	56.8	−3.5

전원의 체중이 감소하고 있는 것을 알 수 있다.

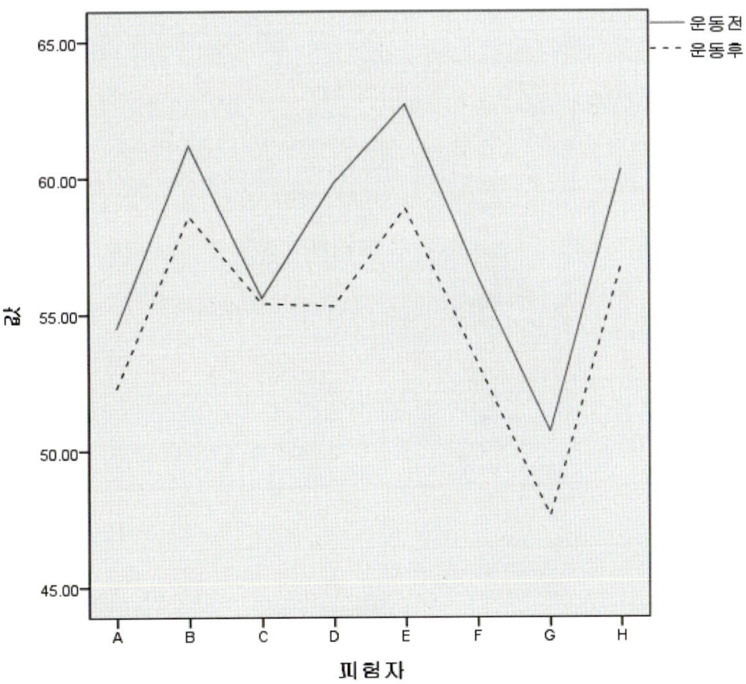

4.3 | 기초통계량

달리기 운동 전후의 데이터를 SPSS에 입력하고 기초통계량을 구해 보자.

■ SPSS의 순서

〈순서 1〉 데이터의 입력

다음과 같이 <표 4.2>의 데이터를 SPSS에 입력한다.

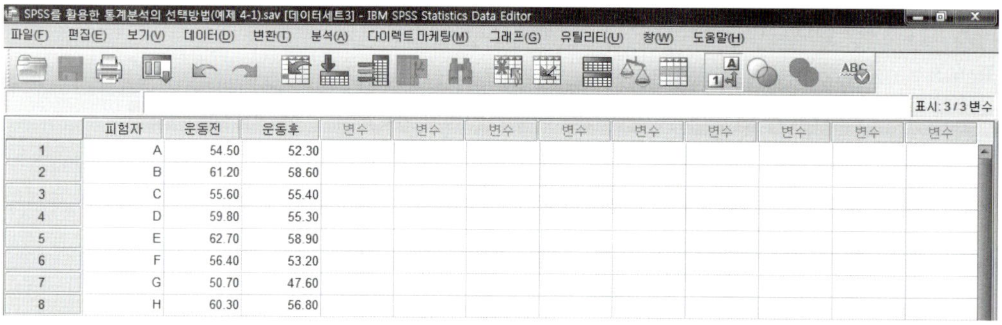

〈순서 2〉 분석수법의 선택

메뉴에서 [분석]-[기술통계량]-[기술통계]를 선택한다.

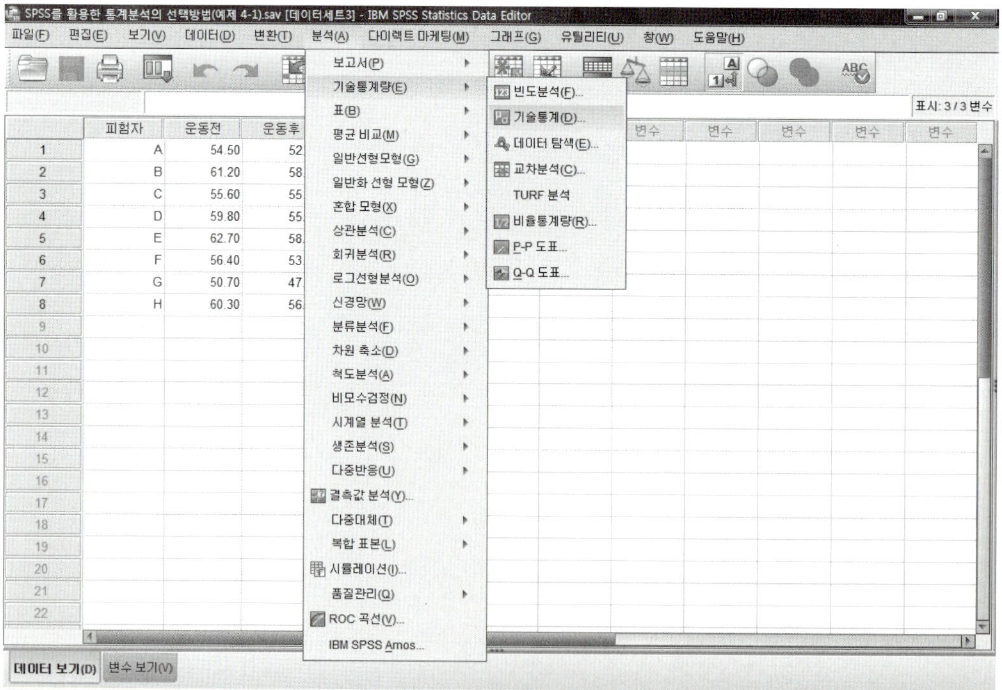

〈순서 3〉 변수의 선택

다음 화면에서 [변수]에 '운동전', '운동후'를 투입한다. [옵션]을 클릭한다.

〈순서 4〉 옵션의 선택

[옵션] 화면에서 다음과 같은 항목을 선택하고 [계속]을 클릭한다.

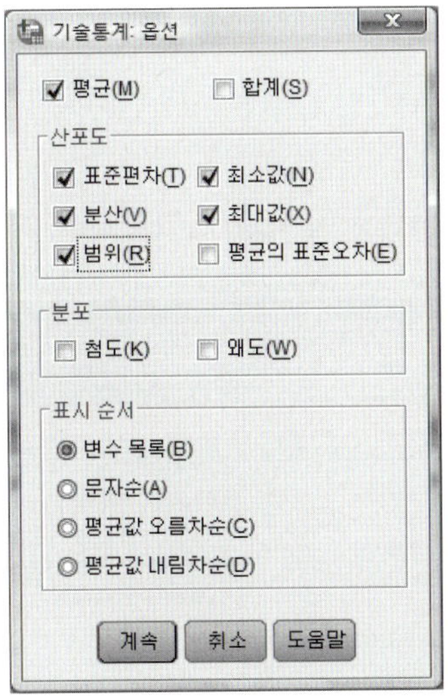

앞의 화면으로 되돌아오면 [확인]을 클릭한다.

■ 분석결과

기술통계량

	N	범위	최소값	최대값	평균	표준편차	분산
운동전	8	12.00	50.70	62.70	57.6500	4.03095	16.249
운동후	8	11.30	47.60	58.90	54.7625	3.71289	13.786
유효 N(목록별)	8						

두 개의 표본평균을 보면 달리기 운동에 의해서 평균체중이 약 2.89kg 감소하고 있는 것을 알 수 있다. 그리고 운동 후의 표본분산이 작아져 있음을 알 수 있다.

대응이 있는 데이터의 경우에는 그 차를 구해보면, <표 4.3>과 같았다.

이 값으로부터 신뢰수준 95%의 구간추정을 해 보자.

■ SPSS의 순서

〈순서 1〉 데이터의 입력

다음과 같이 <표 4.2>의 데이터를 SPSS에 입력한다.

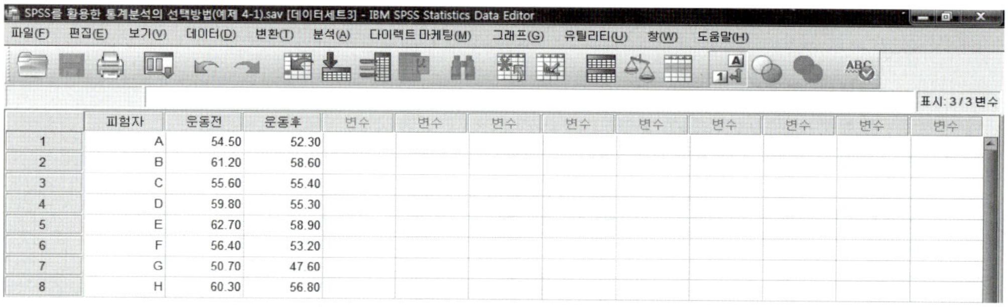

〈순서 2〉 분석수법의 선택

메뉴에서 [분석]-[평균비교]-[대응표본 T검정]을 선택한다.

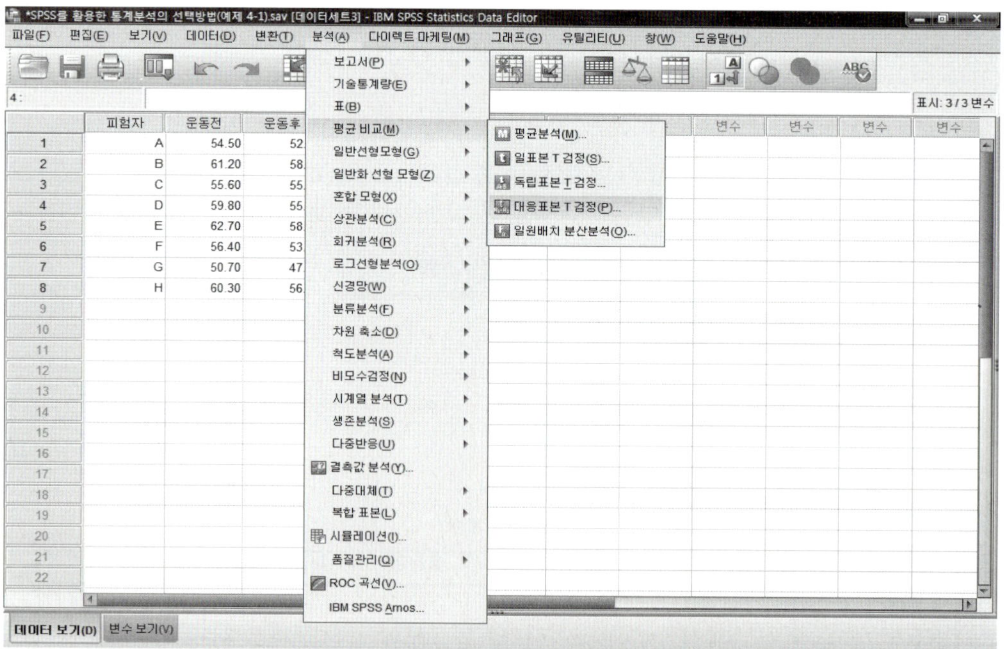

〈순서 3〉 변수의 선택

다음 화면에서 [대응 변수]에 '운동후', '운동전'을 차례로 투입한다. [옵션]을 클릭한다.

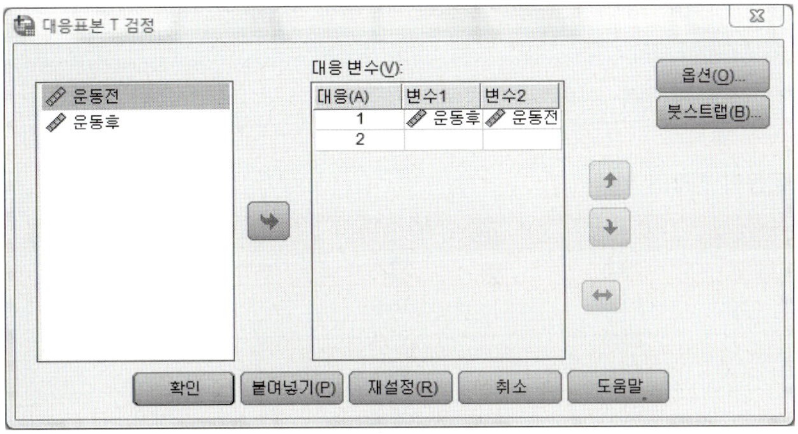

〈순서 4〉 옵션의 선택

다음 화면에서 [신뢰구간]에 '95'를 입력한다. [계속]을 클릭한다.

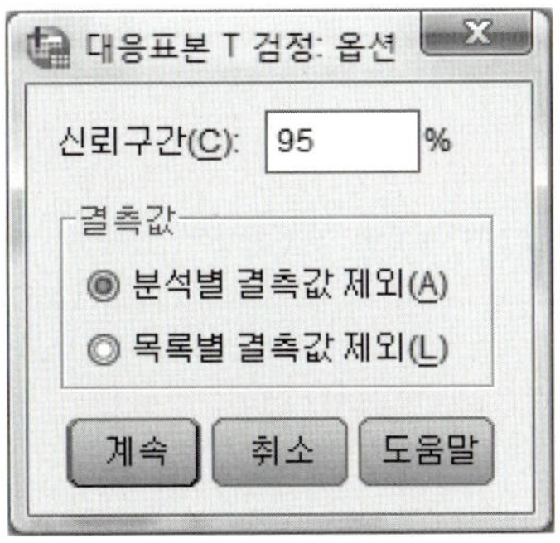

앞의 화면으로 되돌아오면 [확인]을 클릭한다.

■ 분석결과

대응표본 검정

	대응차					t	자유도	유의확률 (양측)
	평균	표준편차	평균의 표준오차	차이의 95% 신뢰구간				
				하한	상한			
대응 1 운동후 - 운동전	-2.88750	1.29442	.45765	-3.96967	-1.80533	-6.309	7	.000

95% 신뢰구간의 상한이 마이너스 값으로 되어 있으므로, 역시 달리기 운동에 의해서 정말로 체중이 감소하고 있는 것으로 보인다.

4.4 | 대응이 있는 두 모평균의 차의 검정

대응이 있는 데이터의 경우에는 대응이 있는 두 개의 모평균에 대한 차의 검정을 실시한다. 다음과 같이 대응이 있는 데이터의 차를 취하면 충분하다.

운동 후의 체중과 운동 전의 체중의 차는

표 4.4 운동의 전후의 차이

(단위: kg)

No.	운동 전의 체중	운동 후의 체중	운동 전후의 차이
A	54.5	52.3	-2.2
B	61.2	58.6	-2.6
C	55.6	55.4	-0.2
D	59.8	55.3	-4.5
E	62.7	58.9	-3.8
F	56.4	53.2	-3.2
G	50.7	47.6	-3.1
H	60.3	56.8	-3.5

로 되어 있으므로, 두 개의 모평균을 μ_1, μ_2로 하고, 귀무가설을

$$\text{귀무가설 } H_0 : \mu_1 - \mu_2 = 0$$

라고 세운다.

그 다음의 검정통계량 계산은 SPSS에 맡기기로 한다.

■ SPSS의 순서

〈순서 1〉 데이터의 입력

다음과 같이 <표 4.2>의 데이터를 SPSS에 입력한다.

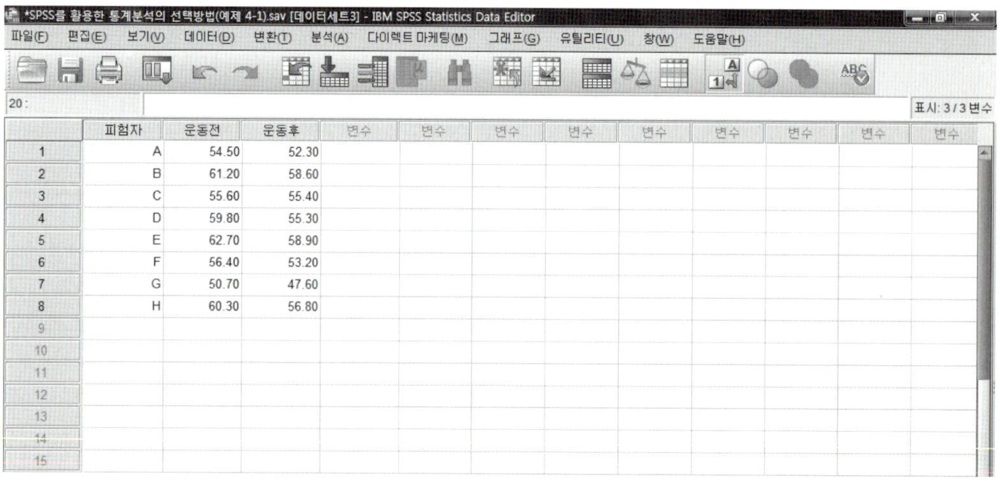

〈순서 2〉 분석수법의 선택

메뉴에서 [분석]-[평균비교]-[대응표본 T검정]을 선택한다.

〈순서 3〉 변수의 선택

다음 화면에서 [대응 변수]에 '운동후', '운동전'을 차례로 투입한다. [확인]을 클릭한다.

■ 분석결과

대응표본 검정

		대응차			t	자유도	유의확률 (양측)
		평균	표준편차	평균의 표준오차			
대응 1	운동후 - 운동전	-2.88750	1.29442	.45765	-6.309	7	.000

이 출력결과를 보면 유의확률 0.000 ≤ 유의수준 0.05이므로, 귀무가설 H_0는 기각된다.

따라서, $\mu_1 - \mu_2 \neq 0$이므로, 운동 전후로 체중에 차가 있다는 것을 알 수 있다.

그런데 대응이 없는 경우의 차에 대한 검정과 비교해 보자. 대응관계를 무시하고 두 개의 모집단의 차에 대한 검정을 해보면 다음과 같다.

■ SPSS의 순서

〈순서 1〉 데이터의 입력

<표 4.2>의 데이터를 다음과 같이 SPSS에 입력한다. (데이터 파일 예제 4-1-1)

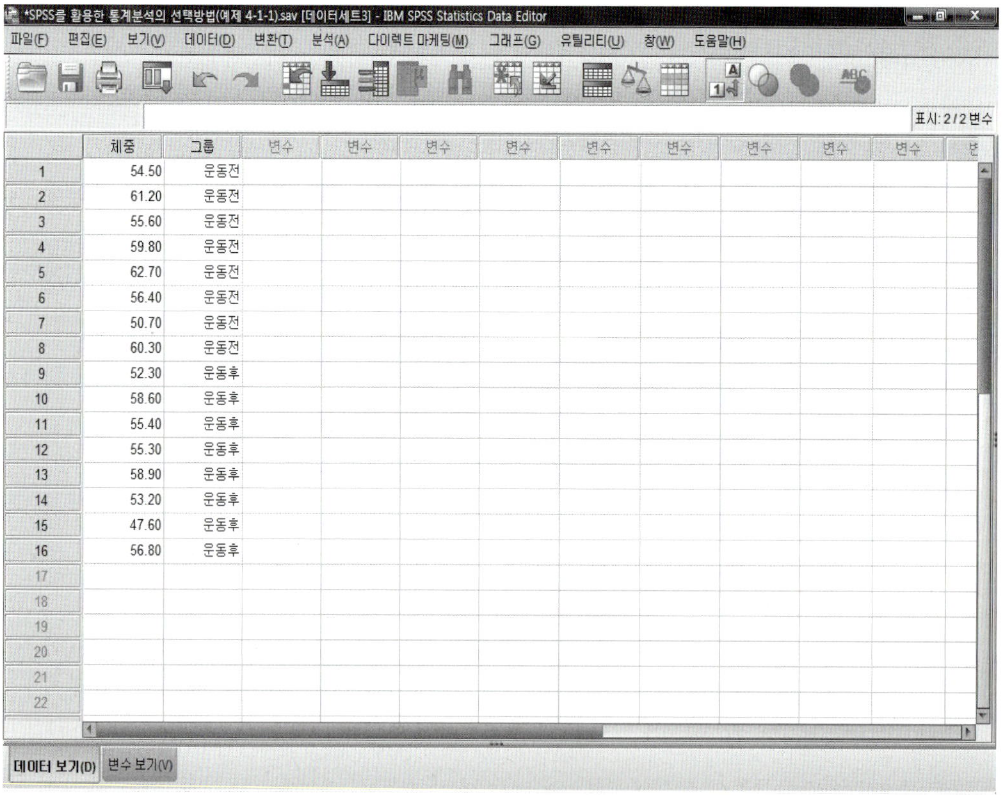

〈순서 2〉 분석수법의 선택

메뉴에서 [분석]-[평균비교]-[독립표본 T검정]을 선택한다.

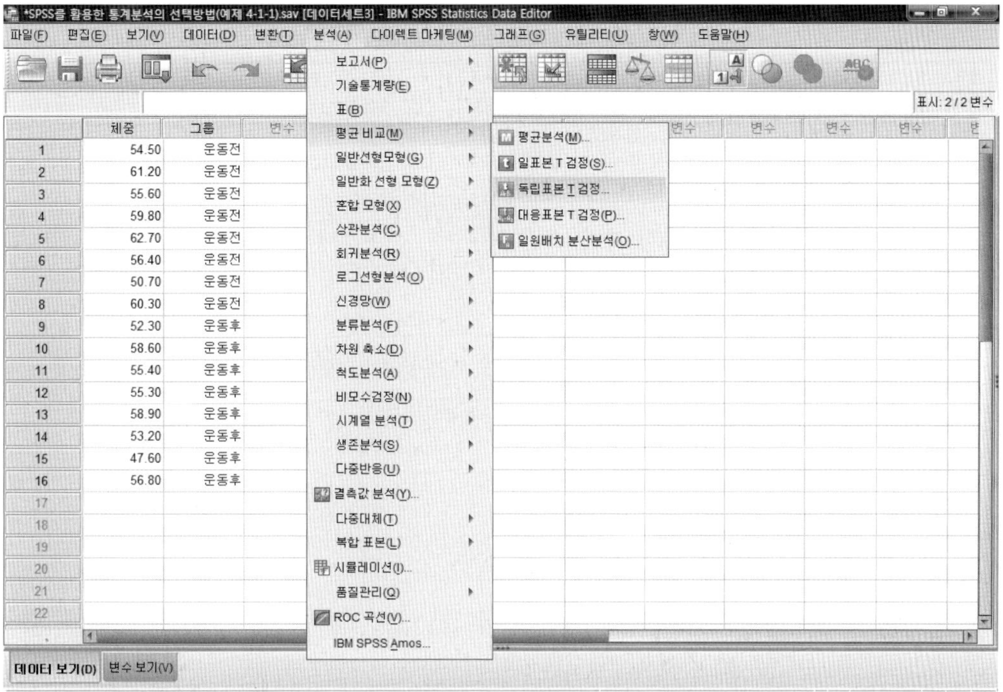

〈순서 3〉 변수의 선택

다음 화면에서 [검정 변수]에 '체중'을 투입한다. [집단 변수]에 '그룹'을 투입하고, 집단을 정의한다. [확인]을 클릭한다.

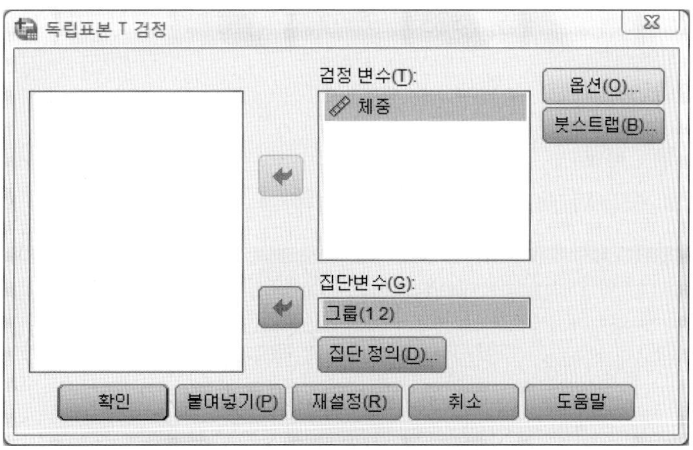

■ 분석결과

독립표본 검정

		Levene의 등분산 검정		평균의 동일성에 대한 T 검정						
									차이의 95% 신뢰구간	
		F	유의확률	t	자유도	유의확률 (양측)	평균차이	차이의 표준오차	하한	상한
체중	등분산을 가정함	.296	.595	1.490	14	.158	2.88750	1.93759	-1.26822	7.04322
	등분산을 가정하지 않음			1.490	13.906	.158	2.88750	1.93759	-1.27085	7.04585

이 출력결과를 보면 유의확률 0.158 > 유의수준 0.05이므로,

귀무가설 $H_0 : \mu_1 = \mu_2$

는 기각되지 않는다.

따라서 달리기 운동에 의한 체중의 변화에 유의차는 보이지 않는다고 할 수 있다.

이 차이는 대응관계라고 하는 중요한 정보를 이용했느냐 어떠냐에 의하기 때문으로, 이 예제는 적절한 통계분석이 얼마나 중요한지를 보여주고 있다.

4.5 | 윌콕슨의 부호순위검정

데이터의 모집단이 정규분포에 따르고 있는지 어떤지 알 수 없을 때는 비모수적 검정을 실시한다.

비모수적 검정에는 여러 종류의 방법이 있는데, 운동 전후의 체중과 같이 두 개의 그룹 사이에 대응관계가 있을 때는, 윌콕슨(Wilcoxon)의 부호순위검정이 적합하다.

이 검정은 대응하고 있는 두 개의 데이터의 차를 취하고, 그 차의 절대값에 순위를 매기는 것부터 시작된다.

다음에 데이터의 차가 플러스의 순위합을 계산하고, 검정통계량으로 한다.

그 다음의 검정통계량 계산은 SPSS에 맡기기로 한다.

■ SPSS의 순서

〈순서 1〉 데이터의 입력

다음과 같이 <표 4.2>의 데이터를 SPSS에 입력한다.

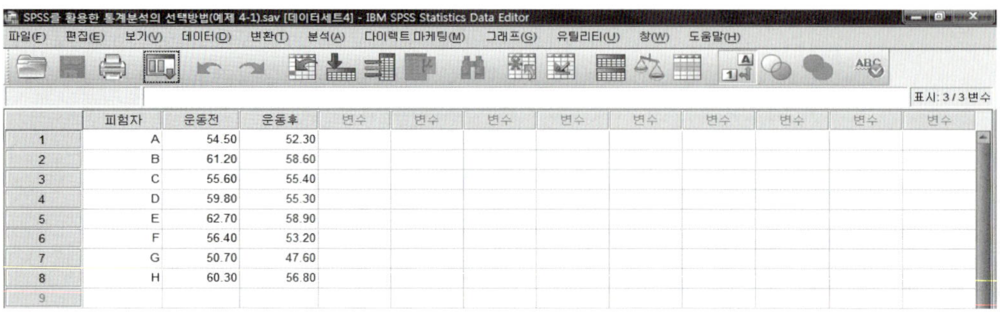

	피험자	운동전	운동후
1	A	54.50	52.30
2	B	61.20	58.60
3	C	55.60	55.40
4	D	59.80	55.30
5	E	62.70	58.90
6	F	56.40	53.20
7	G	50.70	47.60
8	H	60.30	56.80

〈순서 2〉 분석수법의 선택

메뉴에서 [분석]-[비모수검정]-[레거시 대화상자]-[2-대응표본]을 선택한다.

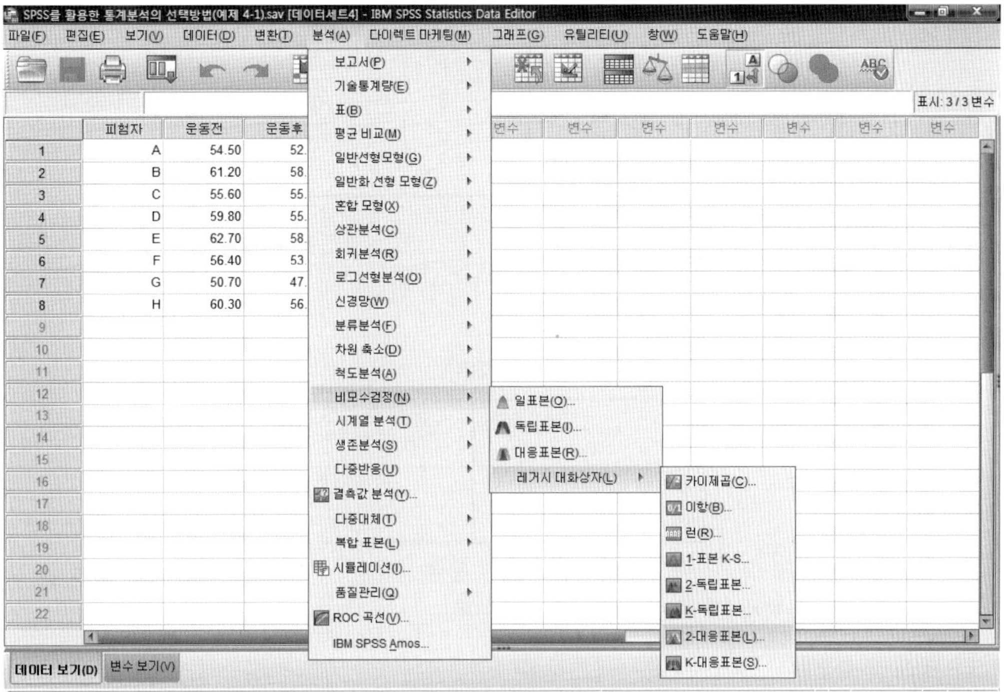

〈순서 3〉 변수의 선택

다음 화면에서 [검정 대응]에 '운동전', '운동후'를 차례로 이동한다. [검정 유형]에서 [Wilcoxon]을 선택한다. [확인]을 클릭한다.

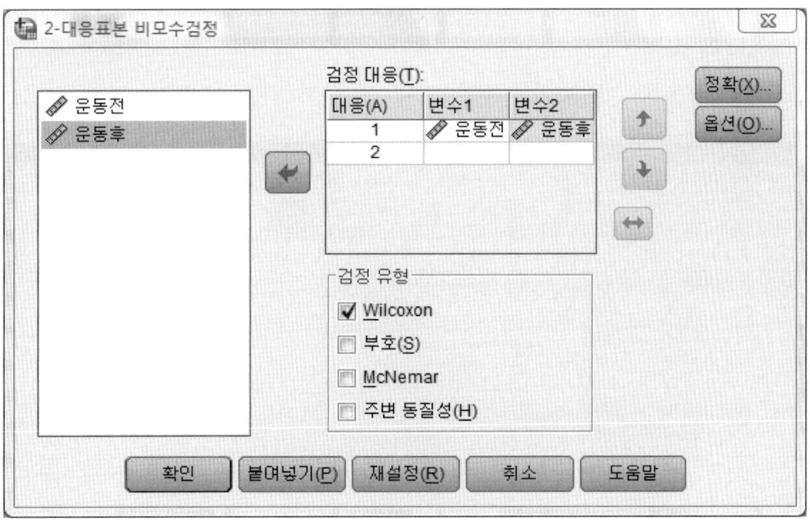

■ 분석결과

순위

		N	평균 순위	순위합
운동후 - 운동전	음의 순위	8[a]	4.50	36.00
	양의 순위	0[b]	.00	.00
	등순위	0[c]		
	전체	8		

a. 운동후 < 운동전

b. 운동후 > 운동전

c. 운동후 = 운동전

검정 통계량[a]

	운동후 - 운동전
Z	-2.521[b]
근사 유의확률(양측)	.012

a. Wilcoxon 부호순위 검정

b. 양의 순위를 기준으로.

출력결과를 보면 근사 유의확률 0.012 ≤ 유의수준 0.05이므로, 귀무가설 H_0는 기각된다. 따라서 운동 전후의 체중은 차가 있음을 알 수 있다.

윌콕슨(Wilcoxon)의 부호순위검정을 다른 방법으로 실행해 보자.

■ SPSS의 순서

〈순서 1〉 데이터의 입력

다음과 같이 <표 4.2>를 SPSS에 입력한다.

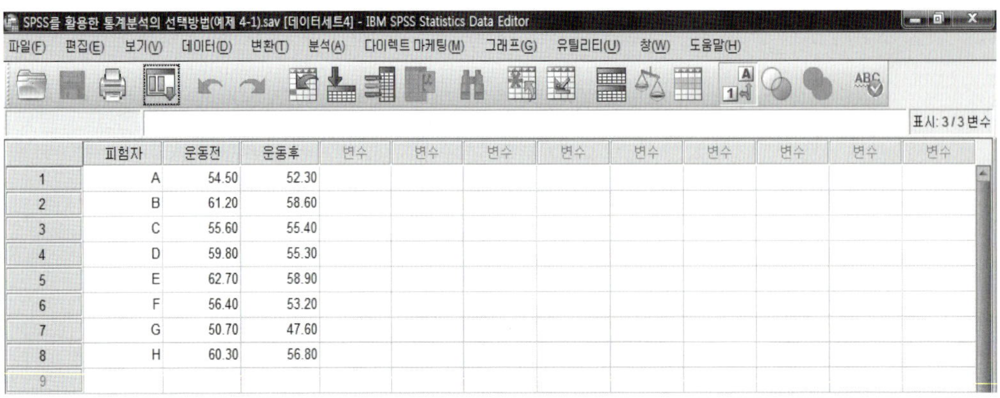

	피험자	운동전	운동후
1	A	54.50	52.30
2	B	61.20	58.60
3	C	55.60	55.40
4	D	59.80	55.30
5	E	62.70	58.90
6	F	56.40	53.20
7	G	50.70	47.60
8	H	60.30	56.80

〈순서 2〉 분석수법의 선택

메뉴에서 [분석]-[비모수검정]-[대응표본]을 선택한다.

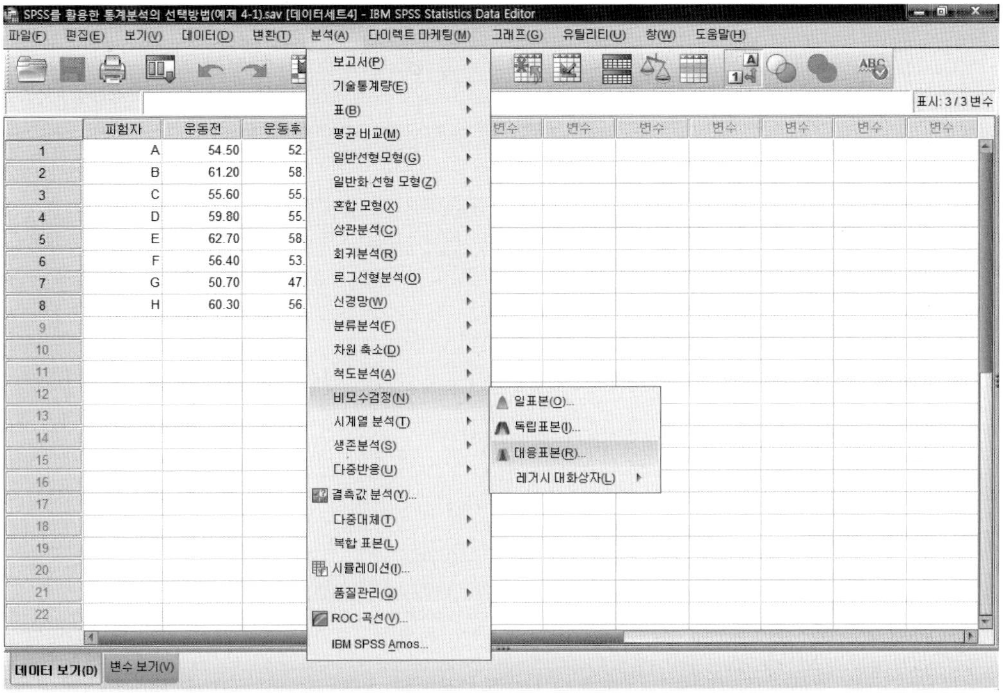

〈순서 3〉 다음 화면에서 [사용자 정의에 의한 분석]을 체크한다. [필드]를 클릭한다.

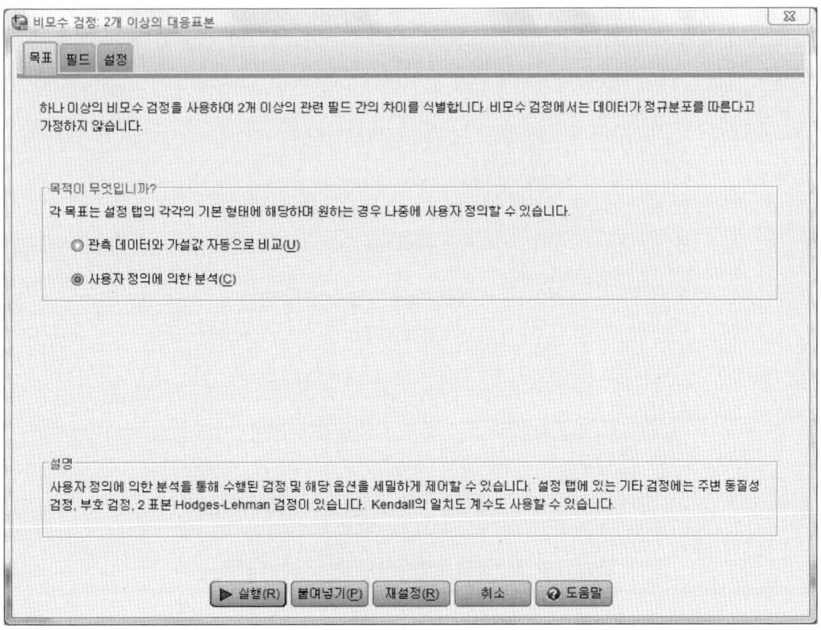

〈순서 4〉 다음 화면에서 [사용자 정의 필드 할당 사용]을 체크한다. [검정 필드]에 '운동전', 운동후'를 이동하고, [설정]을 클릭한다.

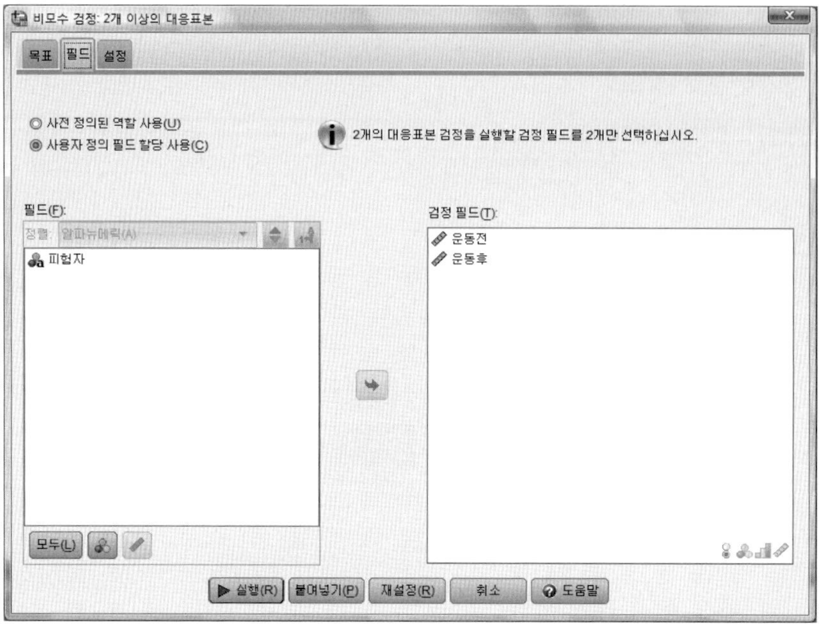

〈순서 5〉 다음 화면에서 [항목 선택]에서 [검정 선택]을 선택한다. [사용자 정의에 의한 검정]을 체크하고, [Wilcoxon 대응표본 부호순위(2표본)]에 체크한다.

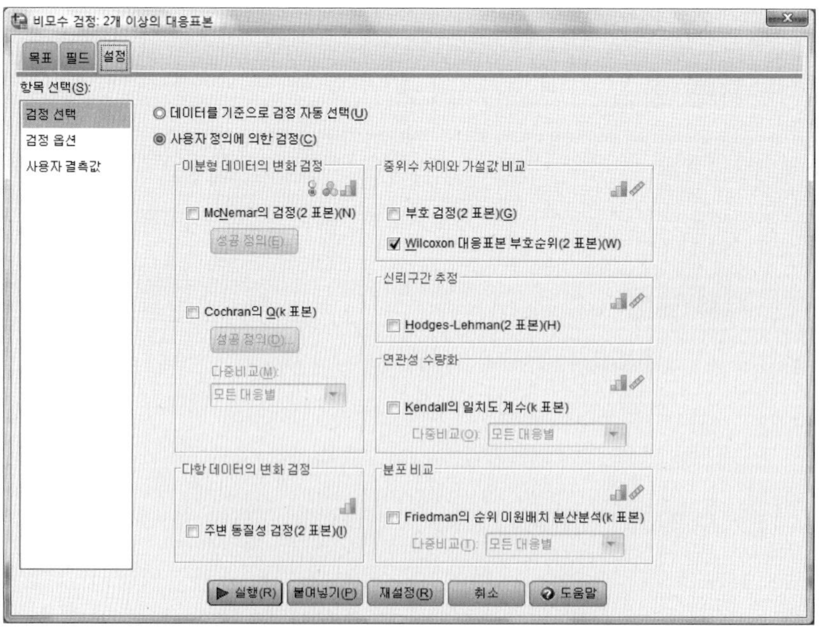

다음에 마지막으로 [실행]을 클릭한다.

■ 분석결과

가설검정 요약

	영가설	검정	유의확률	의사결정
1	운동전 및 운동후 사이의 중위수 차이가 0입니다.	대응표본 Wilcoxon 부호순위 검정	.012	영가설을 기각합니다.

근사 유의확률이 표시됩니다. 유의수준이 .05입니다.

출력결과를 더블클릭하면 상세한 결과가 표시된다.

대응표본 Wilcoxon 부호순위 검정

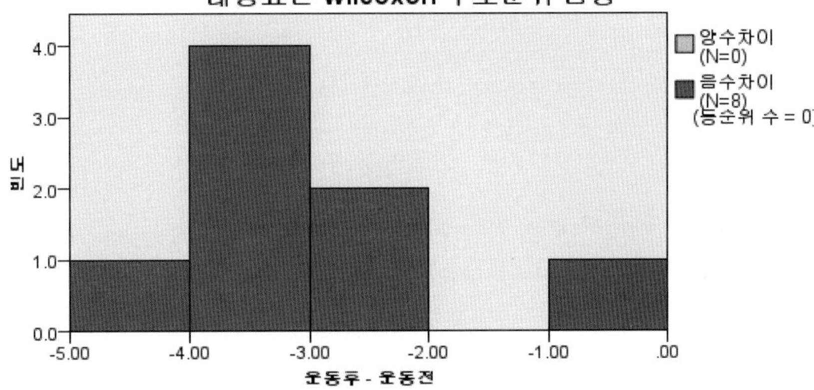

전체 N	8
검정 통계량	.000
표준오차	7.141
표준화된 검정 통계량	-2.521
근사 유의확률 (양측검정)	.012

출력결과를 보면 근사 유의확률 0.012 ≤ 유의수준 0.05이므로, 귀무가설 H_0는 기각된다. 따라서 운동 전후의 체중은 차가 있음을 알 수 있다.

운동후-운동전의 양수 차이는 없고 모두 음수 차이인 것을 알 수 있다.

CHAPTER

5

대응하는 세 그룹 동일한 변수의 데이터

CHAPTER 5 **대응하는 세 그룹 동일한 변수의 데이터**

5.1 | 대응하는 세 그룹에 대한 같은 변수의 측정 데이터

다음과 같은 형태의 데이터의 경우 어떠한 통계분석을 적용할 것인가?

표 5.1 데이터의 형태

	그룹 A_1	그룹 A_2	그룹 A_3
No.	X	X	X
1	$x(1,1)$	$x(2,1)$	$x(3,1)$
2	$x(1,2)$	$x(2,2)$	$x(3,2)$
3	$x(1,3)$	$x(2,3)$	$x(3,3)$
⋮	⋮	⋮	⋮
n	$x(1,n)$	$x(2,n)$	$x(3,n)$

이 데이터 형태의 특징은 대응하고 있는 세 개의 그룹에 대해서 같은 변수 X를 측정하고 있다는 점에 있다.

이것은 반복측정이라고 불리고 있는 것으로 대응이 있는 세 개의 그룹을 비교하는 데 의미가 있다.

[예제 5-1]

<표 5.2>의 데이터는 약물투여에 대한 심박수(心搏數, 심장의 박동수)를 투여전, 1분후, 5분후, 10분후의 4회 연속해서 측정한 것이다.

표 5.2 약물투여에 의한 심박수 (D. M. Fisher)

피험자	투여전	1분후	5분후	10분후
A	67	92	87	68
B	92	112	94	90
C	58	71	69	62
D	61	90	83	66
E	72	85	72	69

이 데이터에서는 심박수가 시간에 따라서 어떻게 변화하는지 알고 싶다. 약물투여에 의해서 심박수는 변화했을까?

5.2 | 그래프 표현

가로축에 시간을 세로축에 심박수를 취한다. 꺾은선 그래프를 작성하면 증가한 심박수가 점차 원래대로 되돌아가는 모습을 잘 알 수 있다.

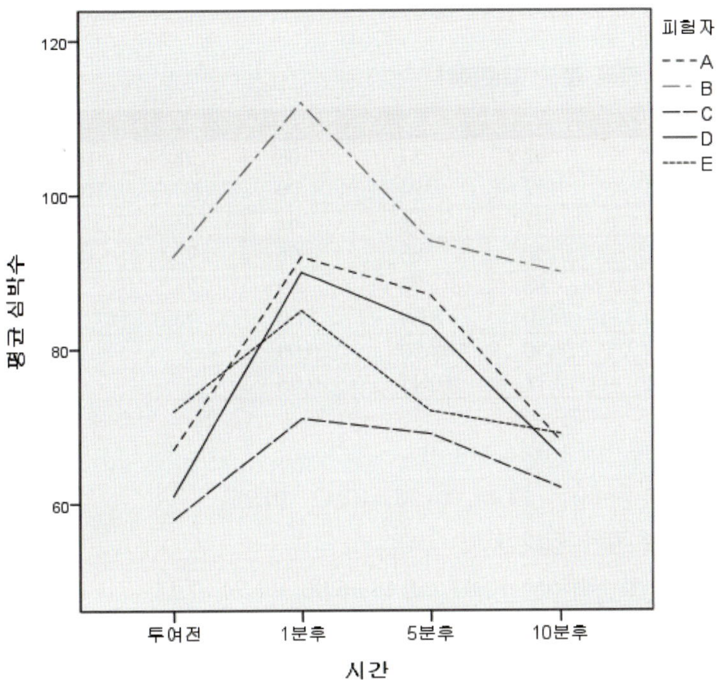

SPSS에 의한 작성

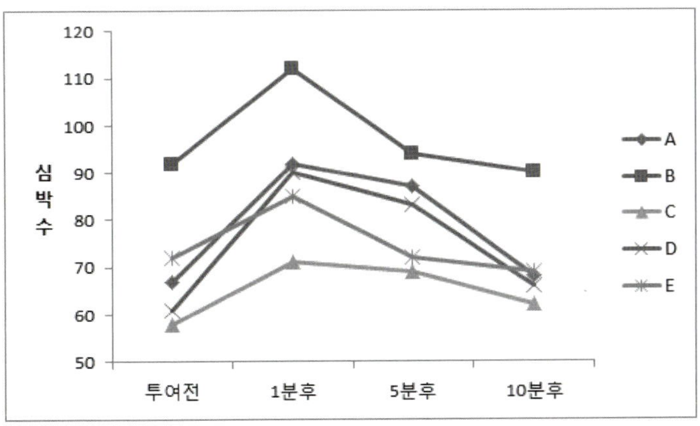

Excel에 의한 작성

5.3 | 기초통계량

그래프 표현의 다음은 여러 가지 통계량을 계산하기로 한다. 통계량에는 평균·분산·표준편차 등이 있다.

이 데이터의 경우, 평균 등을 구하는 방법은 가로 방향과 세로 방향의 두 종류를 생각할 수 있다. 따라서 각각의 평균·분산·표준편차를 계산하면 다음의 표와 같다.

표 5.3 여러 가지 평균·분산·표준편차

피험자	투여전	1분후	5분후	10분후	평균	분산	표준편차
A	67	92	87	68	78.5	165.67	12.87
B	92	112	94	90	97.0	102.67	10.13
C	58	71	69	62	65.0	36.67	6.06
D	61	90	83	66	75.0	188.67	13.74
E	72	85	72	69	74.5	51.00	7.14
평균	70.0	90.0	81.0	71.0	78.0		
분산	180.50	218.50	108.50	120.00			
표준편차	13.44	14.78	10.42	10.95			

이 통계량을 보면,

시간의 표준편차는 13.44, 14.78, 10.42, 10.95

이므로 별로 산포에 차가 없지만,

피험자의 표준편차는 12.87, 10.13, 6.06, 13.74, 7.14

로 되어 있으므로, 상당히 산포가 크다는 것을 알 수 있다.

특히 C의 산포는 작아서, 약물 투여후의 심박수에 별로 변화는 보이지 않는다.

또 B의 심박수는 높은데, 그 변화의 패턴은 다른 피험자의 변화 패턴과 같게 되어 있다.

5.4 | 반복측정에 의한 일원배치 분산분석

<표 5.2>의 데이터는 같은 피험자에 대해서

투여전 ➡ 1분후 ➡ 5분후 ➡ 10분후

라고 하는 방식으로 차례차례 심박수를 측정하고 있다.

이와 같은 데이터를 **반복측정의 데이터**라고 부른다.

> 반복측정은 제4장 대응하는 두 그룹 동일한 변수의 데이터에 대한 일반화이다.

대응이 붙어 있는 만큼 일원배치 분산분석보다 상세히 분석할 수 있다는 데 주목하자.
일원배치 분산분석과 반복측정에 의한 일원배치 분산분석을 비교하면서 생각하기로 한다.

<표 5.2>의 데이터를 다음과 같이 받아들이면 대응관계가 없는 일원배치 분산분석의 데이터 형식이 된다.

표 5.4 대응관계를 무시한 데이터

그룹 A_1	그룹 A_2	그룹 A_3	그룹 A_4
투여전	1분후	5분후	10분후
67	92	87	68
92	112	94	90
58	71	69	62
61	90	83	66
72	85	72	69

먼저 일원배치 분산분석을 복습하기로 한다.

일원배치 분산분석은 그룹 간에 차가 있는지 어떤지를 검정하는 수법이므로, 그룹 간 변동에 주목하지 않으면 안 된다.

그룹 간 변동은 각 그룹의 평균과 전체 평균의 차에 대한 제곱합으로 정의되고 있다.

따라서 그룹의 평균과 전체의 평균의 차에 대한 제곱합을 조사하면

그룹 A_1의 평균=70.0

그룹 A_2의 평균=90.0 ➡ 전체의 평균=78.0

그룹 A_3의 평균=81.0

그룹 A_4의 평균=71.0

이므로,

$$\textbf{그룹 간 변동} = 5\times(70.0-78.0)^2+5\times(90.0-78.0)^2 +5\times(81.0-78.0)^2+5\times(71.0-78.0)^2 =1330.0$$

이 된다.

그래서

그룹 간에 차가 있다 ⇔ 그룹 간 변동이 크다

그룹 간에 차가 없다 ⇔ 그룹 간 변동이 작다

라고 생각하고 싶은데, 이것만으로는 불충분하다.

다시 말하면, 그룹 내에서의 변동에도 주목하지 않으면 안 된다.

그룹 내 변동이란 각 그룹 중에서의 변동을 말하기 때문에, 각 그룹 중에서 그룹 내의 데이터와 그 그룹의 평균과의 차에 대한 제곱합을 취하면 된다.

예를 들면, 그룹 A_1의 경우

그룹 A_1의 데이터 … 67, 92, 58, 61, 72

그룹 A_1의 평균 … 70.0

이므로 그룹 A_1에서의 차의 제곱합은

$$(67-70.0)^2+(92-70.0)^2+(58-70.0)^2+(61-70.0)^2+(72-70.0)^2$$

이 된다.

따라서 네 개의 그룹의 제곱합을 합계하면

그룹 내 변동

$$\begin{aligned}&= (67-70.0)^2+(92-70.0)^2+(58-70.0)^2+(61-70.0)^2+(72-70.0)^2\\&+(92-90.0)^2+(112-90.0)^2+(71-90.0)^2+(90-90.0)^2+(85-90.0)^2\\&+(87-81.0)^2+(94-81.0)^2+(69-81.0)^2+(83-81.0)^2+(72-81.0)^2\\&+(68-71.0)^2+(90-71.0)^2+(62-71.0)^2+(66-71.0)^2+(69-71.0)^2\\&=2510.0\end{aligned}$$

이 되므로, 다음과 같은 분산분석표가 만들어진다.

표 5.5 일원배치 분산분석표

변동의 요인	제곱합	자유도	제곱 평균	F비	P-값	F 기각치
그룹 간 변동	1330.0	3	443.333	2.826	0.072	3.239
그룹 내 변동	2510.0	16	156.875			
총 변동	3840.0	19				

이 표를 보면

$$F\text{비}=2.826 \le F(3,16;0.05)=3.239$$

$$\text{유의확률}=0.072>\text{유의수준}=0.05$$

이므로, 귀무가설 H_0는 기각되지 않는다.

따라서 네 개의 그룹 간에 차가 있다고 할 수 없다.

그러나 이 검정방법으로는 그룹 간의 대응관계가 전혀 고려되고 있지 않다.

그래서 반복측정에 의한 일원배치 분산분석을 실시하도록 한다.

SPSS의 순서

〈순서 1〉 데이터의 입력

다음과 같이 <표 5.2>의 데이터를 SPSS에 입력한다.

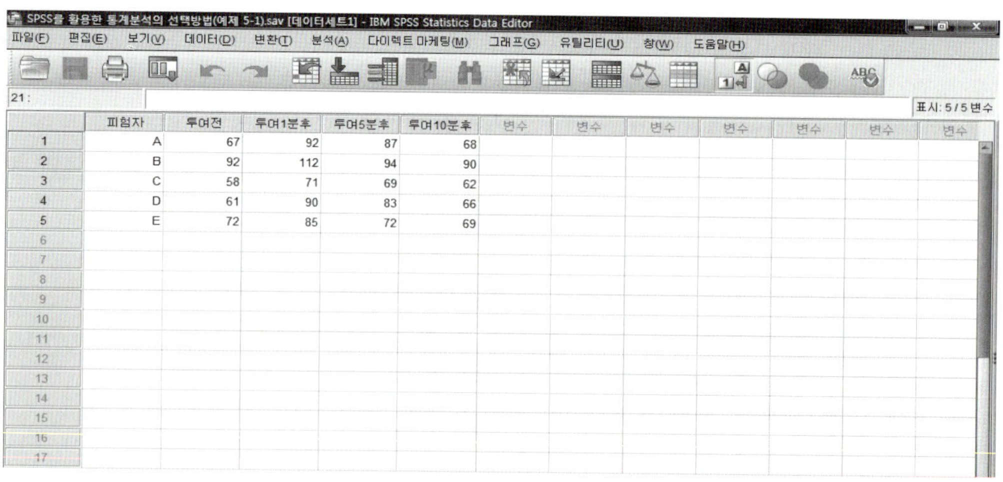

〈순서 2〉 분석수법의 선택

메뉴에서 [분석]-[일반선형모형]-[반복측도]를 선택한다.

〈순서 3〉 반복측도 요인 정의

① 다음 화면에서 [개체 내 요인이름]에 '시간'을 입력한다. [수준 수]에 '4'를 입력하고, [추가]를 클릭한다.

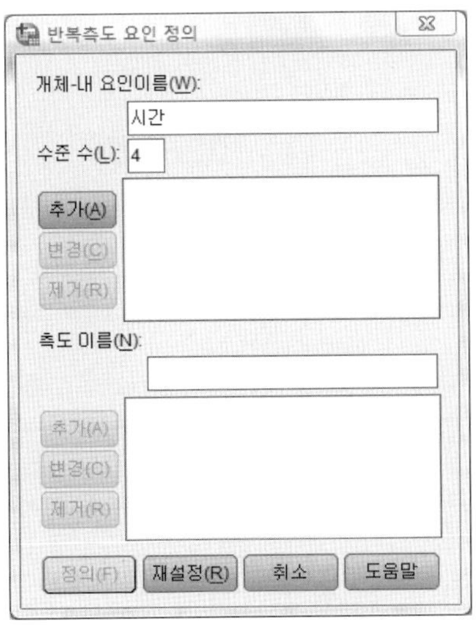

② 다음 화면에서 [정의]를 클릭한다.

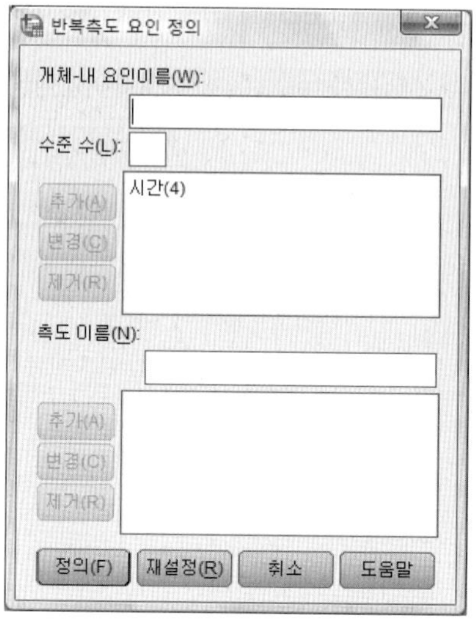

③ 다음 화면에서 왼쪽에 있는 변수 '투여전', '투여1분후', '투여5분후', '투여10분후'를 차례대로 지정하여 [개체 내 변수]로 이동한다.

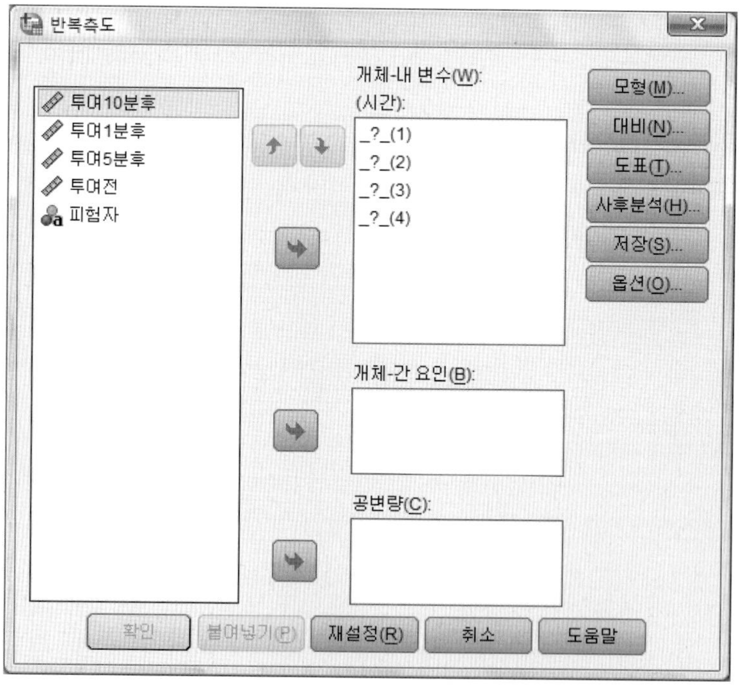

④ 다음 화면에서 [확인]을 클릭한다.

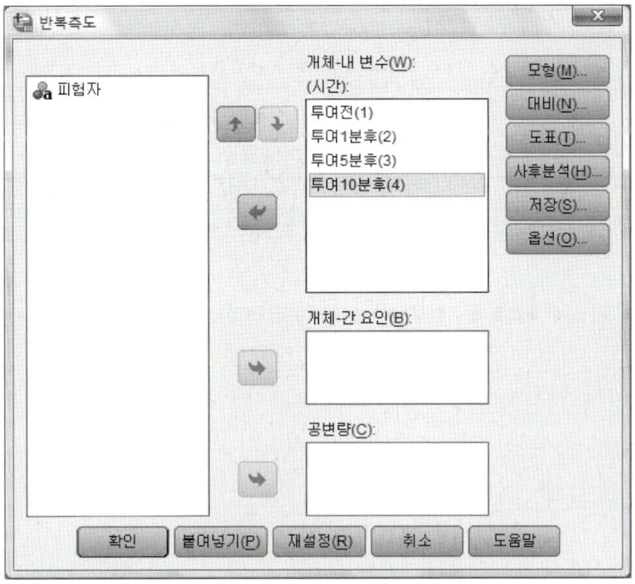

■ 분석결과

다변량 검정[a]

효과		값	F	가설 자유도	오차 자유도	유의확률
시간	Pillai의 트레이스	.933	9.236[b]	3.000	2.000	.099
	Wilks의 람다	.067	9.236[b]	3.000	2.000	.099
	Hotelling의 트레이스	13.854	9.236[b]	3.000	2.000	.099
	Roy의 최대근	13.854	9.236[b]	3.000	2.000	.099

a. Design: 절편
개체-내 계획: 시간

b. 정확한 통계량

다변량검정은 다음의 귀무가설 H_0를 검정하고 있다.

귀무가설 H_0 : (1분 후−투여 전, 5분 후−투여 전, 10분 후−투여 전) = (0, 0, 0)

따라서 귀무가설 H_0가 기각되지 않을 때는

1분 후−투여 전 = 0, 5분 후−투여 전 = 0, 10분 후−투여 전 = 0

이 되므로

투여 전 = 1분 후 = 5분 후 = 10분 후

즉, 심박수에 차가 없다고 하는 결론을 얻는다.

출력결과를 보면

$$유의확률\ 0.099 > 유의수준\ 0.05$$

이므로, 귀무가설 H_0는 기각되지 않는다. 따라서 약물투여에 의해서 심박수에 변화는 없었다고 생각된다.

Mauchly의 구형성 검정[a]

측도: MEASURE_1

개체-내 효과	Mauchly의 W	근사 카이제곱	자유도	유의확률	엡실런[b] Greenhouse-Geisser	Huynh-Feldt	하한
시간	.101	6.246	5	.310	.555	.902	.333

정규화된 변형 종속변수의 오차 공분산행렬이 항등 행렬에 비례하는 영가설을 검정합니다.

a. Design: 절편
개체-내 계획: 시간

b. 유의성 평균검정의 자유도를 조절할 때 사용할 수 있습니다. 수정된 검정은 개체내 효과검정 표에 나타납니다.

Mauchly의 구형성 검정은 약간 복잡하다. 예를 들면, 이 데이터의 경우는 4변량 투여전·1분후·5분후·10분후로부터 정규직교변환에 의해서 만들어진 3변량 z_1, z_2, z_3의 분산공분산행렬을 Σ라고 했을 때,

$$\text{귀무가설 } H_0 \ : \ \Sigma = d^2 \begin{bmatrix} 1 & 0 & 0 \\ 0 & 1 & 0 \\ 0 & 0 & 1 \end{bmatrix}$$

⬅ 구형성의 가정

이 성립되는지 어떤지를 검정하고 있다.

출력결과를 보면

유의확률 0.310 > 유의수준 0.05

이므로 귀무가설 H_0는 기각되지 않는다. 즉, 구형성의 가정이 성립된다.

개체-내 효과 검정

측도: MEASURE_1

소스		제 III 유형 제곱합	자유도	평균제곱	F	유의확률
시간	구형성 가정	1330.000	3	443.333	17.500	.000
	Greenhouse-Geisser	1330.000	1.664	799.215	17.500	.003
	Huynh-Feldt	1330.000	2.706	491.515	17.500	.000
	하한	1330.000	1.000	1330.000	17.500	.014
오차(시간)	구형성 가정	304.000	12	25.333		
	Greenhouse-Geisser	304.000	6.657	45.669		
	Huynh-Feldt	304.000	10.824	28.087		
	하한	304.000	4.000	76.000		

개체 내 효과검정은 반복측정에 의한 분산분석의 주요 부분이다.

다음의 가설

귀무가설 H_0 : "투여전·1분후·5분후·10분후에 있어서의 심박수의 변화에 차이는 없다"

를 검정하고 있다. 출력결과를 보면 다음과 같다.

구형성 가정 하의 유의확률 0.000 ≤ 유의수준 0.05

이므로 귀무가설 H_0는 기각된다. 따라서 투여전 · 1분후 · 5분후 · 10분후에 있어서 심박수가 변화하고 있다는 것을 알 수 있다. 다시 말하면, 이 약물은 심박수에 영향을 미치고 있다고 할 수 있다.

5.5 | 프리드만의 검정

■ 프리드만의 검정이란

k조의 대응표본에 의한 데이터가 적어도 순서척도일 때, 프리드만(Friedman)의 순위에 의한 이원배치 분산분석은 k조의 표본이 동일 모집단으로부터 추출되었다고 하는 귀무가설을 검정하는 데 유용하다.

k조의 표본은 대비되고 있기 때문에, 경우의 수는 각각의 표본에 대해서 같다. 그 대응은 k조건 각각 아래에서 피험자의 동일 그룹을 연구함으로써 달성할 수 있다. 혹은 연구자는 각각 k조의 대비된 피험자로 이루어지는 조를 몇 개 얻을 수 있다. 그러고 나서 제1의 조건에 각 조의 어떤 피험자를 랜덤하게 할당하고, 제2의 조건은 각 조의 다른 피험자를 할당하는 식이다. 예를 들면, 네 가지의 교수방법 하에서 학습달성의 차이를 연구하고 싶다면, 각각의 조는 관련변량(연령, 이전에 받은 교육, 지능, 사회경제상태, 학습의욕 등)에 대해서 대비된 아이들로 구성되어 있는 $k = 4$의 N조의 학생을 얻을 수 있다. 그러고 나서 랜덤하게 N조의 각각으로부터 한 사람의 아이에게 교수법 A를 할당하고, 다른 한 사람에게 B를, 또 다른 한 사람에게 C를, 네 번째의 아이에게 D를 할당한다.

프리드만의 검정에 대해서는 데이터는 N행, k열의 이원표로 표현된다. 행은 여러 피험자나 대비된 피험자의 조를 나타내고, 열은 여러 가지 조건을 나타내고 있다. 모든 조건 하에서 실험되고 있는 피험자의 스코어를 연구할 수 있으면, 각 행은 k조건 하에서의 각 피험자의 스코어를 부여한다.

프리드만 검정의 데이터는 순위이다. 각 행에 있어서의 스코어는 각각에 순위가 매겨져 있다. 즉, k조건을 연구할 때 어느 행의 순위도 1에서 k까지의 범위에 있다. 프리드만의 검정은 순위(표본)에 대한 서로 다른 열이 동일 모집단으로부터 추출된 것인지 아닌지를 결정한다.

프리드만의 검정은 반복측정에 의한 일원배치 분산분석의 비모수적 검정이라고 할 수 있다. 또는 반복이 없는 이원배치 분산분석의 비모수적 검정이라고 볼 수도 있다.

요컨대, 프리드만의 검정은 대응이 있는 비모수적 검정으로 [예제 5-1]에 적용해 보기로 한다.

■ SPSS의 순서

〈순서 1〉 데이터의 입력

다음과 같이 <표 5.2>의 데이터를 SPSS에 입력한다.

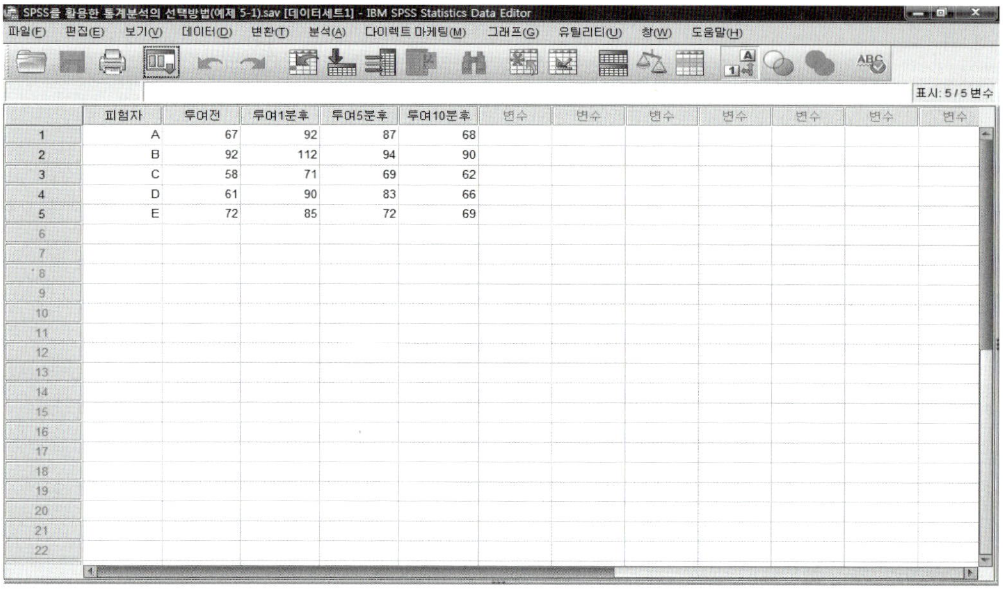

〈순서 2〉 분석수법의 선택

① 메뉴에서 [분석]-[비모수검정]-[대응표본]을 선택한다.

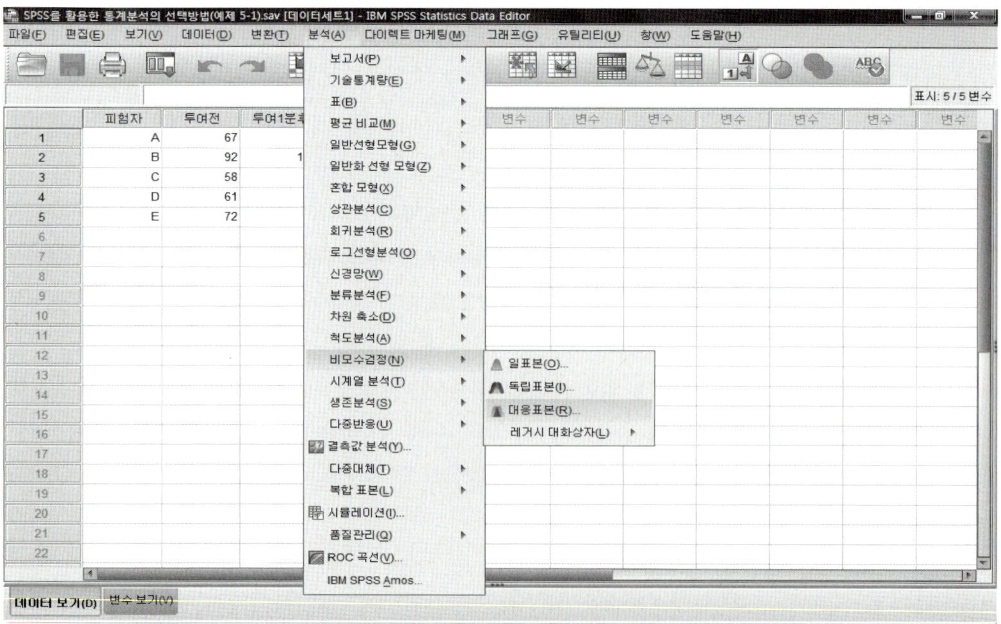

② 다음 화면에서 [사용자 정의에 의한 분석]을 체크하고 [필드]를 클릭한다.

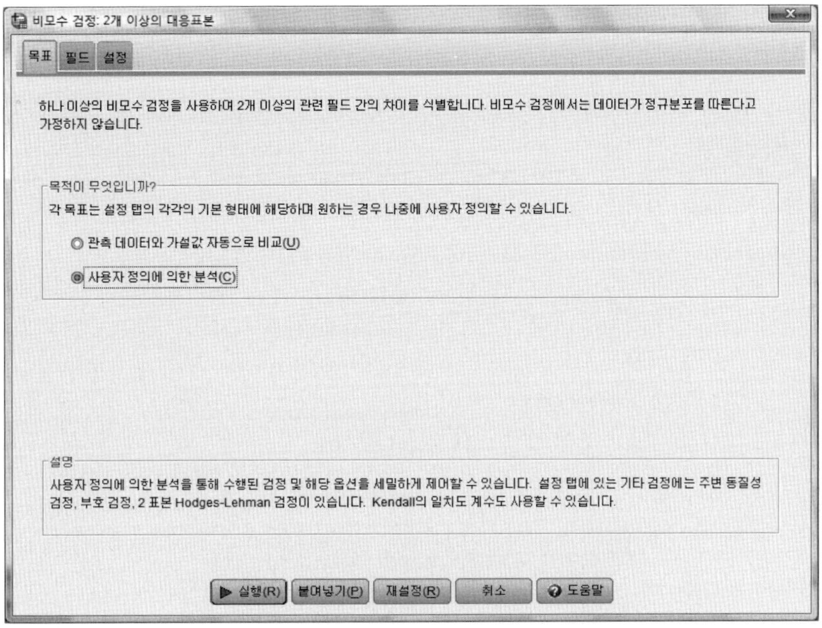

③ 다음 화면에서 반복측정의 순으로 '투여전', '투여1분후', '투여5분후', '투여10분후'를 [검정 필드]에 이동한다. 그리고 [설정]을 클릭한다.

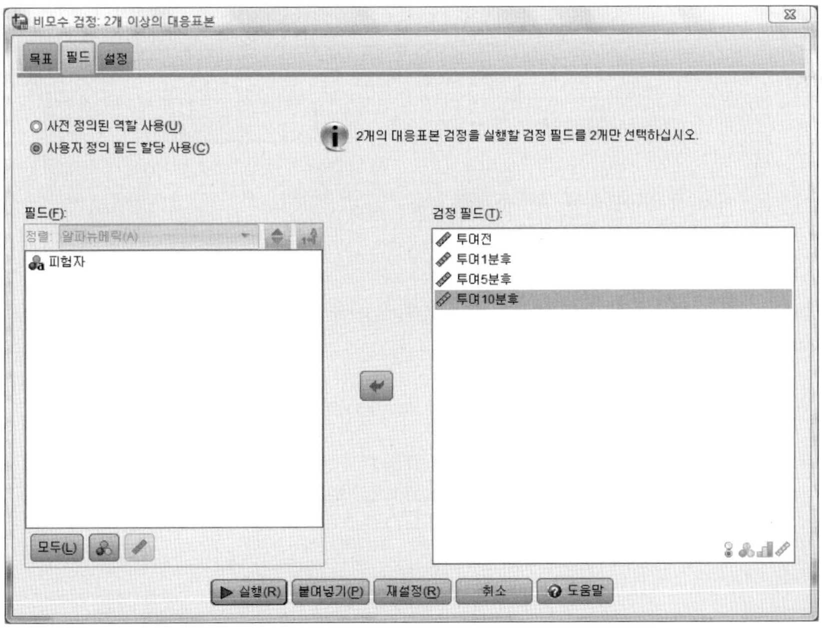

④ 다음 화면에서 [사용자 정의에 의한 검정]을 클릭하고, [Friedman의 순위 이원배치 분산분석(k표본)]을 체크한다. [다중비교]는 [없음]을 선택한다. 그리고 [실행]을 클릭한다.

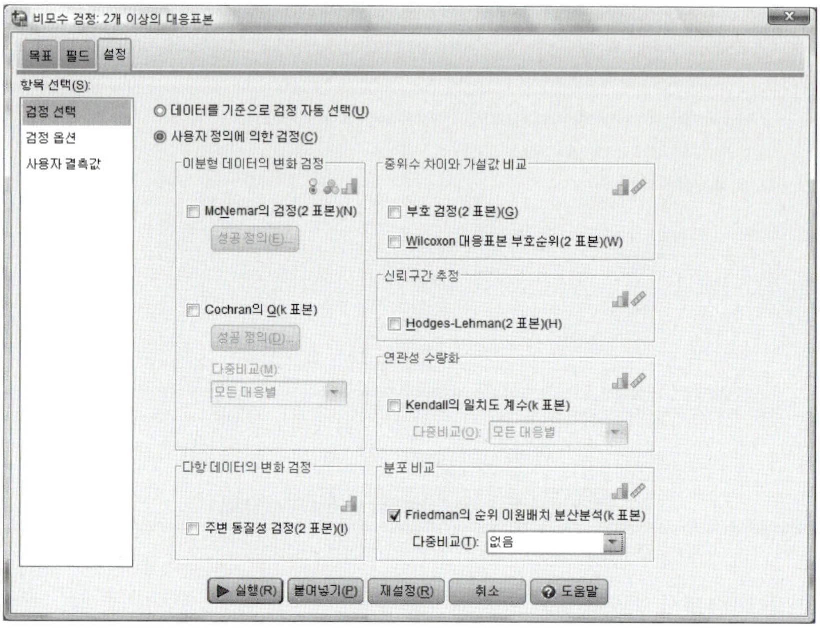

■ 분석결과

가설검정 요약

	영가설	검정	유의확률	의사결정
1	투여전, 투여1분후, 투여5분후 and 투여10분후의 분포가 같습니다.	대응표본 Friedman의 순위 이원분산분석	.005	영가설을 기각합니다.

근사 유의확률이 표시됩니다. 유의수준이 .05입니다.

출력결과의 표를 더블클릭하면 다음과 같은 표가 나타난다.

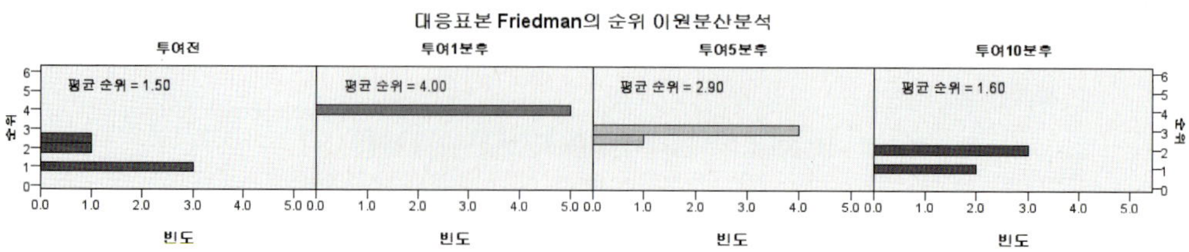

전체 N	5
검정 통계량	12.918
자유도	3
근사 유의확률 (양측검정)	.005

출력결과를 보면 검정통계량이 12.918이고, 근사 유의확률은 0.005이다.

다시 말하면, 근사 유의확률 0.005 ≤ 유위수준 0.05이므로 귀무가설은 기각된다.

따라서,

"투여전부터 10분후까지의 심박수에 차가 있다"

는 것을 알 수 있다. 이 사실은

"약물투여에 의해서 심박수가 변화하고 있다"

라고 하는 것을 의미한다.

■ 다중비교

〈순서 1〉 분석수법의 선택(1)

다중비교를 하고 싶을 때는 [설정] 탭에서, [다중비교]의 [모든 대응별]을 선택한다. 그리고 [실행]을 클릭한다.

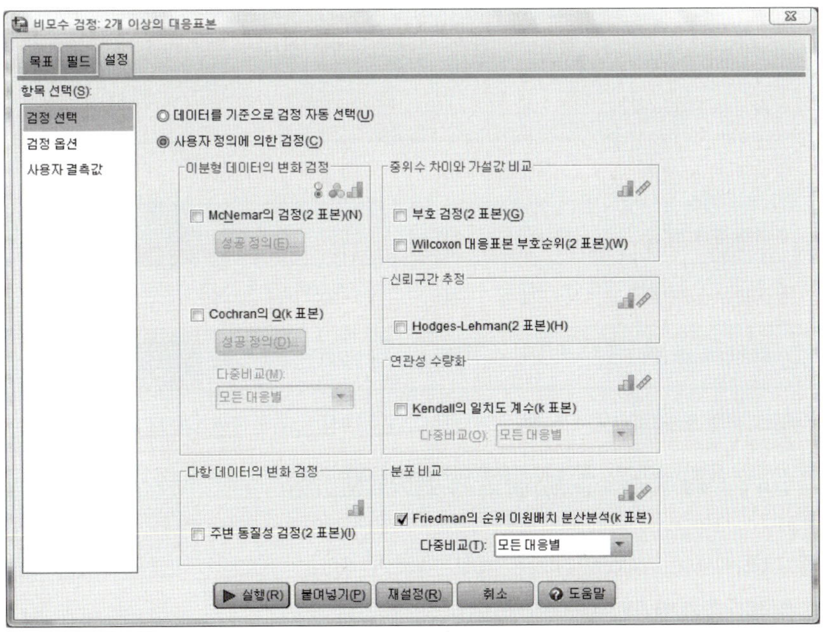

〈순서 2〉 분석수법의 선택(2)

[다중비교] 중에는 [단계별 하향]도 준비되어 있다.

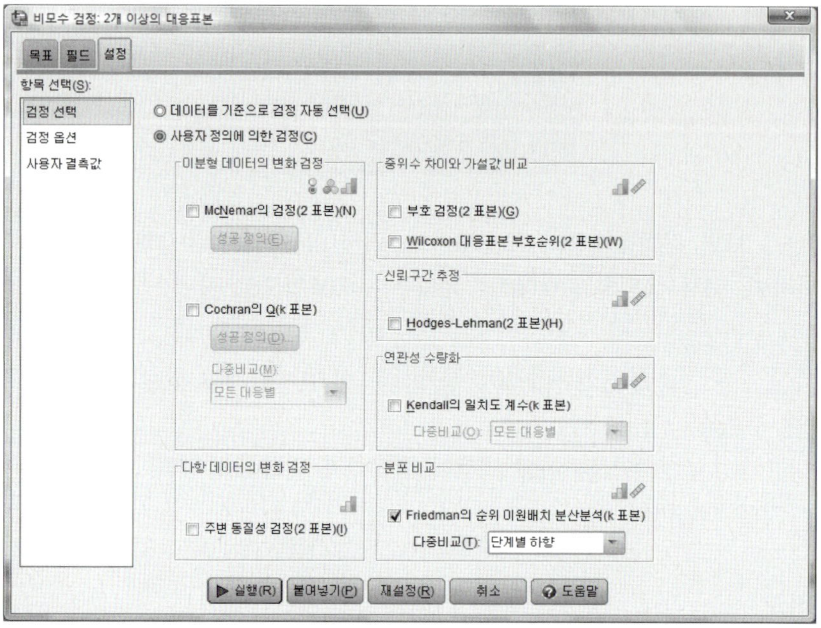

■ 분석결과(1)

[모든 대응별]의 경우

[모형 뷰어]에서 [대응별 비교]를 선택한다.

표본1-표본2	검정 통계량	표준 오차	표준 검정 통계량	유의확률	수정된 유의확률
투여전-투여10분후	-.100	.816	-.122	.903	1.000
투여전-투여5분후	-1.400	.816	-1.715	.086	.518
투여전-투여1분후	-2.500	.816	-3.062	.002	.013
투여10분후-투여5분후	1.300	.816	1.592	.111	.668
투여10분후-투여1분후	2.400	.816	2.939	.003	.020
투여5분후-투여1분후	1.100	.816	1.347	.178	1.000

각 행은 표본 1과 표본 2 분포가 동일한 영가설을 검정합니다.
근사 유의확률(양측검정)이 표시됩니다. 유의수준이 .05입니다.

네 개의 그룹이므로, 조합의 수는 여섯 가지가 된다.

수정된 유의확률이 0.05 이하인 조합은

{투여전　1분후}
{10분후　1분후}

가 된다.

■ 분석결과(2)

[단계별 하향]의 경우

[모형 뷰어]에서 [동질적 부분집합]을 선택한다.

동질적 부분집합

		부분집합		
		1	2	3
표본[1]	투여전	1.500		
	투여10분후	1.600	1.600	
	투여5분후		2.900	2.900
	투여1분후			4.000
검정 통계량		.200	5.000	5.000
유의확률 (2측검정)		.655	.025	.025
수정된 유의확률 (2측검정)		.881	.050	.050

동질적 부분집합은 근사 유의확률을 기반으로 합니다. 유의수준이 .05입니다.

[1]각 셀은 표본 평균 순위를 보여줍니다.

동질적 부분집합이므로, 유의차가 없는 그룹은

그룹 1　…　{투여전　10분후}
그룹 2　…　{10분후　5분후}
그룹 3　…　{5분후　1분후}

로 되어 있다.

CHAPTER

6

대응하는 두 변수의 데이터

CHAPTER 6

대응하는 두 변수의 데이터

6.1 ㅣ 대응하는 두 변수의 측정 데이터

다음과 같은 형태의 데이터의 경우 어떠한 통계분석을 적용할 것인가?

표 6.1 데이터의 형태

No.	X_1	X_2
1	$x_1(1)$	$x_2(1)$
2	$x_1(2)$	$x_2(2)$
3	$x_1(3)$	$x_2(3)$
⋮	⋮	⋮
n	$x_1(n)$	$x_2(n)$

이 데이터 형태의 특징은 대응하고 있는 두 변수 X_1, X_2에 대해서 측정하고 있다는 점에 있다. 이 두 변수는 종류가 다르므로, 두 변수 간의 관계나 두 변수의 종합화·공통요인 등에 관심이 있다.

[예제 6-1]

다음의 데이터표 <표 6.2>는 여섯 개 강에 대해서 수질오염 상태를 주사한 결과이다. 용존산소량(溶存酸素量)과 생물화학적 산소요구량(生物化學的 酸素要求量)을 측정한 데이터이다.

힌트

용존산소량(dissolved oxygen; DO)은 물 속에 녹아 있는 산소의 양을 말한다. 수질의 지표로 사용된다. 적조현상과 같이 플랑크톤 등의 생물이 이상증식하는 경우, 용존산소량이 매우 적어진다. 그리고 생화학적 산소요구량은 물 속에 있는 미생물이 유기물을 분해하는 데 필요한 산소 소모량을 말하며, 약칭은 BOD(biochemical oxygen demand)이다. BOD는 미생물이 유기물을 분해하는 과정에서의 용존산소량(DO) 농도변화를 통해 유기물의 양을 간접적으로 측정하는 것이다. 즉, BOD가 높을수록 유기물이 많이 포함된 오염된 물이다.

표 6.2 강의 수질오염 (단위: ppm)

강	용존산소량	생화학적 산소요구량
A	7.4	1.4
B	9.6	0.9
C	5.3	3.8
D	4.0	5.1
E	8.2	1.7
F	8.7	0.8

이 데이터에서는 종합적으로 강의 오염 정도를 조사해 보고 싶은 것이다.

[예제 6-1]의 데이터와 다음의 [예제 6-2]의 데이터는 데이터의 형태로서는 완전히 동일하지만, 통계분석의 방법은 상당히 다르다.

[예제 6-1]과 [예제 6-2]의 변수의 성질은 크게 다르다고 할 수 있다.

[예제 6-1] … 용존산소량이나 생물화학적 산소요구량이나 모두 수질오염의 지표

[예제 6-2] … 광고선전비가 원인이고, 매출액이 결과

따라서 연구목적도 [예제 6-1]과 [예제 6-2]는 다르다.

[예제 6-1] … 용존산소량과 생물화학적 산소요구량을 이용해서, 종합적으로 수질오염을 연구하고 싶다 ⇨ **주성분분석**

[예제 6-2] … 광고선전비와 매출액의 인과관계를 연구하고 싶다 ⇨ **단회귀분석**

[예제 6-2]

다음의 데이터표 <표 6.3>은 대기업 10개사에 대해서 광고선전비와 매출액에 대해서 조사한 것이다.

표 6.3 광고선전비와 매출액 (단위: 천만 원)

기업 No.	광고선전비	매출액
1	108	289
2	337	853
3	235	588
4	85	387
5	63	159
6	379	1038
7	131	467
8	315	564
9	145	373
10	429	1022

이 데이터로부터 알고 싶은 것은 광고선전비와 매출액의 관계이다.

예를 들면,

"광고선전비를 얼마로 하면 매출액이 어느 정도 늘어난다"
라든가, 역으로
"매출액을 이 정도로 하고 싶을 때는 광고선전비를 어느 정도 지출하면 좋을까"
라든가 하는 것이다.

이와 같이 원인과 결과에 대해서 알고 싶을 때는 단회귀분석(單回歸分析)을 실시한다.

6.2 | 그래프 표현

통계분석의 첫걸음은 그 데이터의 그래프 표현으로부터 시작된다.

그래프 표현은 데이터의 특징을 시각적으로 파악하는 데는 최적의 방법이다. 어떤 형태의 그래프가 적합할까?

<표 6.2>의 경우 가로축에 용존산소량, 세로축에 생물화학적 산소요구량을 취하여 그래프를 작성해 보자.

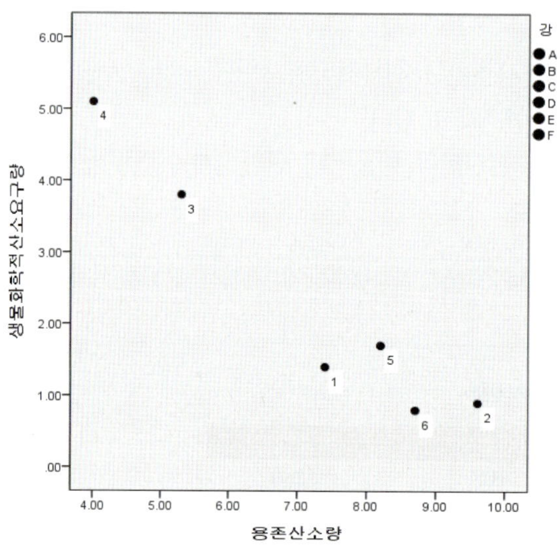

그림 6.1 용존산소량과 생물화학적 산소요구량의 산점도

이 그림을 산점도 또는 상관도라고 한다.

이 산점도를 보면, 여섯 개의 점은 오른쪽 아래로 분포하고 있으므로, 이와 같은 때
"두 개의 변수 용존산소량과 생물화학적 산소요구량의
사이에는 마이너스의 상관이 있다"
라고 한다. 다시 말하면
"용존산소량이 높으면 생물화학적 산소요구량은 낮고,
용존산소량이 낮으면 생물화학적 산소요구량은 높다"

라고 하는 관계에 있다.

<표 6.3>의 경우, 가로축에 광고선전비, 세로축에 매출액을 취하여 산점도를 작성하면, 광고선전비와 매출액 사이에는 플러스의 상관이 있다는 것을 알 수 있다.

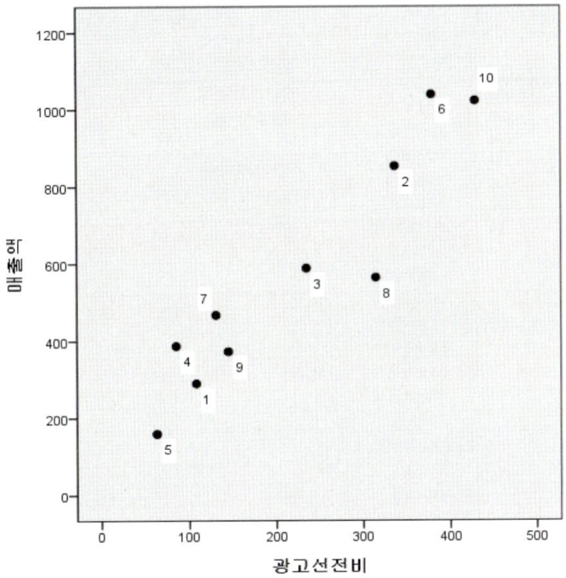

그림 6.2 광고선전비와 매출액 사이의 산점도

6.3 ı 기초통계량

<표 6.2>의 데이터에 대해서 기초통계량을 구해 보자.

■ SPSS의 순서

〈순서 1〉 데이터의 입력

다음과 같이 <표 6.2>의 데이터를 SPSS에 입력한다.

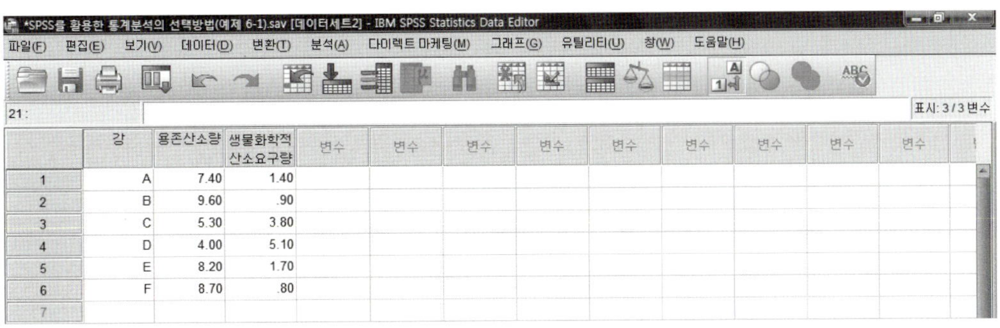

	강	용존산소량	생물화학적 산소요구량	변수	변수	변수	변수	변수	변수	변수	변수	변수
1	A	7.40	1.40									
2	B	9.60	.90									
3	C	5.30	3.80									
4	D	4.00	5.10									
5	E	8.20	1.70									
6	F	8.70	.80									
7												

〈순서 2〉 분석수법의 선택

메뉴에서 [분석]-[기술통계량]-[기술통계]를 선택한다.

〈순서 3〉 변수의 선택

다음 화면에서 [변수]에 '용존산소량'과 '생물화학적 산소요구량'을 이동한다.

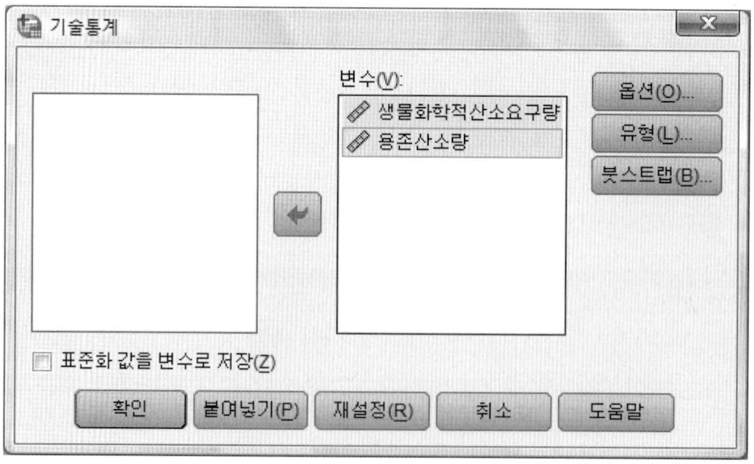

〈순서 4〉 옵션의 선택

[옵션]을 클릭하면 다음 화면이 나타난다. 아래와 같이 선택하고 [계속]을 클릭한다.

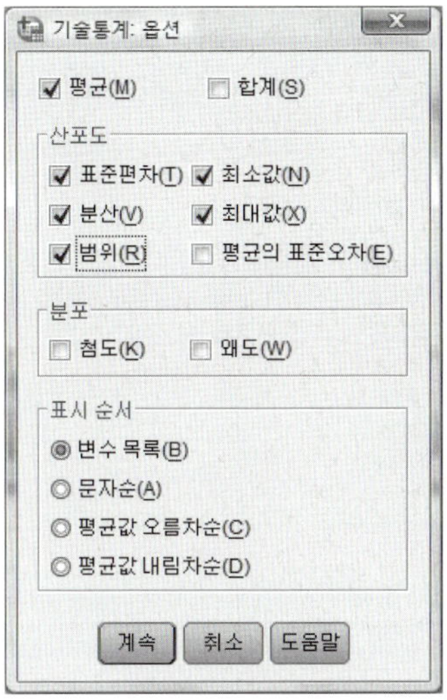

앞의 화면으로 되돌아오면 [확인]을 클릭한다.

■ 분석결과

기술통계량

	N	범위	최소값	최대값	평균	표준편차	분산
생물화학적산소요구량	6	4.30	.80	5.10	2.2833	1.75888	3.094
용존산소량	6	5.60	4.00	9.60	7.2000	2.14009	4.580
유효 N(목록별)	6						

대응이 있는 두 변수일 때는 상관계수와 공분산의 값이 보다 중요하다.

■ SPSS의 순서

〈순서 1〉 데이터의 입력

다음과 같이 <표 6.2>의 데이터를 SPSS에 입력한다.

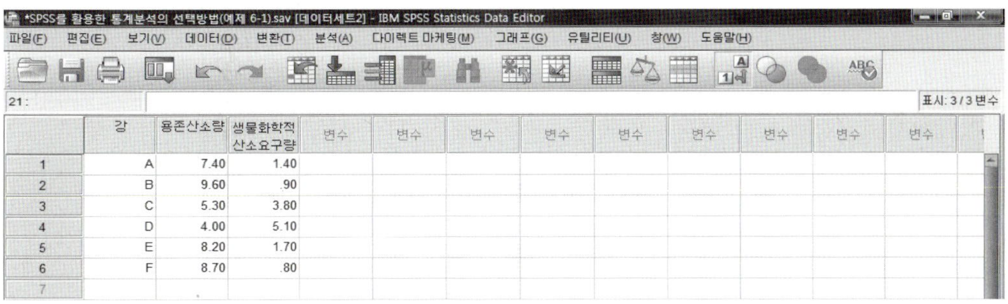

〈순서 2〉 분석수법의 선택

메뉴에서 [분석]-[상관분석]-[이변량 상관]을 선택한다.

〈순서 3〉 변수의 선택

다음 화면에서 [변수]에 '용존산소량'과 '생물화학적 산소요구량'을 이동한다.

〈순서 4〉옵션의 선택

[옵션]을 클릭하면 다음 화면이 나타난다. 아래와 같이 선택하고 [계속]을 클릭한다.

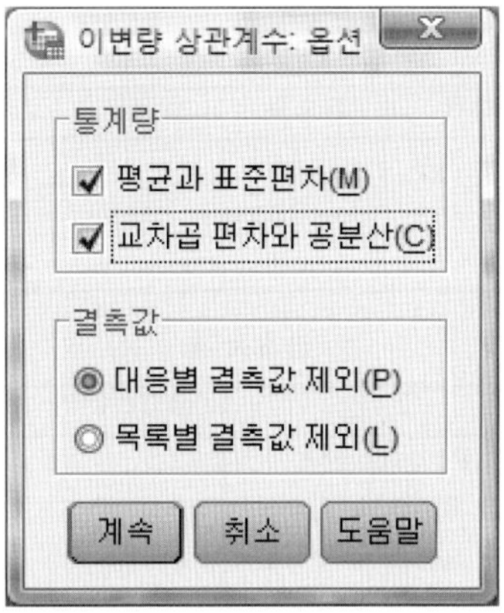

앞의 화면으로 되돌아오면 [확인]을 클릭한다.

■ 분석결과

상관관계

		생물화학적산소요구량	용존산소량
생물화학적산소요구량	Pearson 상관	1	-.967**
	유의확률 (양측)		.002
	제곱합 및 교차곱	15.468	-18.200
	공분산	3.094	-3.640
	N	6	6
용존산소량	Pearson 상관	-.967**	1
	유의확률 (양측)	.002	
	제곱합 및 교차곱	-18.200	22.900
	공분산	-3.640	4.580
	N	6	6

**. 상관관계가 0.01 수준에서 유의합니다(양측).

상관계수는 −0.967이므로 두 변수 사이에는 상당히 강한 마이너스의 상관이 있는 것을 알 수 있다.

이어서 상관계수와 공분산의 관계는 다음과 같다.

$$\text{상관계수} = \frac{\text{공분산}}{\sqrt{X_1\text{의 분산}}\sqrt{X_2\text{의 분산}}}$$

$$-0.967 = \frac{-3.640}{\sqrt{4.580}\sqrt{3.094}}$$

같은 방법으로 <표 6.2>의 데이터에 대해서 기초통계량을 구해 보자.

■ **분석결과**

기술통계량

	N	범위	최소값	최대값	평균	표준편차	분산
광고선전비	10	366	63	429	222.70	133.663	17865.789
매출액	10	879	159	1038	574.00	304.486	92711.778
유효 N(목록별)	10						

상관관계

		광고선전비	매출액
광고선전비	Pearson 상관	1	.945**
	유의확률 (양측)		.000
	제곱합 및 교차곱	160792.100	346229.000
	공분산	17865.789	38469.889
	N	10	10
매출액	Pearson 상관	.945**	1
	유의확률 (양측)	.000	
	제곱합 및 교차곱	346229.000	834406.000
	공분산	38469.889	92711.778
	N	10	10

**. 상관관계가 0.01 수준에서 유의합니다(양측).

상관계수는 0.945이므로 광고선전비와 매출액 사이에는 상당히 강한 플러스의 상관이 있는 것을 알 수 있다.

게다가 상관계수는 1차식의 관계를 의미하는 것이므로, 광고선전비와 매출액의 관계를

$$y = a + bx$$

와 같이 1차함수로 표현할 수 있다.

이와 같은 때는 다음의 단회귀분석으로 진행한다.

6.4 | 단회귀분석

앞에서 구한 산점도에서 선형 적합선을 구해 보자.

광고선전비와 매출액 사이에는

$$y = 94.47 + 2.15x$$

의 관계가 있음을 알았다.

이때의 결정계수는

$$R^2 = 0.893$$

이다. 즉, 광고선전비에 의해서 매출액의 변화를 약 89.3% 설명하고 있다는 의미이다.

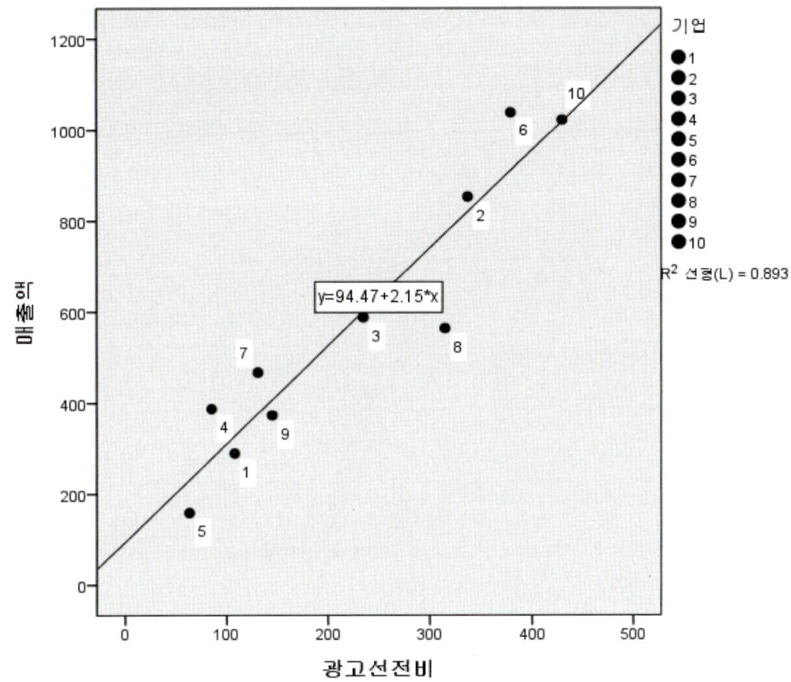

SPSS에 의한 단회귀분석을 실시하도록 한다.

■ SPSS의 순서

〈순서 1〉 데이터의 입력

다음과 같이 <표 6.3>의 데이터를 SPSS에 입력한다.

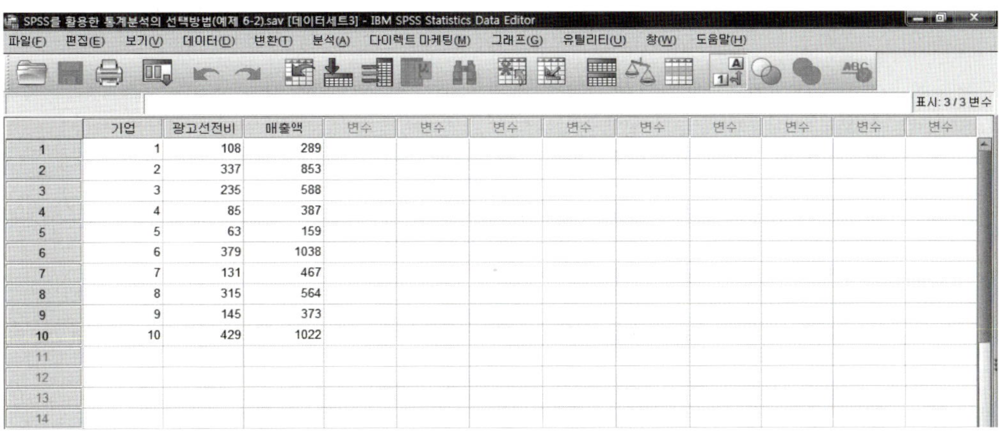

	기업	광고선전비	매출액
1	1	108	289
2	2	337	853
3	3	235	588
4	4	85	387
5	5	63	159
6	6	379	1038
7	7	131	467
8	8	315	564
9	9	145	373
10	10	429	1022

〈순서 2〉 분석수법의 선택

메뉴에서 [분석]-[회귀분석]-[선형]을 선택한다.

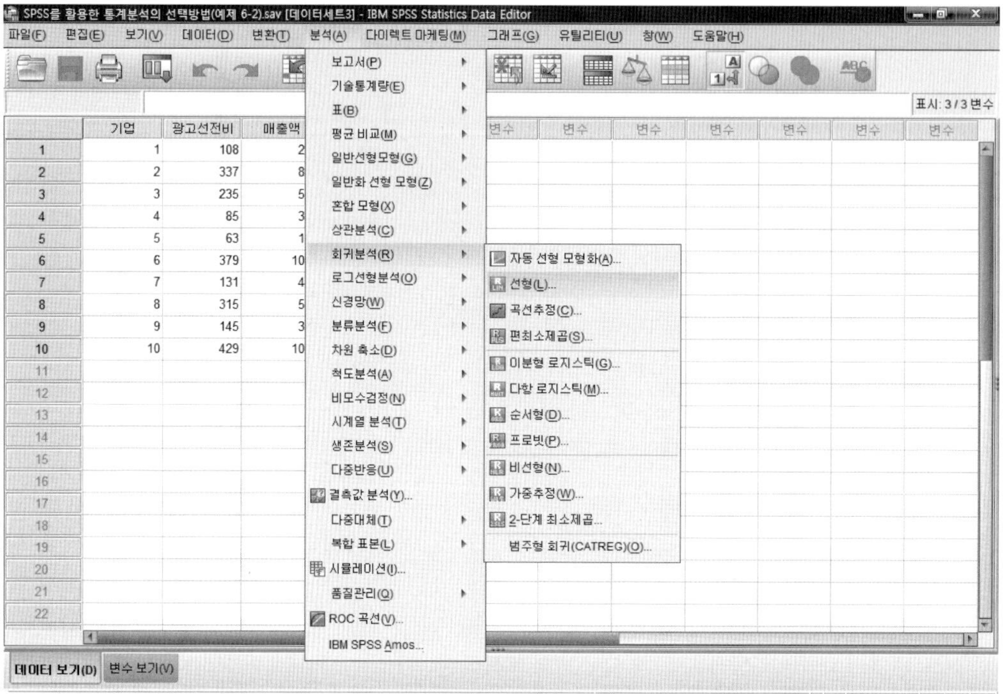

〈순서 3〉 변수의 선택

다음 화면에서 [종속변수]에 '매출액', [독립변수]에 '광고선전비'를 이동한다.

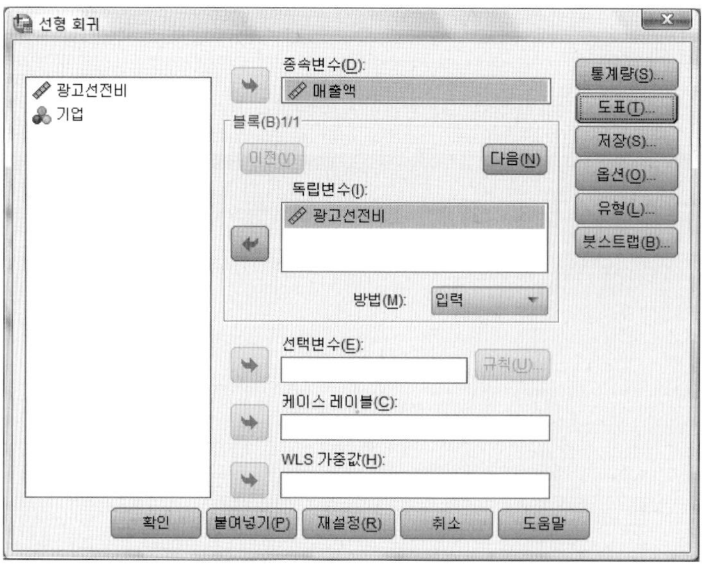

〈순서 4〉 저장의 선택

[저장]을 클릭하고, 다음 항목을 선택한다. [계속]을 클릭한다.

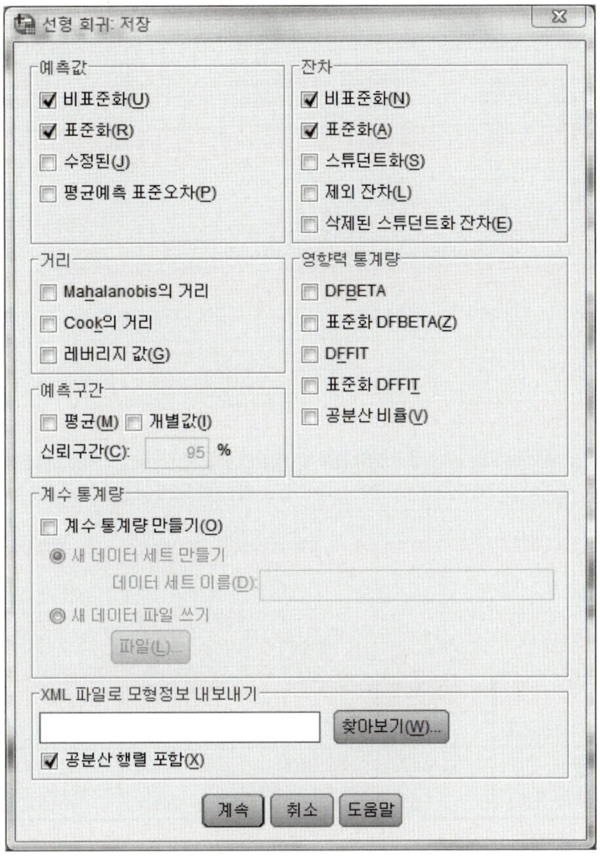

앞의 화면으로 되돌아오면 [확인]을 클릭한다.

■ 분석결과(1)

모형 요약

모형	R	R 제곱	수정된 R 제곱	추정값의 표준오차
1	.945[a]	.893	.880	105.405

a. 예측자: (상수), 광고선전비

이 출력결과를 보면 결정계수 $R^2 = 0.893$은 1에 가까우므로, 구한 회귀직선이 데이터에 상당히 적합하다는 것을 알 수 있다.

관측치(매출액)와 예측치(PRE_1)의 상관계수의 제곱이 결정계수이다.

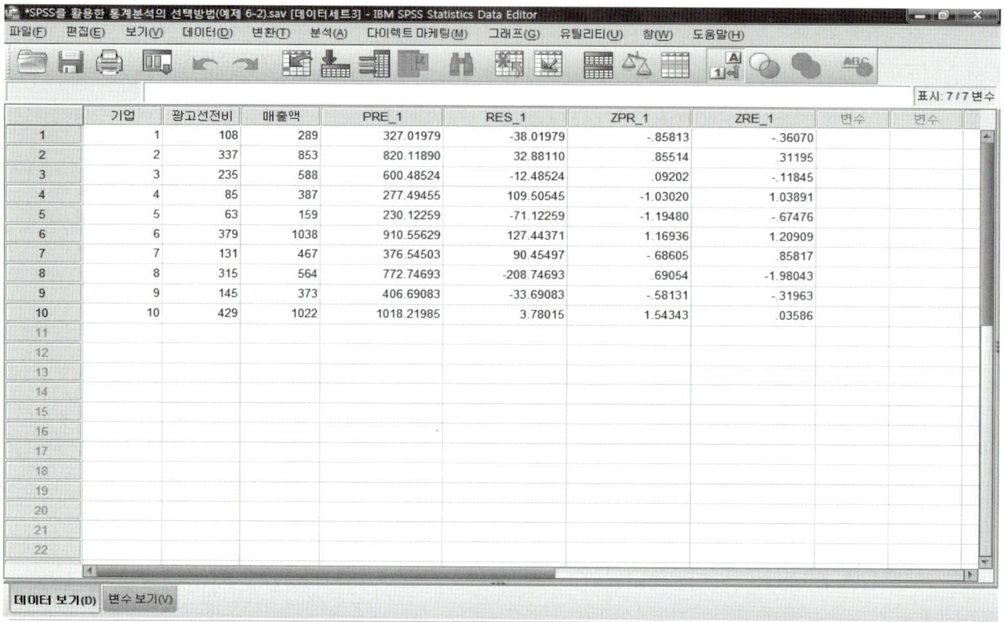

	기업	광고선전비	매출액	PRE_1	RES_1	ZPR_1	ZRE_1
1	1	108	289	327.01979	-38.01979	-.85813	-.36070
2	2	337	853	820.11890	32.88110	.85514	.31195
3	3	235	588	600.48524	-12.48524	.09202	-.11845
4	4	85	387	277.49455	109.50545	-1.03020	1.03891
5	5	63	159	230.12259	-71.12259	-1.19480	-.67476
6	6	379	1038	910.55629	127.44371	1.16936	1.20909
7	7	131	467	376.54503	90.45497	-.68605	.85817
8	8	315	564	772.74693	-208.74693	.69054	-1.98043
9	9	145	373	406.69083	-33.69083	-.58131	-.31963
10	10	429	1022	1018.21985	3.78015	1.54343	.03586

■ 분석결과(2)

계수[a]

모형		비표준화 계수 B	비표준화 계수 표준오차	표준화 계수 베타	t	유의확률
1	(상수)	94.467	67.364		1.402	.198
	광고선전비	2.153	.263	.945	8.192	.000

a. 종속변수: 매출액

이 출력결과를 보면 회귀직선은

$$y = 94.467 + 2.153x$$

으로 되어 있는 것을 알 수 있다.

이 회귀직선을 이용해서 광고선전비로 매출액을 예측할 수 있다.

■ 분석결과(3)

ANOVA[a]

모형		제곱합	자유도	평균제곱	F	유의확률
1	회귀	745524.938	1	745524.938	67.103	.000[b]
	잔차	88881.062	8	11110.133		
	전체	834406.000	9			

a. 종속변수: 매출액

b. 예측자: (상수), 광고선전비

회귀분석의 결과 분산분석표가 출력되는데, 회귀분석의 분산분석표는 검정의 일종으로 다음의 귀무가설이 성립되는지 어떤지를 조사하고 있다.

귀무가설 H_0 : "구한 회귀직선은 예측에 도움이 되지 않는다"

이 가설에 대해서 유의확률 0.000 ≤ 유의수준 0.05이므로 귀무가설은 기각된다. 따라서 구한 회귀직선은 예측에 도움이 된다는 것을 알 수 있다.

힌트

위에서 회귀분석으로 구한 회귀직선 $y = 94.467 + 2.153x$는 **표본회귀선**이다. **모회귀선**을

$$y = \beta_0 + \beta_1 x$$

라고 하면, 다음과 같은 귀무가설을 생각할 수 있다.

귀무가설 $H_0 : \beta_1 = 0$

이 가설이 채택되면 $\beta_1 = 0$이므로 변수 x는 예측에 도움이 되지 않는 것이다.

6.5 | 주성분분석

<표 6.2>의 데이터에서 다음 문제를 생각해 보자. 그러면 주성분분석의 사용방법을 잘 알 수 있게 될 것이다.

즉, A, B, C, D, E, F 여섯 개의 강 중에서 어느 강이 가장 오염되어 있을까? 제일 오염도가 낮은 강은 어떤 강일까?

표 6.2 강의 수질오염(단위: ppm)

강	용존산소량	생화학적 산소요구량
A	7.4	1.4
B	9.6	0.9
C	5.3	3.8
D	4.0	5.1
E	8.2	1.7
F	8.7	0.8

하나의 변수만에 주목해 보면 어떨까?

용존산소량이 낮을수록 강은 오염되어 있다. 따라서 D가 가장 많이 오염되어 있고, B가 제일 오염도가 낮은 것을 알 수 있다.

한편, 생화학적 산소요구량은 값이 높을수록 강이 오염되어 있다. 따라서 E는 A보다 더 오염되어 있다.

그러나 이대로는 어느 쪽 강이 가장 오염되어 있는지 판정할 수 없다.

이와 같은 때에 유효한 통계적 수법이 **주성분분석**이다.

주성분분석은

"두 개의 변수 X_1, X_2를 종합적으로 취급해 주는 수법"

으로, 이 수법을 사용하면, 두 개의 변수 용존산소량과 생화학적 산소요구량을 하나로 합쳐주므로, 수질오염의 순위매김을 할 수 있다.

두 개의 변수 X_1, X_2를 종합적으로 취급한다고 하는 것은

$$a_1X_1 + a_2X_2$$

로 선형결합하는 것이다.

이 새로 합성한 변수 $a_1X_1 + a_2X_2$를 제1주성분이라고 부른다.

다시 말하면, 이것은 두 개의 변수 X_1, X_2의 좌표축에 대해서

"새로운 좌표축 z_1을 발견한다"

라고 하는 것을 의미한다.

게다가 그 새로운 축 z_1은 두 변수의 특성을 잘 하나로 합친 '종합적 특성'이라고 하는 것을 나타낸다.

이 종합적 특성이 어떠한 의미를 가지고 있는가는, 계수 (a_1, a_2)의 값으로부터 간파하지 않으면 안 된다. 이 (a_1, a_2)를 고유벡터라고 부르고 있다.

고유벡터 대신에 요인부하(factor loading)라고 하는 말을 사용하기도 한다.

주성분분석은 회귀분석과 같은 것인가? 그렇지 않다. 회귀분석에서는 관측치와 예측치의 차이가 최소가 되도록 계수를 구하는 데 비해서, 주성분분석에서는 주성분에 내린 수선(垂線)의 길이를 최소가 되도록 구하는 것이다.

이것을 그림으로 표현하면 다음과 같이 된다.

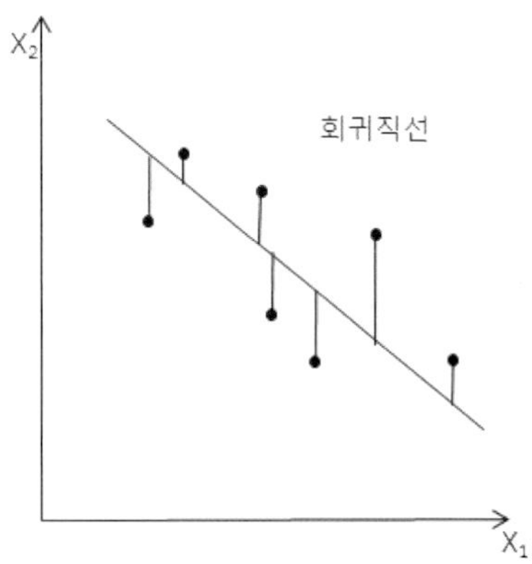

회귀분석의 경우

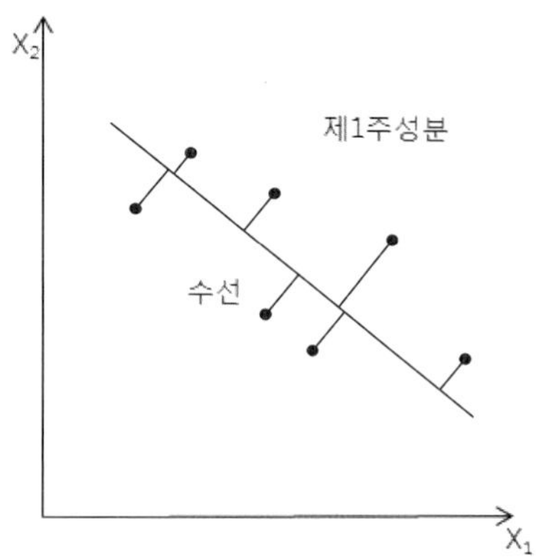

주성분분석의 경우

중회귀분석과 주성분분석은 전혀 다른 것이다. 변수의 수를 늘리면 좀더 분명히 알 수 있다.

여기에서 SPSS에 의해서 주성분분석을 실시해 보자.

SPSS의 순서

〈순서 1〉 데이터의 입력

다음과 같이 <표 6.2>의 데이터를 SPSS에 입력한다.

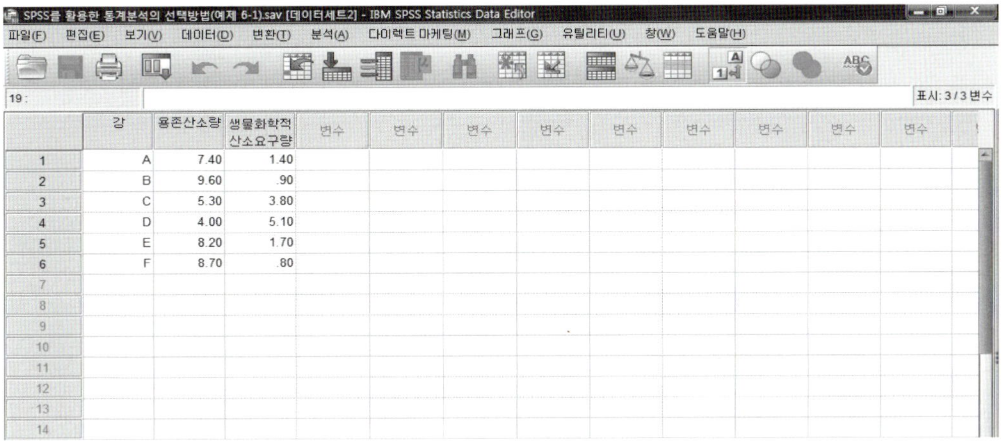

〈순서 2〉 분석수법의 선택

메뉴에서 [분석]-[차원 축소]-[요인분석]을 선택한다.

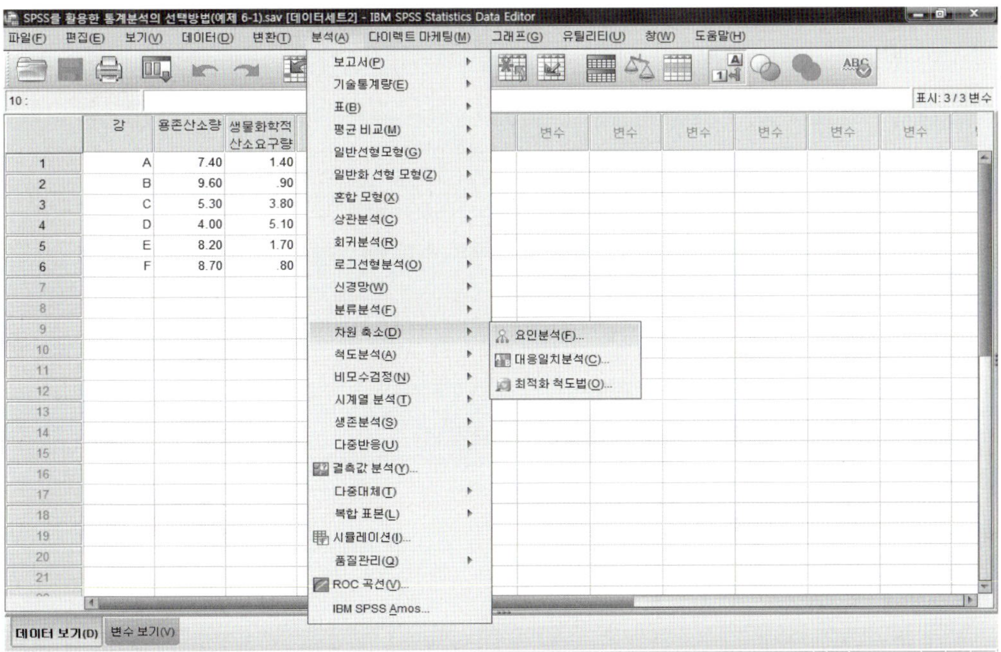

〈순서 3〉 변수의 선택

다음 화면에서 [변수]에 '용존산소량'과 '생화학적 산소요구량'을 이동한다. [요인추출]을 클릭한다.

〈순서 4〉 요인추출의 선택

다음 화면에서 [방법]에서 [주성분], [분석]에서 [공분산행렬]을 선택한다. [추출]에서 [고유값 기준]에 체크하고 [다음 값보다 큰 고유값]에 '1'을 입력한다. [계속]을 클릭하고, 이어서 [요인회전]을 클릭한다.

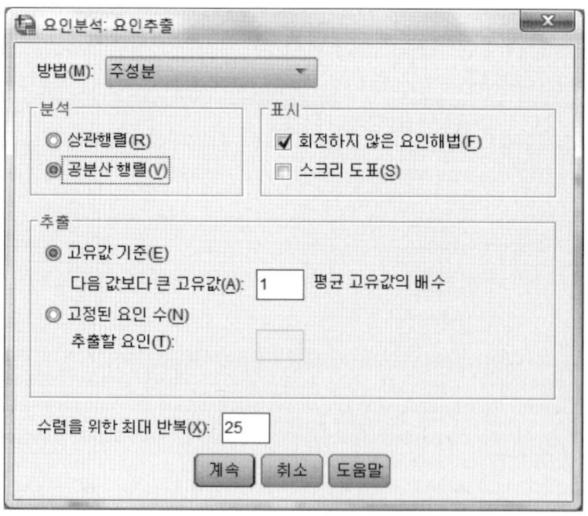

〈순서 5〉 요인회전의 선택

주성분분석에서는 원칙적으로 요인회전을 하지 않는다.

다음 화면에서 [표시]에서 [적재량 도표]에 체크하고 [계속]을 클릭한다. 이어서 [점수]를 클릭한다.

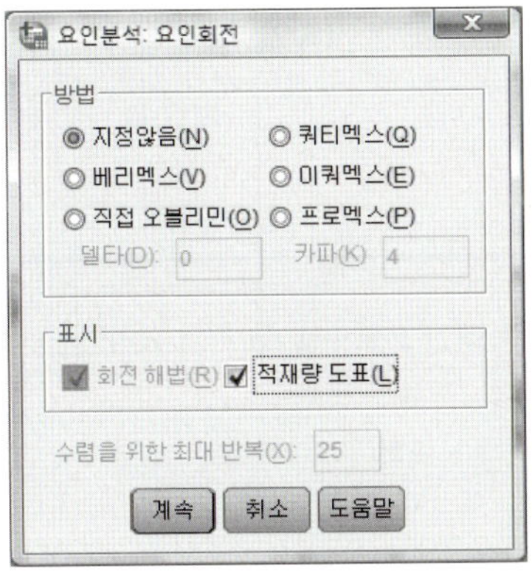

〈순서 6〉 점수의 선택

다음 화면에서 아래와 같이 체크하고 [계속]을 클릭한다. 이어서 [확인]을 클릭한다.

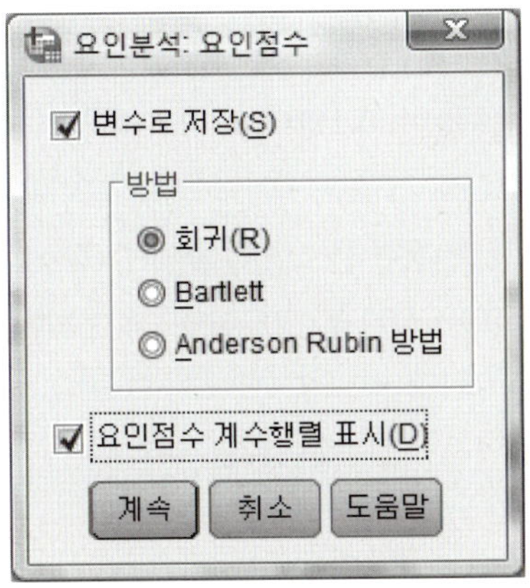

■ 분석결과

설명된 총분산

	성분	초기 고유값[a]			추출 제곱합 적재량		
		전체	% 분산	누적 %	전체	% 분산	누적 %
원래 값	1	7.552	98.413	98.413	7.552	98.413	98.413
	2	.122	1.587	100.000			
재척도화	1	7.552	98.413	98.413	1.966	98.288	98.288
	2	.122	1.587	100.000			

추출 방법: 주성분 분석.

a. 공분산행렬 분석시 원래의 해법과 재척도화 해법에서 초기 고유값은 동일합니다.

성분행렬[a]

	원래 값	재척도화
	성분	성분
	1	1
용존산소량	2.129	.995
생물화학적산소요구량	-1.738	-.988

추출 방법: 주성분 분석.

a. 추출된 1 성분

주성분분석에서 가장 중요한 것은,

"제1주성분이 의미하는 것을 어떻게 해석할 것인가?"

라고 하는 것이다.

이 데이터의 경우, 제1주성분의 고유벡터를 보면,

$$a_1 = 2.219,\ a_2 = -1.738$$

이므로, 제1주성분 z_1은

$$z_1 = 2.129X_1 - 1.738X_2$$

가 된다. 그래서

"X_1의 계수가 플러스이므로 용존산소량이 높을수록 z_1은 커지고

X_2의 계수는 마이너스이므로 생화학적 산소요구량이 높을수록 z_1은 작아진다"

라고 하는 사실로부터 제1주성분 z_1은

"강의 오염 정도"

를 나타내고 있다고 간파할 수 있다.

다음 화면의 [추출]에서 [고정된 요인 수]를 '2'로 지정하고 분석하면, 제2주성분까지 추출된다.

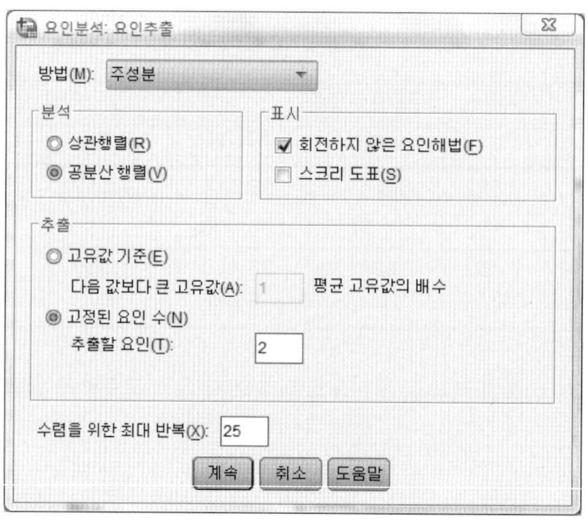

성분도표가 출력된다.

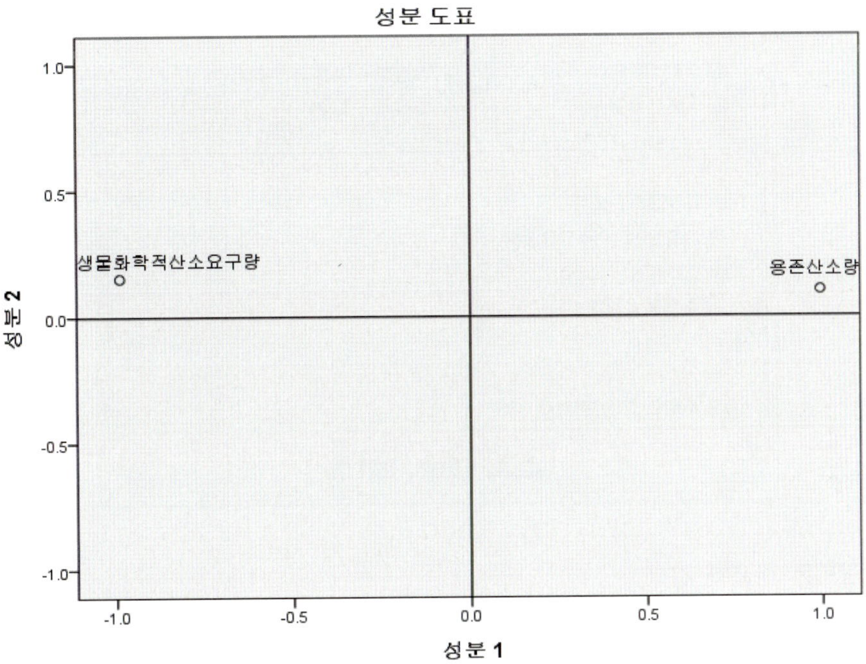

제1주성분점수와 제2주성분점수가 출력된다.

	강	용존산소량	생물화학적 산소요구량	FAC1_2	FAC2_2
1	A	7.40	1.40	.25966	-1.59852
2	B	9.60	.90	.99486	1.27914
3	C	5.30	3.80	-.88460	-.07684
4	D	4.00	5.10	-1.55022	.45286
5	E	8.20	1.70	.41612	.51756
6	F	8.70	.80	.76418	-.57419

제1주성분점수는 강의 오염 정도를 나타내고 있으므로,

$$D < C < A < E < F < B$$

순으로 깨끗한 강이라고 하는 것을 알 수 있다.

■ 상관행렬에 의학 주성분분석

[방법]에서 상관행렬을 선택하여 주성분분석을 실시하면 어떻게 될까?

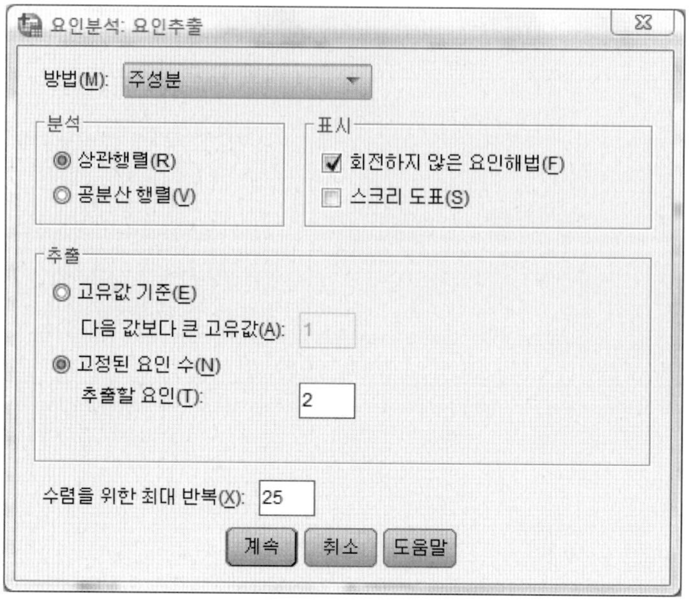

분석결과는 다음과 같다.

설명된 총분산

성분	초기 고유값			추출 제곱합 적재량		
	전체	% 분산	누적 %	전체	% 분산	누적 %
1	1.967	98.351	98.351	1.967	98.351	98.351
2	.033	1.649	100.000	.033	1.649	100.000

추출 방법: 주성분 분석.

성분행렬[a]

	성분	
	1	2
용존산소량	.992	.128
생물화학적산소요구량	-.992	.128

추출 방법: 주성분 분석.

a. 추출된 2 성분

	강	용존산소량	생물화학적산소요구량	FAC1_2	FAC2_2	FAC1_1	FAC2_1
1	A	7.40	1.40	.25966	-1.59852	.30032	-1.59138
2	B	9.60	.90	.99486	1.27914	.96193	1.30408
3	C	5.30	3.80	-.88460	-.07684	-.88236	-.09936
4	D	4.00	5.10	-1.55022	.45286	-1.56126	.41320
5	E	8.20	1.70	.41612	.51756	.40280	.52799
6	F	8.70	.80	.76418	-.57419	.77857	-.55453

분산공분산행렬을 선택한 주성분분석의 결과와 수치가 다소 다르지만 강의 오염도의 순위는 마찬가지이다.

제1주성분점수와 제2주성분점수를 이용하여 산점도를 작성해 보자.

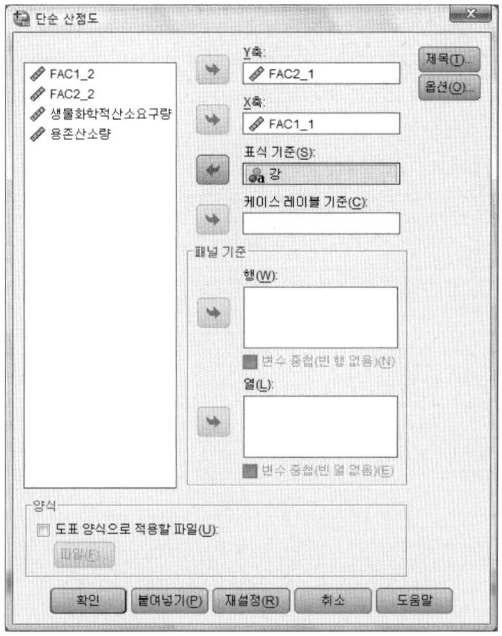

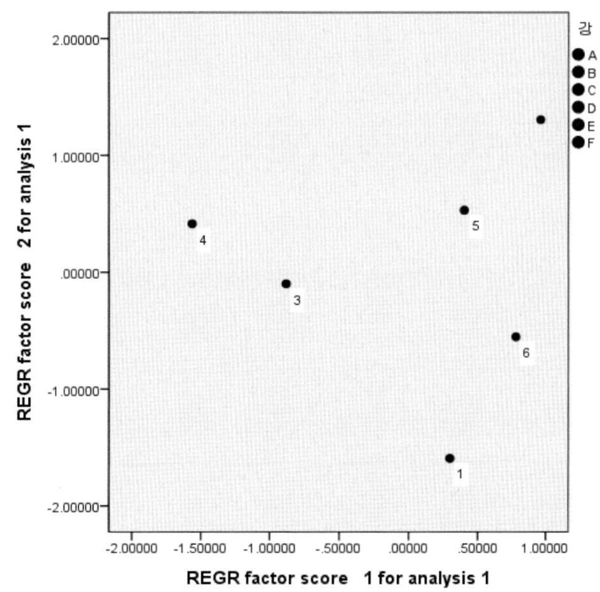

CHAPTER

7

대응하는 세 변수의 데이터

CHAPTER 7 # 대응하는 세 변수의 데이터

7.1 | 대응하는 세 변수의 측정 데이터

다음과 같은 형태의 데이터의 경우 어떠한 통계분석을 적용할 것인가?

표 7.1 데이터의 형태

No.	X_1	X_2	X_3
1	$x_1(1)$	$x_2(1)$	$x_3(1)$
2	$x_1(2)$	$x_2(2)$	$x_3(2)$
3	$x_1(3)$	$x_2(3)$	$x_3(3)$
⋮	⋮	⋮	⋮
n	$x_1(n)$	$x_2(n)$	$x_3(n)$

이 데이터 형태의 특징은 대응하고 있는 세 변수 X_1, X_2, X_3에 대해서 측정하고 있다는 점에 있다. 이 세 변수는 서로 다르므로, 변수 간의 관계나 세 변수의 종합화·공통요인 등에 관심이 있다.

[예제 7-1]

세라믹에 고온에서 압력을 걸면서 압축변형을 행하면, 세라믹 내부의 결정면(結晶面)이 일정한 방향을 향하는 배향현상이 일어난다. 이 결정면의 배열방식을 배향도라고 한다.

다음의 데이터는 여러 가지 조건 하에서 세라믹을 만들었을 때의 배향도(配向度)를 측정한 결과이다.

표 7.2 배향도·온도·압력의 데이터

No.	배향도	온도	압력
1	45	17.5	30
2	38	17.0	25
3	41	18.5	20
4	34	16.0	30
5	59	19.0	45
6	47	19.5	35
7	35	16.0	25

이 데이터의 경우, 알고 싶은 것은 온도와 압력이 배향도에 미치는 영향에 대한 관계이다. 이 관계를 알면 온도와 압력을 조합하여 세라믹의 배향도를 예측할 수 있다.

이러한 변수들 간의 관계는 중회귀분석을 통하여 분석할 수 있다. 중회귀분석은 다음의 중회귀식을 구하는 것으로부터 시작된다.

$$\text{결과} = b_0 + b_1 \times \text{원인1} + b_2 \times \text{원인2}$$

힌트

결과나 종속변수(從屬變數)를 외적기준(外的基準)이라고 부르는 경우도 있다. 이에 비해 원인이나 독립변수(獨立變數)를 내적기준(內的基準)이라고 부르고 있다.

[예제 7-2]

다음의 데이터는 네 종류의 간기능검사를 받은 만성간질환의 조사결과이다.

표 7.3 만성간질환의 간기능검사 결과

피험자	ZTT	TTT	알부민	ChE
A	7.2	3.1	4.6	0.85
B	14.6	7.5	4.1	0.66
C	16.1	8.3	3.7	0.53
D	17.2	8.2	4.0	0.63
정상치 …	↑ 12.0 이하	↑ 4.0 이하	↑ 4.5 이상	↑ 0.7 이상

이 데이터의 경우, 네 개의 변수 ZTT, TTT, 알부민, ChE는 모두 간기능에 관한 것으로 <표 7.3>의 아래에 있는 정상치를 보더라도 알 수 있듯이 '간장의 나쁜 정도'를 나타내는 값이다.

따라서 이 데이터의 경우, 원인과 결과와 같은 관계가 아니라, 네 개의 변수는 모두 간장의 나쁜 정도에 대한 지표로 생각된다. 그러므로 이 데이터에서는 결과가 될 종속변수와 같은 것은 없고, 모두 독립변수와 같은 것으로 되어 있다.

네 개의 변수를 하나로 합쳐 '간장의 나쁜 정도에 대한 종합적 평가'라고 하는 것을 구해 보자. 이와 같은 때의 통계분석으로서는 주성분분석이 적합하다.

힌트

간기능검사는 간질환의 유무와 그 감별진단 및 그 정도와 예후의 판단, 치료방침의 결정에 중요한 역할을 한다. 일반적으로 간은 대상능력(代償能力)이 크기 때문에 간의 70~80%가 나빠져 있지 않는 한 기능검사는 정상인 경우가 많다. 그러므로, 간 전체가 나빠지는 간염이나 간경변증에서는 간기능검사의 양성률이 높지만, 간암이나 간농양(肝膿瘍)과 같이 병변이 국한되어 있을 때는 음성을 나타내는 경우가 적지 않다. 또 간기능검사의 대부분이 특이하지 않아 간질환 이외에도 양성으로 나타나기 때문에 주의해야 한다.

힌트

- **ZTT**는 교질반응 즉 유산아연시험의 약칭으로 쿤켈시험이라고도 한다. 간장의 작용이 저하하면 알부민의 생성이 줄고, 상대적으로 –글로불린이 증가하는데 ZTT는 –글로불린치에 평행하기에 만성간염이나 간경변일 때는 ZTT가 상승한다. 4~12단위가 정상치이다.
- **TTT**는 티몰혼탁반응으로 혈청단백의 글로불린이 티몰에 반응하여 혼탁해지는 것을 이용한 것으로 간질환에서 상승한다. 특히 A형 바이러스간염 초기에 상승하는 것이 특징이며 정상치는 0~5단위이다.
- **알부민**(Protein, Albumin)은 단백질의 한 종류로 혈액에는 100여종의 단백질이 존재하고 있으며, 이들 단백질의 약 60%는 알부민이 차지하고, 나머지 40%는 글로블린 계통의 단백질이 차지하고 있다. 특히 알부민은 영양 공급원으로 사용되기도 하고 우리가 섭취하는 비타민이나 약물 같은 물질들과 결합하여 필요한 곳으로 운반해 주는 등 중요한 역할을 담당하고 있으며 하루에 약 10에서 15그램 정도 합성되고 매 3주마다 그 양이 절반으로 감소한다. 이 알부민은 주로 간에서 합성되므로 간의 합성기능을 알아보는 데 중요한 지표로 간의 기능을 알아보는 자료가 되는 것이다. 또한 알부민과 글로블린의 비율은 간의 기능 뿐 아니라 다른 질환에서도 변화를 보여 유용한 참고 자료로 이용되기도 한다. 정상 성인의 경우 알부민은 100 밀리리터 당 약 3.5에서 5.0그램 정도로 측정되며 혈장의 총 단백질은 6.5에서 8.0그램으로 측정된다.
- **ChE**(콜린에스테라제)란 체내에 있는 콜린에스터라는 물질을 콜린과 초산으로 분해시키는 효소다. 생체에는 두 종류의 ChE가 있다. 하나는 신경조직이나 신경근 접합부, 적혈구막 등에 많이 분포된 진성 ChE로 아세틸콜린이라는 물질을 분해하는 효소인데 이것은 신경계의 자극 전달에 관여하는 작용이 있다. 또 하나는 혈청 중에 많이 함유된 위성 ChE라고 부르는 것으로 아세틸콜린 이외에 여러 가지 콜린을 분해한다. 일반적으로 간기능 검사로서 측정하는 것은 위성 ChE로, 이것은 알부민이나 글로부린 같은 혈청 단백처럼 대부분이 간에서 만들어진다. 간에서 만들어진 후에 혈액으로 방출되므로 이것을 조사하면 간의 기능을 알 수 있다. ChE의 정상치는 측정방법에 따라 다르다. 보통 사용되고 있는 측정방법은 부칠지오콜린법과 벤조일콜린법으로 단위는 IU/L(국제단위)이다. 0.7이상이 정상치로 알려져 있다.

[예제 7–3]

다음의 <표 7.4>는 의료에 관한 데이터로서 K아파트 단지 주민 30명에 대한 의식조사의 결과이다. 스트레스, 건강행동, 건강습관, 사회지원, 사회역할, 건강도, 생활환경, 의료기관 등에 관한 조사결과다.

이 데이터의 경우, 스트레스, 건강행동, 건강습관, 사회지원, 사회역할, 건강도, 생활환경, 의료기관 등 여덟 개의 변수로부터

'사회의료의 질을 향상시키는 공통요인'

이라고 하는 것을 찾아내고 싶다.

이와 같은 때에 요인분석을 실시하여 공통요인을 추출한다.

표 7.4 사회의료의 질을 향상시키기 위한 변수

No.	스트레스	건강행동	건강습관	사회지원	사회역할	건강도	생활환경	의료기관
1	3	0	5	4	8	3	2	3
2	3	0	1	2	5	3	2	2
3	3	1	5	8	7	3	3	3
4	3	2	7	7	6	3	2	3
5	2	1	5	8	4	2	2	4
6	7	1	2	2	6	4	5	2
7	4	1	3	3	5	3	3	3
8	1	3	6	8	8	2	3	2
9	5	4	5	6	6	3	3	3
10	3	1	5	3	6	3	3	3
11	5	1	4	7	5	5	3	3
12	6	1	2	7	6	3	4	3
13	4	0	0	2	7	3	3	3
14	5	0	0	0	5	3	3	2
15	7	2	3	4	8	4	4	3
16	3	0	1	8	5	3	3	3
17	0	1	3	8	7	3	3	3
18	4	0	5	6	5	3	3	2
19	5	1	7	6	7	4	4	3
20	3	1	5	0	5	3	3	3
21	3	1	6	8	6	3	2	3
22	1	1	3	3	4	1	3	3
23	5	0	0	8	8	5	4	5
24	5	1	3	2	6	4	3	3
25	4	2	2	6	7	3	3	2
26	4	0	3	6	6	3	3	3
27	3	2	4	8	8	2	3	2
28	5	1	5	7	5	3	3	3
29	7	2	0	2	4	4	3	4
30	3	3	8	7	7	3	3	3

7.2 | 그래프 표현

변수가 하나일 때는 직선상에, 변수가 두 개일 때는 평면상에 데이터를 그릴 수가 있는데, 변수가 더욱 늘어나면 모든 변수를 동시에 그리는 것은 어려워진다. 물론 컴퓨터의 3차원 그래픽이라고 하는 수단도 있다. 또한 주성분분석의 결과를 성분도표나 주성분점수의 산점도로 표현할 수도 있다.

<표 7.3>의 데이터에 대해서 주성분분석을 실시하면 두 개의 성분을 추출하여 성분도표를 작성할 수 있다.

그리고 제1주성분점수와 제2주성분점수를 각각 가로축, 세로축으로 취하여 피험자들을 산점도상에 표현할 수 있다.

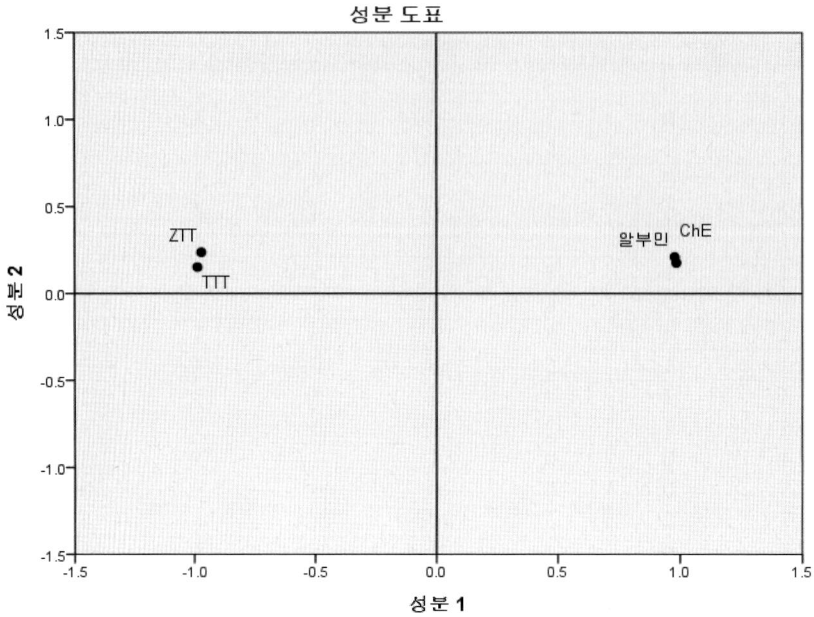

그림 7.1 표 7.3에 대한 주성분분석 결과의 성분도표

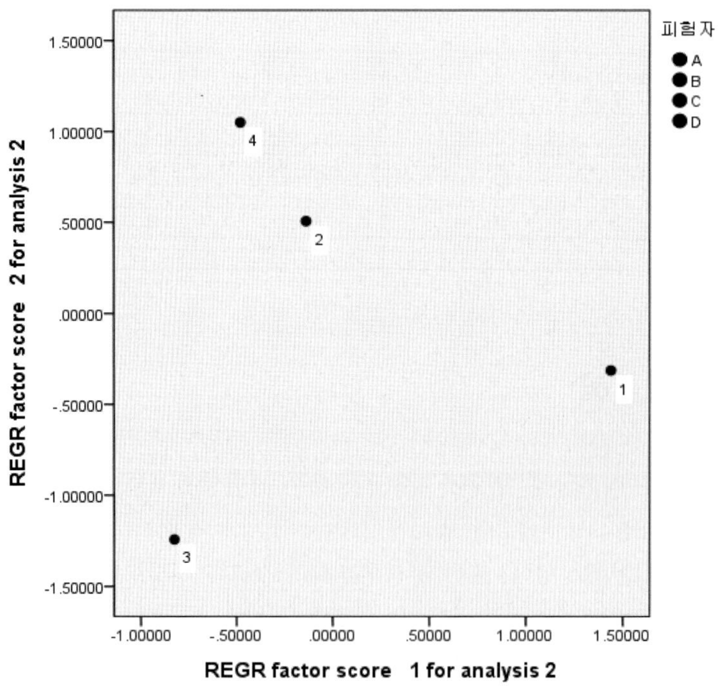

그림 7.2 표 7.3에 대한 주성분분석 결과의 산점도

7.3 | 기초통계량

기초통계량으로서는 역시 평균·분산·표준편차를 구하는 것인데, 변수의 수가 많아지면 분산공분산행렬이나 상관행렬을 구하게 된다. <표 7.2>의 데이터를 입력하여 상관행렬을 구해 보자.

■ SPSS의 순서

〈순서 1〉 데이터의 입력

다음과 같이 <표 7.2>의 데이터를 SPSS에 입력한다.

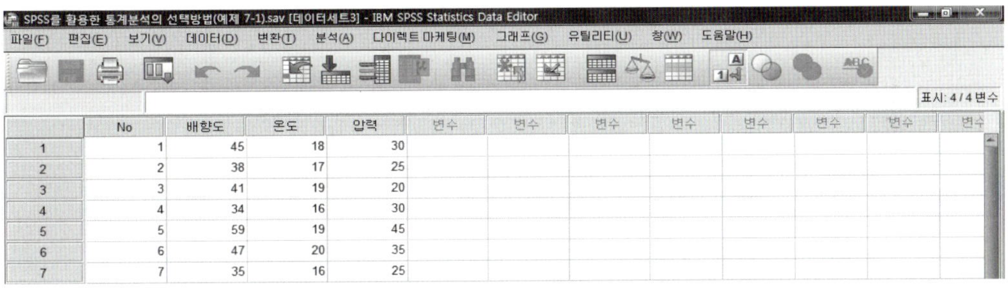

〈순서 2〉 분석수법의 선택

메뉴에서 [분석]-[상관분석]-[이변량 상관]을 선택한다.

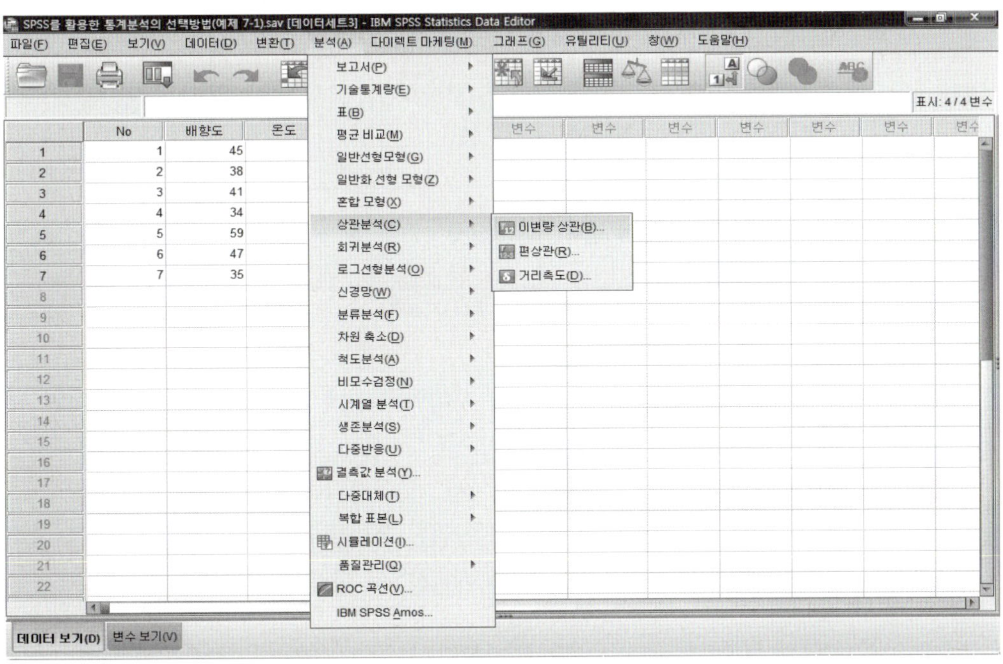

〈순서 3〉 변수의 선택

다음 화면에서 [변수]에 '배향도', '온도', '압력'을 이동한다. [상관계수]에서 [Pearson]을 선택한다. [확인]을 클릭한다.

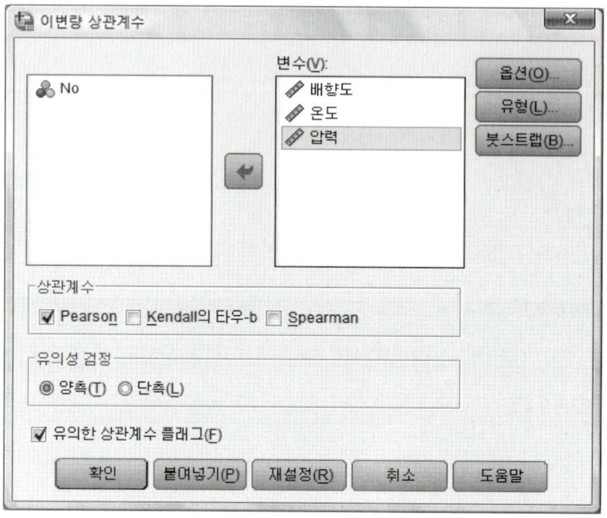

■ 분석결과

상관관계

		배향도	온도	압력
배향도	Pearson 상관	1	.798*	.814*
	유의확률 (양측)		.031	.026
	N	7	7	7
온도	Pearson 상관	.798*	1	.472
	유의확률 (양측)	.031		.285
	N	7	7	7
압력	Pearson 상관	.814*	.472	1
	유의확률 (양측)	.026	.285	
	N	7	7	7

*. 상관관계가 0.05 수준에서 유의합니다(양측).

상관계수를 보면 배향도와 온도, 배향도와 압력 사이의 상관계수가 각각 0.798, 0.814로 높으므로, 배향도와 온도, 배향도와 압력 사이에 밀접한 관계가 있는 것을 알 수 있다. 반면에 온도와 압력 사이의 상관계수는 0.472로서 낮아서 거의 상관이 없다고 볼 수 있다.

이와 같은 때에는 배향도를 종속변수, 온도와 압력을 독립변수로 해서 중회귀분석을 실시하면, 온도와 압력으로부터 세라믹의 배향도를 예측할 수 있다.

7.4 | 중회귀분석

<표 7.2>의 데이터에 대해서 SPSS에 의한 중회귀분석을 실시해 보자.

■ SPSS의 순서

〈순서 1〉 데이터의 입력

다음과 같이 <표 7.2>의 데이터를 SPSS에 입력한다.

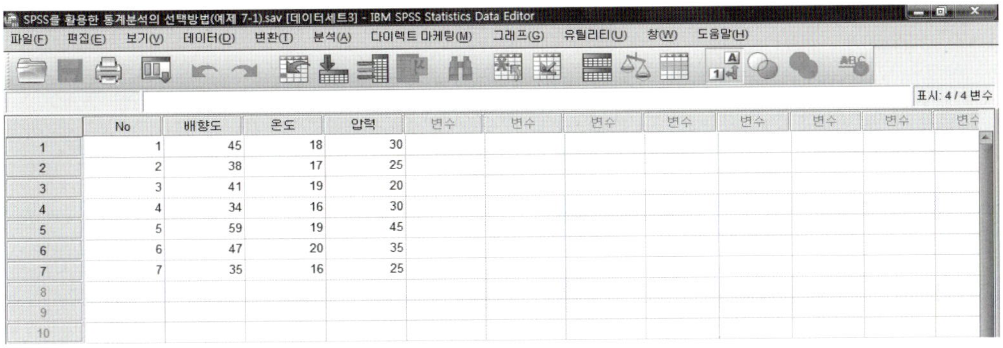

〈순서 2〉 분석수법의 선택

메뉴에서 [분석]-[회귀분석]-[선형]을 선택한다.

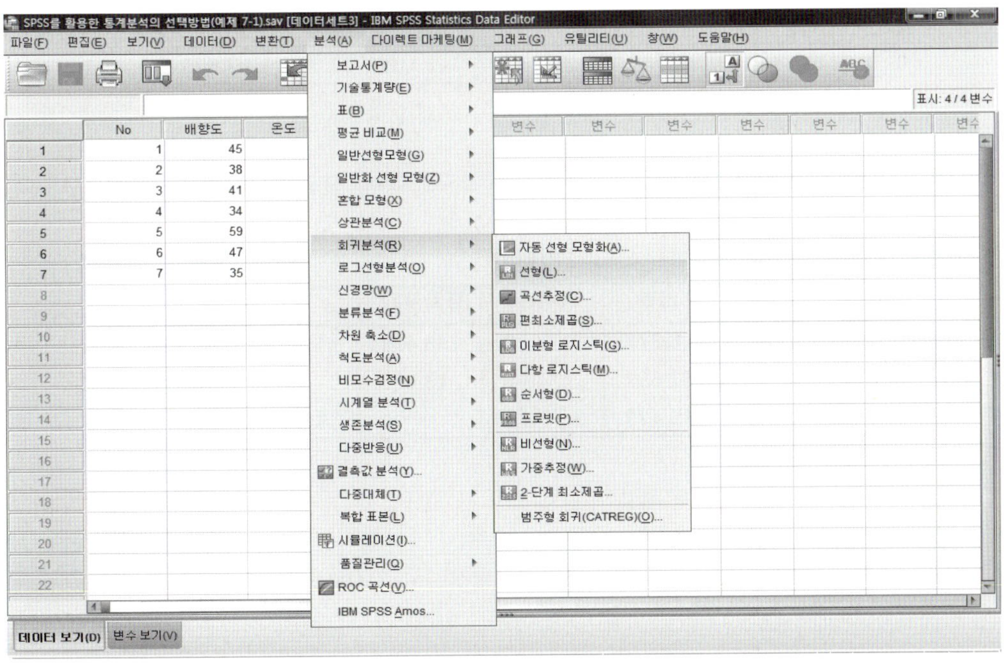

〈순서 3〉 변수의 선택

다음 화면에서 [종속변수]에 '배향도'를 이동하고, [독립변수]에 '온도'와 '압력'을 이동한다. [확인]을 클릭한다.

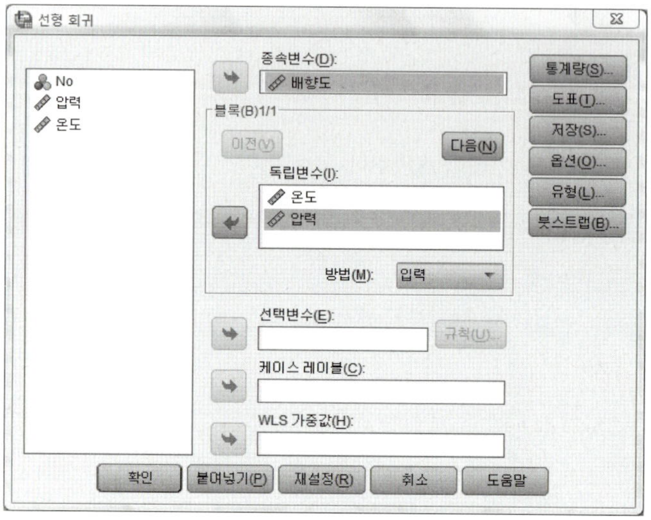

■ 분석결과

모형 요약

모형	R	R 제곱	수정된 R 제곱	추정값의 표준오차
1	.940[a]	.883	.825	3.625

a. 예측자: (상수), 압력, 온도

결정계수(R 제곱)는 0.883으로 이 데이터는 회귀모형에 상당히 적합하다고 할 수 있다.

ANOVA[a]

모형		제곱합	자유도	평균제곱	F	유의확률
1	회귀	396.877	2	198.438	15.104	.014[b]
	잔차	52.552	4	13.138		
	전체	449.429	6			

a. 종속변수: 배향도

b. 예측자: (상수), 압력, 온도

분산분석의 결과를 보면, 유의확률 0.014 ≤ 유의수준 0.05이므로, 귀무가설은 기각된다. 즉 회귀식은 통계적으로 의미가 있다고 판단할 수 있다. 분산분석의 결과는 회귀식의 유의성을 검토하기 위해서 필요하다.

계수[a]

모형		비표준화 계수		표준화 계수	t	유의확률
		B	표준오차	베타		
1	(상수)	-33.074	19.000		-1.741	.157
	온도	3.283	1.194	.533	2.749	.051
	압력	.596	.206	.562	2.898	.044

a. 종속변수: 배향도

중회귀분석 결과, 중회귀식은

$$y = -33.074 + 3.283x_1 + 0.596x_2$$

즉,

$$\text{배향도} = -33.074 + 3.283 \times \text{온도} + 0.596 \times \text{압력}$$

이라고 하는 것을 알 수 있다.

편회귀계수의 유의성을 판단하기 위하여 t값과 p값(유의확률)이 필요하다. t값이 큰 변수일수록 목적변수 y를 예측(설명)하는 데 있어서의 공헌도가 높다고 생각한다. 따라서 위의 표에서 압력이 온도보다 배향도를 예측하는 데 공헌도가 높다고 할 수 있다.

또한 p값에 의해서 편회귀계수의 유의성을 판정할 수 있다. 유의하지 않은 변수는 목적변수 y를 예측하는 데에 불필요한 변수라고 결론을 짓는다. 모든 변수가 필요한지, 불필요한 변수는 없는지를 검토하는 것은 변수선택의 문제로서 중회귀분석에 있어서 매우 중요하다.

위의 표에서 [t] 아래의 수치가 각 변수의 t값을 나타내고, [유의확률] 아래의 수치가 각 변수의 p값을 나타내고 있다.

t값 대신에 F값을 이용하는 경우도 있다.

$$F\text{값} = (t\text{값})^2$$

경험적으로는 F값이 2 이상이면 유효한 변수, 2 미만이면 불필요한 변수로서 선택할 것을 권하고 있지만 이 기준은 어디까지나 경험적인 것이다. 유효한 변수를 간과할 위험성을 적게 하고 싶다면 F값이 1 이상의 것은 선택하더라도 무방할 것이다.

이 예제에서는 설명변수 x_1(온도)과 x_2(압력)의 F값은 모두 2 이상으로 유효한 변수로 판정할 수 있다.

7.5 | 주성분분석

<표 7.3>을 보면 네 개의 변수는 각각 간장의 증상의 정도를 조사하기 위한 것으로, 이 데이터에는 원인과 결과라고 하는 인과관계는 없다.

이 데이터의 경우, 알고 싶은 것은 간장의 증상에 대한 종합적 판단이기 때문에, 다음과 같이 몇 개의 요인을 하나로 합치는 주성분분석을 실시한다.

$$b_1 \times \text{요인1} + b_2 \times \text{요인2} + b_3 \times \text{요인3} + b_4 \times \text{요인4}$$

이 1차식을 주성분 Z_1이라 부르고

$$Z_1 = b_1 X_1 + b_2 X_2 + b_3 X_3 + b_4 X_4$$

라고 표현한다.

주성분분석에는

- 상관행렬에 의한 방법
- 분산공분산행렬에 의한 방법

의 두 종류가 있다.

주성분분석의 요점은 "주성분이 갖는 종합적 특성의 간파방법"에 있으므로, 이 두 가지 방법으로 각각 주성분을 구하여, 주성분이 갖는 종합적 특성을 간파하기 쉬운 방법을 채택해도 된다.

상관행렬에 의한 방법이라고 하는 것은 "데이터를 표준화하고 나서 주성분분석을 실시한다"라고 하는 것이다. 그러므로 변수의 단위의 영향이 걱정이 될 때는, 상관행렬에 의한 방법을 채택한다.

<표 7.3>의 변수의 단위는 갖추어져 있지 않으므로, 상관행렬에 의한 방법을 채택해 보기로 한다.

SPSS의 순서

〈순서 1〉 데이터의 입력

다음과 같이 <표 7.3>의 데이터를 SPSS에 입력한다.

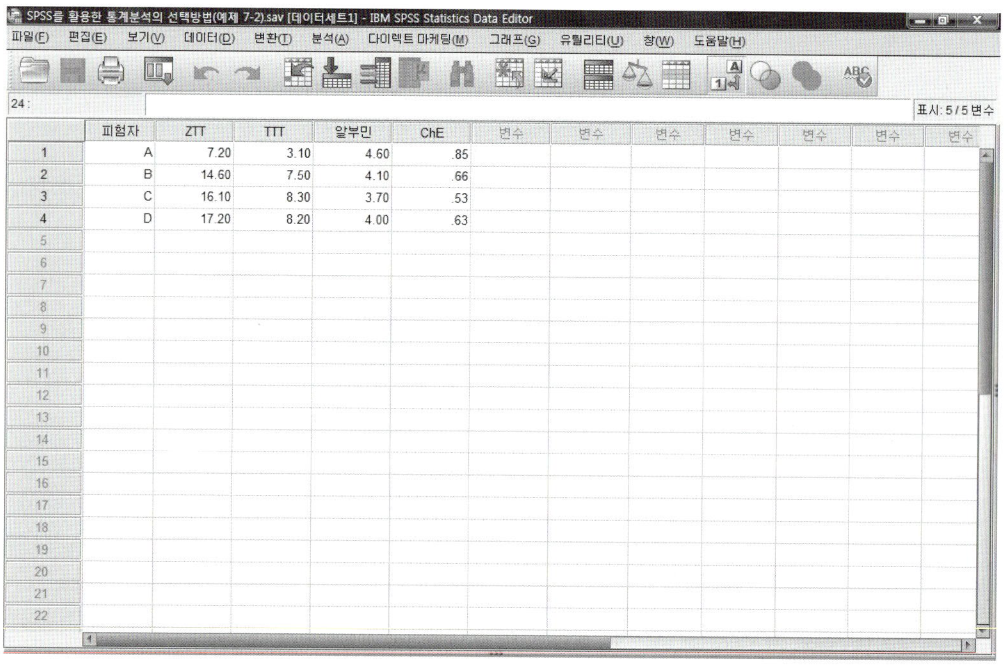

	피험자	ZTT	TTT	알부민	ChE
1	A	7.20	3.10	4.60	.85
2	B	14.60	7.50	4.10	.66
3	C	16.10	8.30	3.70	.53
4	D	17.20	8.20	4.00	.63

〈순서 2〉 분석수법의 선택

메뉴에서 [분석]-[차원 축소]-[요인분석]을 선택한다.

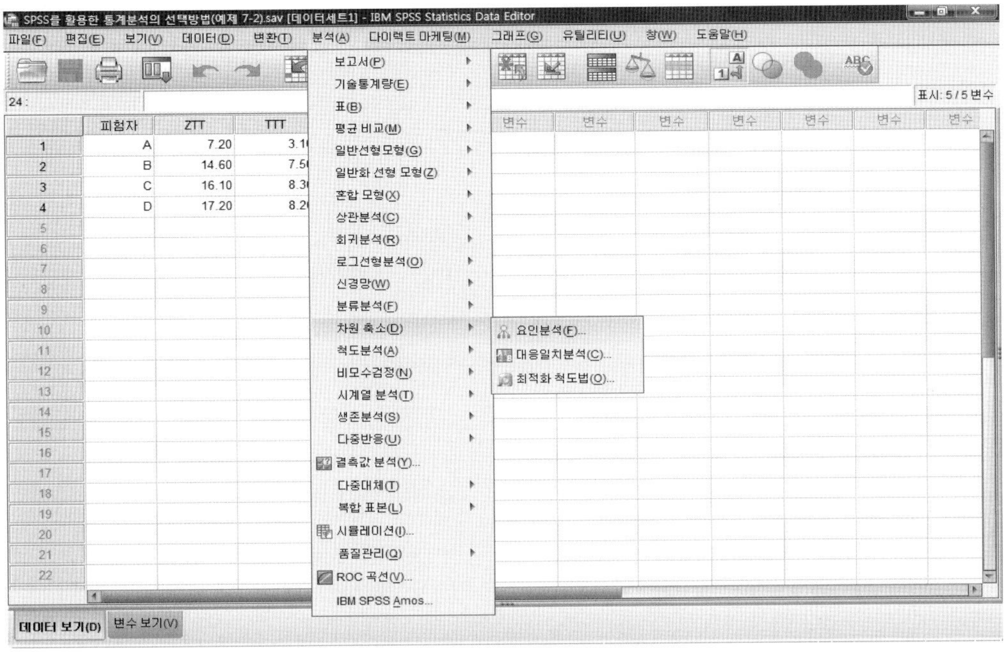

〈순서 3〉 변수의 선택

다음 화면에서 [변수]에 'ZTT', 'TTT', '알부민', 'ChE'를 이동한다. 다음에 [요인추출]을 클릭한다.

〈순서 4〉 요인추출의 선택

다음 화면에서 [방법]은 [주성분]을 선택하고, [분석]은 [상관행렬]을 선택한다. [추출]에서 [고유값 기준]에 체크하고, [다음 값보다 큰 고유값]에 '1'이라고 입력한다. 초기 지정되어 있는 상태 그대로이다. [계속]을 클릭한다.

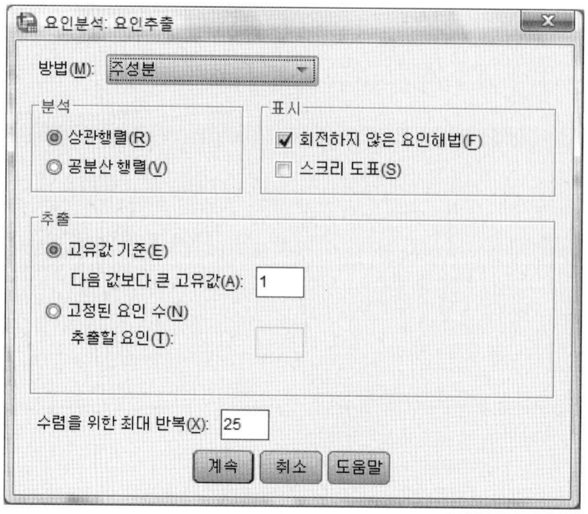

〈순서 5〉 요인회전의 선택

[요인회전]을 클릭하면 다음 화면이 나타난다. 다음 화면에서 [표시]에서 [적재량 도표]에만 추가로 체크하고 [계속]을 클릭한다.

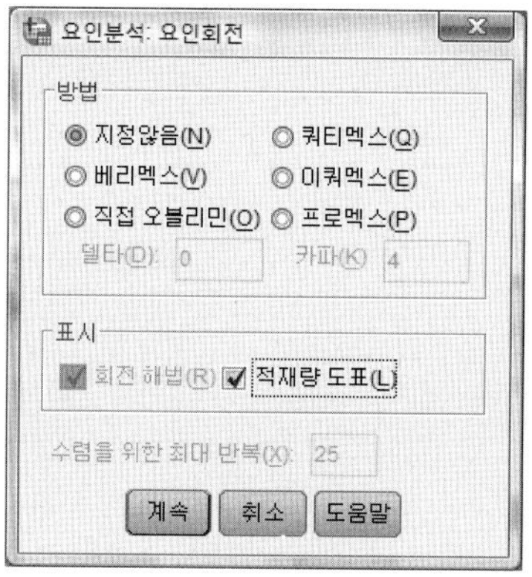

〈순서 6〉 점수의 선택

[점수]를 클릭하면 다음 화면이 나타난다. 아래와 같이 지정하고 [계속]을 클릭한다.

앞의 화면에서 [확인]을 클릭한다.

■ 분석결과

설명된 총분산

성분	초기 고유값			추출 제곱합 적재량		
	전체	% 분산	누적 %	전체	% 분산	누적 %
1	3.841	96.022	96.022	3.841	96.022	96.022
2	.153	3.823	99.845			
3	.006	.155	100.000			
4	1.406E-16	3.515E-15	100.000			

추출 방법: 주성분 분석.

성분행렬[a]

	성분
	1
ZTT	-.971
TTT	-.987
알부민	.978
ChE	.984

추출 방법: 주성분 분석.

a. 추출된 1 성분

주성분분석에서 신경 쓰이는 것은 고유값과 고유벡터라고 하는 말이다. 그러나 이 수학용어를 마음에 담아둘 필요는 전혀 없다.

고유값과 고유벡터는 주성분의 계수를 계산할 때에 나오는 수학의 전문용어이다. 요컨대 고유벡터로서 나타내어진 주성분의 종합적 특성을 정확하게 간파할 수 있기만 하면, 그것으로 충분하다.

고유값이 1 이상인 주성분은 하나만 추출되었다. 그래서 성분도표는 그릴 수가 없어 작성되지 못 했다. 제1주성분 Z_1은

$$\begin{aligned} Z_1 &= b_1X_1 + b_2X_2 + b_3X_3 + b_4X_4 \\ &= -0.971X_1 - 0.987X_2 + 0.978X_3 + 0.984X_4 \end{aligned}$$

로 표현된다. 제1주성분의 계수는 고유벡터를 의미한다.

이 제1주성분은 무엇을 표현하고 있는 것일까? 그것을 이해하려면 계수, 다시 말하면, 고유벡터로부터 간파할 수밖에 없다.

요점은 다음의 두 가지이다.

1. 계수의 절대값이 큰 변수는?
2. 계수의 플러스·마이너스가 Z_1의 값에 어떻게 영향을 미치고 있는가?

분석결과에서 계수를 보면, 절대값은 0.971부터 0.987의 값으로, 제1주성분은 네 개의 변

수를 같은 정도로 합치고 있다. 그리고 X_1, X_2의 계수가 마이너스이고 X_3, X_4의 계수는 플러스로 되어 있다.

<표 7.3>을 보면 이 플러스·마이너스와 각 변수의 정상치의 상태가 잘 일치하고 있다.

						정상치
X_1	:	−0.971	⇔	마이너스	⇔	12.0 이하
X_2	:	−0.987	⇔	마이너스	⇔	4.0 이하
X_3	:	0.978	⇔	플러스	⇔	4.5 이상
X_4	:	0.984	⇔	플러스	⇔	0.7 이상

다시 말하면, 간장의 증상이 나쁠수록, 제1주성분 Z_1의 값은 작아지므로,

"제1주성분은 간장의 중증도(重症度)"

를 표현하고 있다는 것을 알 수 있다.

그래서 주성분점수를 보면 대소관계는

$$-0.82410 < -0.47964 < -0.13583 < 1.43957$$

로 되어 있다.

	피험자	ZTT	TTT	알부민	ChE	FAC1_1
1	A	7.20	3.10	4.60	.85	1.43957
2	B	14.60	7.50	4.10	.66	-.13583
3	C	16.10	8.30	3.70	.53	-.82410
4	D	17.20	8.20	4.00	.63	-.47964

그러므로

간장의 증상이 가장 무거운 사람 … No.3의 환자

간장의 증상이 가장 가벼운 사람 … No.1의 환자

라고 하는 것을 알 수 있다.

그런데 주성분점수는 다음과 같이 계산하고 있다.

제1주성분점수의 경우

$$\begin{aligned} Z_1 = &-0.971(X_1 - \text{평균}) - 0.987(X_2 - \text{평균}) \\ &+ 0.978(X_3 - \text{평균}) + 0.984(X_4 - \text{평균}) \end{aligned}$$

에 표준화한 데이터를 대입하면 얻어진다.

힌트

몇 번까지의 주성분을 채택할 것인가는 중요한 사항이다. 상관행렬에 의한 방법은 데이터를 표준화하고 있으므로, 하나의 변수가 갖고 있는 정보량은 원래 1로 되어 있다. 따라서 고유값이 1 미만인 주성분은 변수의 종합화가 잘 되어 있지 않다고 생각한다.

주성분이 두 개는 추출되어야 성분도표를 작성할 수 있기 때문에, 다음과 같이 요인추출을 설정한다.

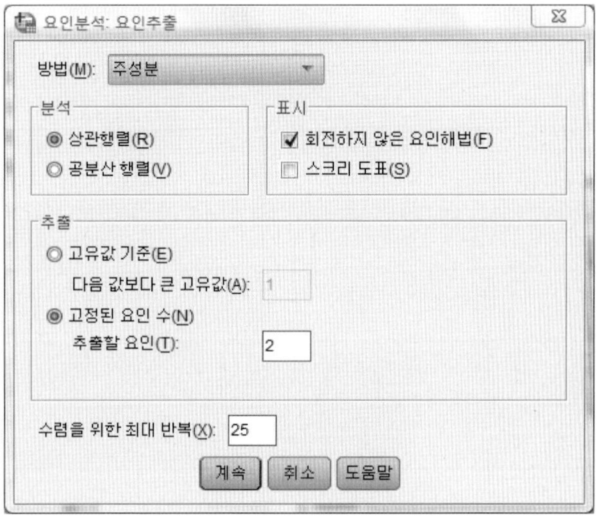

■ 분석결과

공통성

	초기	추출
ZTT	1.000	.998
TTT	1.000	.997
알부민	1.000	1.000
ChE	1.000	1.000

추출 방법: 주성분 분석.

설명된 총분산

성분	초기 고유값			추출 제곱합 적재량		
	전체	% 분산	누적 %	전체	% 분산	누적 %
1	3.841	96.022	96.022	3.841	96.022	96.022
2	.153	3.823	99.845	.153	3.823	99.845
3	.006	.155	100.000			
4	1.406E-16	3.515E-15	100.000			

추출 방법: 주성분 분석.

성분행렬[a]

	성분	
	1	2
ZTT	-.971	.235
TTT	-.987	.151
알부민	.978	.209
ChE	.984	.175

추출 방법: 주성분 분석.

a. 추출된 2 성분

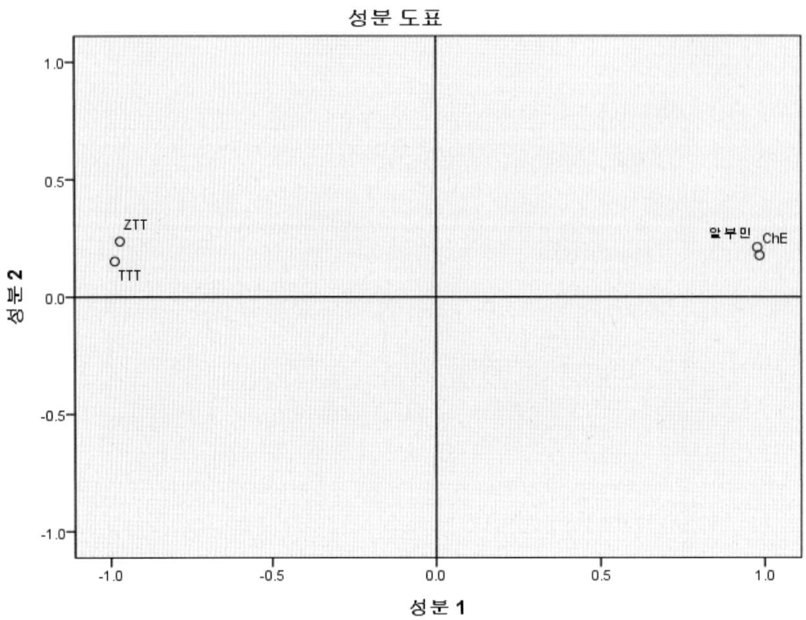

제1주성분점수와 제2주성분점수를 각각 가로축, 세로축으로 취하여 산점도를 작성해 보자.

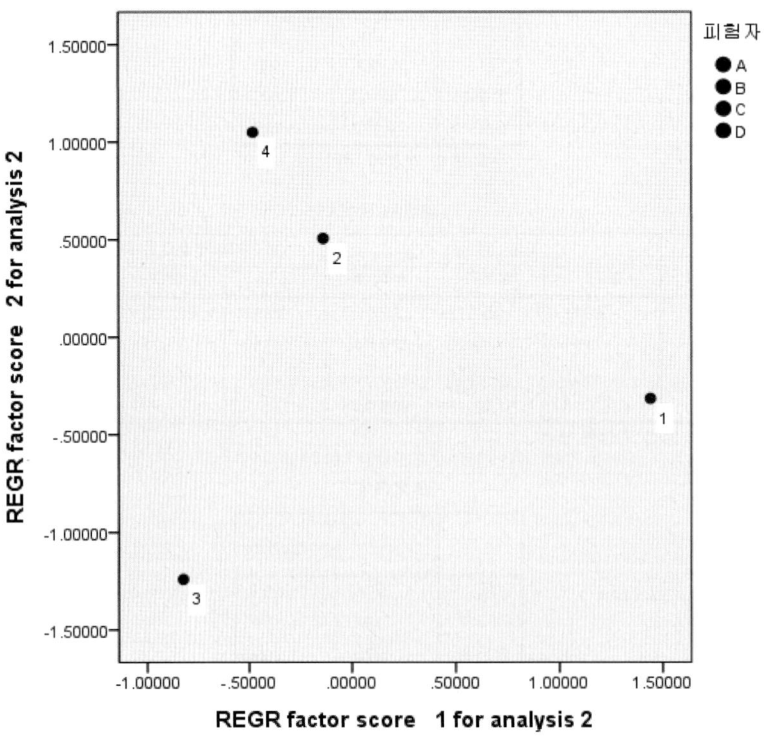

7.6 | 요인분석

■ 요인분석이란

두 개의 변수 간에 상관이 있는 경우, 그들 변수는 무엇인가 공통적인 것을 측정하고 있다고 생각할 수 있다. 예를 들면 대학생에 대해서 컴퓨터를 다루는 것을 좋아하는 정도와 수학을 좋아하는 정도 사이에는 어느 정도 양의 상관관계가 있을 것인데, 그것은 컴퓨터를 좋아하게 되는 것과 수학을 좋아하게 되는 것에 무엇인가 공통점이 있기 때문일 것이다. 그 공통점은 가령 논리적인 문제해결을 좋아하는 것 등을 들 수 있다. 물론 완전한 상관이 아닌 한, 그러한 공통적인 것 이외에 각각의 변수에 고유한 부분도 있을 것이다. 위의 예에서 컴퓨터를 좋아하는 것에 대해서는 일반적으로 기계조작이나 장난감 놀이를 좋아하는지 어떤지 하는 것 등이 수학을 좋아하는 것과는 관계가 없는 독자적인 요인이라고 할 수 있다.

많은 변수가 서로 복잡하게 상관하고 있는 경우에도 그들의 상관관계를 설명할 수 있는 몇 가지의 공통적인 성분을 생각하여, 개개의 변수를 그러한 공통적인 성분을 반영하는 부분과 각각의 변수에 독자적인 부분으로 나누어서 생각할 수 있다. **요인분석(factor analysis)**에서는 공통적인 성분을 **공통요인(common factor)** 또는 단지 요인(factor)이라 부르고, 독자적인 성분을 **독자요인(unique factor)**이라고 부른다.

요인분석의 목적은 변수 간의 상관행렬로부터 공통요인을 끄집어내어 그 공통요인을 이용해서 변수 간의 상관관계를 설명하고, 공통요인과의 관계에 의해서 각 변수의 성질을 간결한 형태로 기술하는 것이다. 또 요인분석의 결과를 변수나 관측대상의 분류를 위해서 이용하는 경우도 많다.

[예제 7-3]의 데이터를 사용해서 SPSS로 요인분석을 실시해 보자.

■ SPSS의 순서

〈순서 1〉 데이터의 입력

다음과 같이 <표 7.4>의 데이터를 SPSS에 입력한다.

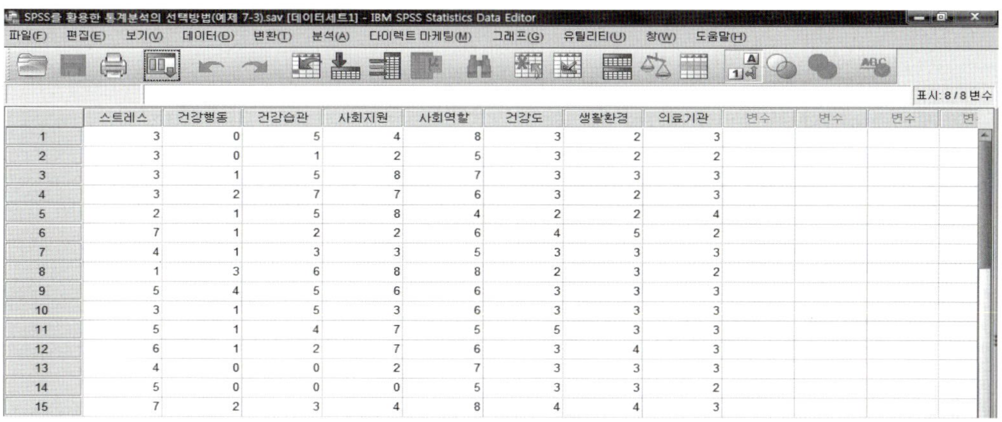

	스트레스	건강행동	건강습관	사회지원	사회역할	건강도	생활환경	의료기관
1	3	0	5	4	8	3	2	3
2	3	0	1	2	5	3	2	2
3	3	1	5	8	7	3	3	3
4	3	2	7	7	6	3	2	3
5	2	1	5	8	4	2	2	4
6	7	1	2	2	6	4	5	2
7	4	1	3	3	5	3	3	3
8	1	3	6	8	8	2	3	2
9	5	4	5	6	6	3	3	3
10	3	1	5	3	6	3	3	3
11	5	1	4	7	5	5	3	3
12	6	1	2	7	6	3	4	3
13	4	0	0	2	7	3	3	3
14	5	0	0	0	5	3	3	2
15	7	2	3	4	8	4	4	3

〈순서 2〉 분석수법의 선택

메뉴에서 [분석]-[차원 축소]-[요인분석]을 선택한다.

〈순서 3〉 변수의 선택

다음 화면에서 [변수]에 '스트레스', '건강행동', …, '의료기관' 등을 이동한다. [요인추출]을 클릭한다.

〈순서 4〉 요인추출 방법의 선택

다음 화면에서 [방법] 중에 [주축요인추출]을 선택하고 [계속]을 클릭한다.

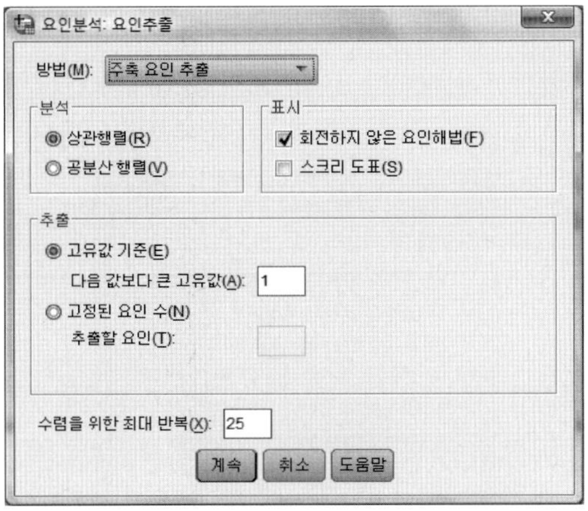

〈순서 5〉 요인회전 방법 선택

[요인회전]을 클릭하면 다음 화면이 나타난다. [방법]에서 [베리멕스]를 선택하고, [표시]에서 모든 항목을 선택한 다음 [계속]을 클릭한다.

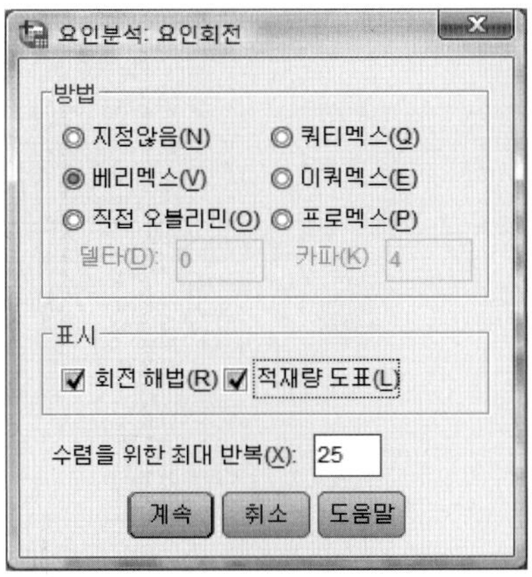

〈순서 6〉 요인점수의 저장

[점수]를 클릭하면 다음 화면이 나타난다. [변수로 저장]과 [요인점수 계수행렬 표시]에 체크하고 [계속]을 클릭한다.

〈순서 7〉 옵션의 선택

[옵션]을 클릭하면 다음 화면이 나타난다. [계수표시형식]에서 [크기순 정렬]에 체크하고 [계속]을 클릭한다.

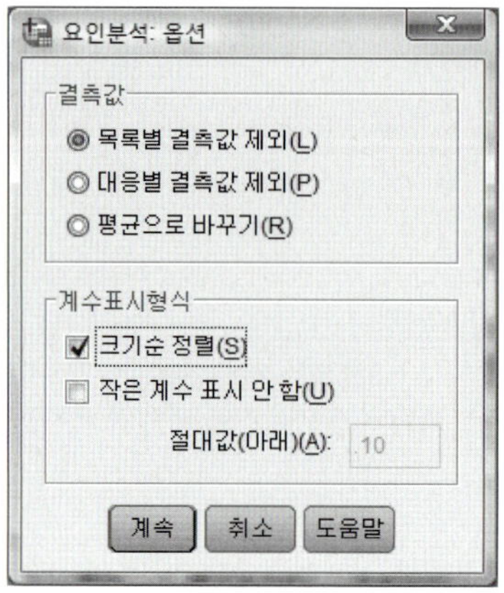

〈순서 8〉 요인분석의 실행

다음 화면으로 되돌아오면 [확인]을 클릭한다.

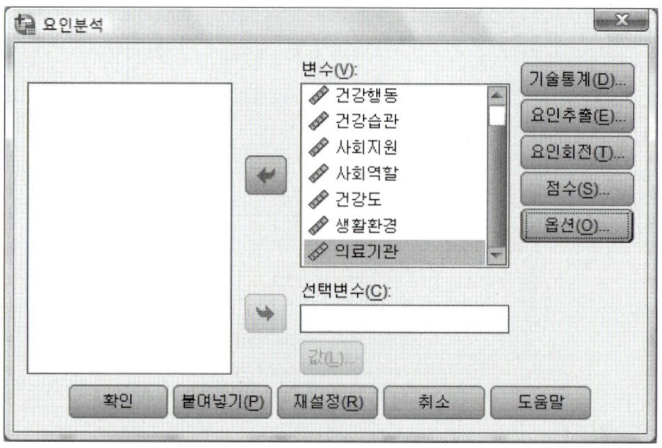

■ 분석결과

설명된 총분산

요인	초기 고유값			추출 제곱합 적재량			회전 제곱합 적재량		
	전체	% 분산	누적 %	전체	% 분산	누적 %	전체	% 분산	누적 %
1	2.533	31.660	31.660	2.166	27.077	27.077	1.925	24.067	24.067
2	1.741	21.763	53.423	1.197	14.964	42.041	1.331	16.638	40.706
3	1.213	15.161	68.585	.645	8.060	50.100	.752	9.395	50.100
4	.903	11.285	79.870						
5	.557	6.968	86.837						
6	.487	6.092	92.929						
7	.380	4.747	97.676						
8	.186	2.324	100.000						

추출 방법: 주축요인추출.

요인행렬[a]

	요인		
	1	2	3
스트레스	.842	.160	-.192
건강도	.754	.335	.248
생활환경	.580	.289	-.246
건강습관	-.543	.413	-.100
사회지원	-.398	.582	.301
사회역할	-.033	.484	-.095
건강행동	-.245	.458	-.322
의료기관	.195	.151	.522

추출 방법: 주축 요인추출.

a. 추출된 3 요인 17의 반복계산이 요구됩니다.

회전된 요인행렬[a]

	요인		
	1	2	3
스트레스	.864	-.156	.035
건강도	.714	-.045	.480
생활환경	.689	.074	-.032
사회지원	-.250	.625	.366
건강습관	-.318	.606	-.087
건강행동	.029	.569	-.221
사회역할	.160	.466	.042
의료기관	.071	-.039	.572

추출 방법: 주축 요인추출.
회전 방법: Kaiser 정규화가 있는 베리멕스.

a. 5 반복계산에서 요인회전이 수렴되었습니다.

회전된 요인행렬을 보면 요인부하량의 값이 조금 달라져 있음을 알 수 있다.

제1요인은 '스트레스', '건강도', '생활환경'이라고 하는 변량의 요인부하량이 특히 크게 되어 있다. 이러한 사실로부터

제1요인 = '건강에 대한 자각과 환경'

이라고 간파할 수 있다.

제2요인은 '건강행동', '건강습관', '사회지원'의 요인부하량이 크므로

제2요인 = '건강생활과 사회환경'

을 나타내고 있다고 볼 수 있다.

제3요인은 '의료기관'의 요인부하량이 특히 크므로

제3요인 = '의료기관(혹은 의료환경)'

을 나타내고 있는 것으로 간주할 수 있다.

이와 같이 요인회전이라고 하는 수법은 대단히 강력한 수단이라고 하는 것을 알 수 있다.

힌트

요인분석에서는

주축요인추출법 ⇒ 베리멕스 회전
최대우도법 ⇒ 프로멕스 회전

을 자주 사용한다.

■ 요인분석과 주성분분석의 차이

요인분석과 주성분분석의 차이는 어디에 있는가? 다음의 경로도형이 그 차이를 보여주고 있다.

요인분석

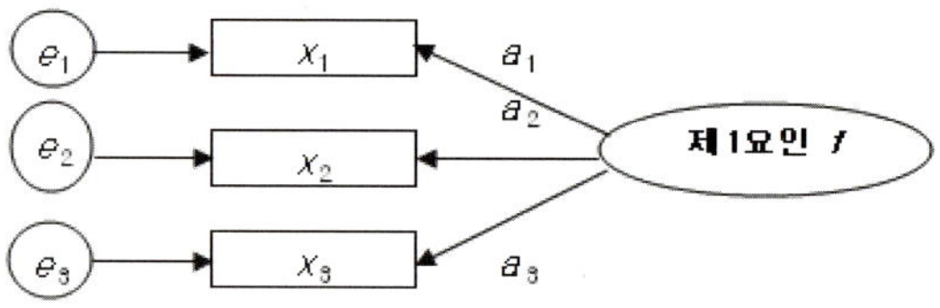

주성분분석

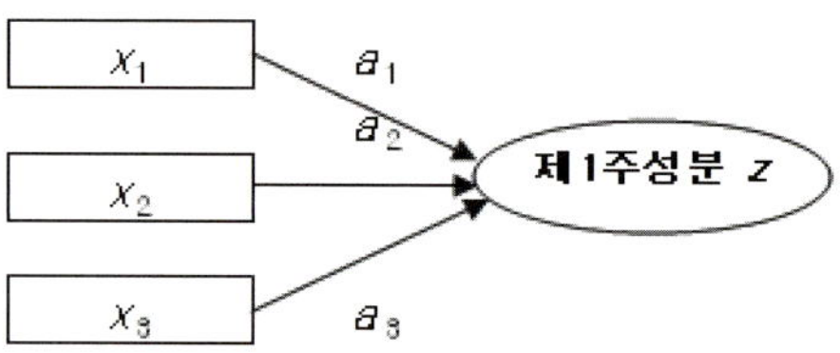

모델의 식으로 표현하면 각각 다음과 같다.

요인분석의 모델

$$x_1 = a_1 f + e_1$$
$$x_2 = a_2 f + e_2$$
$$x_3 = a_3 f + e_3$$

주성분분석의 모델

$$z = a_1 x_1 + a_2 x_2 + a_3 x_3$$

즉, 차이는 오차의 취급에 있다.

오차를 생각하는 것이 요인분석이고, 오차를 생각하지 않는 것이 주성분분석인 것이다.

CHAPTER

8

두 그룹에 대응하는 두 변수의 데이터

CHAPTER 8

두 그룹에 대응하는 두 변수의 데이터

8.1 | 두 그룹에 대응하는 두 변수의 측정 데이터

다음과 같은 형태의 데이터의 경우 어떠한 통계분석을 적용할 것인가?

표 8.1 데이터의 형태

그룹 A_1			그룹 A_2		
No.	X_1	X_2	No.	X_1	X_2
1	$x_1(1, 1)$	$x_2(1, 1)$	1	$x_1(2, 1)$	$x_2(2, 1)$
2	$x_1(1, 2)$	$x_2(1, 2)$	2	$x_1(2, 2)$	$x_2(2, 2)$
3	$x_1(1, 3)$	$x_2(1, 3)$	3	$x_1(2, 3)$	$x_2(2, 3)$
⋮	⋮	⋮	⋮	⋮	⋮
n_1	$x_1(1, n_1)$	$x_2(1, n_1)$	n_2	$x_1(2, n_2)$	$x_2(2, n_2)$

이 데이터 형태의 특징은 두 개의 그룹 A_1, A_2에 대해서 대응하고 있는 두 개의 변수 X_1, X_2를 측정하고 있다는 점에 있다.

[예제 8-1]

다음의 데이터는 강 어귀의 모래와 모래 언덕의 모래에 각각 포함되는 비자성광물(非磁性鑛物)과 강자성광물(强磁性鑛物)의 비율에 대해서 측정한 것이다.

표 8.2 강 어귀의 모래와 모래 언덕의 모래

강 어귀의 모래			모래 언덕의 모래		
No.	비자성광물 X_1	강자성광물 X_2	No.	비자성광물 X_1	강자성광물 X_2
1	87.9	5.6	1	87.7	6.8
2	91.3	3.8	2	86.5	7.7
3	88.2	6.5	3	86.5	5.1
4	87.1	6.4	4	85.3	6.0
5	86.2	5.5	5	84.8	7.2

이 데이터를 들여다보고 있으면, 강 어귀의 모래와 모래 언덕의 모래를 판별하고 싶어질 것이다.

8.2 | 그래프 표현

대응이 있는 두 변수의 데이터이므로, 같은 평면상에 두 개의 그룹에 대한 산점도를 그릴 수 있다.

■ SPSS의 순서

〈순서 1〉 데이터의 입력

다음과 같이 <표 8.2>의 데이터를 SPSS에 입력한다.

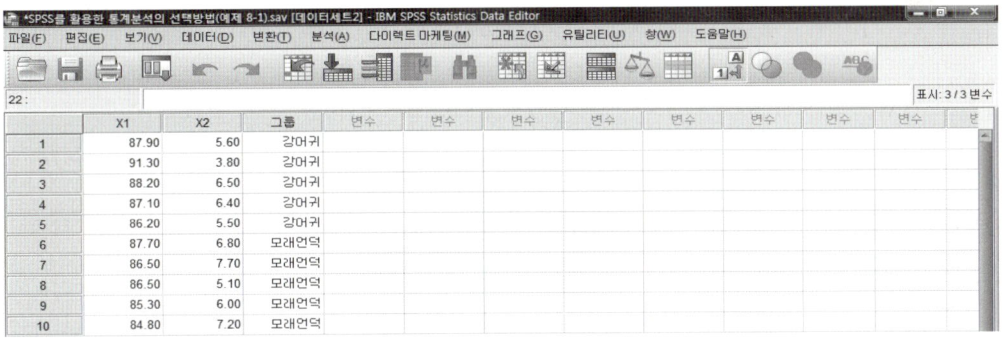

〈순서 2〉 분석수법의 선택

메뉴에서 [그래프]-[레거시 대화상자]-[산점도/점도표]를 선택한다.

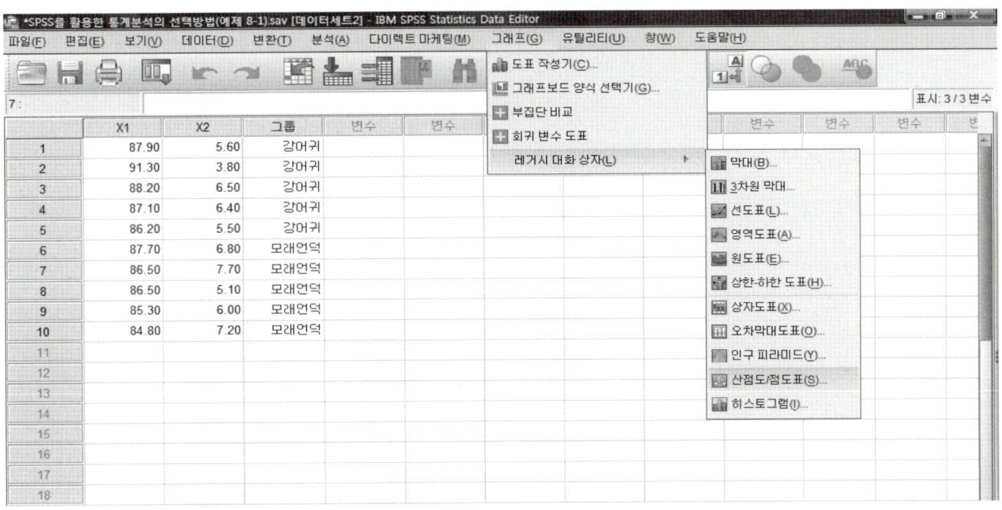

〈순서 3〉 도표의 정의

다음 화면에서 [단순산점도]를 선택하고 [정의]를 클릭한다.

〈순서 4〉 변수의 선택

다음 화면에서 [X축]에 'X1', [Y축]에 'X2', [표식 기준]에 '그룹'을 각각 이동한다. [확인]을 클릭한다.

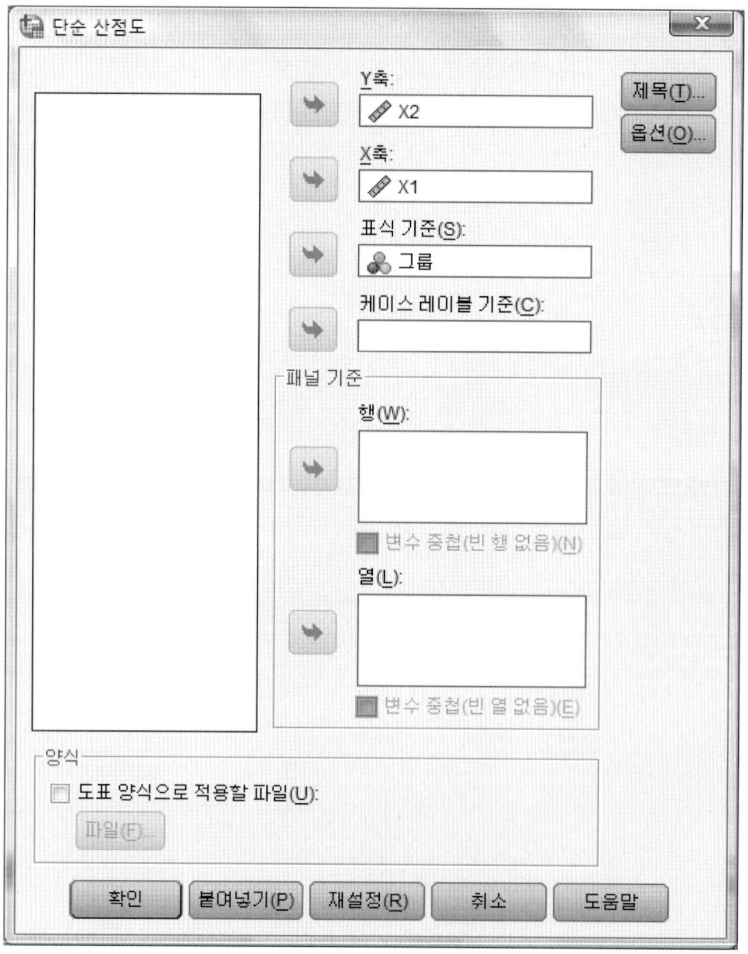

■ 분석결과

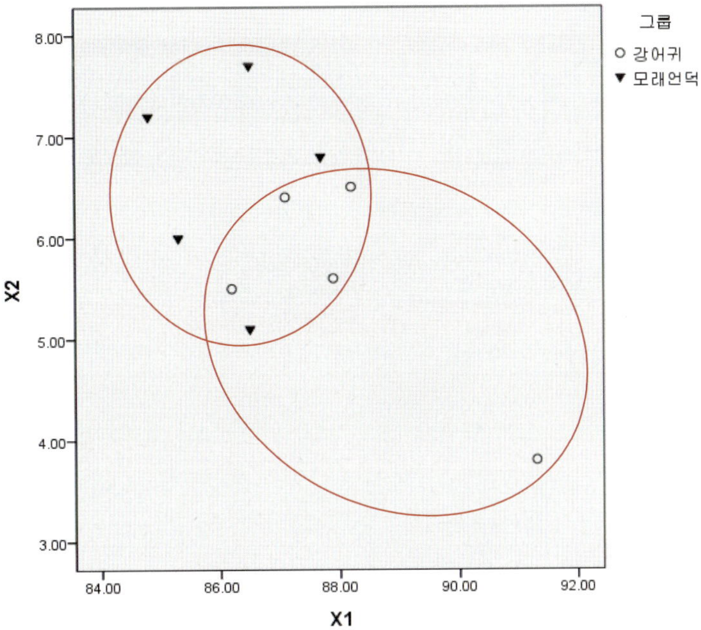

이 산점도를 보고 있으면, 어쩐지 두 개의 그룹을 분리할 수 있을 것 같다.

8.3 | 기초통계량

<표 8.2>의 데이터에 대해서 SPSS를 통하여 상관계수 및 공분산을 구해 보자.

■ SPSS의 순서

〈순서 1〉 데이터의 입력

다음과 같이 <표 8.2>의 데이터를 SPSS에 입력한다.

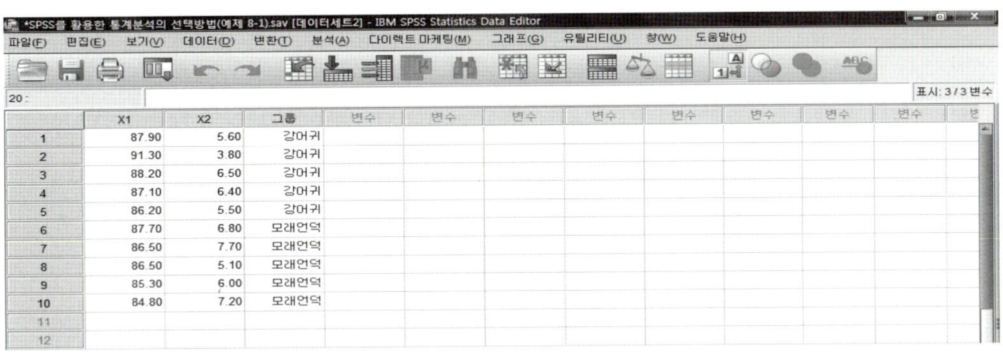

	X1	X2	그룹
1	87.90	5.60	강어귀
2	91.30	3.80	강어귀
3	88.20	6.50	강어귀
4	87.10	6.40	강어귀
5	86.20	5.50	강어귀
6	87.70	6.80	모래언덕
7	86.50	7.70	모래언덕
8	86.50	5.10	모래언덕
9	85.30	6.00	모래언덕
10	84.80	7.20	모래언덕
11			
12			

〈순서 2〉 분석수법의 선택

메뉴에서 [분석]-[상관분석]-[이변량 상관]을 선택한다.

〈순서 3〉 변수의 선택

다음 화면에서 [변수]에 'X1', 'X2'를 이동한다. [옵션]을 클릭한다.

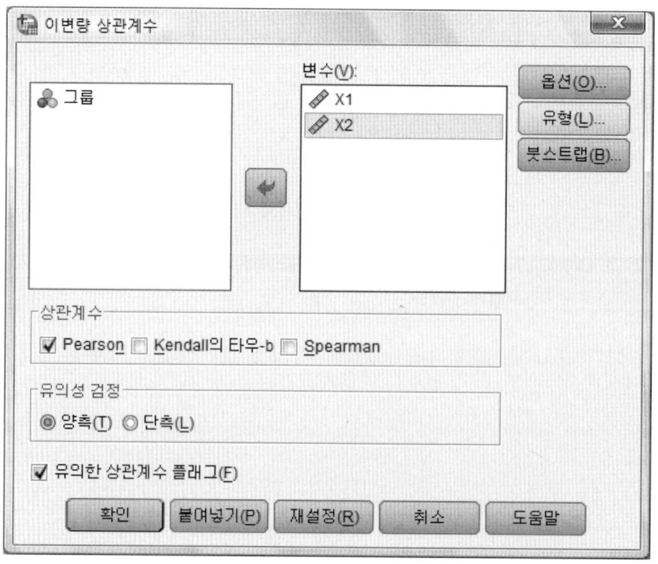

〈순서 4〉 옵션의 선택

다음 화면에서 [교차곱 편차와 공분산]을 체크하고 [계속]을 클릭한다. 앞의 화면으로 되돌아오면 [확인]을 클릭한다.

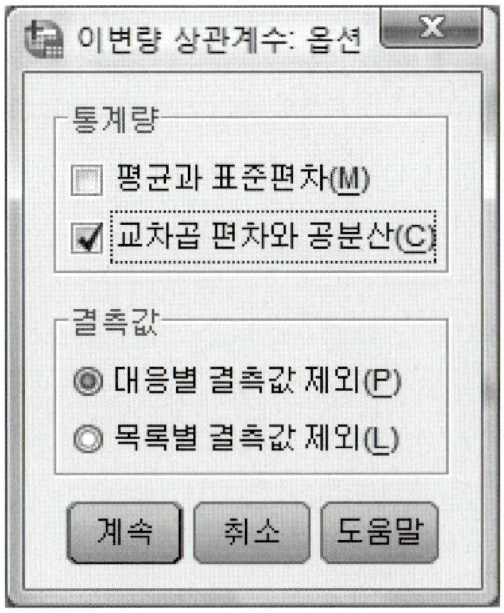

■ 분석결과

상관관계

		X1	X2
X1	Pearson 상관	1	-.615
	유의확률 (양측)		.059
	제곱합 및 교차곱	29.885	-11.350
	공분산	3.321	-1.261
	N	10	10
X2	Pearson 상관	-.615	1
	유의확률 (양측)	.059	
	제곱합 및 교차곱	-11.350	11.404
	공분산	-1.261	1.267
	N	10	10

파일을 분할하여 두 그룹에 대한 각각의 기초통계량을 구해 보자.

■ SPSS의 순서

〈순서 1〉 데이터의 입력

<표 8.2>의 데이터를 SPSS에 입력한다.

〈순서 2〉 파일의 분할

메뉴에서 [데이터]-[파일분할]을 선택한다.

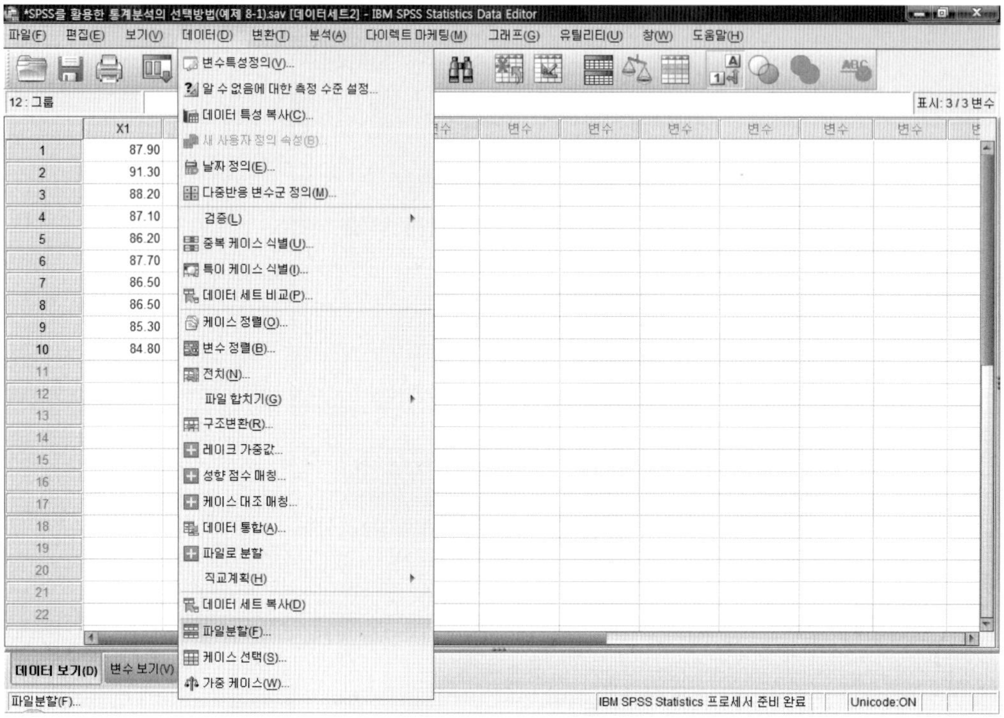

〈순서 3〉 변수의 선택

다음 화면에서 [분할 집단변수]에 '그룹'을 선택하여 이동한다. [확인]을 클릭한다.

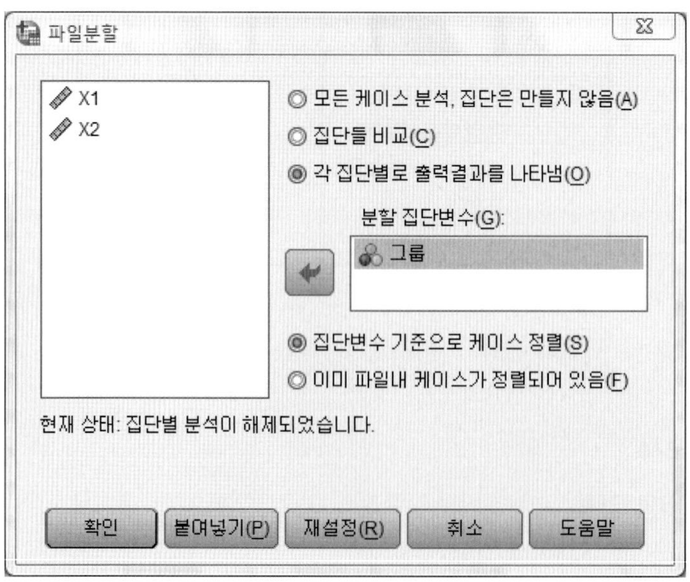

〈순서 4〉 분석수법의 선택

메뉴에서 [분석]-[기술통계량]-[기술통계]를 선택한다.

〈순서 5〉 변수의 선택

다음 화면에서 [변수]에 'X1', 'X2'를 이동한다. [옵션]을 클릭한다.

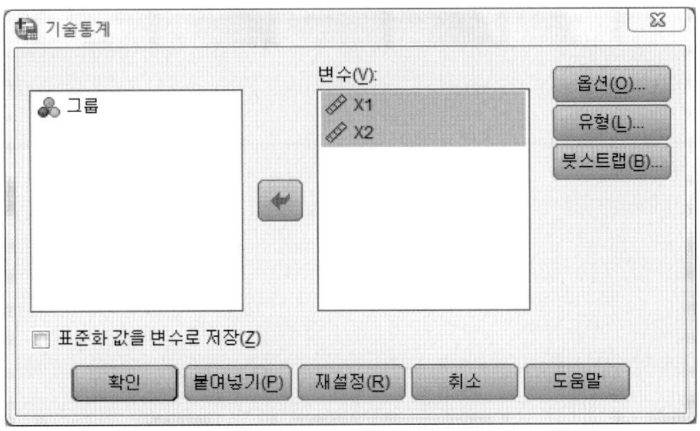

〈순서 6〉 옵션의 선택

[옵션] 화면에서 다음과 같이 선택하고 [계속]을 클릭한다.

앞의 화면으로 되돌아오면 [확인]을 클릭한다.

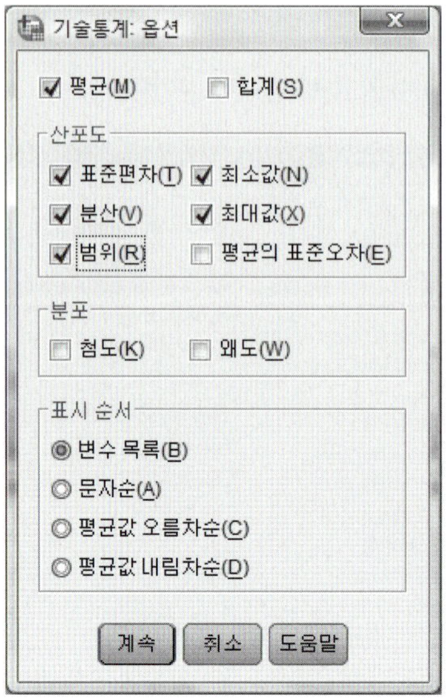

■ 분석결과

기술통계량[a]

	N	범위	최소값	최대값	평균	표준편차	분산
X1	5	5.10	86.20	91.30	88.1400	1.92951	3.723
X2	5	2.70	3.80	6.50	5.5600	1.08305	1.173
유효 N(목록별)	5						

a. 그룹 = 강어귀

기술통계량[a]

	N	범위	최소값	최대값	평균	표준편차	분산
X1	5	2.90	84.80	87.70	86.1600	1.13930	1.298
X2	5	2.60	5.10	7.70	6.5600	1.02616	1.053
유효 N(목록별)	5						

a. 그룹 = 모래언덕

두 개의 그룹에 대해서 각각 기초통계량을 구하고 있으므로, 이와 같이 많은 수치가 출력된다.

파일분할 상태에서 두 그룹 각각에 대해서 분산공분행렬을 구해 보자.

특히 중요한 것은 두 그룹에 대한 분산공분산행렬이다. 이 두 개의 행렬이 거의 같다고 간주할 수 있는지 어떤지에 따라서

- 두 개의 분산공분산행렬이 거의 같을 때 … 선형판별함수
- 두 개의 분산공분산행렬이 같다고 간주할 수 없을 때 … 마하라노비스의 거리를 이용해서 판별분석을 실시한다.

8.4 | 판별분석

<표 8.2>의 데이터와 같이 두 개의 그룹을 판별한다거나 그룹 간의 차를 발견하고 싶을 때에는 판별분석을 실시한다.

판별분석(discriminant analysis)은 어떤 관측대상이 소속하는 그룹을 예측하기 위한 수법이다. 그룹의 예측이란, 예를 들면 양품 그룹과 불량품 그룹, 구입자 그룹과 비구입자 그룹 어느 쪽에 속하는가를 예측하는 것이다. 이와 같은 예측을 판별이라 하고, 그룹의 수가 둘인 경우를 2군의 판별, 그룹의 수가 셋 이상의 경우를 다군(多群)의 판별이라고 한다.

k개($k \geq 2$)의 그룹이 존재하고 있고, 어느 그룹에 속하는지 알고 있는 관측대상에 대해 몇 개의 데이터가 수집되어 있다고 한다. 이때에 어느 그룹에 속하는지 불분명한 대상이 얻어졌을 경우, 이미 수집되어 있는 데이터에 의거해서 그 대상이 소속하는 그룹을 예측하는 것이 판별분석이다.

판별과 분류는 비슷한 개념이지만 별개의 문제이다. 관측되어 있는 데이터에 의거해서 대상을 몇 개의 그룹으로 나누는 것이 분류이다. 분류의 경우에 대상이 몇 개의 그룹으로 나누어지는가는 데이터를 보기 전까지는 불분명하다. 이에 비해서 존재하는 그룹의 수를 알고 있고 새로운 대상이 그 중의 어느 그룹에 속하는지를 결정하는 것이 판별이다. 분류의 문제에 이용되는 수법에 **군집분석(cluster analysis)**이 있다.

■ 2군의 판별분석

판별분석은 2군의 판별과 다군의 판별로 크게 나누어진다.

2군의 판별분석을 실시하는 방법에는,

1. 마하라노비스(Mahalanobis)의 거리에 의한 방법
2. 선형판별함수에 의한 방법
3. 중회귀분석에 의한 방법
4. 로지스틱 모델(logistic model)에 의한 방법

등이 있다. 위의 1.에서 3.까지는 같은 결과가 얻어진다.

■ 마하라노비스의 거리에 의한 판별

다음의 데이터는 관측대상의 수가 20개인 두 변량 데이터이다.

표 8.3 데이터표

No.	x_1	x_2	소속그룹
1	31	213	A
2	43	244	A
3	42	238	A
4	53	254	A
5	55	256	A
6	40	237	A

7	48	252	A
8	55	254	A
9	59	270	A
10	56	257	A
11	40	99	B
12	50	120	B
13	56	113	B
14	26	67	B
15	41	95	B
16	62	137	B
17	49	108	B
18	50	112	B
19	67	152	B
20	42	92	B

20개의 대상은 A와 B의 두 그룹으로 나누어져 있다.

여기에서 그룹이 불분명한 새로운 관측대상 No. 21과 22의 데이터가 얻어졌다고 하자.

No.	x_1	x_2	소속그룹
21	55	150	?
22	40	200	?

No. 21과 22는 x_1과 x_2의 산점도(또는 산포도)상에서 다음과 같은 위치에 존재하고 있다.

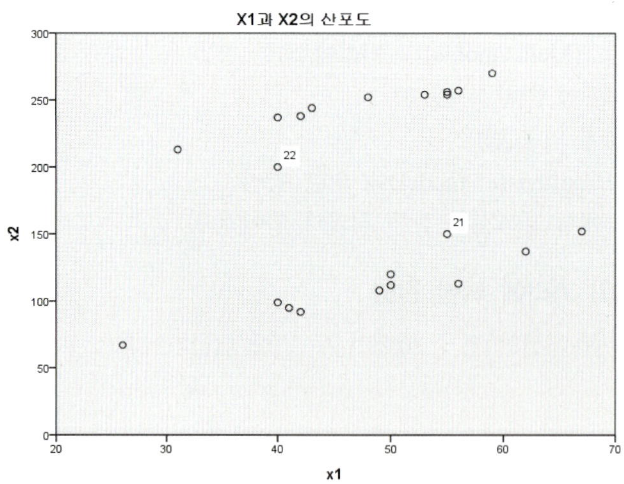

No. 21과 22는 각각 어느 쪽의 그룹에 속한다고 판정하는 것이 타당할까? 시각적으로 판단하면 No. 21은 B그룹에, No. 22는 A그룹에 속한다고 판정하는 것이 자연스러울 것이다.

이와 같은 시각적 판단을 수치적 판단으로 대치해서 실행하려면 거리의 개념을 도입하면 된다.

먼저 각 그룹의 중심(重心)의 위치를 구한다. 중심은 x_1과 x_2의 평균을 좌표로 하는 점이 된다. 여기에서 No. 21의 위치에서 각 그룹의 중심까지의 거리를 구하여, 거리가 짧은 쪽의 그룹에 속한다고 판정하고자 하는 것이 거리를 이용한 판별분석의 사고방식이다.

개개의 대상으로부터 중심까지의 거리는 자를 사용해서 측정하는 거리가 아니라 **마하라노비스(Mahalanobis)의 거리**라고 하는 수학적으로 정의된 거리를 이용한다.

마하라노비스의 거리는 변수마다의 산포도(散布度)의 크기(표준편차)와 변수 간의 상관관계(상관계수)를 고려해서 계산되는 거리이다. No. 21의 위치에서 A그룹 중심까지의 마하라노비스 거리와 B그룹 중심까지의 마하라노비스 거리를 계산에 의해서 구하여, 거리가 짧은 쪽의 그룹에 No. 21의 표본은 속한다고 판별하는 방법이 마하라노비스의 거리에 의한 판별이다.

일반적으로는 개개의 대상으로부터 A그룹 중심까지의 마하라노비스 거리를 ${D_A}^2$, B그룹 중심까지의 마하라노비스 거리를 ${D_B}^2$ 이라 하고 다음과 같은 규칙에 따라서 판별한다.

${D_A}^2 < {D_B}^2$이면 관측대상은 그룹 A에 속한다고 판정한다.

${D_A}^2 > {D_B}^2$이면 관측대상은 그룹 B에 속한다고 판정한다.

(${D_A}^2 = {D_B}^2$이면 판정은 보류한다.)

■ 선형 판별함수에 의한 판별

마하라노비스의 거리에 의한 2군의 판별규칙은 다음과 같이 쓸 수 있다.

${D_A}^2 - {D_B}^2 < 0$이면 관측대상은 그룹 A에 속한다고 판정한다.

${D_A}^2 - {D_B}^2 > 0$이면 관측대상은 그룹 B에 속한다고 판정한다.

여기에서,

$$z = {D_A}^2 - {D_B}^2$$

라고 놓으면 이 판별 규칙은 z의 값이 플러스인가 마이너스인가에 의해서 판별하는 것과 같다. 이 식을 **판별함수**라 한다. 판별에 사용하는 변수를 x_1 x_2, x_3, …, x_p라고 하면, 각 변수의 분산과 변수 간의 상관계수가 두 그룹 사이에 같을 때에 z는 다음과 같은 1차식으로 나타내진다.

$$z = b_0 + b_1x_1 + b_2x_2 + b_3x_3 + \cdots + b_px_p$$

변수의 1차식으로 나타내지는 이와 같은 판별함수를 선형 판별함수라 하고, z의 값이 플러스인가 마이너스인가에 의해서 판별하는 것을 선형판별함수에 의한 2군의 판별이라고 한다.

■ SPSS의 순서

〈순서 1〉 데이터의 입력

다음과 같이 <표 8.2>의 데이터를 SPSS에 입력한다.

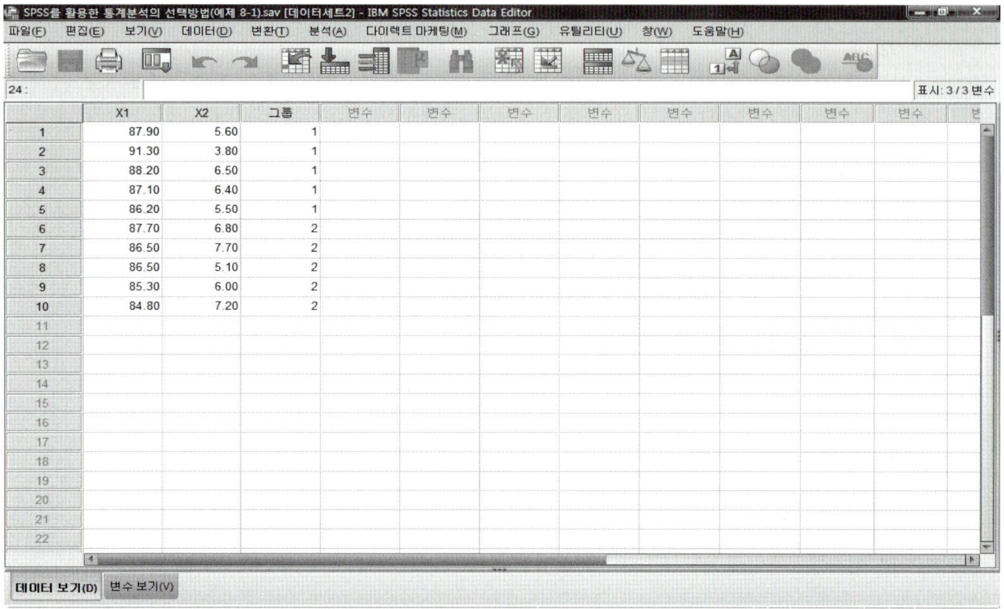

〈순서 2〉 분석수법의 선택

메뉴에서 [분석]-[분류분석]-[판별분석]을 선택한다.

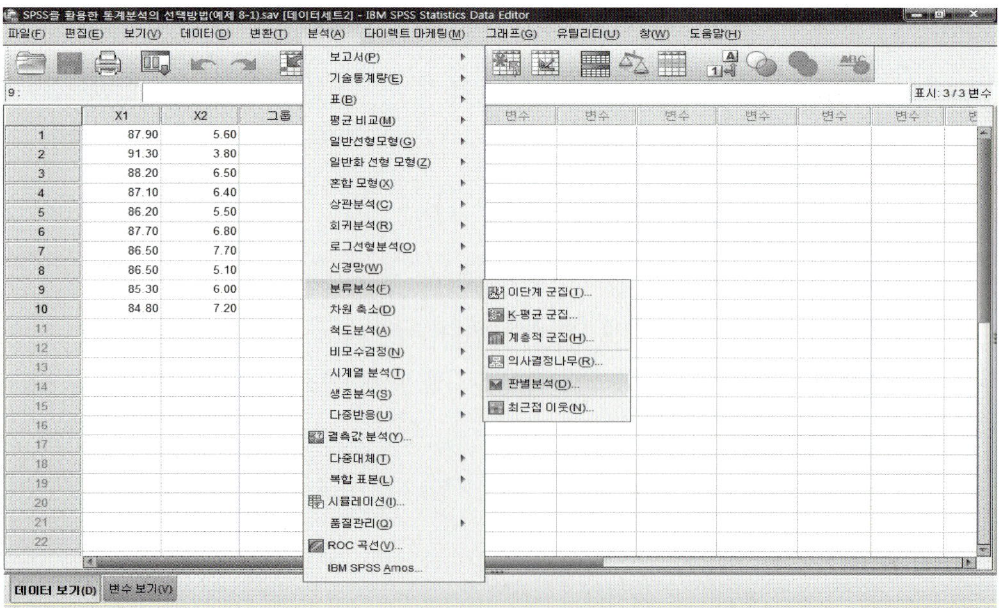

3〈순서 3〉 변수의 선택

다음 화면에서 [집단변수]에 '그룹', [독립변수]에 'X1', 'X2'를 이동한다.

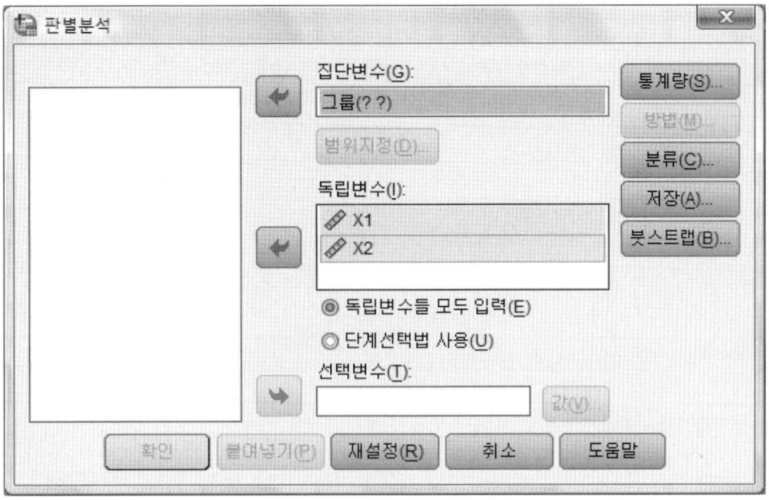

〈순서 4〉 집단변수의 범위지정

'그룹(??)'을 지정하고 [범위지정]을 클릭한다. [범위지정] 대화상자에서 [최소값]에 '1', [최대값]에 '2'를 입력하고 [계속]을 클릭한다.

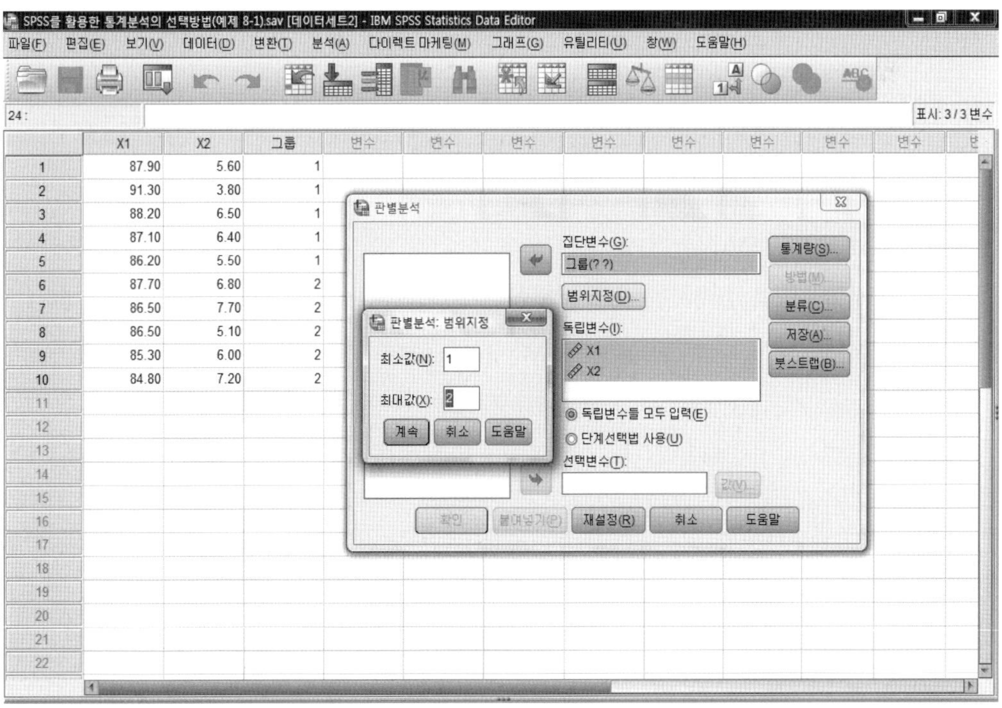

〈순서 5〉 통계량 선택

앞의 화면에서 [통계량]을 클릭한다. 다음 화면에서 모든 항목을 선택하고 [계속]을 클릭한다.

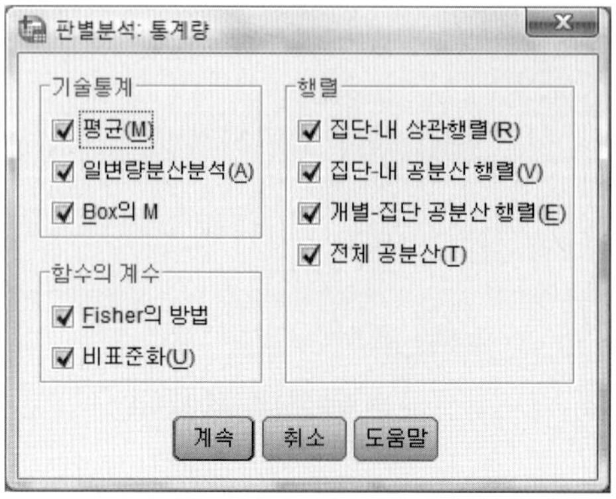

〈순서 6〉 분류방법의 선택

앞의 화면에서 [분류]를 클릭한다. 다음과 같이 선택하고 [계속]을 클릭한다.

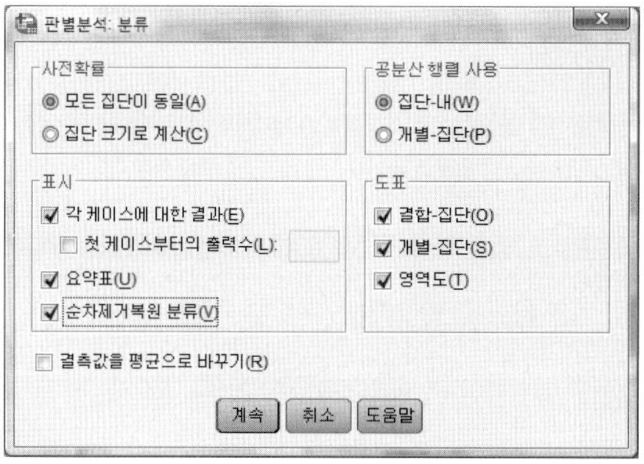

〈순서 7〉 새 변수로 저장

앞의 화면에서 [저장]을 클릭하면 다음 대화상자가 나타난다. 모든 항목을 선택하고 [계속]을 클릭한다.

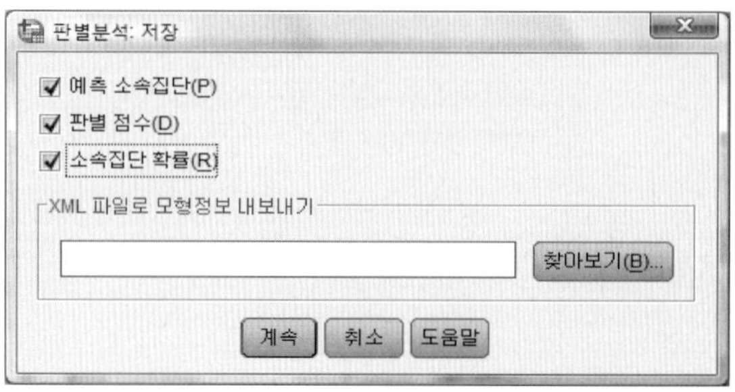

앞의 화면으로 되돌아오면 [확인]을 클릭한다.

■ **분석결과(1)**

검정 결과

Box의 M		2.307
F	근사법	.561
	자유도1	3
	자유도2	11520.000
	유의확률	.641

모집단 공분산행렬이 동일하다는 영가설을 검정합니다.

이 검정은 "두 그룹의 모분산공분산행렬이 같은지 어떤지?"를 조사하는 검정이다.

검정결과

$$\text{유의확률 } 0.641 > \text{유의수준 } 0.05$$

이므로, 두 그룹의 모분산공분산행렬이 같다는 것을 가정한다.

따라서 선형판별함수에 의한 판별분석을 채택하기로 한다.

■ **분석결과(2)**

정준 판별함수 계수

	함수
	1
X1	.497
X2	-.328
(상수)	-41.311

비표준화 계수

여기에서 구하는 선형판별함수 Z는

$$Z = 0.497X_1 - 0.328X_2 - 41.311$$

이 된다.

이 식의 X_1, X_2에 데이터의 값을 대입한 것이 판별점수라고 불리고 있다.

판별점수 ⬇

	X1	X2	그룹	Dis_1	Dis1_1
1	87.90	5.60	1	1	.52345
2	91.30	3.80	1	1	2.80288
3	88.20	6.50	1	1	.37738
4	87.10	6.40	1	2	-.13633
5	86.20	5.50	1	2	-.28835
6	87.70	6.80	2	1	.03060
7	86.50	7.70	2	2	-.86071
8	86.50	5.10	2	2	-.00814
9	85.30	6.00	2	2	-.89944
10	84.80	7.20	2	2	-1.54134

이 판별점수의 플러스·마이너스에 주의하면

그룹 A_1(강어귀) … 판별점수가 플러스 ⬅ $Z > 0$

그룹 A_2(모래언덕) … 판별점수가 마이너스 ⬅ $Z < 0$

로 되어 있는 것을 알 수 있다.

그래서 새로운 데이터가 주어졌을 때, 선형판별함수에 대입해서,

판별점수가 플러스이면, 그 데이터는 그룹 A_1

판별점수가 마이너스이면, 그 데이터는 그룹 A_2

에 속한다고 생각해도 좋을 것 같다.

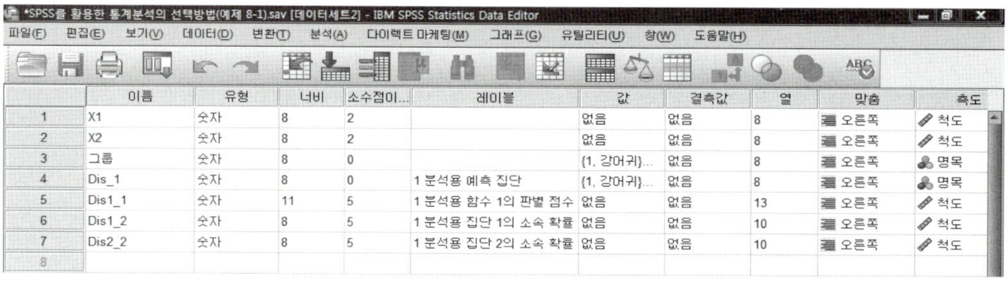

*SPSS를 활용한 통계분석의 선택방법(예제 8-1).sav [데이터세트2] - IBM SPSS Statistics Data Editor

파일(F) 편집(E) 보기(V) 데이터(D) 변환(T) 분석(A) 다이렉트 마케팅(M) 그래프(G) 유틸리티(U) 창(W) 도움말(H)

	이름	유형	너비	소수점이...	레이블	값	결측값	열	맞춤	측도
1	X1	숫자	8	2		없음	없음	8	오른쪽	척도
2	X2	숫자	8	2		없음	없음	8	오른쪽	척도
3	그룹	숫자	8	0		{1, 강어귀}...	없음	8	오른쪽	명목
4	Dis_1	숫자	8	0	1 분석용 예측 집단	{1, 강어귀}...	없음	8	오른쪽	명목
5	Dis1_1	숫자	11	5	1 분석용 함수 1의 판별 점수	없음	없음	13	오른쪽	척도
6	Dis1_2	숫자	8	5	1 분석용 집단 1의 소속 확률	없음	없음	10	오른쪽	척도
7	Dis2_2	숫자	8	5	1 분석용 집단 2의 소속 확률	없음	없음	10	오른쪽	척도
8										

그런데 선형판별함수가 구해지면, 그 계수에도 주목을 할 필요가 있다. 어쩌면 그 독립변수는 판별분석에 도움이 되고 있지 않을지도 모른다.

그 때문에 다음의 출력이 준비되어 있다.

■ 분석결과(3)

표준화 정준 판별함수 계수

	함수
	1
X1	.787
X2	-.346

이 출력은 표준화된 선형판별함수의 계수를 구하고 있다.

계수의 절대값이 큰 쪽의 독립변수가 판별에 기여하고 있다고 생각되므로,

"강자성광물(强磁性鑛物)보다도 비자성광물(非磁性鑛物) 쪽이 판별에 영향을 미치고 있다"는 것을 알 수 있다.

그런데 원래 두 개의 그룹 간에 차는 있었을까?

다음과 같은 그룹 간의 차를 조사하기 위한 검정방법이 알려져 있다.

■ 분석결과(4)

Wilks의 람다

함수의 검정	Wilks의 람다	카이제곱	자유도	유의확률
1	.650	3.012	2	.222

<표 8.2>의 데이터의 경우 분석결과

$$\text{유의확률 } 0.222 > \text{ 유의수준 } 0.05$$

이므로 두 그룹 간에 차가 있다고는 할 수 없다.

따라서 이 데이터에 대해서 판별분석을 하는 것은 별로 의미가 없었을지도 모른다.

<표 8.2>의 데이터에 대해서 다변량 분산분석을 실시하면 다음과 같은 결과를 얻는다.

다변량 검정[a]

효과		값	F	가설 자유도	오차 자유도	유의확률
절편	Pillai의 트레이스	1.000	19071.586[b]	2.000	7.000	.000
	Wilks의 람다	.000	19071.586[b]	2.000	7.000	.000
	Hotelling의 트레이스	5449.025	19071.586[b]	2.000	7.000	.000
	Roy의 최대근	5449.025	19071.586[b]	2.000	7.000	.000
그룹	Pillai의 트레이스	.350	1.882[b]	2.000	7.000	.222
	Wilks의 람다	.650	1.882[b]	2.000	7.000	.222
	Hotelling의 트레이스	.538	1.882[b]	2.000	7.000	.222
	Roy의 최대근	.538	1.882[b]	2.000	7.000	.222

a. Design: 절편 + 그룹

b. 정확한 통계량

다변량 분산분석의 결과도 유의수준 0.222로 판별분석의 결과와 일치하고 있다. 따라서 원래 그룹 간에 차가 없었던 것 같다.

■ 분석결과(5)

분류 결과[a,c]

		그룹	예측 소속집단 강어귀	예측 소속집단 모래언덕	전체
원래값	빈도	강어귀	3	2	5
		모래언덕	1	4	5
	%	강어귀	60.0	40.0	100.0
		모래언덕	20.0	80.0	100.0
교차 검증값[b]	빈도	강어귀	3	2	5
		모래언덕	2	3	5
	%	강어귀	60.0	40.0	100.0
		모래언덕	40.0	60.0	100.0

a. 원래의 집단 케이스 중 70.0%이(가) 올바로 분류되었습니다.

b. 분석시 해당 케이스에 대해서만 교차 검증이 수행됩니다. 교차 검증시 각 케이스는 해당 케이스를 제외한 모든 케이스로부터 파생된 함수별로 분류됩니다.

c. 교차검증 집단 케이스 중 60.0%이(가) 올바로 분류되었습니다.

판별분석에 의한 정답률은 다음과 같이 정의하기로 한다.

$$\text{정답률} = \frac{\text{바르게 판별된 데이터의 개수}}{\text{데이터의 개수}}$$

8.5 | 반복측정에 의한 이원배치 분산분석

[예제 8-2]

다음 <표 8.4>의 데이터를 사용해서 이원배치(대응이 없는 요인과 대응이 있는 요인) 분산분석과 다중비교를 실시해 보자. 다음의 데이터는 두 종류의 소주A와 소주B를 마셨을 때의 심박수(심장박동수) 변화를 조사한 결과이다. 소주의 종류에 따라서 심박수의 변화 패턴에 차이가 있을까?

표 8.4 두 종류의 소주 섭취 후의 심박수

피험자	소주A에 대한 심박수의 변화			피험자	소주B에 대한 심박수의 변화		
	음주 전	1시간 후	2시간 후		음주 전	1시간 후	2시간 후
가	43	121	154	바	50	101	112
나	60	120	149	사	61	110	118
다	66	156	168	아	57	135	140
라	61	152	176	자	58	141	163
마	59	140	164	차	60	128	139

개체-간 요인 … 소주(두 개의 수준)

개체-내 요인 … 시간(세 개의 수준)

■ SPSS에 의한 해법

〈순서 1〉 데이터의 입력

변수 명명 규약에 의거하여 변수명은 문자로 시작해야 하므로, '한시간후', '두시간후'로 정의했다. 이 데이터는 '대응이 없는 요인'과 '대응이 있는 요인'이다.

대응관계가 없을 때는 데이터를 세로 방향으로 입력하고, 대응관계가 있을 때는 데이터를 가로 방향으로 입력한다.

소주의 요인은 대응이 없으므로 개체 간 요인이고, 시간의 요인은 대응이 있으므로, 개체 내 요인이다.

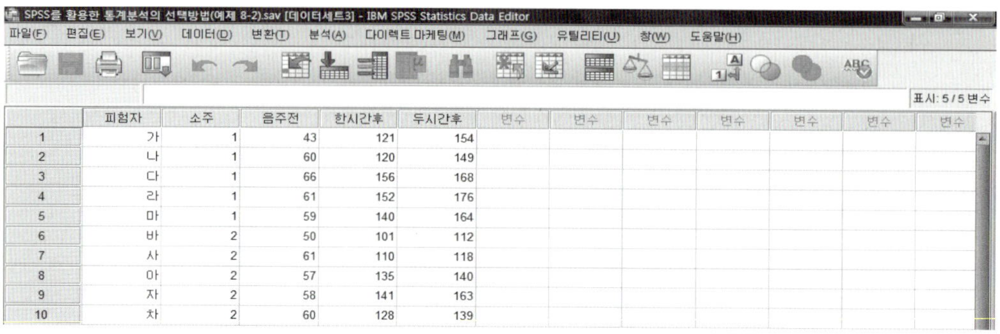

	피험자	소주	음주전	한시간후	두시간후
1	가	1	43	121	154
2	나	1	60	120	149
3	다	1	66	156	168
4	라	1	61	152	176
5	마	1	59	140	164
6	바	2	50	101	112
7	사	2	61	110	118
8	아	2	57	135	140
9	자	2	58	141	163
10	차	2	60	128	139

〈순서 2〉 분석수법의 선택

메뉴에서 [분석]-[일반선형모형]-[반복측도]를 선택한다.

〈순서 3〉 요인의 정의

① 시간에 관해서 대응관계가 있으므로, [개체-내 요인이름]에 '시간'을 입력한다. [수준수]에 '3'을 입력한다.

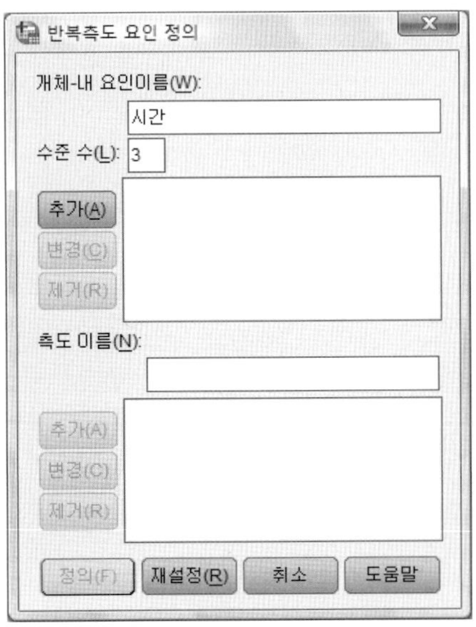

② [추가]를 클릭하면 화면이 다음과 같이 된다.

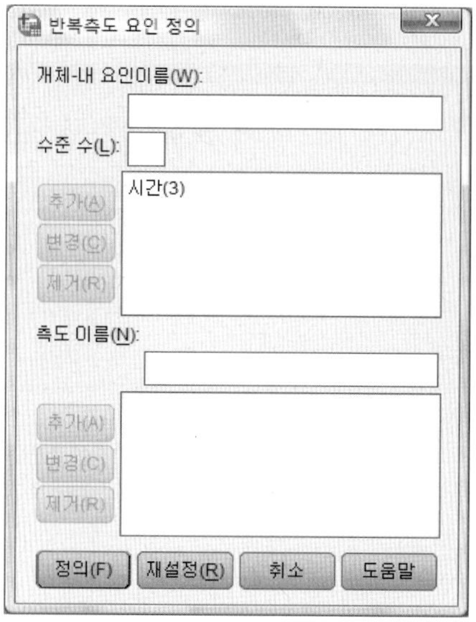

③ 여기에서 [정의]를 클릭하면 다음의 대화상자가 나타난다.

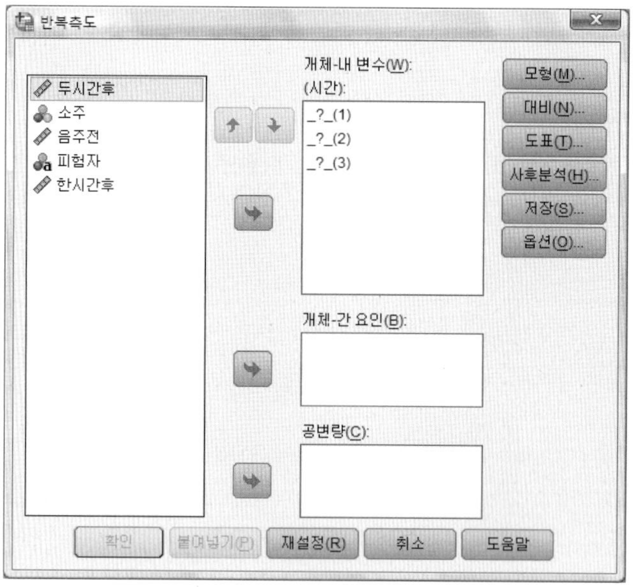

④ '음주전', '한시간후', '두시간후'를 차례로 지정하여 [개체-내 변수]로 이동한다. '소주'를 [개체-간 요인]으로 이동한다.

〈순서 4〉 프로파일 도표 작성

① [도표]를 클릭하면 다음 대화상자가 나타난다.

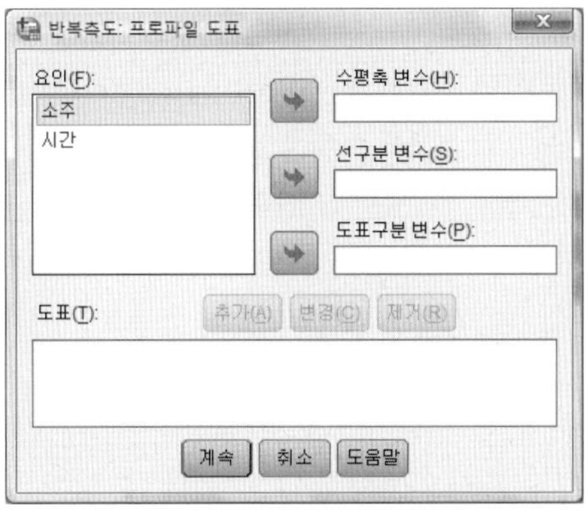

② '시간'을 [수평축 변수]로 이동하고, '소주'를 [선구분 변수]로 이동한다.

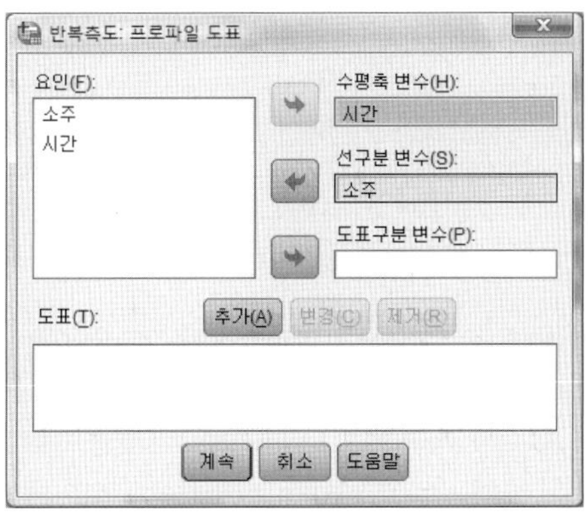

③ [추가]를 클릭하면 다음과 같이 된다.

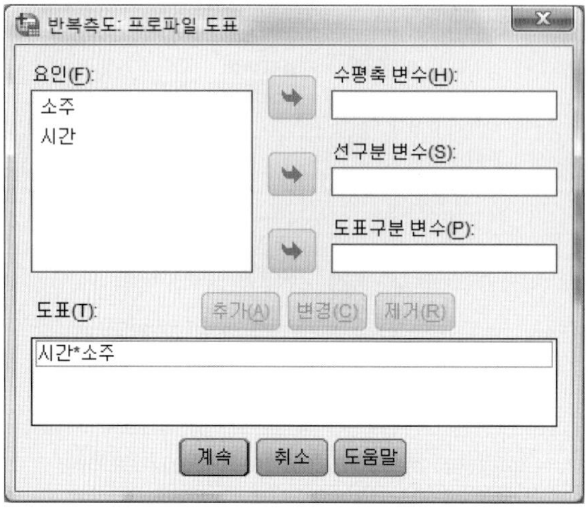

④ [계속]을 클릭하면 앞의 화면으로 복귀한다.

〈순서 5〉 옵션의 선택

다음 화면에서 [옵션]을 클릭한다. [동질성 검정]과 [잔차 SSCP 행렬]을 선택하고 [계속]을 클릭하면 앞의 화면으로 복귀한다. 여기에서 [확인]을 클릭하면 분석결과가 출력된다.

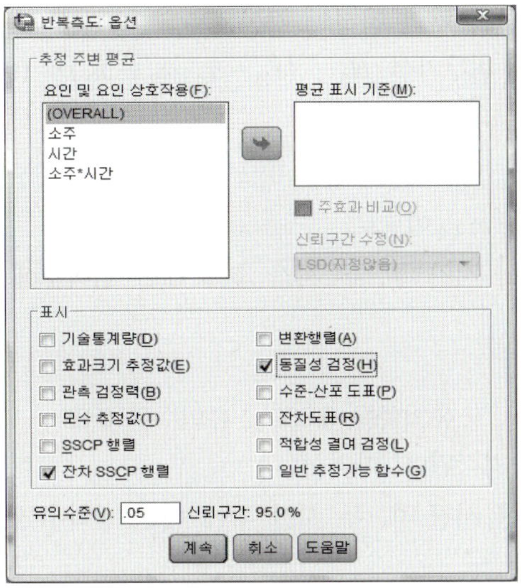

분석결과(1)

개체-내 요인

측도: MEASURE_1

시간	종속변수
1	음주전
2	한시간후
3	두시간후

개체-간 요인

		값 레이블	N
소주	1	소주A	5
	2	소주B	5

다변량 검정[a]

효과		값	F	가설 자유도	오차 자유도	유의확률
시간	Pillai의 트레이스	.978	156.260[b]	2.000	7.000	.000
	Wilks의 람다	.022	156.260[b]	2.000	7.000	.000
	Hotelling의 트레이스	44.646	156.260[b]	2.000	7.000	.000
	Roy의 최대근	44.646	156.260[b]	2.000	7.000	.000
시간 * 소주	Pillai의 트레이스	.592	5.081[b]	2.000	7.000	.043
	Wilks의 람다	.408	5.081[b]	2.000	7.000	.043
	Hotelling의 트레이스	1.452	5.081[b]	2.000	7.000	.043
	Roy의 최대근	1.452	5.081[b]	2.000	7.000	.043

a. Design: 절편 + 소주
개체-내 계획: 시간

b. 정확한 통계량

시간에 대한 다변량검정은 다음과 같은 의미에서의 개체-내 요인의 차의 검정을 하고 있다. 다시 말하면 세 변수

$$(x_1, x_2, x_3) = (\text{음주 전, 한 시간 후, 두 시간 후})$$

로 했을 때, 개체-내 요인의 차의 검정의 가설은

$$\text{귀무가설 } H_0 \ : \ (x_3 - x_1, x_2 - x_1) = (0, 0)$$

를 의미하고 있다. 이 귀무가설 H_0는

$$x_3 - x_1 = 0, \ x_2 - x_1 = 0$$

다시 말하면, $x_1 = x_2 = x_3$이므로

"음주 전, 한 시간 후, 두 시간 후에 대한 심박수에 차는 없다"

와 같은 의미가 된다.

출력결과를 보면

유의확률 0.000 ≤ 유의수준 0.05

이므로, 귀무가설 H_0는 기각된다. 따라서

"음주 전, 한 시간 후, 두 시간 후에 대한 심박수에 차가 있다"

는 것을 알 수 있다.

시간×소주에 대한 다변량검정은 실은 소주를 요인으로 하는 일원배치의 다변량 분산분석이다. 다변량이란 (x_1, x_2, x_3)를 가리키는 것이 아니라 $(x_2 - x_1, x_3 - x_1)$을 2변량으로 간주하고 있다.

그리고 귀무가설은 다음과 같이 된다.

귀무가설 H_0 : "소주A와 소주B에 대한 심박수는 같다"

유의확률이 0.043이므로, 유의수준 0.05에 대해서 귀무가설 H_0는 기각된다. 따라서 이 다변량검정에서는 두 가지 소주 사이에 차가 있다고 할 수 있다.

■ 분석결과(2)

공분산행렬에 대한 Box의 등일성 검정[a]

Box의 M	6.972
F	.675
자유도1	6
자유도2	463.698
유의확률	.670

여러 집단에서 종속변수의 관측 공분산행렬이 동일한 영가설을 검정합니다.

a. Design: 절편 + 소주
개체-내 계획: 시간

Bartlett의 구형성 검정[a]

우도비	.000
근사 카이제곱	21.625
자유도	5
유의확률	.001

잔차 공분산행렬이 항등 행렬에 비례하는 영가설을 검정합니다.

a. Design: 절편 + 소주
개체-내 계획: 시간

Mauchly의 구형성 검정[a]

측도: MEASURE_1

개체-내 효과	Mauchly의 W	근사 카이제곱	자유도	유의확률	엡실런[b] Greenhouse-Geisser	Huynh-Feldt	하한
시간	.528	4.473	2	.107	.679	.872	.500

정규화된 변형 종속변수의 오차 공분산행렬이 항등 행렬에 비례하는 영가설을 검정합니다.

a. Design: 절편 + 소주
개체-내 계획: 시간

b. 유의성 평균검정의 자유도를 조절할 때 사용할 수 있습니다. 수정된 검정은 개체내 효과검정 표에 나타납니다.

공분산행렬에 대한 Box의 동일성검정은 다음의 가설을 조사하고 있다.

귀무가설 H_0 : “소주A와 소주B의 3변수에 대한 분산공분산행렬은 같다”

출력결과를 보면,

유의확률 0.670 > 유의수준 0.05

이므로, 귀무가설 H_0는 기각되지 않는다.

따라서

“두 가지의 소주A와 소주B에 대한 분산공분산행렬은 같다”

라고 가정해도 좋을 것 같다.

공분산행렬에 대한 Box의 동일성검정은 분산공분산행렬의 상등성의 검정이라고도 한다.

Bartlett의 구형성검정은 다음의 가설을 조사하고 있다.

귀무가설 H_0 : “3변수의 분산공분산행렬은 단위행렬의 상수배와 같다”

출력결과를 보면,

유의확률 0.001 ≤ 유의수준 0.05

이므로, 귀무가설 H_0는 기각된다.

따라서 공분산이 0이 아니라는 사실로부터

“3변수 사이에는 어떠한 관련이 있다”

라고 하는 것을 알 수 있다.

3변수 사이에 아무런 관련이 없으면, 1변수의 분산분석을 3회 실시하는 것과 같게 된다.

앞에서 Bartlett의 구형성검정을 하기 위해서 [잔차 SSCP 행렬]을 선택했다.

Mauchly의 구형성검정은 정규직교변환에 의해서 만들어진 2변수 z_1, z_2의 분산공분산행렬을 Σ라고 했을 때, 다음의 가설을 검정하고 있다.

$$\text{귀무가설 } H_0 \ : \ \Sigma = \sigma^2 \cdot \begin{bmatrix} 1 & 0 \\ 0 & 1 \end{bmatrix}$$

출력결과를 보면,

유의확률 0.107 > 유의수준 0.05

이므로, 귀무가설 H_0는 기각되지 않는다.

따라서 “구형성의 가정이 성립하고 있다”라고 가정하고 개체-내 효과검정으로 넘어간다.

Mauchly의 구형성검정을 위한 가설이 기각되었을 때는 구형성의 가정이 성립되지 않으므로, Greenhouse-Geisser나 Huynh-Feldt의 엡실런을 사용해서 개체-내 효과검정의 유의확률을 수정하지 않으면 안 된다.

힌트 : Bartlett의 구형성검정

Bartlett의 구형성검정(test of sphericity)은 다음의 가설이 성립하는지 어떤지의 검정을 하는 것이다.

귀무가설 H_0 : “모분산공분산행렬은 단위행렬의 상수배와 같다”

대립가설 H_0 : "모분산공분산행렬은 단위행렬의 상수배와 같지 않다"

예를 들면, 3변수일 때는 다음과 같다.

$$\text{귀무가설 } H_0 \ : \begin{bmatrix} \sigma_1^2 & \sigma_{12} & \sigma_{13} \\ \sigma_{12} & \sigma_2^2 & \sigma_{23} \\ \sigma_{13} & \sigma_{23} & \sigma_3^2 \end{bmatrix} = \sigma^2 \begin{bmatrix} 1 & 0 & 0 \\ 0 & 1 & 0 \\ 0 & 0 & 1 \end{bmatrix}$$

서로 독립이고, 같은 분산의 정규분포에 따르는 확률변수는 구형적(球形的) 혹은 구면적(球面的, spherical)으로 정규분포를 한다고 한다. 귀무가설 H_0가 기각되면, 변수 간에 관련이 있다.

참고로 공분산과 상관계수는 다음과 같은 관계에 있다.

$$\text{상관계수} = \frac{\text{공분산}}{\sqrt{\text{분산}}\sqrt{\text{분산}}}$$

■ 분석결과(3)

개체-내 효과 검정

측도: MEASURE_1

소스		제 III 유형 제곱합	자유도	평균제곱	F	유의확률
시간	구형성 가정	46264.867	2	23132.433	289.216	.000
	Greenhouse-Geisser	46264.867	1.359	34055.400	289.216	.000
	Huynh-Feldt	46264.867	1.744	26522.449	289.216	.000
	하한	46264.867	1.000	46264.867	289.216	.000
시간 * 소주	구형성 가정	925.400	2	462.700	5.785	.013
	Greenhouse-Geisser	925.400	1.359	681.184	5.785	.028
	Huynh-Feldt	925.400	1.744	530.508	5.785	.017
	하한	925.400	1.000	925.400	5.785	.043
오차(시간)	구형성 가정	1279.733	16	79.983		
	Greenhouse-Geisser	1279.733	10.868	117.751		
	Huynh-Feldt	1279.733	13.955	91.705		
	하한	1279.733	8.000	159.967		

개체-간 효과 검정

측도: MEASURE_1

변환된 변수: 평균

소스	제 III 유형 제곱합	자유도	평균제곱	F	유의확률
절편	376768.133	1	376768.133	863.487	.000
소주	1555.200	1	1555.200	3.564	.096
오차	3490.667	8	436.333		

반복측정에 의한 분산분석에서는 교호작용의 검정은 매우 중요한데, 가설은 다음과 같이 된다.

귀무가설 H_0 : “시간과 소주 사이에 교호작용은 없다”

이 귀무가설 H_0 는 다음과 같이 바꾸어 말할 수 있다.

귀무가설 H_0 : “소주A와 소주B에 대한 심박수의 변화 패턴은 같다”

출력결과를 보면

유의확률 $0.013 \leq$ 유의수준 0.05

이므로, 귀무가설 H_0는 기각되어 시간과 소주의 사이에 교호작용이 존재한다.

따라서,

“소주A와 소주B에 대한 심박수의 변화 패턴은 다르다”

는 것을 알 수 있다.

그런데 만일 여기에서 교호작용이 존재하지 않게 되면, 두 종류의 소주에 대한 변화 패턴은 프로파일 도표에서 평행이 되므로 다음에 개체-간 효과검정으로 넘어간다.

[개체-간 효과검정]에서의 출력은 다음의 가설

귀무가설 H_0 : “소주A와 소주B의 심박수 사이에 차는 없다”

를 검정하고 있다. 출력결과를 보면,

유의확률 $0.096 >$ 유의수준 0.05

이므로, 귀무가설 H_0는 채택된다. 따라서 두 종류의 소주에 의한 심박수에 차는 없다.

그러나 개체-내 효과검정에서 교호작용이 존재하고 있으므로, 이 데이터의 경우 개체-간 효과검정에는 의미가 없다.

분석결과(4)

프로파일 도표

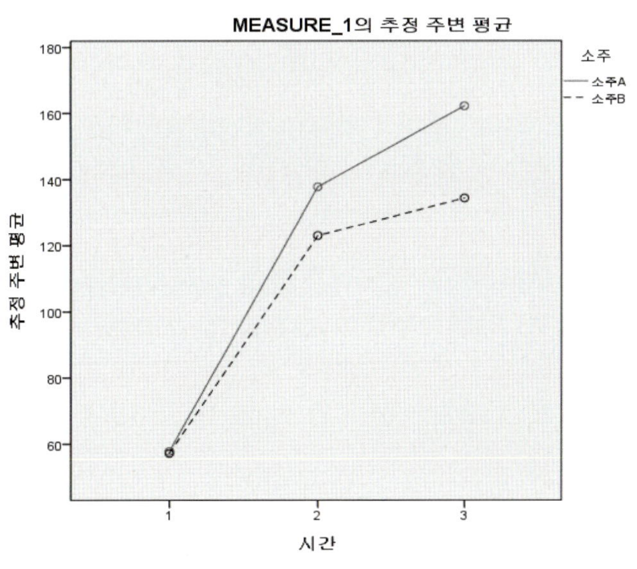

프로파일 도표는 대단히 중요하다. 이 그래프를 보면,

"두 종류의 소주 사이에서 심박수의 변화 패턴에는 차이가 있다"

라고 하는 것을 실감할 수 있다.

전술한 개체-내 효과검정에서의 교호작용 검정결과와 일치하고 있다.

이상의 검정내용을 요약하면 다음과 같다.

[분산분석 순서의 흐름도]

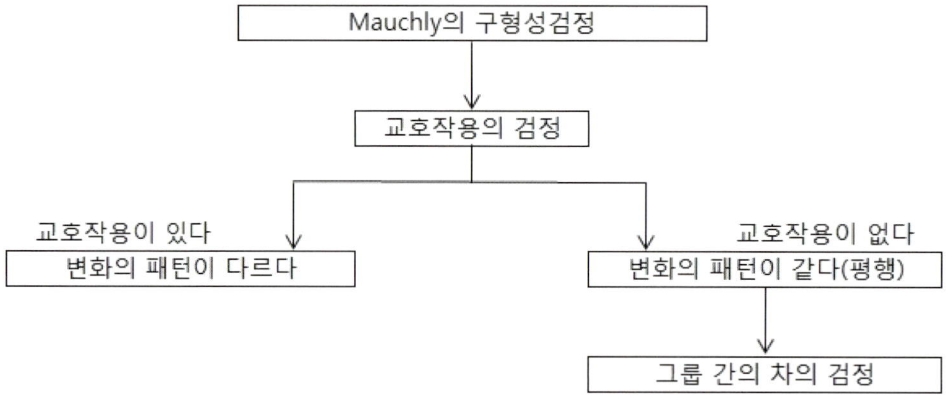

CHAPTER

9

세 그룹에 대응하는 두 변수의 데이터

CHAPTER 9 **세 그룹에 대응하는 두 변수의 데이터**

9.1 | 세 그룹에 대응하는 두 변수의 측정 데이터

다음과 같은 형태의 데이터의 경우 어떠한 통계분석을 적용할 것인가?

표 9.1 데이터의 형태

그룹 A_1			그룹 A_2			그룹 A_3		
No.	X_1	X_2	No.	X_1	X_2	No.	X_1	X_2
1	$x_1(1,1)$	$x_2(1,1)$	1	$x_1(2,1)$	$x_2(2,1)$	1	$x_1(3,1)$	$x_2(3,1)$
2	$x_1(1,2)$	$x_2(1,2)$	2	$x_1(2,2)$	$x_2(2,2)$	2	$x_1(3,2)$	$x_2(3,2)$
3	$x_1(1,3)$	$x_2(1,3)$	3	$x_1(2,3)$	$x_2(2,3)$	3	$x_1(3,3)$	$x_2(3,3)$
⋮	⋮	⋮	⋮	⋮	⋮	⋮	⋮	⋮
n_1	$x_1(1,n_1)$	$x_2(1,n_1)$	n_2	$x_1(2,n_2)$	$x_2(2,n_2)$	n_3	$x_1(3,n_3)$	$x_2(3,n_3)$

이 데이터 형태의 특징은 세 개의 그룹 A_1, A_2, A_3에 대해서 대응하고 있는 두 개의 변수 X_1, X_2를 측정하고 있다는 점에 있다.

[예제 9–1]

다음의 데이터는 세 종류의 진통제 A_1, A_2, A_3를 투여했을 때, 약효의 지속시간과 체중을 측정한 것이다.

표 9.2 세 종류의 약효 지속시간

(단위: 분, kg)

A_1			A_2			A_3		
No.	시간 X_1	체중 X_2	No.	시간 X_1	체중 X_2	No.	시간 X_1	체중 X_2
1	43.6	77	1	27.4	58	1	18.3	68
2	56.8	85	2	38.9	69	2	21.7	75
3	27.3	53	3	59.4	81	3	29.5	80
4	35.0	64	4	43.2	76	4	15.6	63
5	48.4	67	5	15.9	48	5	9.7	55
6	42.4	72	6	22.2	51	6	16.0	65
7	25.3	55	7	52.4	72	7	7.5	57
8	51.7	81	8	56.7	64	8	24.6	78

이 데이터의 관심사항은 체중이 아니라 진통제 약효의 지속시간 쪽이다.

9.2 | 그래프 표현

같은 평면상에 세 개의 산점도를 그려 보자.

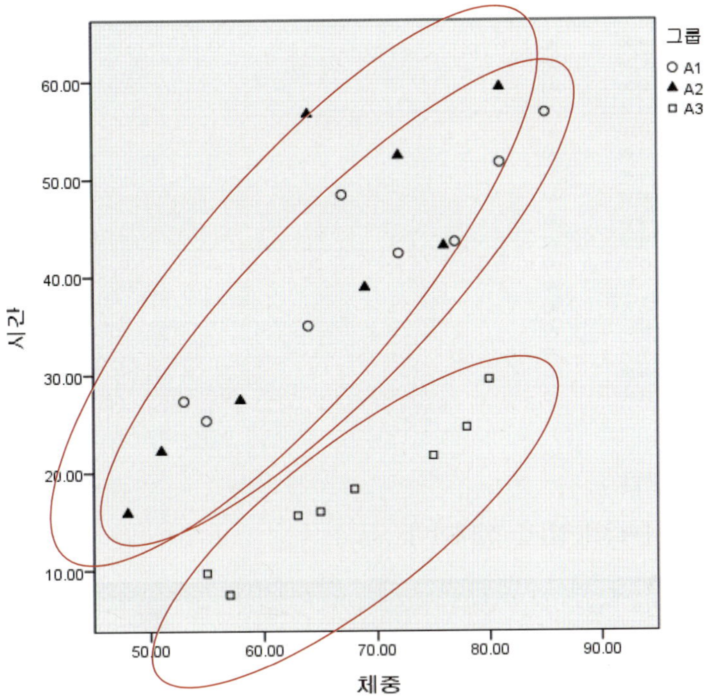

그림 9.1 세 그룹의 산점도

<그림 9.1>의 산점도를 보면 체중과 시간의 사이에 상관이 있어 보인다.

다시 말하면, 약효의 지속시간에는 체중의 요소가 관련되어 있다고 생각되므로, 약효의 지속시간에만 주목하기보다는 체중을 포함해서 그룹 간의 차를 조사하는 쪽이 좋을 듯 싶다.

9.3 | 기초통계량

<표 9.2>의 데이터는 두 변수 간에서 대응하고 있는데, 그룹의 대응은 없으므로, 그룹마다 계산한다.

따라서 파일을 분할하고 나서 기초통계량을 구하면 된다.

■ SPSS의 순서

〈순서 1〉 데이터의 입력

다음과 같이 <표 9.2>의 데이터를 SPSS에 입력한다.

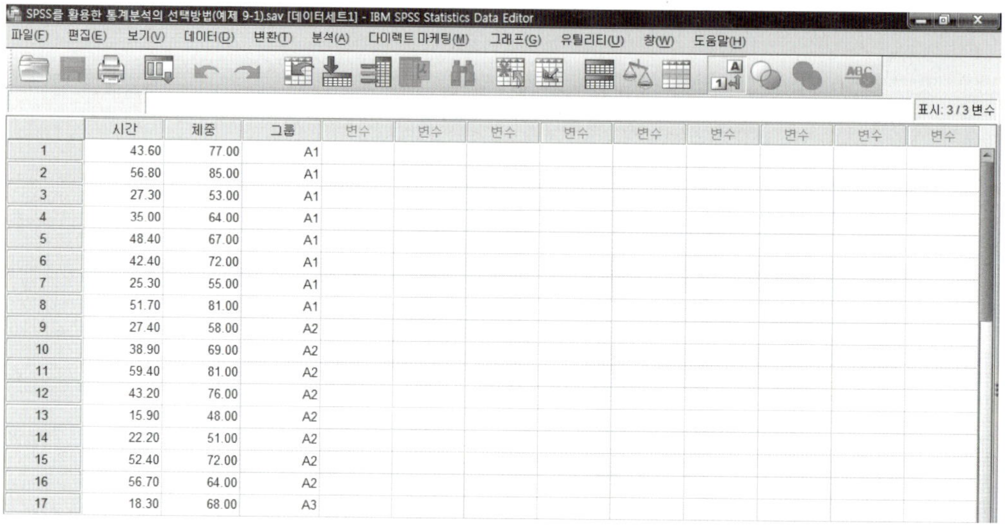

〈순서 2〉 파일의 분할

메뉴에서 [데이터]-[파일분할]을 선택한다.

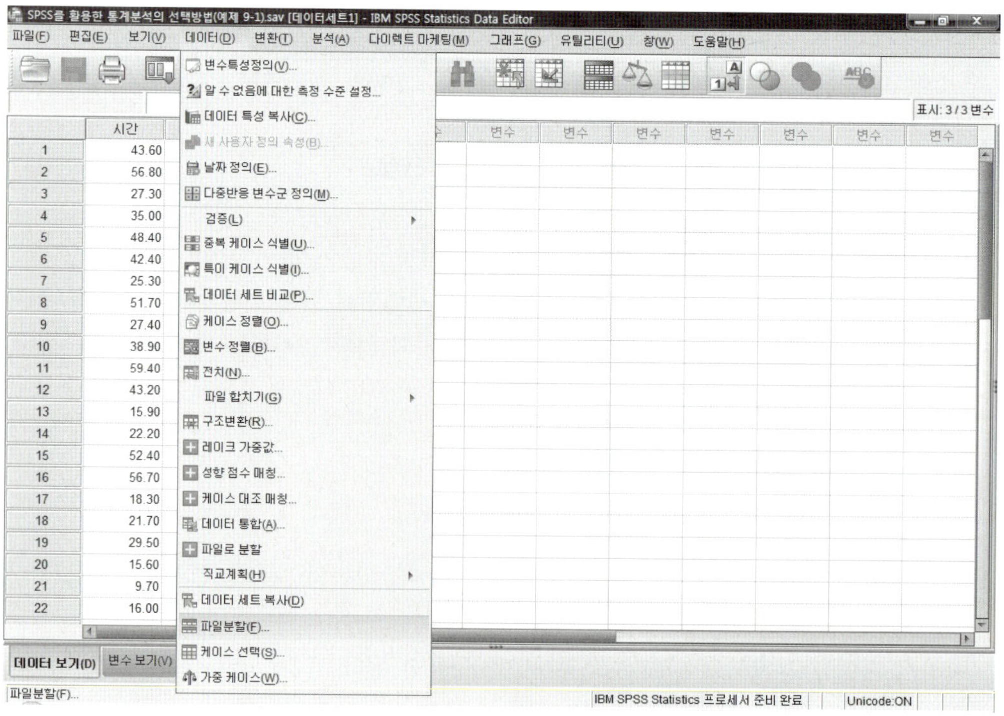

〈순서 3〉 변수의 선택

다음 화면에서 [분할 집단변수]에 '그룹'을 선택하여 이동한다. [확인]을 클릭한다.

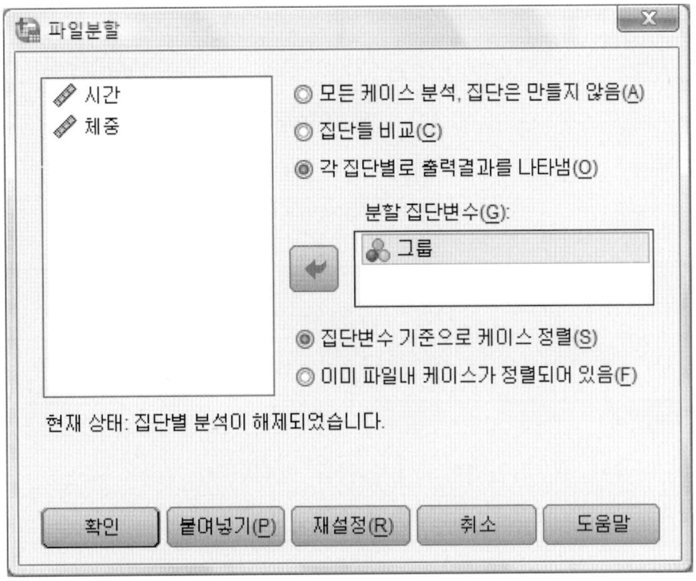

〈순서 4〉 분석수법의 선택

메뉴에서 [분석]-[기술통계량]-[기술통계]를 선택한다.

〈순서 5〉 변수의 선택

다음 화면에서 [변수]에 '시간', 체중'를 이동한다. [옵션]을 클릭한다.

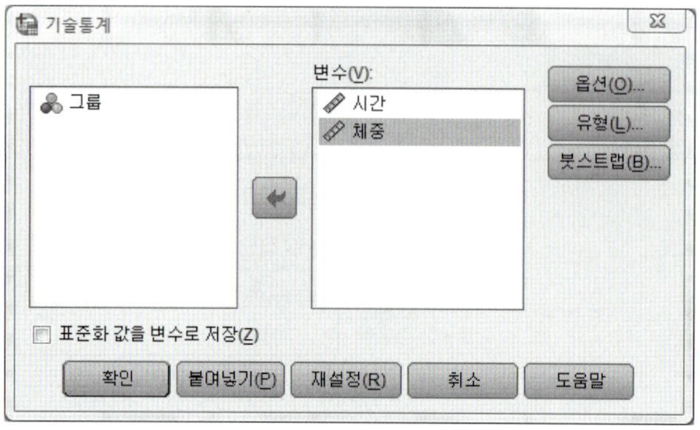

〈순서 6〉 옵션의 선택

[옵션] 화면에서 다음과 같이 선택하고 [계속]을 클릭한다.

앞의 화면으로 되돌아오면 [확인]을 클릭한다.

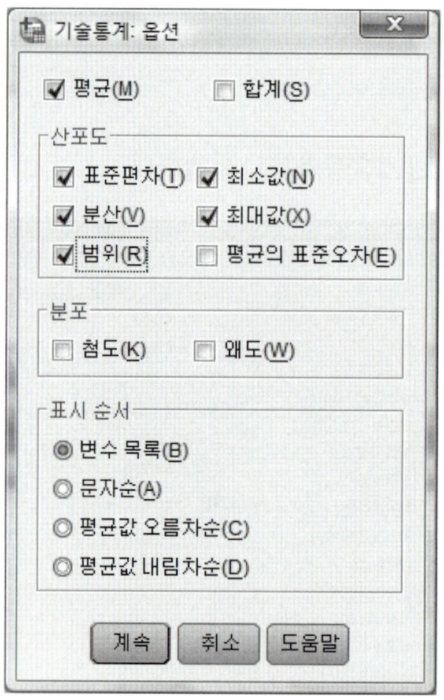

■ **분석결과**

기술통계량[a]

	N	범위	최소값	최대값	평균	표준편차	분산
시간	8	31.50	25.30	56.80	41.3125	11.32008	128.144
체중	8	32.00	53.00	85.00	69.2500	11.67109	136.214
유효 N(목록별)	8						

a. 그룹 = A1

기술통계량[a]

	N	범위	최소값	최대값	평균	표준편차	분산
시간	8	43.50	15.90	59.40	39.5125	16.36621	267.853
체중	8	33.00	48.00	81.00	64.8750	11.81328	139.554
유효 N(목록별)	8						

a. 그룹 = A2

기술통계량[a]

	N	범위	최소값	최대값	평균	표준편차	분산
시간	8	22.00	7.50	29.50	17.8625	7.35176	54.048
체중	8	25.00	55.00	80.00	67.6250	9.37988	87.982
유효 N(목록별)	8						

a. 그룹 = A3

출력결과를 보면,

그룹 A_1 ··· 시간의 분산 = 128.144, 체중의 분산 = 136.214

그룹 A_2 ··· 시간의 분산 = 267.853, 체중의 분산 = 139.554

그룹 A_3 ··· 시간의 분산 = 54.048, 체중의 분산 = 87.982

으로 이를 산점도에서 잘 표현하고 있음을 알 수 있다.

파일을 분할하고 나서 상관분석을 실시해 보자.

■ SPSS의 순서

〈순서 1〉 데이터의 입력

다음과 같이 <표 9.2>의 데이터를 SPSS에 입력한다.

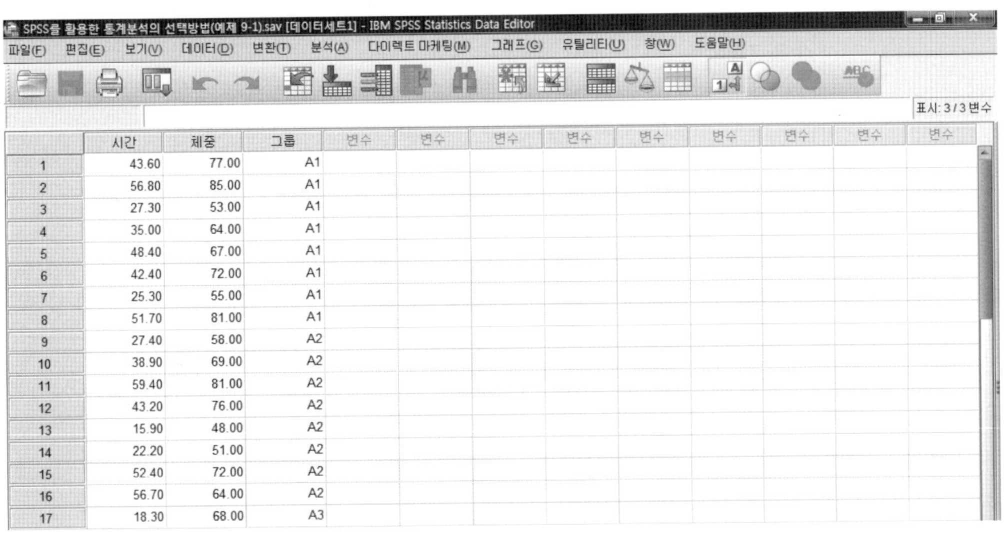

〈순서 2〉 분석수법의 선택

메뉴에서 [분석]-[상관분석]-[이변량 상관]을 선택한다.

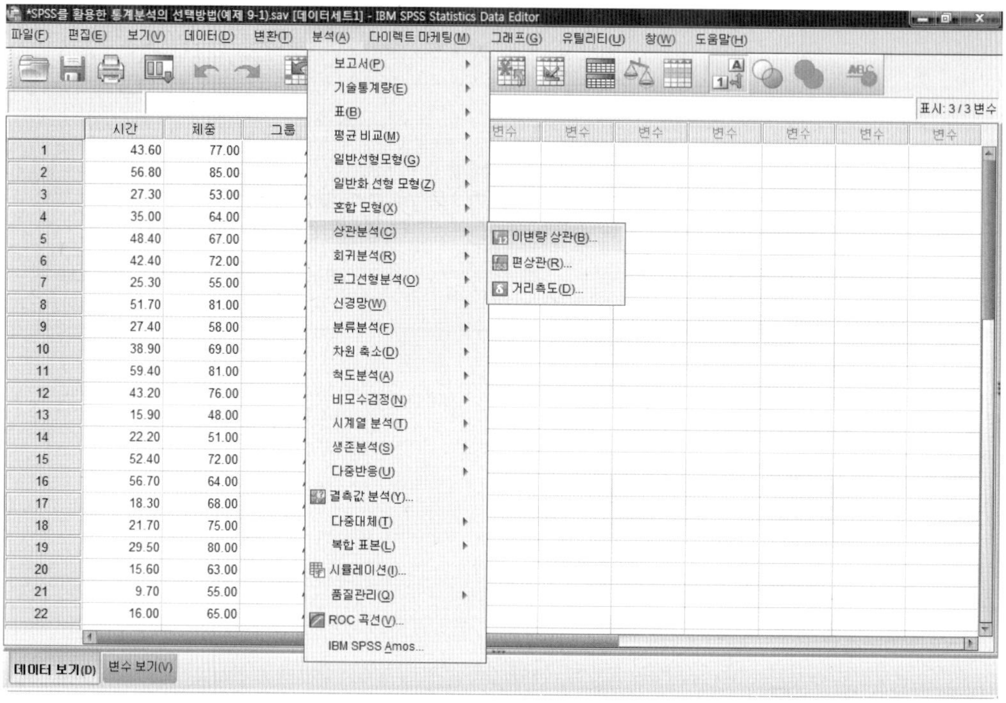

〈순서 3〉 변수의 선택

다음 화면에서 [변수]에 '시간', '체중'을 이동한다. [확인]을 클릭한다.

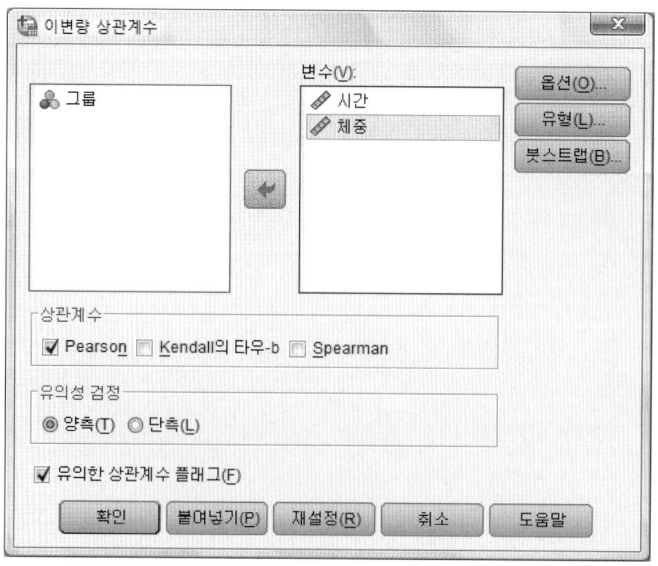

■ 분석결과

상관관계[a]

		시간	체중
시간	Pearson 상관	1	.930**
	유의확률 (양측)		.001
	N	8	8
체중	Pearson 상관	.930**	1
	유의확률 (양측)	.001	
	N	8	8

**. 상관관계가 0.01 수준에서 유의합니다(양측).

a. 그룹 = A1

상관관계[a]

		시간	체중
시간	Pearson 상관	1	.856**
	유의확률 (양측)		.007
	N	8	8
체중	Pearson 상관	.856**	1
	유의확률 (양측)	.007	
	N	8	8

**. 상관관계가 0.01 수준에서 유의합니다(양측).

a. 그룹 = A2

상관관계[a]

		시간	체중
시간	Pearson 상관	1	.976**
	유의확률 (양측)		.000
	N	8	8
체중	Pearson 상관	.976**	1
	유의확률 (양측)	.000	
	N	8	8

**. 상관관계가 0.01 수준에서 유의합니다(양측).

a. 그룹 = A3

출력결과를 보면,

그룹 A_1 ⋯ 시간과 체중의 상관계수 = 0.930

그룹 A_2 ⋯ 시간과 체중의 상관계수 = 0.856

그룹 A_3 ⋯ 시간과 체중의 상관계수 = 0.976

으로 모두 1% 수준에서 유의함을 알 수 있다.

9.4 | 판별분석

세 개의 그룹을 판별하고 싶을 때에는 판별분석과 로지스틱 회귀분석을 적용할 수 있다.
그러나 <표 9.2>의 데이터의 경우, 세 종류의 진통제의 약효 지속시간 사이에 차가 있는지 어떤지 알고 싶은 것이지, 세 종류의 진통제를 판별하고 싶은 것은 아니다.
다음의 예는 R. A. Fisher에 의한 것으로 판별분석 때에 자주 등장한다.

표 9.3 붓꽃과 3품종의 판별

붓꽃과 A군				붓꽃과 B군				붓꽃과 C군			
꽃받침 길이	꽃받침 폭	꽃잎 길이	꽃잎 폭	꽃받침 길이	꽃받침 폭	꽃잎 길이	꽃잎 폭	꽃받침 길이	꽃받침 폭	꽃잎 길이	꽃잎 폭
⋮	⋮	⋮	⋮	⋮	⋮	⋮	⋮	⋮	⋮	⋮	⋮

다시 말하면, <표 9.3>의 경우에는 꽃받침의 길이, 꽃받침의 폭, 꽃잎의 길이, 꽃잎의 폭 등 네 개의 변수를 이용해서

"붓꽃과의 세 그룹을 판별하고 싶다"

라고 하는 것이 문제의식이다.
따라서 데이터의 형태로부터는 분산분석과 판별분석의 두 가지 수법을 생각할 수 있더라도, 무엇을 하고 싶은가라고 하는 문제의식에 따라서, 분산분석 또는 판별분석으로 나누어진다.

9.5 | 공분산분석

■ 공분산분석이란

실제로 실험을 실시하는 과정에서 문제 삼은 어떤 요인 이외의 요인이 측정변수(결과)에 영향을 미치는 경우가 있다. 이 사실을 사전에 알고 있더라도 그 요인을 제어할 수 없는 경우가 있다. 예를 들면, 동물을 이용해서 약의 효과를 조사하는 실험을 생각했을 때, 동물의 체중이 약의 효과에 영향을 미치는 것을 예상할 수 있다고 한다. 체중이 비슷한 것을 모으더라도 완전히 갖춘다고 하는 것은 불가능하다. 이와 같은 경우에는 체중의 영향을 제외하고 실험에 문제 삼은 요인의 효과를 검증하는 수법이 필요한데, 이를 위한 수법이 **공분산분석**(共分散分析, analysis of covariance)이다.
실험의 장에서 계획할 수는 있더라도 제어할 수 없는 요인을 **보조요인** 또는 **공변량**이라고 한다. 공분산분석은 보조요인을 문제 삼은 실험의 데이터를 분석하기 위한 수법이다. 보조요인을 문제 삼음으로써 보조요인에 의거한 변동을 오차변동으로부터 분리하는 것이 가능하게 되어, 실험에서 문제 삼은 요인의 효과를 정밀하게 검토할 수 있게 된다. 이러한 사실로부터 보조요인을 고려하기 전에는 유의하지 않았던 요인이, 고려한 후에는 유의하게 된다고 하는

사실이 일어나는 경우가 있다. 역으로 보조요인을 고려하지 않으면 유의했던 요인이 고려하면 유의하게 되지 않는다고 하는 경우도 있다. 이것은 요인의 효과라고 생각되고 있던 것이, 실은 보조요인의 변화에 의한 것이었다고 하는 경우이다.

보조요인은 측정변수에 영향을 미치는 것이 아니면 문제 삼을 의미는 없다. 한편, 실험에서 문제 삼는 요인의 영향을 받지 않는 것이 아니면 안 된다. 그리고 보조요인은 실험에 앞서 계획해 놓을 필요가 있다.

공분산분석은 분산분석과 회귀분석을 합친 수법으로, 질적 변수(더미 변수)를 포함한 회귀분석과 동등한 수법이다. 실험 데이터의 분석뿐만 아니라, 앙케트 조사의 데이터 분석에도 빈번하게 적용되고 있다.

힌트

분산분석 + 회귀분석 ⇒ 공분산분석

<표 9.2>의 데이터를 공분산분석을 적용해 보자.

SPSS에 의한 해법

〈순서 1〉 데이터의 입력

<표 9.2>의 데이터를 다음과 같이 입력한다.

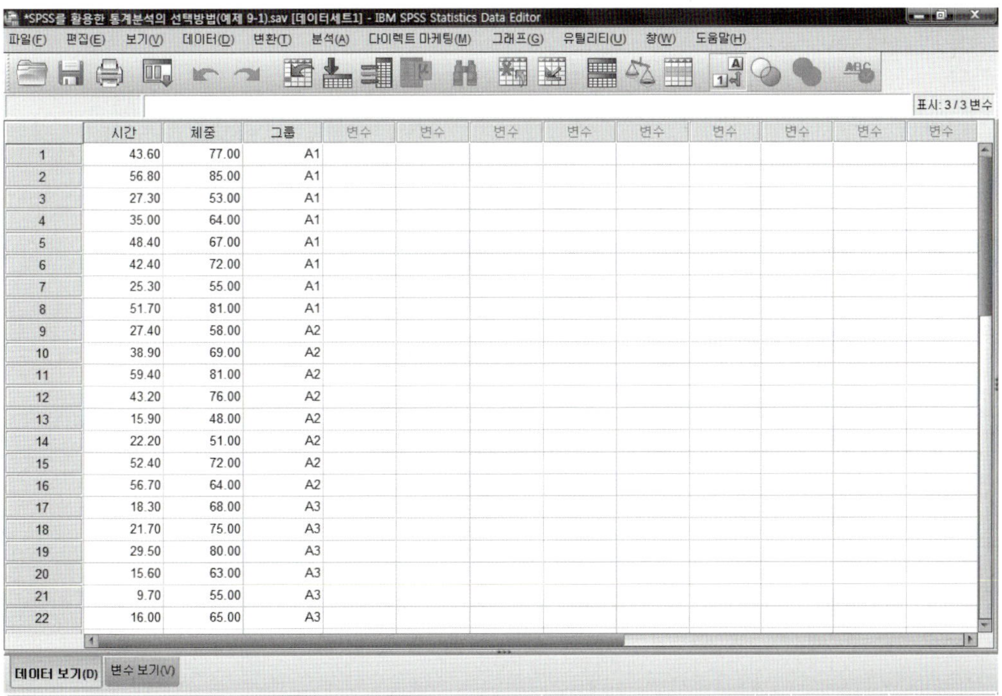

	시간	체중	그룹
1	43.60	77.00	A1
2	56.80	85.00	A1
3	27.30	53.00	A1
4	35.00	64.00	A1
5	48.40	67.00	A1
6	42.40	72.00	A1
7	25.30	55.00	A1
8	51.70	81.00	A1
9	27.40	58.00	A2
10	38.90	69.00	A2
11	59.40	81.00	A2
12	43.20	76.00	A2
13	15.90	48.00	A2
14	22.20	51.00	A2
15	52.40	72.00	A2
16	56.70	64.00	A2
17	18.30	68.00	A3
18	21.70	75.00	A3
19	29.50	80.00	A3
20	15.60	63.00	A3
21	9.70	55.00	A3
22	16.00	65.00	A3

〈순서 2〉 분석수법의 선택

메뉴에서 [분석]-[일반선형모형]-[일변량]을 선택한다.

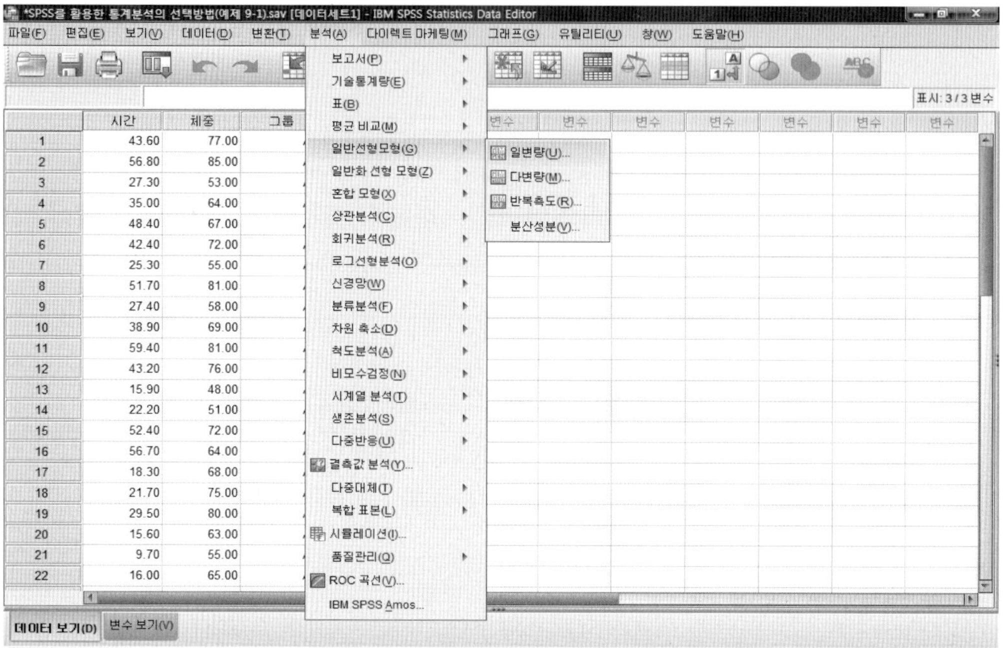

〈순서 3〉 변수의 선택

다음 화면에서 '시간'을 [종속변수]로, '그룹'를 [고정요인]으로, '체중'를 [공변량]으로 이동한다.

〈순서 4〉 모형의 선택

평행성의 검정을 하기 위해서 [모형]을 클릭한다.

[사용자 정의]를 클릭한다.

'그룹'과 '체중'을 [모형]에 이동한다. 이어서 Ctrl 키를 누르면서 '그룹'과 '체중'을 함께 [모형]으로 이동한다. [계속]을 클릭한다.

〈순서 5〉 옵션의 선택

앞의 화면에 [옵션]을 클릭하면 다음 화면이 나타난다.

[모수 추정값]을 선택하고 [계속]을 클릭한다.

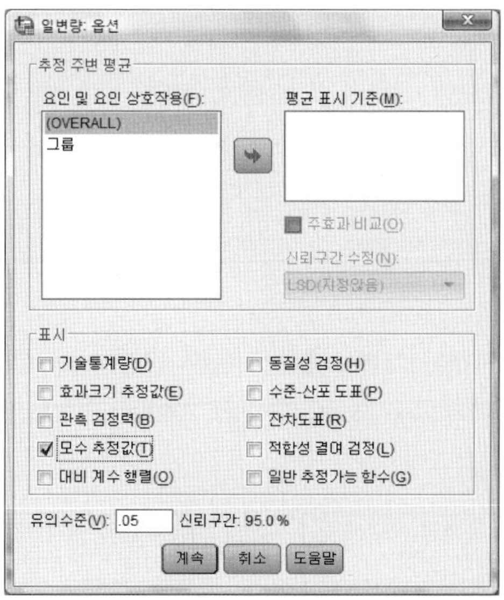

〈순서 6〉 공분산분석의 실행

다음 화면에서 [확인]을 클릭한다.

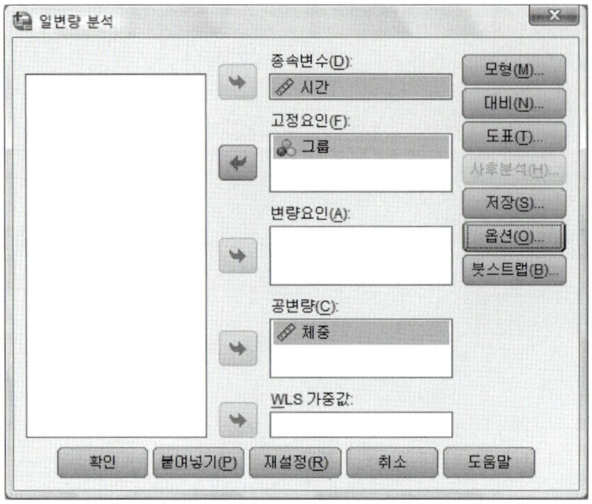

■ 분석결과(1)

개체-간 요인

		값 레이블	N
그룹	1	A1	8
	2	A2	8
	3	A3	8

개체-간 효과 검정

종속변수: 시간

소스	제 III 유형 제곱합	자유도	평균제곱	F	유의확률
수정된 모형	5232.769[a]	5	1046.554	29.319	.000
절편	497.720	1	497.720	13.943	.002
그룹	29.147	2	14.573	.408	.671
체중	2200.043	1	2200.043	61.633	.000
그룹 * 체중	75.589	2	37.795	1.059	.368
오차	642.521	18	35.696		
전체	31846.550	24			
수정된 합계	5875.290	23			

a. R 제곱 = .891 (수정된 R 제곱 = .860)

공분산분석에서의 제1단계는 그룹×체중에 관한 검정이다. 여기에서는 다음의 가설

귀무가설 H_0 : "그룹과 체중(=공변량) 사이에 교호작용은 없다"

를 검정하고 있다. 이 사실은

요인과 공변량 사이에 교호작용이 없다	⟺	요인의 각 수준에 대한 기울기는 서로 같다

를 의미하고 있다. 이것이 평행성이다.

출력결과를 보면

유의확률 0.368 > 유의수준 0.05

이므로, 귀무가설 H_0는 기각되지 않는다.

따라서 "그룹과 체중(=공변량) 사이에 교호작용은 없다"는 것을 알 수 있다.

다시 말하면,

세 개의 회귀직선은 평행하다

라고 가정해도 좋다는 것을 알 수 있다.

(주) A와 B가 평행이라고 하는 것은 교호작용 A*B=0이다.

다중비교를 실시해 보자.

■ SPSS에 의한 해법

〈순서 1〉 모형의 선택

① 다음 화면부터 시작된다. 먼저 [모형]을 클릭한다.

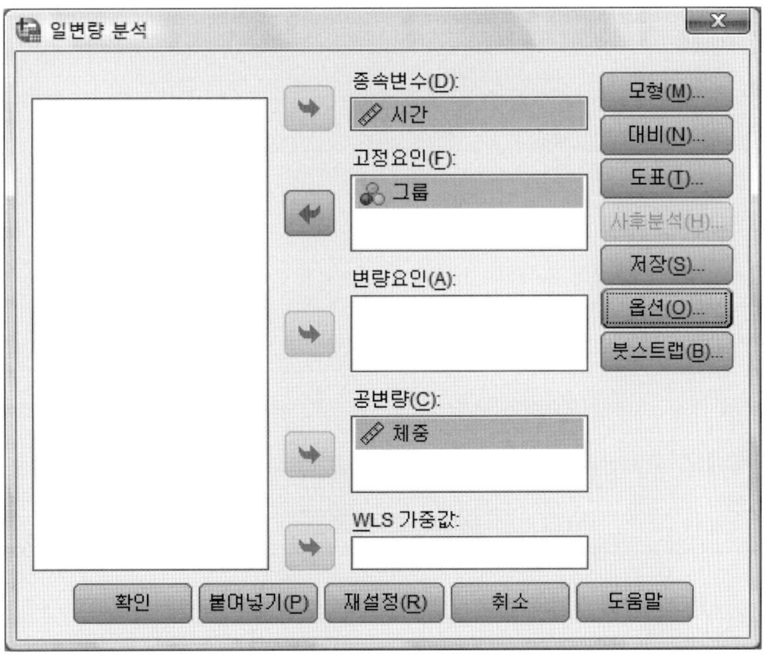

② 화면을 보면 모형의 지정이 다음과 같이 [사용자 정의]로 되어 있으므로, [완전요인 모형]을 클릭한다.

③ 그러면 화면의 문자가 다음과 같이 변한다. [계속]을 클릭한다.

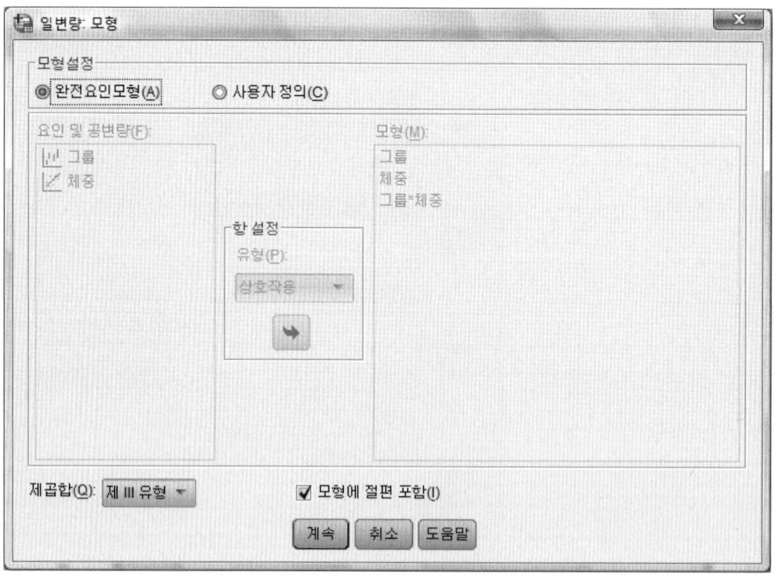

〈순서 2〉 옵션의 선택

① [옵션]을 클릭하면 다음 화면이 나타난다.
여기에서 회귀의 유의성 검정을 하지 않으면 안 된다.

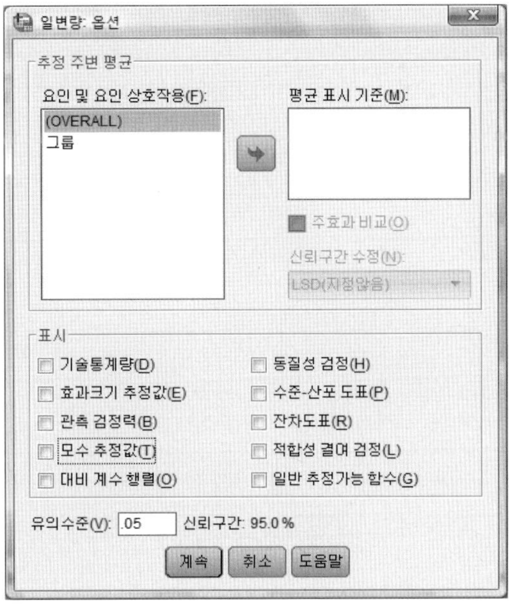

② 조정된 평균에 대한 다중비교를 하고 싶을 때는 '그룹'을 [평균 표시 기준]으로 이동한다. [주효과 비교]에 체크한다. [관측 검정력]과 [모수 추정값]을 선택한다.

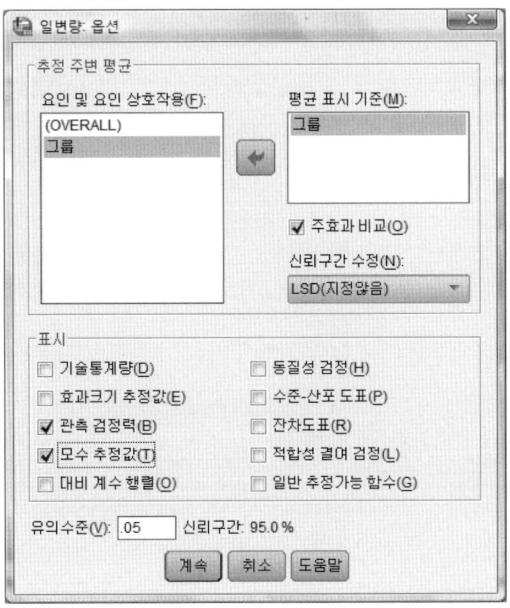

③ [신뢰구간 수정]에서 [Bonferroni]를 선택하고 [계속]을 클릭한다.

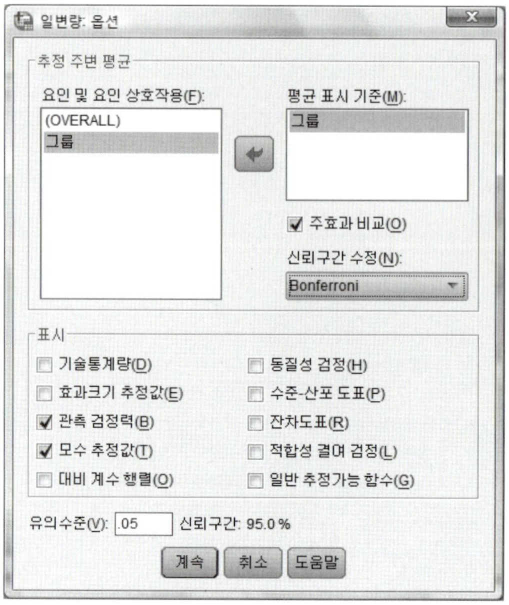

〈순서 3〉 다중비교의 실행

다음 화면에서 [확인]을 클릭한다.

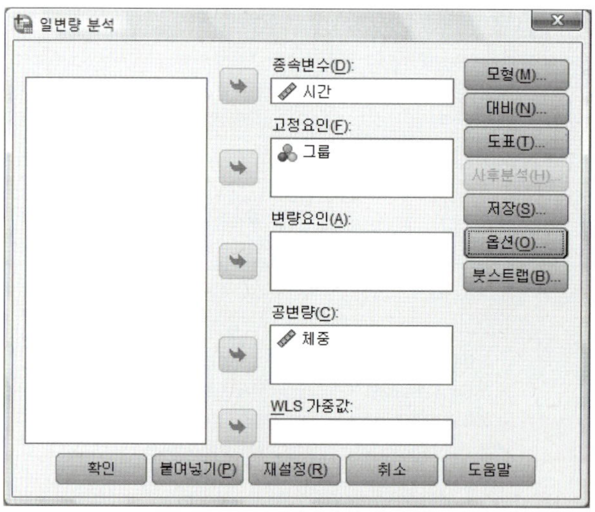

■ 분석결과(1)

개체-간 요인

		값 레이블	N
그룹	1	A1	8
	2	A2	8
	3	A3	8

개체-간 효과 검정

종속변수: 시간

소스	제 III 유형 제곱합	자유도	평균제곱	F	유의확률	비중심 모수	관측 검정력[b]
수정된 모형	5157.180[a]	3	1719.060	47.877	.000	143.632	1.000
절편	592.941	1	592.941	16.514	.001	16.514	.971
체중	2432.206	1	2432.206	67.739	.000	67.739	1.000
그룹	2865.548	2	1432.774	39.904	.000	79.808	1.000
오차	718.110	20	35.905				
전체	31846.550	24					
수정된 합계	5875.290	23					

a. R 제곱 = .878 (수정된 R 제곱 = .859)

[개체-간 효과검정]에서 분산분석의 결과로부터 요인 그룹의 유의확률은 0.000이다. 즉, 진통제 A_1, A_2, A_3 그룹에는 약효 지속시간에 차가 있다고 하는 결론이 얻어진다. 또한 보조요인 체중의 유의확률도 0.000으로 유의하며, 체중은 지속시간에 영향을 미치고 있다고 하는 것을 알 수 있다.

여기에서 보조요인 체중을 고려하지 않고 분산분석을 실시해 보면 아래와 같은 결과가 얻어진다.

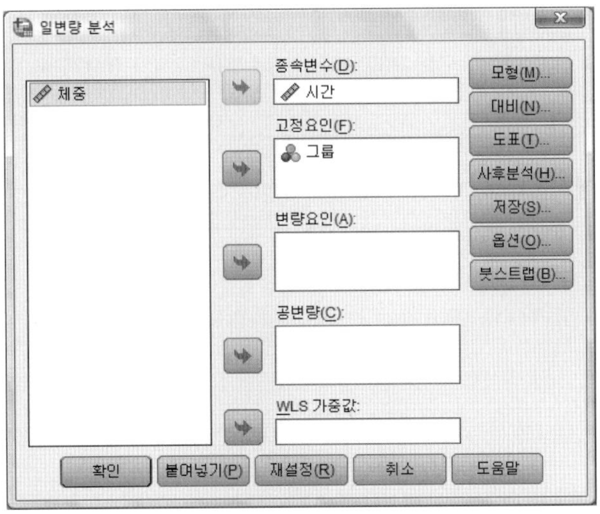

개체-간 효과 검정

종속변수: 시간

소스	제 III 유형 제곱합	자유도	평균제곱	F	유의확률	비중심 모수	관측 검정력[b]
수정된 모형	2724.973[a]	2	1362.487	9.082	.001	18.165	.953
절편	25971.260	1	25971.260	173.124	.000	173.124	1.000
그룹	2724.973	2	1362.487	9.082	.001	18.165	.953
오차	3150.316	21	150.015				
전체	31846.550	24					
수정된 합계	5875.290	23					

a. R 제곱 = .464 (수정된 R 제곱 = .413)

b. 유의수준 = .05을(를) 사용하여 계산

요인 그룹의 유의확률은 0.001으로 되어 있다. 따라서 보조요인을 고려하지 않으면, 그룹은 역시 유의하다는 것을 알 수 있다.

모수 추정값

종속변수: 시간

모수	B	표준오차	t	유의확률	95% 신뢰구간		비중심 모수	관측 검정력[b]
					하한	상한		
절편	-48.231	8.305	-5.807	.000	-65.555	-30.906	5.807	1.000
체중	.977	.119	8.230	.000	.730	1.225	8.230	1.000
[그룹=1]	21.862	3.002	7.282	.000	15.599	28.124	7.282	1.000
[그룹=2]	24.338	3.014	8.075	.000	18.051	30.624	8.075	1.000
[그룹=3]	0[a]	.	.	.	.	.	.	.

a. 현재 모수는 중복되므로 0으로 설정됩니다.

b. 유의수준 = .05을(를) 사용하여 계산

공분산분석을 실시하면, 시간과 요인 그룹 및 보조요인 체중의 관계를 회귀식으로 표현할 수 있다.

[모수 추정값]의 [B]의 열에서,

$$Y = -48.231 + \begin{bmatrix} 21.862 \\ 24.338 \\ 0 \end{bmatrix} + 0.977X$$

라고 하는 회귀식이 얻어지고 있다. 이것은

A_1일 때 $Y = -26.369 + 0.977X$

A_2일 때 $Y = -23.893 + 0.977X$

A_3일 때 $Y = -48.231 + 0.977X$

라고 하는 세 개의 회귀식이 얻어지고 있는 것과 같은 사실을 나타내고 있다.

■ 분석결과(2)

추정값

종속변수: 시간

그룹	평균	표준오차	95% 신뢰구간	
			하한	상한
A1	39.358[a]	2.132	34.911	43.805
A2	41.834[a]	2.137	37.376	46.292
A3	17.496[a]	2.119	13.076	21.916

a. 모형에 나타나는 공변량은 다음 값에 대해 계산됩니다.: 체중 = 67.2500.

[추정값]에서 조정된 평균이 출력되고 있다.

대응별 비교

종속변수: 시간

(I) 그룹	(J) 그룹	평균차이(I-J)	표준오차	유의확률[b]	차이에 대한 95% 신뢰구간[b]	
					하한	상한
A1	A2	-2.476	3.041	1.000	-10.420	5.468
	A3	21.862*	3.002	.000	14.018	29.705
A2	A1	2.476	3.041	1.000	-5.468	10.420
	A3	24.338*	3.014	.000	16.464	32.212
A3	A1	-21.862*	3.002	.000	-29.705	-14.018
	A2	-24.338*	3.014	.000	-32.212	-16.464

추정 주변 평균을 기준으로

*. 평균차이는 .05 수준에서 유의합니다.

b. 다중비교를 위한 수정: Bonferroni

[대응별 비교]에서 Bonferroni의 방법에 의한 다중비교를 하고 있다.

각 수준에 대한 조정된 평균의 차를 구하여, 유의수준 5%에서 차가 있는 곳에 *표가 붙어 있다.

따라서 Bonferroni의 수정에 의한 다중비교에서 유의차가 있는 조합은 다음과 같다.

$$\{A_1 \quad A_3\} \qquad \{A_2 \quad A_3\}$$

CHAPTER

10

두 가지 특성의 집계 데이터

CHAPTER 10 **두 가지 특성의 집계 데이터**

10.1 | 두 가지 특성에 대한 집계 데이터

다음과 같은 형태의 데이터의 경우 어떠한 통계분석을 적용할 것인가?

표 10.1 데이터의 형태

카테고리	A_1	A_2
데이터 수	M_1	M_2

이 데이터 형식의 특성은

A_1이라고 하는 특성을 갖는 데이터의 개수가 M_1개

A_2 라고 하는 특성을 갖는 데이터의 개수가 M_2개

라고 하는 점에 있다.

다시 말하면, 관측된 $M_1 + M_2$개의 데이터 중 A_1의 타입이 M_1개, A_2의 타입이 M_2개로 되어 있다.

[예제 10-1]

다음의 데이터는 대도시에 살고 있는 478명을 대상으로 반려동물을 키우고 있는지 어떤지의 앙케트 조사를 실시한 결과이다.

표 10.2 반려동물의 사육여부

카테고리	기르고 있다	기르고 있지 않다	합계
데이터 수	132	346	478

이 데이터에서 알고 싶은 것은 반려동물을 기르고 있는 사람의 비율이 아니겠는가?

10.2 | 그래프 표현

반려동물을 기르고 있는 사람의 비율을 조사하면

$$A_1\text{형} \cdots\cdots \frac{132}{478}\times 100 = 27.6\%$$

$$A_2\text{형} \cdots\cdots \frac{346}{478}\times 100 = 72.4\%$$

로 되어 있으므로, 다음과 같은 그래프 표현이 가능하다.

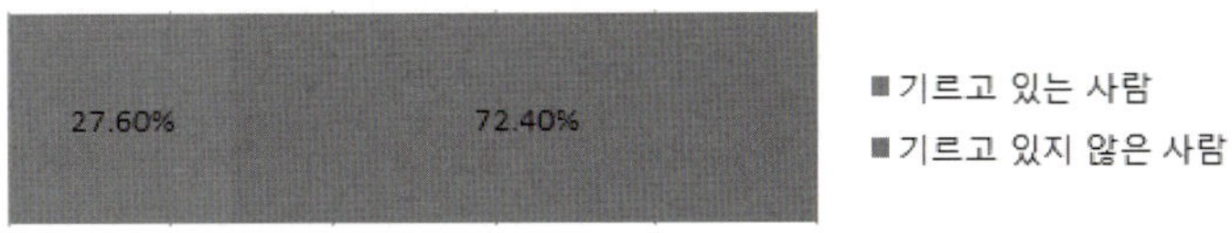

그림 10.1 띠그래프

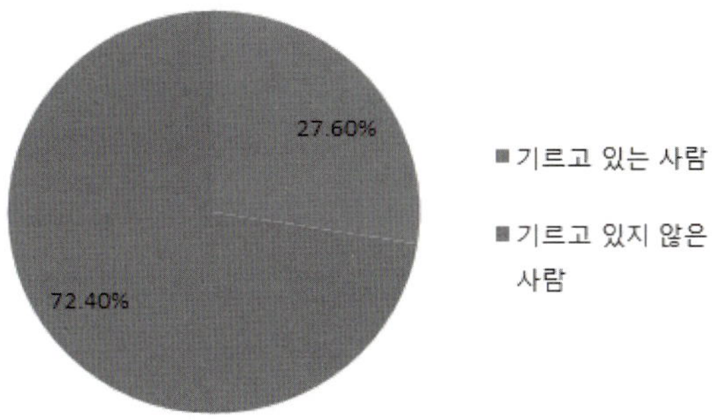

그림 10.2 원그래프

10.3 | 기초통계량

이 데이터의 경우, 다음과 같이 표본비율을 계산할 수 있다.

$$\text{반려동물을 기르고 있는 사람의 표본비율} \cdots \frac{132}{478}\times 100 = 27.6\%$$

10.4 | 모비율의 구간추정

대도시에서 반려동물을 기르고 있는 사람들의 비율을 추정해 보자. 단순히 표본비율로부터 모비율을 27.6%라고 추정해도 좋지만, 그래서는 추정이 벗어날 위험성이 높다. 그래서 모비율의 구간추정을 해 보자.

■ SPSS의 순서

〈순서 1〉 데이터의 입력

다음과 같이 <표 10.2>의 데이터를 SPSS에 입력한다.

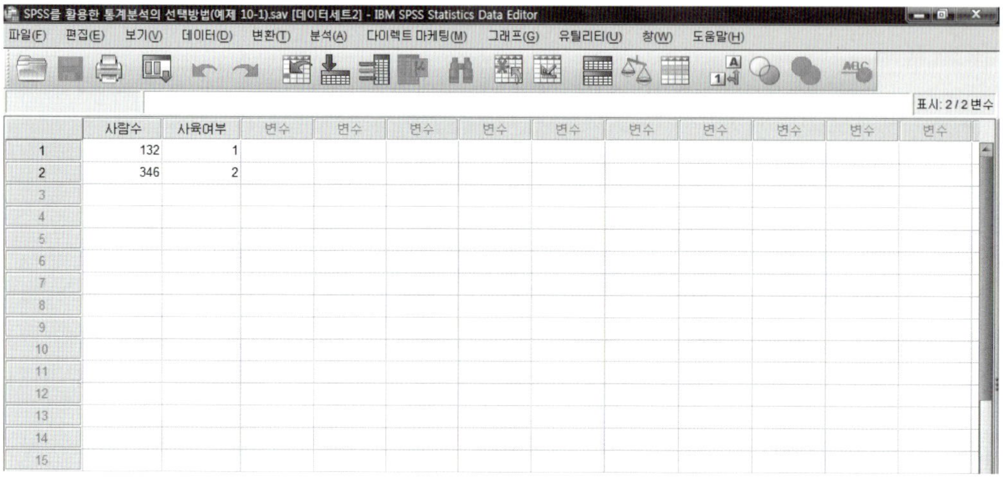

〈순서 2〉 빈도변수 지정

메뉴에서 [데이터]-[가중 케이스]를 선택한다.

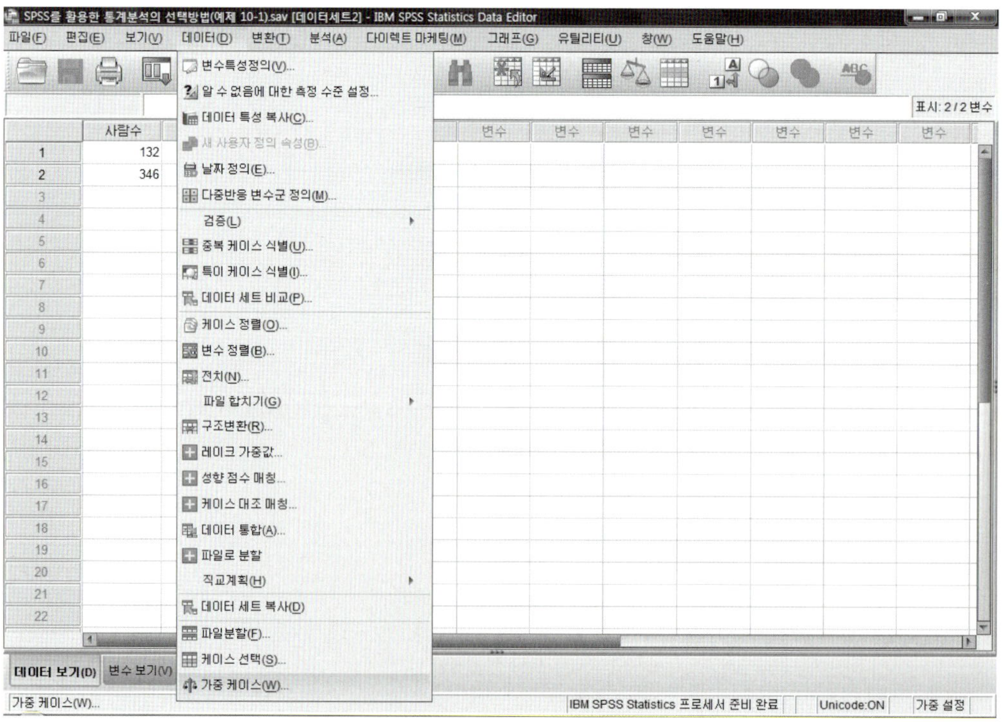

〈순서 3〉 빈도변수 지정

다음 화면에서 [가중 케이스 지정]을 체크하고 [빈도변수]에 '사람수'를 이동한다. [확인]을 클릭한다.

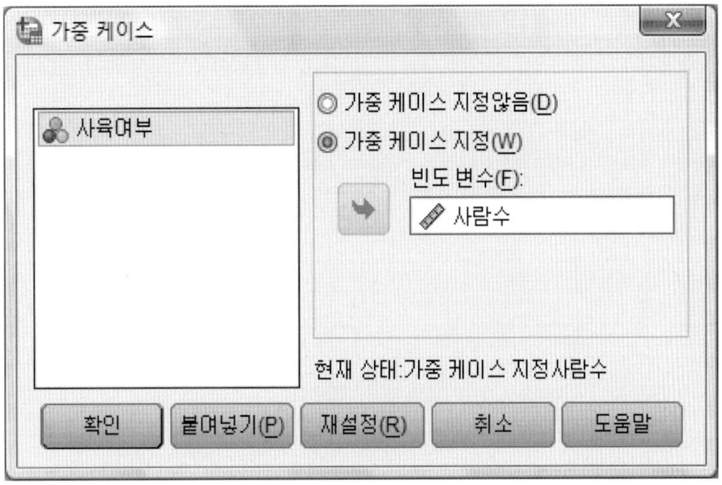

〈순서 4〉 분석수법의 선택

메뉴에서 [분석]-[비모수검정]-[일표본]을 선택한다.

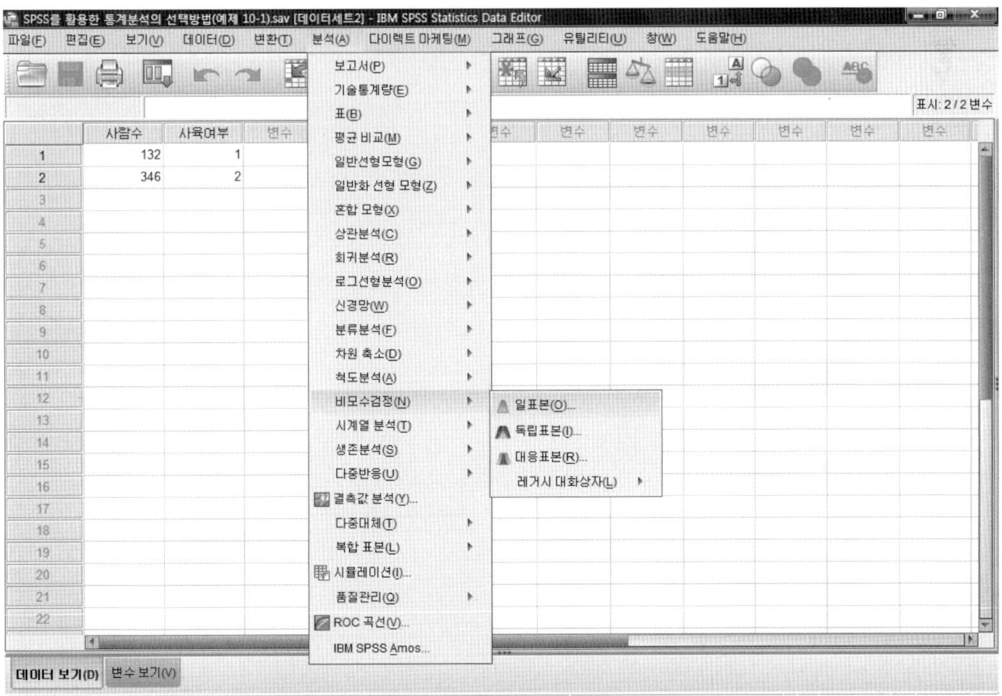

〈순서 5〉 이항검정

① 다음 화면이 나타난다. [필드]를 클릭한다.

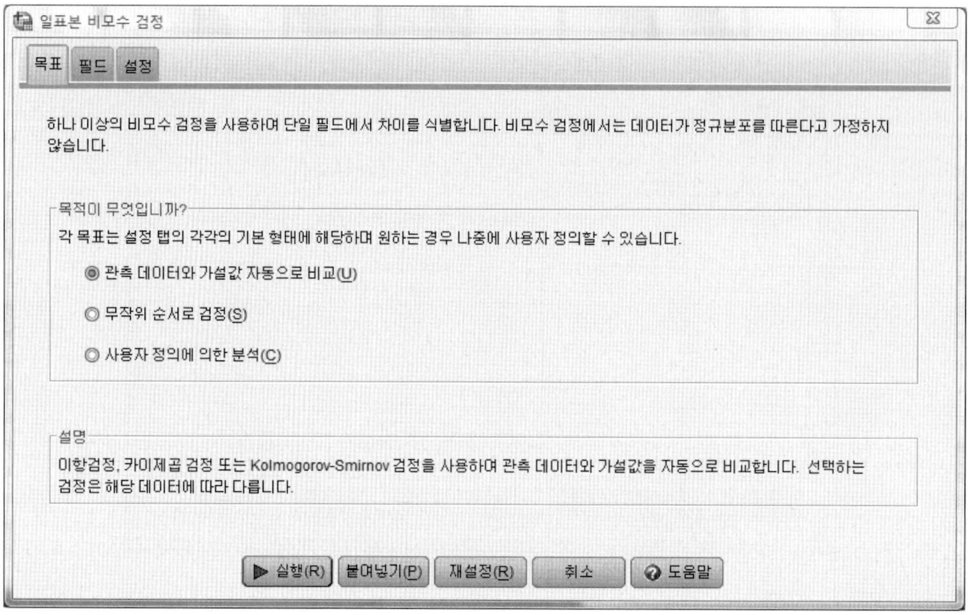

② [사용자 정의 필드 할당 사용]에 체크하고, [검정 필드]에 [사육여부]를 이동한다. [설정]을 클릭한다.

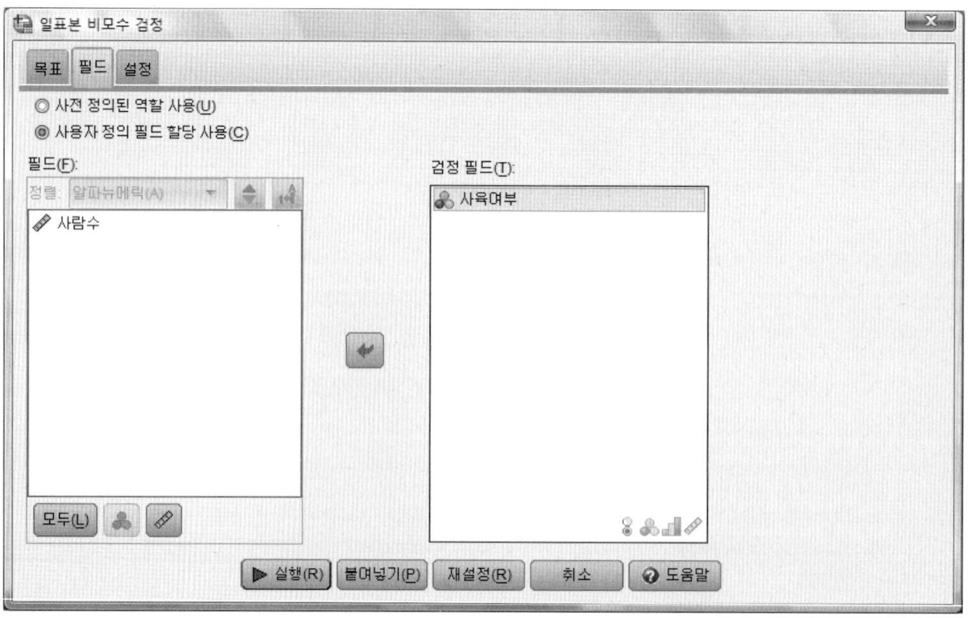

③ [사용자 정의에 의한 검정]에 체크하고, [관측 이분형 확률과 가설값 비교(이항검정)]을 선택한다. [옵션]을 클릭한다.

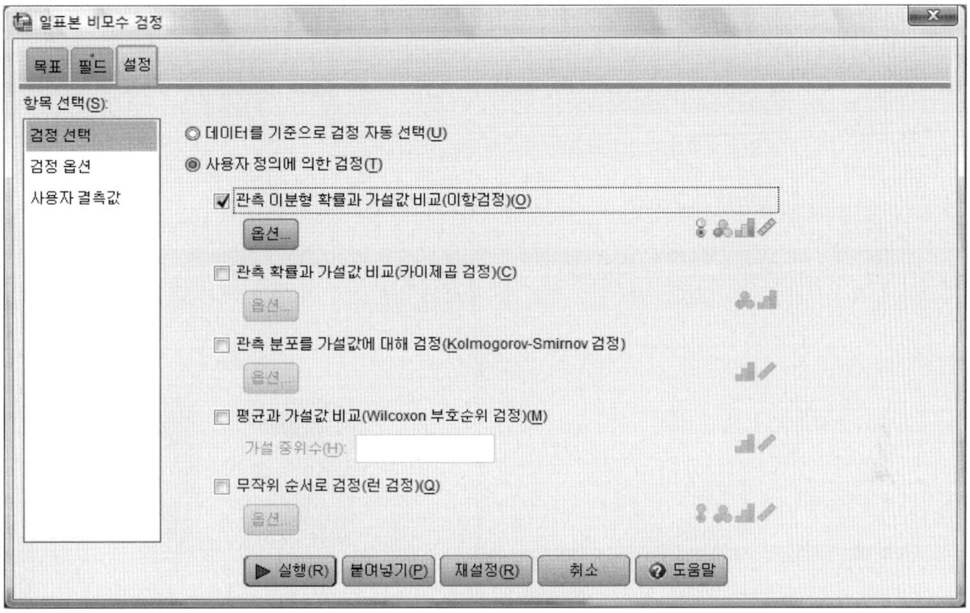

④ [가설 비율]에 '0.5'를 입력하고, [Clopper-Pearson(정확)]을 선택한다. [확인]을 클릭한다. 앞의 화면으로 되돌아오면 [실행]을 클릭한다.

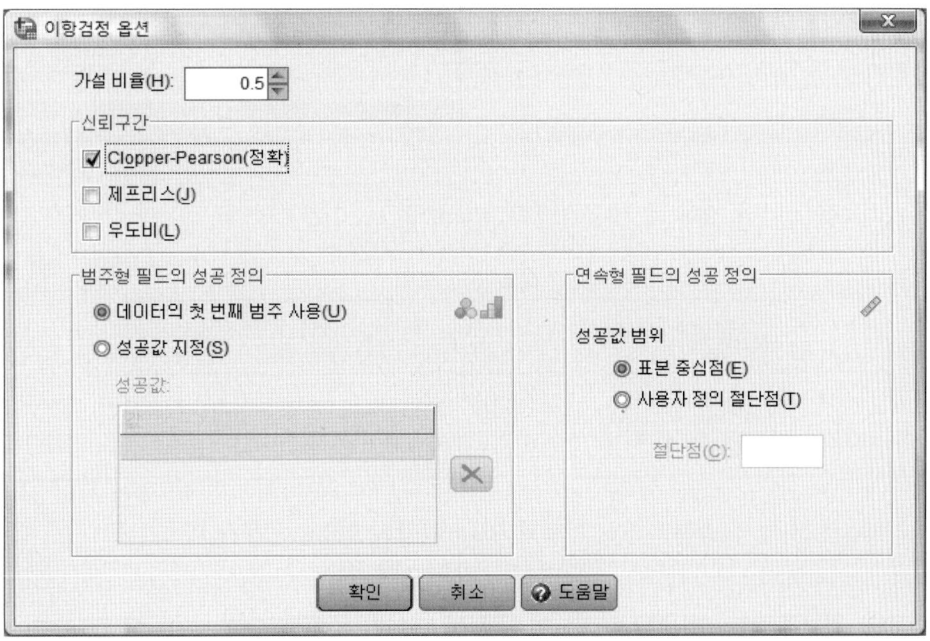

■ **분석결과**

가설검정 요약

	영가설	검정	유의확률	의사결정
1	사육여부 = 기른다 및 기르지 않는다에서 정의된 범주가 확률 0.5 및 0.5에서 발생합니다.	일표본 이항 검정	.000	영가설을 기각합니다.

근사 유의확률이 표시됩니다. 유의수준이 .05입니다.

출력결과를 더블클릭하면 다음과 같은 [모형 뷰어] 화면이 나타난다.

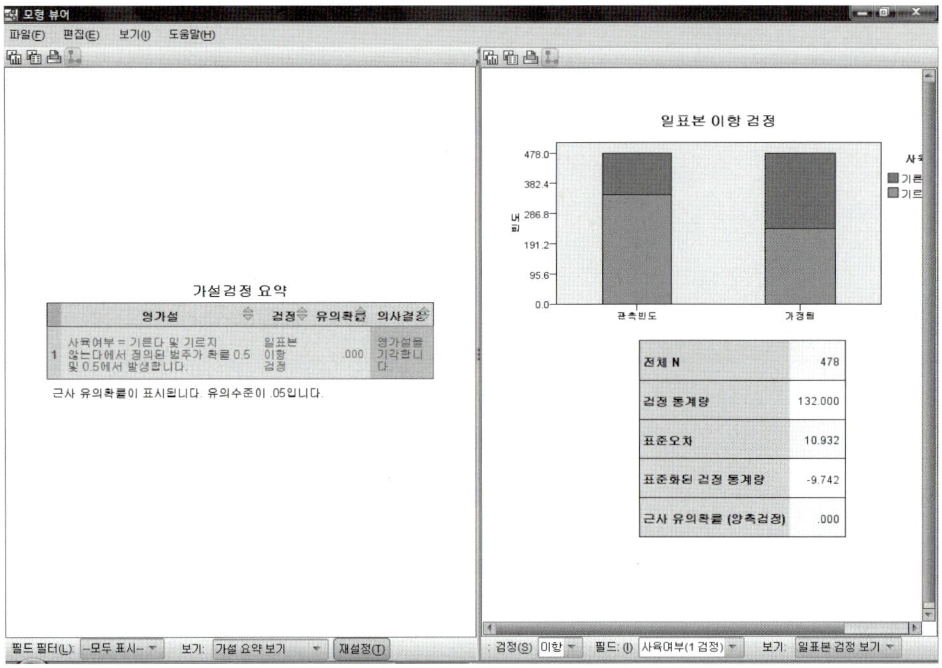

화면 아래의 [가설 요약 보기]를 [신뢰구간 요약 보기]로 바꾼다.

신뢰구간 요약

신뢰구간 유형	모수	추정	95% 신뢰구간	
			하한	상한
일표본 이항 성공률(Clopper-Pearson)	확률 (사육여부=기른다).	.276	.237	.319

따라서 대도시에서 반려동물을 기르고 있는 사람의 95% 신뢰구간은

23.7% ~ 31.9%

라는 것을 알 수 있다. 10,000명 정도에 대해서 앙케트 조사를 하면 신뢰구간의 폭을 좀더 좁힐 수 있다.

10.5 | 모비율의 검정

10년 전에 대도시에서 반려동물을 기르고 있던 사람의 비율은 동물병원의 이야기로는 약 15%라고 한다.

그런데 최근 그 비율이 급증하고 있다. 이와 같은 때에는 모비율의 검정을 실시한다.

모비율은 0.15이라고 가설을 세우고, 그 가설이 옳은지 어떤지를 검정한다.

■ SPSS의 순서

〈순서 1〉 데이터의 입력

다음과 같이 <표 10.2>의 데이터를 SPSS에 입력한다.

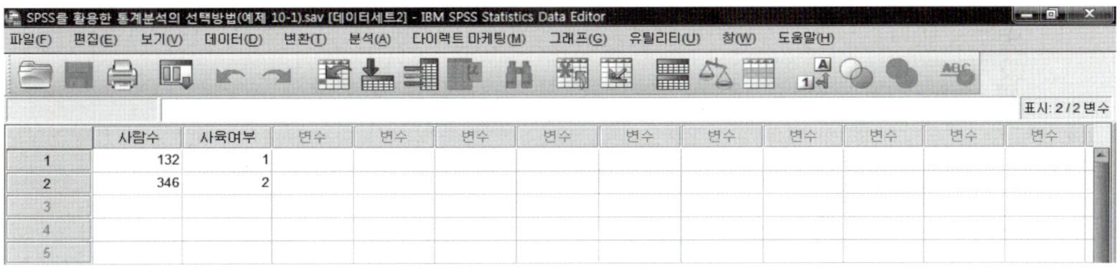

〈순서 2〉 분석수법의 선택

메뉴에서 [분석]-[비모수검정-[레거시 대화상자]-[이항]을 선택한다.

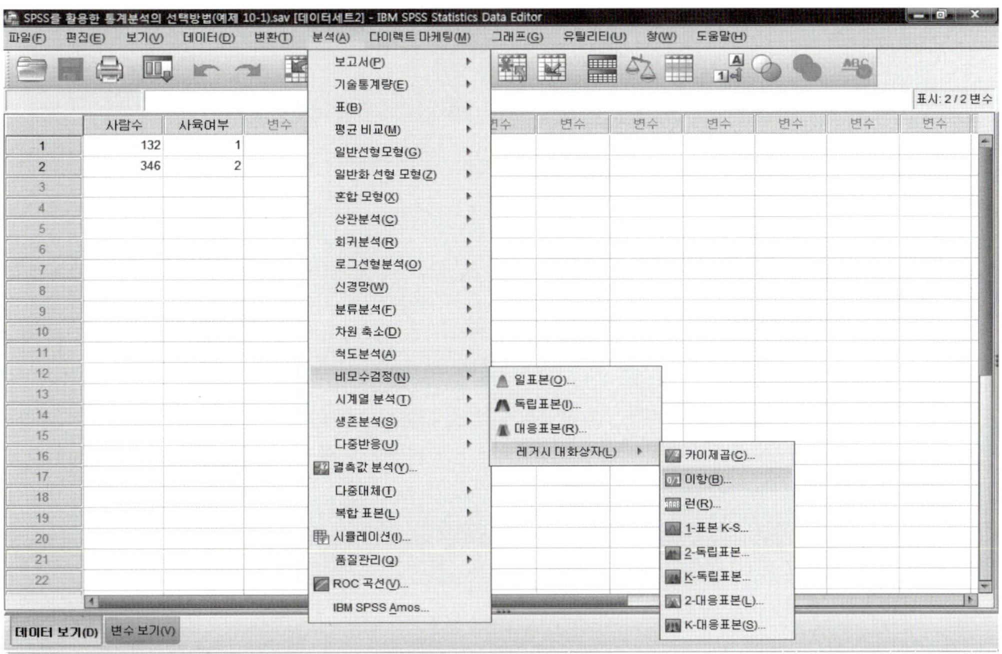

〈순서 3〉 변수의 선택

다음 화면에서 [검정 변수]에 '사육여부'를 이동한다.

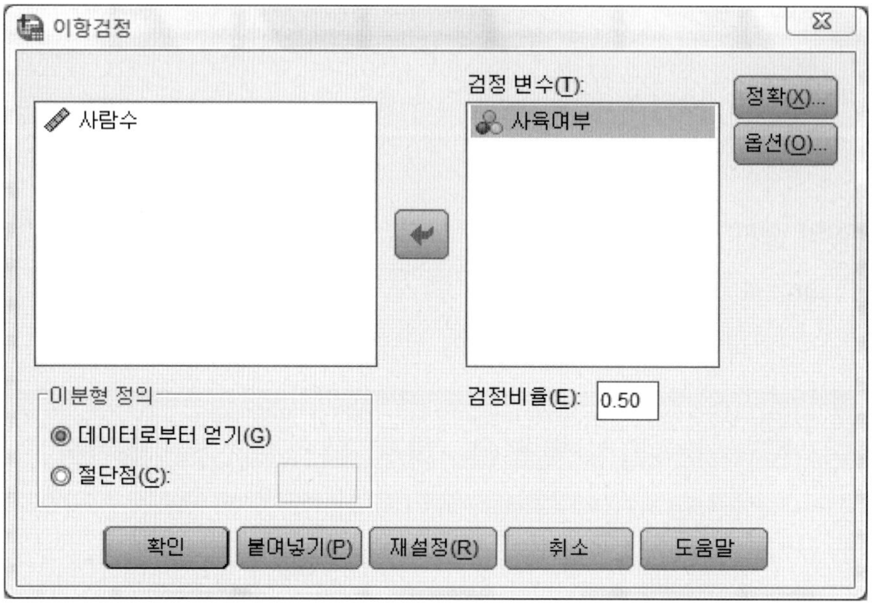

〈순서 4〉 검정비율의 설정

다음 화면에서 [검정비율]에 '0.15'를 입력하고 [확인]을 클릭한다.

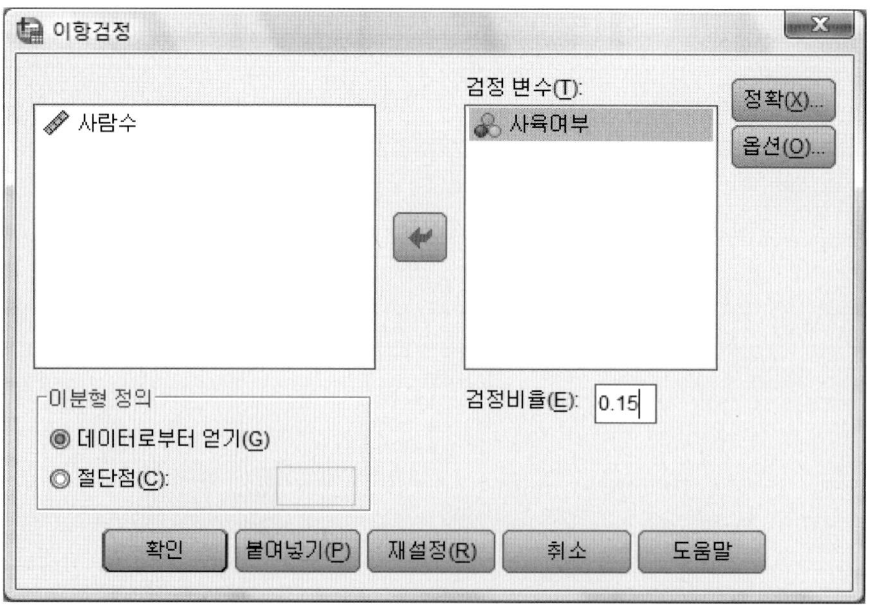

■ 분석결과

이항검정

		범주	N	관측 비율	검정 비율	정확 유의확률 (단측)
사육여부	집단 1	기른다	132	.28	.15	.000
	집단 2	기르지 않는다	346	.72		
	전체		478	1.00		

이 검정은 모비율 $P = 0.15$를 검정하고 있다.

$$\text{유의확률 } 0.000 \leq \text{유의수준 } 0.05$$

이므로, 귀무가설 H_0는 기각된다.

따라서,

"최근은 반려동물을 기르고 있는 사람의 비율이 15%가 아니다"

라고 하는 것을 알았다.

그런데 기각역은 대립가설 H_1의 설정방식에 따라서 정해진다는 데 주의를 요한다.

CHAPTER

11

2×2 분할표 데이터

CHAPTER 11

2×2 분할표 데이터

11.1 | 2×2 분할표에 대한 데이터

다음과 같은 형태의 데이터의 경우 어떠한 통계분석을 적용할 것인가?

표 11.1 데이터의 형태

	B_1	B_2
A_1	M_1	N_1
A_2	M_2	N_2

이 데이터 형식의 특성은 행에 두 개의 A_1, A_2, 열에 두 개의 B_1, B_2가 배열되어 있다고 하는 점에 있다.

A_1, A_2를 그룹이라고 생각하면, 두 그룹의 비율의 차가 문제가 되고, A_1, A_2를 속성이라고 생각하면, 속성 A_1, A_2와 B_1, B_2의 관련이 문제가 된다.

[예제 11-1]

어떤 기업이 주부용으로 개발한 상품 W의 인지율(認知率)을 조사하기 위해서 서울 시내에 살고 있는 주부를 대상으로 상품 W의 존재를 알고 있는지 모르는지를 묻는 조사를 실시했다. 아이가 있는 주부(A그룹)와 아이가 없는 주부(B그룹) 사이에는 인지율에 차가 있는지 어떤지를 보기 위해서 각 그룹으로부터 500명씩 무작위로 추출하여 앙케트를 실시했다. 그 결과를 정리한 것이 다음의 2×2 분할표이다. A그룹과 B그룹의 인지율(알고 있는 비율)에 차가 있는지 검정하라.

표 11.2 인지율 조사 데이터표

	A	B	합 계
모른다	457	446	903
알고 있다	43	54	97
합 계	500	500	1000

■ 사고방식과 적용수법

2×2 분할표의 검정방법에는 Fisher의 Exact 검정과 χ^2검정이 있다. 여기에서는 카이제곱 검정(χ^2검정)을 적용해 본다.

■ 가설의 설정

2×2 분할표의 일반 형태는 다음과 같이 표현된다.

표 11.3 2×2 분할표의 일반 형태

		아이템 B		합 계
		B_1	B_2	
아이템 A	A_1	a	c	n_1
	A_2	b	d	n_2
합 계		m_1	m_2	N

귀무가설 H_0 : A_1 (A_2)이 발생할 확률은 B_1과 B_2에서 같다.

대립가설 H_1 : A_1 (A_2)이 발생할 확률은 B_1과 B_2에서 차이가 있다.

■ 검정의 순서

〈순서 1〉 가설의 설정

귀무가설 H_0 : A그룹와 B그룹의 모인지율은 같다.

대립가설 H_1 : A그룹와 B그룹의 모인지율에는 차이가 있다.

〈순서 2〉 유의수준 α의 설정

유의수준 $\alpha = 0.05$

〈순서 3〉 검정통계량 χ^2값의 산출

$$\chi^2 = \frac{(ad-bc)^2 \times N}{n_1 \times n_2 \times m_1 \times m_2}$$

일반적으로는 근사정밀도(近似精密度)를 높이기 위해서 보정항(補正項)이 붙은 다음의 식이 자주 이용된다.

$$\chi^2 = \frac{\left(| \, ad-bc \, | - \dfrac{N}{2} \right)^2 \times N}{n_1 \times n_2 \times m_1 \times m_2}$$

여기에서 $-\dfrac{N}{2}$을 **Yates의 보정**이라고 부르고 있다.

〈순서 4〉 p값의 계산

유의수준과 비교할 확률 p값을 계산한다. p값은 자유도 ϕ인 χ^2분포에 있어서 χ^2값 이상의 값이 될 확률이다.

〈순서 5〉 판정

[판정규칙 ①]

$\chi^2 \geqq \chi^2(1, \alpha)$ → 귀무가설 H_0를 기각한다.

$\chi^2 < \chi^2(1, \alpha)$ → 귀무가설 H_0를 기각하지 않는다.

[판정규칙 ②]

p값 $\leqq$ 유의수준 α → 귀무가설 H_0를 기각한다.

p값 $>$ 유의수준 α → 귀무가설 H_0를 기각하지 않는다.

■ SPSS에 의한 해법

〈순서 1〉 데이터의 입력

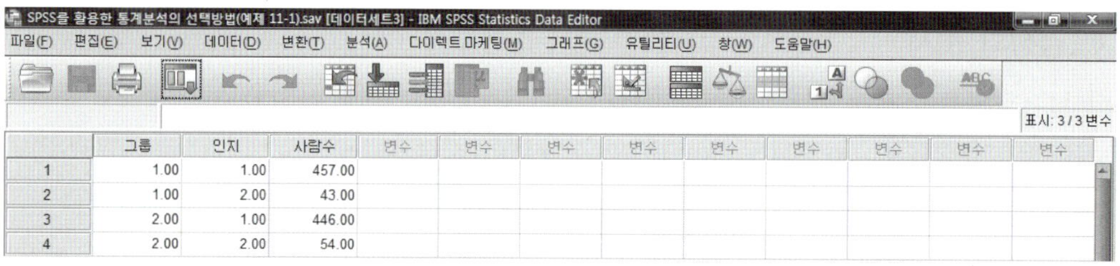

(주) '사람 수'라는 변수는 빈도변수라고 하는 것을 지정해 놓는다.

〈순서 2〉 분석수법의 선택

메뉴에서 [분석(A)]−[기술통계량(E)]−[교차분석(C)]을 선택한다.

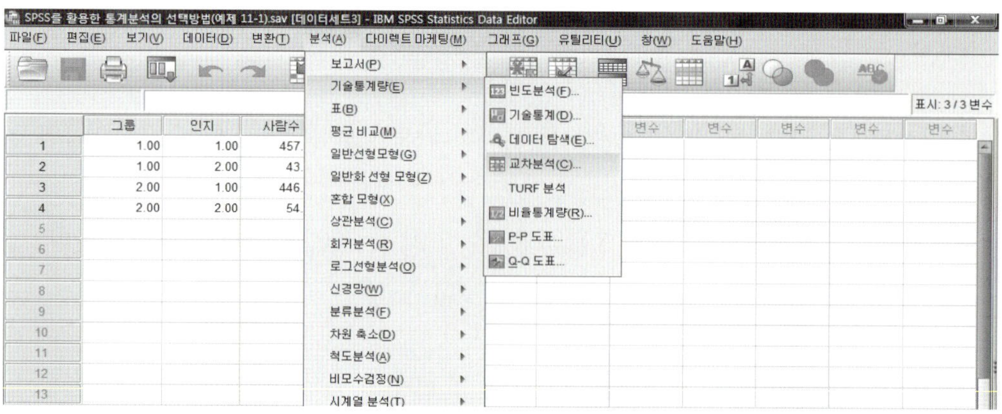

〈순서 3〉 변수의 선택

[교차분석]이라는 대화상자가 나타난다.

여기에서 [행(O)]에 '인지', [열(C)]에 '그룹'이라는 변수를 선택한다.

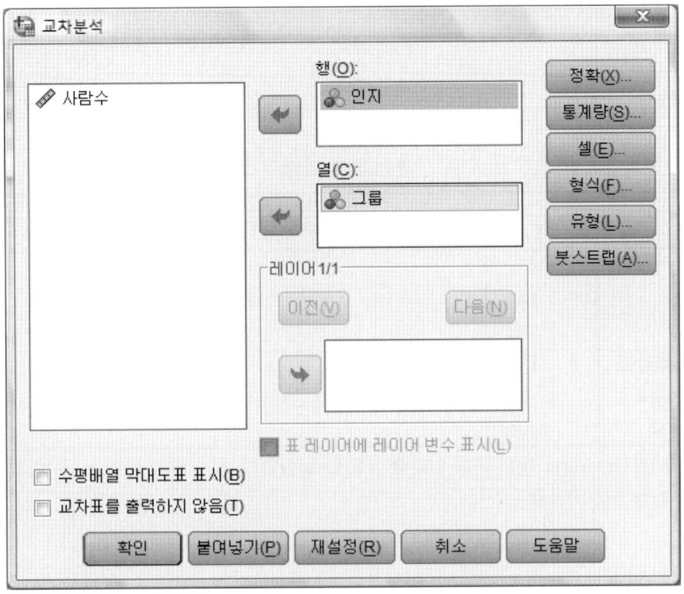

〈순서 4〉 통계량의 선택

[통계량(S)]을 클릭하면, 다음과 같은 대화상자가 나타난다.

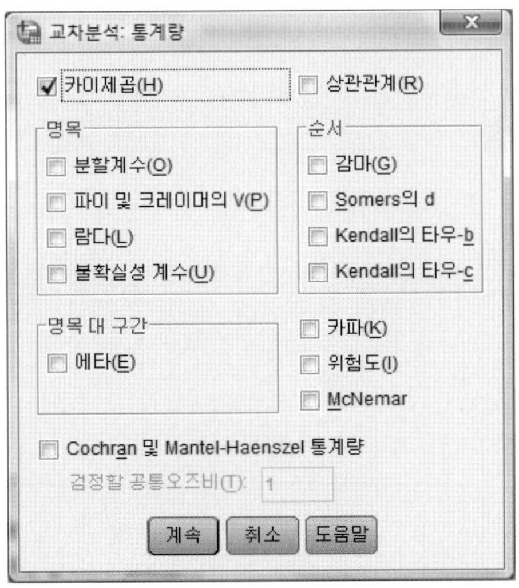

[카이제곱(H)]을 선택하고, [계속]을 클릭하면 앞의 대화상자로 되돌아간다. 여기에서 [확인] 버튼을 클릭하면 분석결과가 얻어진다.

■ 분석결과

인지 * 그룹 교차표

빈도

		그룹		전체
		A	B	
인지	모른다	457	446	903
	알고 있다	43	54	97
전체		500	500	1000

카이제곱 검정

	값	자유도	근사 유의확률 (양측검정)	정확 유의확률 (양측검정)	정확 유의확률 (단측검정)
Pearson 카이제곱	1.381[a]	1	.240		
연속성 수정[b]	1.142	1	.285		
우도비	1.384	1	.239		
Fisher의 정확검정				.285	.143
선형 대 선형결합	1.380	1	.240		
유효 케이스 수	1000				

a. 0 셀 (0.0%)은(는) 5보다 작은 기대 빈도를 가지는 셀입니다. 최소 기대빈도는 48.50입니다.

b. 2x2 표에 대해서만 계산됨

Yates의 보정을 행했을 때의 p값은 [연속성 수정] 행의 [근사 유의확률]의 수치를 본다.

$$p\text{값} = 0.285 > \text{유의수준 } \alpha = 0.05$$

이므로 귀무가설 H_0는 기각되지 않는다. 즉, A그룹과 B그룹의 모인지율(母認知率)에 차가 있다고는 할 수 없다.

11.2 | 직접확률검정

[예제 11-2]

서울 시내의 대학에 다니는 학생들 중 무작위로 남녀 50명씩 추출해서 다음과 같은 설문조사를 실시했다.

[설문 1] 성별을 답해 주십시오.

A. 남　　　　　B. 여

[설문 1] 귀하는 집에서 애완동물을 기르고 있습니까?

A. 기르고 있다　　　　　B. 기르고 있지 않다

이 회답결과를 크로스 집계했더니 다음과 같은 2×2 분할표가 얻어졌다.

	남성	여성
기르고 있다	3	9
기르고 있지 않다	47	41

남학생과 여학생에 있어서 애완동물을 기르고 있는 사람의 비율에 차이가 있다고 할 수 있을까?

■ 사고방식

[예제 11-1]과 같은 타입의 문제이지만 [예제 11-1]에서 소개한 χ^2검정은 하나의 셀(분할표의 한 격자) 안의 도수가 모두 5 이상일 때에 사용할 수 있는 방법이다. 본 예제와 같이 5 미만의 도수가 있을 때에는 정밀도가 나빠져서 결과를 신용할 수 없다. 이와 같은 경우에는 Fisher의 **직접확률검정(Fisher's exact test)**을 실시하는 편이 좋다.

■ Fisher의 직접확률검정

직접확률검정의 계산법은 행의 합계와 열의 합계를 고정해 놓고, 얻어져 있는 현재의 도수보다 더욱 치우친 도수의 편성을 생각해서 각각이 일어날 확률을 모두 계산하는 방법이다.

이 예제의 분할표를 <표 11.5>라고 하자.

표 11.5

	남성	여성
기르고 있다	3	9
기르고 있지 않다	47	41

<표 11.5>보다 더욱 한쪽으로 치우친 결과는 다음과 같은 세 가지이다.

표 11.6

	남성	여성
기르고 있다	2	10
기르고 있지 않다	48	40

표 11.7

	남성	여성
기르고 있다	1	11
기르고 있지 않다	49	39

표 11.8

	남성	여성
기르고 있다	0	12
기르고 있지 않다	50	38

<표 11.5>에서 <표 11.8>까지의 각각에 대해서 확률을 계산하고, 그 확률을 합계한다. 그것이 p값(단측)이 된다. 확률의 계산방법은 다음과 같은 분할표를 가지고 설명하기로 한다. 표 중의 a, b, c, d는 도수를 나타내는 것으로 하고 a가 가장 작은 값이라고 한다.

	열 1	열 2	합계
행 1	a	b	n_1
행 2	c	d	n_2
합계	m_1	m_2	n

$$\text{확률 } P_r = \frac{n_1!\,n_2!\,m_1!\,m_2!}{n!}\sum_{i=0}^{a}\frac{1}{i!(n_1-i)!(m_1-i)!(d-a+i)!}$$

이 예제에서는,

$$\text{확률 } P_r = \frac{12!88!50!50!}{100!}\sum_{i=0}^{a}\frac{1}{i!(12-i)!(50-i)!(41-3+i)!}$$

$$= 0.0606 = p\text{값(단측)}$$

SPSS의 순서

〈순서 1〉 데이터의 입력

집계결과를 입력하는 방식으로 진행한다. 그러나 집계 전의 원시자료를 입력하는 방식으로도 진행방법은 같다.

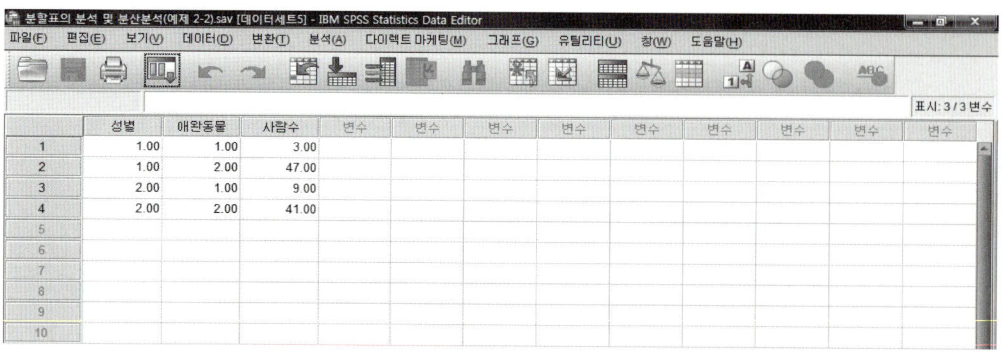

(주 1) '성별'이라는 변수에는 1 = '남', 2 = '여'라고 하는 변수값 설명을 해 놓는다.
(주 2) '애완동물'이라는 변수에는 1 = '기르고 있다', 2 = '기르고 있지 않다'라고 하는 변수값 설명을 해 놓는다.
(주 3) '사람 수'라는 변수는 빈도변수라는 것을 지정해 놓는다.

〈순서 2〉 크로스 집계표의 작성

메뉴에서 [분석(A)] − [기술통계량(E)] − [교차분석(C)]을 선택한다.

그 다음은 [예제 11-1]과 완전히 같은 순서로 해서 분석결과가 얻어진다.

■ 분석결과

애완동물 * 성별 교차표

빈도

		성별		전체
		남	여	
애완동물	기르고 있다	3	9	12
	기르고 있지 않다	47	41	88
전체		50	50	100

카이제곱 검정

	값	자유도	근사 유의확률 (양측검정)	정확 유의확률 (양측검정)	정확 유의확률 (단측검정)
Pearson 카이제곱	3.409[a]	1	.065		
연속성 수정[b]	2.367	1	.124		
우도비	3.549	1	.060		
Fisher의 정확검정				.121	.061
선형 대 선형결합	3.375	1	.066		
유효 케이스 수	100				

a. 0 셀 (0.0%)은(는) 5보다 작은 기대 빈도를 가지는 셀입니다. 최소 기대빈도는 6.00입니다.

b. 2x2 표에 대해서만 계산됨

Fisher의 직접확률검정의 결과는 [Fisher의 정확검정] 행의 [정확 유의확률]에 대한 수치를 본다.

또한 이 예제에서는 양측검정의 수치를 사용한다.

$$p\text{값} = 0.121 > \text{유의수준 } \alpha = 0.05$$

이므로 귀무가설 H_0는 기각되지 않는다. 즉, 남학생과 여학생에 있어서 애완동물을 기르고 있는 사람의 비율에는 차이가 있다고 할 수 없다.

[예제 11-3]

[예제 11-2]의 분할표에 대한 데이터를 다음과 같이 변경해서 직접확률검정을 실시하라.

표 11.9 데이터표

	남성	여성
기르고 있다	3	8
기르고 있지 않다	43	42

분석결과

[예제 11-2]와 같이 실행하면 다음과 같은 결과가 얻어진다.

카이제곱 검정

	값	자유도	근사 유의확률 (양측검정)	정확 유의확률 (양측검정)	정확 유의확률 (단측검정)
Pearson 카이제곱	2.122[a]	1	.145		
연속성 수정[b]	1.290	1	.256		
우도비	2.203	1	.138		
Fisher의 정확검정				.203	.128
선형 대 선형결합	2.099	1	.147		
유효 케이스 수	96				

a. 0 셀 (0.0%)은(는) 5보다 작은 기대 빈도를 가지는 셀입니다. 최소 기대빈도는 5.27입니다.

b. 2x2 표에 대해서만 계산됨

p값을 보면,

$$p\text{값(단측검정)} = 0.128$$

$$p\text{값(양측검정)} = 0.203$$

으로 되어 있다.

직접확률검정에서는 분할표에 있어서의 첫째 행의 합계와 둘째 행의 합계가 같거나 혹은 첫째 열의 합계와 둘째 열의 합계가 같다고 하는 상황이 아닌 한, 단측검정 p값을 두 배 하더라도 양측검정 p값이 되지 않는다는 사실에 주의해야 한다.

11.3 | 맥네마의 검정

[예제 11-4]

서울 시내의 대학에 다니는 대학생들 중 무작위로 200명을 추출해서 다음과 같은 설문조사를 실시했다.

[설문 1] 귀하는 휴대폰을 갖고 있습니까?

A. 갖고 있다　　　　B. 갖고 있지 않다

[설문 2] 노트북을 갖고 있습니까?

A. 갖고 있다 B. 갖고 있지 않다

이 회답결과를 다음과 같은 2×2 분할표로 정리했다.

표 11.10 2×2 분할표

		휴대폰		
		갖고 있다	갖고 있지 않다	합계
노트북	갖고 있다	80	40	120
	갖고 있지 않다	30	50	80
	합계	110	90	200

(숫자는 사람 수)

휴대폰을 갖고 있는 사람의 비율과 노트북을 갖고 있는 사람의 비율에 차가 있다고 할 수 있을까?

■ 사고방식

(설문 1)과 (설문 2)는 동일 집단에 하고 있기 때문에, 200명 각각이 (설문 1)과 (설문 2)에 답하게 된다. 이 때문에 휴대폰과 노트북의 양쪽을 갖고 있는 사람이 존재한다는 사실에 주의하지 않으면 안 된다. 이와 같은 두 개의 비율은 **대응이 있다**고 불린다. 대응이 있는 두 개의 비율에 대한 차(差)를 검정하는 방법에 **맥네마(McNemar)의 검정**이 있다.

■ 맥네마의 검정

휴대폰을 갖고 있는 사람의 모비율을 P_A, 노트북을 갖고 있는 사람의 모비율을 P_B라 하고,

귀무가설 $H_0 : P_A = P_B$

대립가설 $H_1 : P_A \neq P_B$

를 검정하는 방법이 맥네마의 검정이다.

다음과 같은 분할표를 중심으로 해서 계산방법을 설명하기로 한다. 표 중의 a, b, c, d는 도수를 나타내는 것으로 한다.

표 11.11 2×2 분할표

		휴대폰	
		갖고 있다	갖고 있지 않다
노트북	갖고 있다	a	b
	갖고 있지 않다	c	d

이때, 검정통계량 χ^2는

$$\chi^2 = \frac{(|b-c|-1)^2}{b+c}$$

으로 계산된다.

이 χ^2가 귀무가설 H_0 하에서는 자유도가 1인 χ^2분포에 따른다는 것을 이용해서 검정을 실시한다.

■ SPSS의 순서

〈순서 1〉 데이터의 입력

집계결과를 입력하는 방식으로 진행한다. 그러나 집계 전의 원시자료를 입력하는 방식으로도 진행방법은 같다.

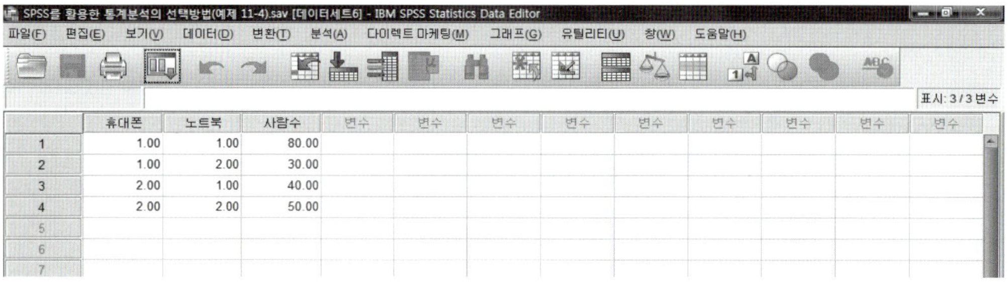

	휴대폰	노트북	사람수	변수	변수	변수	변수	변수	변수	변수	변수	변수
1	1.00	1.00	80.00									
2	1.00	2.00	30.00									
3	2.00	1.00	40.00									
4	2.00	2.00	50.00									
5												
6												
7												

(주 1) '휴대폰'이라는 변수에는 1 = '갖고 있다', 2 = '갖고 있지 않다'라고 하는 변수값 설명을 해 놓는다.

(주 2) '노트북'이라는 변수에는 1 = '갖고 있다', 2 = '갖고 있지 않다'라고 하는 변수값 설명을 해 놓는다.

(주 3) '사람 수'라는 변수는 빈도변수라는 것을 지정해 놓는다.

〈순서 2〉 크로스 집계표의 작성

메뉴에서 [분석(A)]－[기술통계량(E)]－[교차분석(C)]을 선택한다.

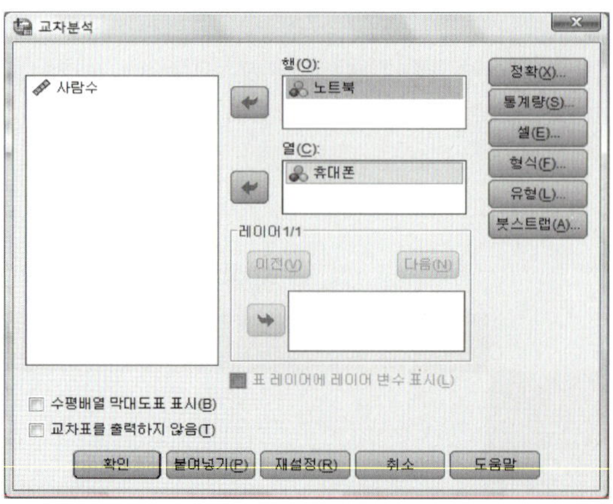

여기에서 [행(O)]에 '노트북', [열(C)]에 '휴대폰'이라는 변수를 선택한다. 그리고 [통계량(S)]를 클릭한다. 다음과 같은 대화상자가 나타난다.

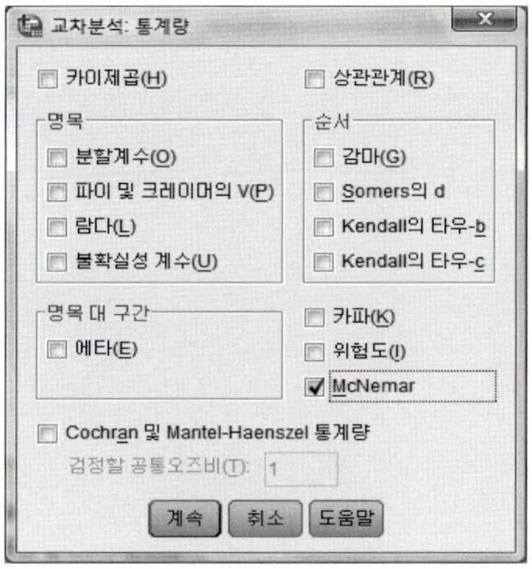

[McNemar]를 선택하고, [계속] 버튼을 클릭하면 앞의 대화상자로 되돌아간다. 여기에서 [확인] 버튼을 클릭하면 분석결과가 얻어진다.

■ 분석결과

노트북 * 휴대폰 교차표

빈도

		휴대폰		전체
		갖고 있다	갖고 있지 않다	
노트북	갖고 있다	80	40	120
	갖고 있지 않다	30	50	80
전체		110	90	200

카이제곱 검정

	값	정확 유의확률 (양측검정)
McNemar 검정		.282[a]
유효 케이스 수	200	

a. 이항분포를 사용함.

맥네마의 검정을 실시했을 때의 p값은, [McNemar 검정] 행의 [정확 유의확률(양측검정)]에 대한 수치를 본다.

$$p\text{값} = 0.282 > \text{유의수준 } \alpha = 0.05$$

이므로, 귀무가설 H_0는 기각되지 않는다. 즉, 휴대폰을 갖고 있는 사람의 비율과 호출기를 갖고 있는 사람의 비율에 차가 있다고는 할 수 없다.

또한 여기에서 얻어진 p값은 이항분포를 이용해서 정확한 확률계산을 실시한 결과이므로, 앞에서 소개한 계산순서에 의한 방법과는 결과가 약간 다르다.

CHAPTER

12

세 가지 특성의 집계 데이터

CHAPTER 12

세 가지 특성의 집계 데이터

12.1 | 세 가지 특성의 집계 데이터

다음과 같은 형태의 데이터의 경우 어떠한 통계분석을 적용할 것인가?

표 12.1 데이터의 형태

카테고리	A_1	A_2	A_3
데이터 수	M_1	M_2	M_3

이 데이터 형식의 특징은 세 개의 카테고리 A_1, A_2, A_3에 대해서

A_1이라고 하는 특성을 갖는 데이터의 개수가 M_1개

A_2 라고 하는 특성을 갖는 데이터의 개수가 M_2개

A_3 라고 하는 특성을 갖는 데이터의 개수가 M_3개

라고 하는 점에 있다.

[예제 12-1]

다음의 데이터는 유전자 연구를 위하여 황색초파리의 새끼 1204마리에 대해서 관찰한 결과이다. 황색초파리는 이론적으로

야생형 암컷 : 야생형 수컷 : 흰 눈 수컷 = 2 : 1 : 1

의 비율로 새끼들이 태어난다고 알려져 있다.

표 12.2 황색초파리 탄생 수

야생형 암컷	야생형 수컷	흰 눈 수컷
592	331	281

여기에서 알고 싶은 것은

"이론적인 비율 2 : 1 : 1과 실험의 비 592 : 331 : 281이 통계적으로 같은가?"

라고 하는 것이다. 따라서 적합도검정을 실시한다.

(주) 야생형 정상적인 초파리는 빨간 눈이고, 돌연변이가 생긴 것이 흰 눈 초파리이다. 흰 눈 형질은 열성으로 유전된다. 컬럼비아대 토마스 헌트 모건이 1910년에 발견한 초파리로 유전자가 염색체를 가지고 있다는 것을 밝히는 데 결정적인 기여를 하였다.

12.2 | 그래프 표현

각각의 카테고리의 비율을 구하면

$$\text{야생형 암컷} : \frac{592}{1204} \times 100 = 49.2\%$$

$$\text{야생형 수컷} : \frac{331}{1204} \times 100 = 27.5\%$$

$$\text{흰 눈 수컷} : \frac{281}{1204} \times 100 = 23.3\%$$

이것을 띠그래프로 표현하면 다음과 같다.

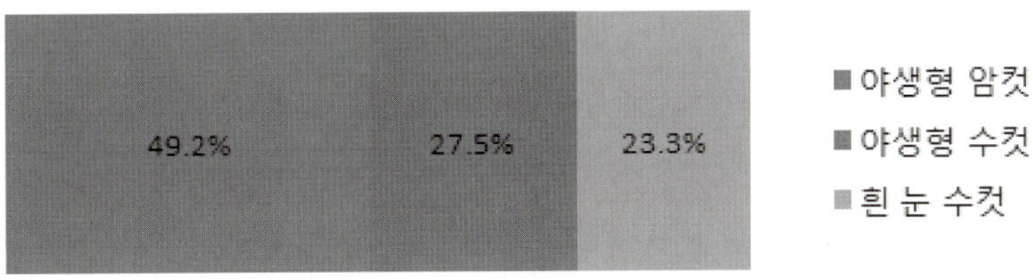

그림 11.1 띠그래프

원그래프로 표현하면 다음과 같다.

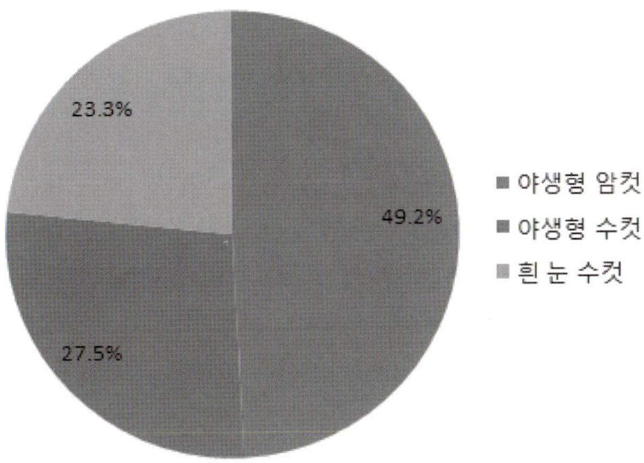

그림 11.2 원그래프

힌트 : 초파리(1)

외국이든 국내든 과학적 연구들을 보면 초파리를 대상으로 한 실험연구결과들이 많다. 인간과는 생물학적으로 볼 때는 전혀 다르게 보이는 곤충인 이 미물(微物)이 어떻게 인간을 대신해 임상 대상이 될 수 있을까?

실험용 생쥐의 경우는 다르다. 우선 인간과 같은 포유류다. 그리고 번식력이 아주 강해 새끼를 많이 난다. 그만큼 많이 활용할 수 있다는 이점이 있다. 쥐의 종류에 따라 다소 다르지만 임신기간이 불과 21일 밖에 안 된다. 그러나 유전공학에서 초파리가 차지하는 비중은 생쥐에 비해 결코 뒤지지 않는다. 아마 쥐보다 훨씬 '효자'다.

사람들에게 초파리는 포도껍질이나 오래된 바나나에 꾀어들어 금방 수가 불어나는 귀찮은 벌레에 불과하다. 그래서 과일에만 몰려든다 하여 초파리를 과실파리(fruit fly)라고도 한다. 이런 쌀알보다도 작은 하찮은 곤충이 우리에게 주는 선물은 대단하다.

초파리의 이러한 특징들, 즉 몸집이 작고, 수가 금방 불어나며, 그리고 버려지는 값싼 먹이로 키울 수 있다는 점이 생물학을 연구하는 사람들에게는 장점이 되었다. 초파리는 알에서 성충이 되는데 10일이 걸리고, 이후 2~3개월 정도 살다가 죽는다.

12.3 | 기초통계량

이 데이터의 값은 관측한 데이터의 개수이므로, 비율을 계산해 보자.

$$\text{야생형 암컷} : \frac{592}{1204} \times 100 = 49.2\%$$

$$\text{야생형 수컷} : \frac{331}{1204} \times 100 = 27.5\%$$

$$\text{흰 눈 수컷} : \frac{281}{1204} \times 100 = 23.3\%$$

대략 2 : 1 : 1의 비율로 되어 있는 것을 볼 수 있다.

힌트 : 초파리(2)

초파리는 인간의 모델, 삶의 짧은 축소판이라고 할 수 있다. 따라서 사람의 1년이 초파리에게는 하루가 되는 셈이고, 생명체의 수명이 어떻게 결정되고, 어떤 조작으로 수명을 늘릴 수 있는지를 연구하는 과학전문가들에게는 초파리는 대단한 가치를 갖는 실험동물이다. 다시 말해 인간 삶의 짧은 축소판이라고 해도 과언이 아니다.

이러한 장점들 때문에 초파리는 유전학 연구에서 중요한 도구로 사용돼 왔다. 또한 2000년 3월 초파리 게놈 프로젝트가 완료돼 초파리의 모든 유전정보가 밝혀졌다. 놀랍게도 초파리는 1만4천 개의 유전자를 갖고 있었다. 이는 인간의 유전자 약 2만3천 개의 반이 넘는 수치다.

또한 초파리는 인간의 질병과 관계되는 대부분의 유전자를 갖고 있다는 것이 확인됐다. 이는 유전자를 조작하면 인간의 질병을 흉내내는 모델 초파리들이 만들어져 인간의 질병연구에 많은 도움을 줄 수 있다는 이야기가 된다.

12.4 | 적합도검정

이 데이터의 경우,

황색초파리의 이론적인 비율 2 : 1 : 1

에 대해서 실험결과로부터

"실험결과의 비율은 이론상의 비율에 적합하다"

라고 할 수 있을까?

그래서 적합도검정을 실시해 본다

적합도검정을 카이제곱 검정(χ^2 검정)이라고 부르기도 한다.

힌트 : 초파리(3)

초파리가 과학계에 데뷔한 것은 1900년 하버드대 윌리엄 캐슬 교수의 실험에서였다. 그러나 초파리가 처음으로 실험실 문턱을 넘어선 이 사건은 별 의미가 없었다.

캐슬은 그저 발생학을 전공하는 어떤 학생에게 실험을 하게 할 생명체가 필요했을 뿐이었다. 초파리가 손쉽게 구할 수 있고 흥미로운 선택처럼 보였기 때문에, 창틀에 포도를 몇 알 놓아두었다가 그 미끼에 걸려든 초파리를 잡아들였을 정도에 불과했다.

초파리 실험이 이루어지기 전까지만 해도 생물의 유전에 관한 개념은 이상한 가설과 전설, 그리고 종교적 미신이 기묘하게 혼합된 것이었다. 그러나 컬럼비아대 토마스 헌트 모건이 현대 유전학의 기초를 세우기 시작하면서 유전학은 아주 빠른 속도로 일관성 있는 논리적인 과학으로 변모해 갔다. 여기에 빠질 수 없던 것이 바로 초파리다.

모건은 초파리에서 유전의 물리적 기초는 세포 속에 들어있는 끈처럼 생긴 염색체 속에 있음을 입증했다. 게다가 각각의 염색체는 기다란 유전지시들의 명단으로 이루어져 있으며, 생식이 일어날 때 이것이 재배열되면서 새로운 조합으로 탄생한다는 것을 알아냈다. 초파리에서 발견된 이 새로운 사실들은 인간을 포함해 다른 동물들에도 성립된다는 것이 밝혀졌다. 곧 초파리는 모든 유전학자들이 가장 선호하는 실험동물이 되었던 것이다. 1910~1911년만 해도 초파리 실험실은 미국에 다섯 군데, 유럽에 두 군데 밖에 없었다. 그러나 1936~1937년에는 미국에 스물여섯 군데, 유럽은 스무 군데로 급속히 증가했다.

■ SPSS에 의한 해법

〈순서 1〉 데이터의 입력

<표 12. 2>의 데이터를 다음과 같이 입력한다.

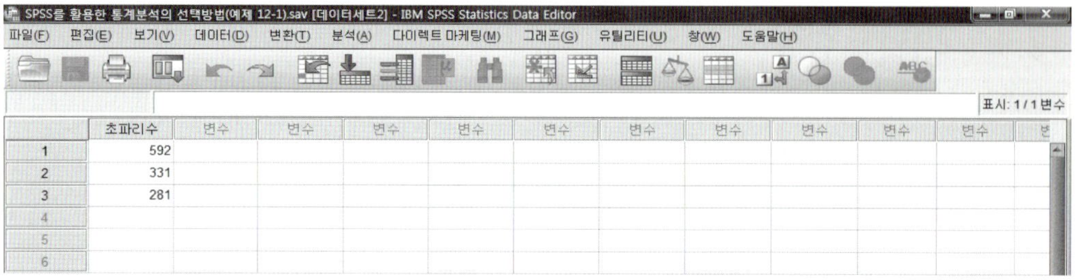

〈순서 2〉 빈도변수 설정

메뉴에서 [데이터]－[가중 케이스]를 선택하여 '초파리수'라고 하는 변수를 빈도변수로 설정한다.

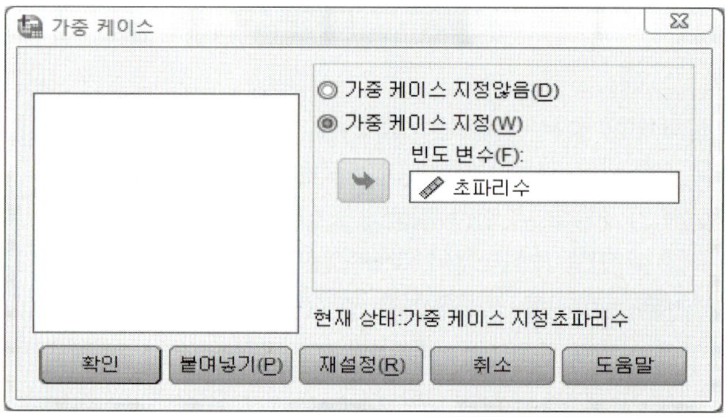

〈순서 3〉 데이터의 정렬

① 이 검정을 실시하려면 데이터를 오름차순으로 정렬해 놓을 필요가 있다.
　메뉴에서 [데이터]－[케이스 정렬]을 선택한다.

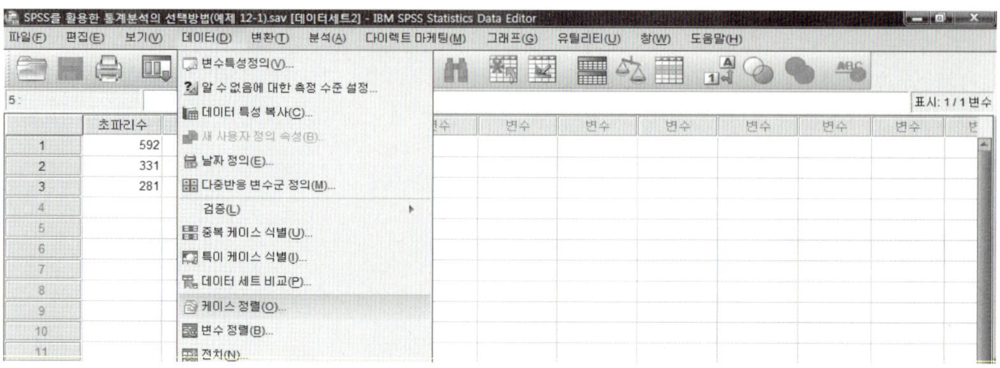

② 다음과 같은 대화상자가 나타난다.

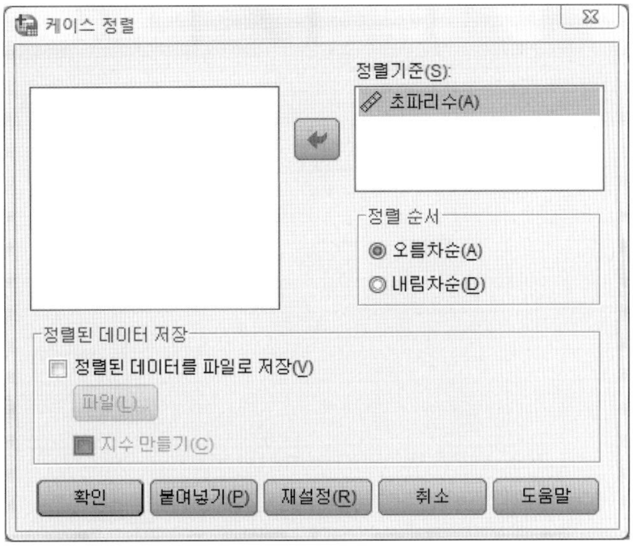

③ '초파리수'라고 하는 변수를 [정렬기준]으로 이동하고 [정렬순서]에서 [오름차순]을 선택한다. [확인]을 클릭하면 다음과 같이 데이터가 정렬된다.

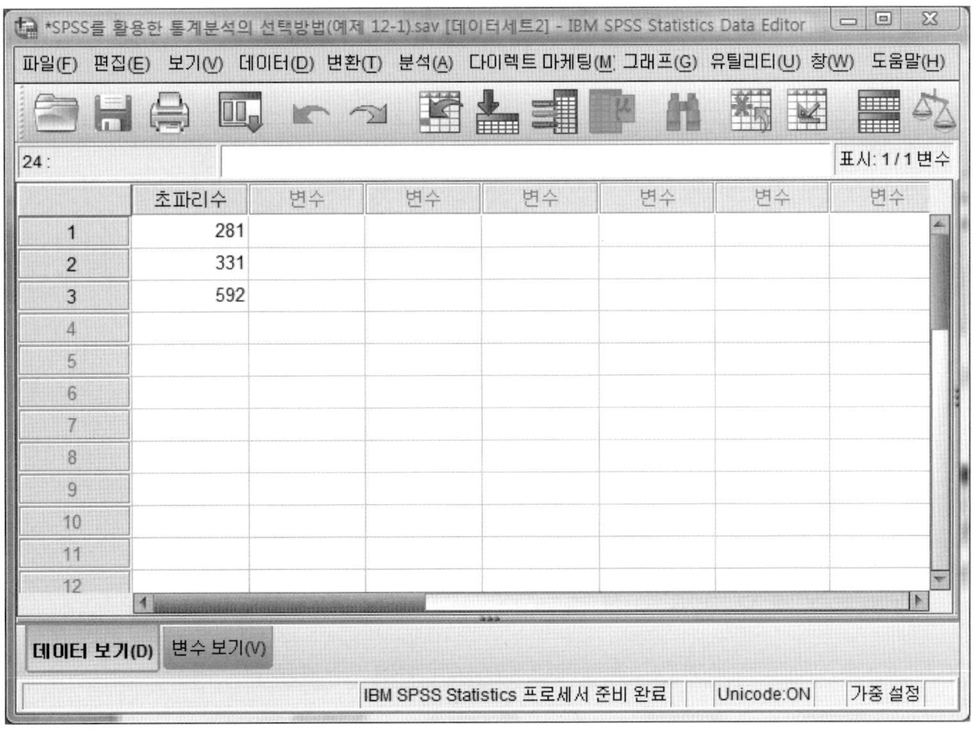

〈순서 4〉 적합도검정의 실시

① 메뉴에서 [분석]-[비모수검정]-[레거시 대화상자]-[카이제곱]을 선택한다.

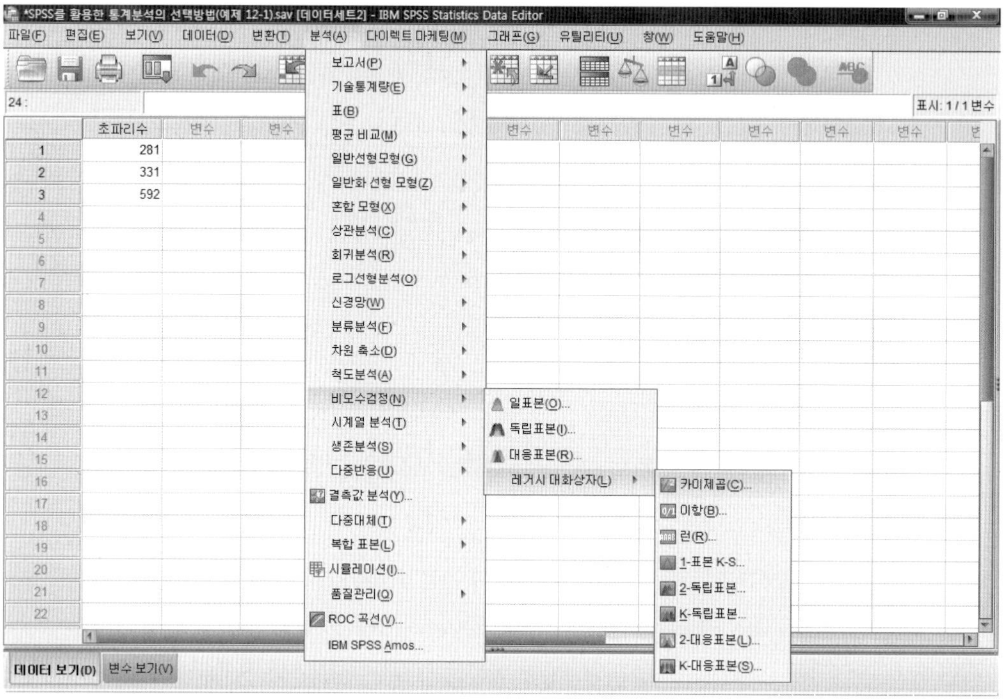

② 다음 화면에서 [검정변수]에 '초파리수'를 이동한다.

③ [기대값]에서 [값]을 선택한다. 기대값의 입력은 정렬한 데이터의 순에 대응하도록 입력해야 한다. 다음과 같은 상태에서 [확인]을 클릭한다.

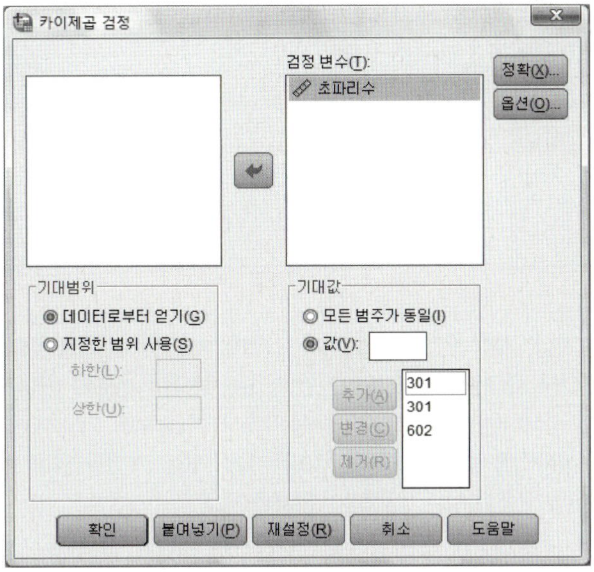

■ 분석결과

초파리수

	관측빈도	기대빈도	잔차
281	281	301.0	-20.0
331	331	301.0	30.0
592	592	602.0	-10.0
전체	1204		

검정 통계량

	초파리수
카이제곱	4.485[a]
자유도	2
근사 유의확률	.106

a. 0개의 셀 (0.0%)은(는) 5보다 작은 기대빈도를 가집니다. 기대 빈도 셀 값 중 최소값은 301.0 입니다.

이 검정은 적합도검정으로 귀무가설은

귀무가설 H_0 : 야생형 암컷 : 야생형 수컷 : 흰 눈 수컷 = 2 : 1 : 1

이 된다. 물론

이 출력결과를 보면, 검정통계량이 4.485이므로

$$검정통계량\ 4.485 \le \chi^2(2;0.05) = 5.99146$$

$$유의확률\ 0.106 > 유의수준\ 0.05$$

으로부터 유의수준 5%에서 귀무가설 H_0는 기각되지 않는다. 따라서

"실험에 의한 값의 비율은 이론상의 비율에 적합하다"

라고 말해도 좋을 것 같다.

힌트 : 초파리(4)

초파리는 생물학의 가장 근본적인 일부 질문에 그 답을 제공한다. 예를 들어 보자. 유전자는 어떻게 한 세대와 그 다음 세대를 연결하는가? 난자라는 하나의 세포가 어떻게 수십억 개의 세포로 이루어진 개체로 성장하는가? 우리는 정보를 어떻게 학습하고 기억하는가? 왜 수컷과 암컷은 늘 교미를 놓고 실랑이를 벌이는가? 왜 우리는 늙어가며, 그것을 막을 수 있는 방법은 없는가? 새로운 종은 어떻게 진화하는가? 하는 문제들이다.

토마스 모건은 초파리 연구를 통해 20세기 유전학에 혁명을 일으켰다. 20세기 유전학에 일대혁명을 일으킨 모건은 1910년 루디멘터리(rudimentary 덜 성숙된), 트렁케이티드(truncated 끝이 잘린), 미니어처(miniature 소형)의 세 가지 날개 돌연변이를 발견했다. 이 초파리들은 몸크기는 정상이었다. 그러나 날개가 작고 잘려나간 모양이었다.

또한 몸 색깔이 황갈색이 아니라 올리브색인 돌연변이도 나타났다. 게다가 눈 색깔이 분홍색인 돌연변이도 나타났다. 계속 나타나는 새로운 돌연변이들은 모건에게 유전에 대한 자신의 생각을 더욱 정교하게 다듬고, 유전자가 염색체가 어떻게 서로 들어맞는지 자세한 구도를 만들게 해줬다.

힌트 : 초파리(5)

알코올에 취했을 때, 인간에게 나타나는 일부 기괴한 행동은 초파리와 아주 비슷하다. 사람은 처음 행복감에 넘쳐 소란스러워지는 단계다. 초파리는 침착성을 잃고 과잉행동을 보인다. 그 다음 몸을 제대로 가누지 못하는 단계인데 초파리는 똑바로 걷는데 어려움을 겪는다.

마지막으로 의식을 잃는 상태가 온다. 이 경우 초파리는 시궁창에 처박혀 있거나 포식자의 뱃속에 들어 있기 십상이다. 초파리는 혈중 알코올 농도가 약 0.2%에 이르렀을 때 취하는 경향을 보인다. 대부분의 나라에서 법으로 정해 놓고 있는 운전 가능한 혈중 알코올 농도 0.1%와 비교해 보면 상당히 재미있는 결론을 얻을 수 있다.

초파리가 사람의 질병연구에 활용되는 대표적인 예가 파킨슨병에 대한 연구다. 파킨슨병은 치매 다음으로 많이 발병하는 퇴행성 신경질환으로, 뇌에서 운동신경의 조절을 담당하는 도파민이라는 신경신호전달물질을 분비하는 도파민 신경세포가 죽어가면서 운동능력을 잃게 되는 병이다.

이와 같이 검정통계량이 카이제곱 분포에 따르는 검정을 카이제곱 검정이라고 부른다. 카이제곱 검정에는 다음과 같은 것이 있다.

- 두 개의 모비율에 대한 차의 검정
- 독립성의 검정
- 적합도검정
- 동질성검정
- Bartlett의 검정

힌트 : 초파리(6)

파킨슨병은 현재 도파민 신경세포가 죽이면서 줄어드는 도파민을 보충해 주는 치료법이 있으나, 도파민 신경세포가 죽어가는 것 자체를 막는 방법이 없어 근본적인 치료가 불가능한 불치병이다. 따라서 근본적인 치료법을 개발하기 위해 파킨슨병의 원인을 연구한 결과 세포에 에너지를 공급하는 미토콘드리아의 기능이 떨어지는 것이 도파민 신경세포의 죽음을 촉진하게 된다는 것이 밝혀졌다.

그러나 파킨슨병과 미토콘드리아 기능 이상을 연결하는 연결고리가 무엇이며, 그 고리들이 어떤 역할을 하는지는 밝히지 못했다. 그러다 1990년대 후반과 2000년대 초반, 파킨슨병을 유발시키는 유전자들이 파킨슨병 환자들로부터 발견됐다. 연구자들은 이 유전자들을 생쥐에서 조작하여 파킨슨병의 발병 메커니즘을 밝히려 했으나, 이상하게도 이 생쥐들은 아무런 파킨슨병 증상을 보이지 않았다.

그런데 놀랍게도 파킨슨병 관련 유전자를 초파리에게 조작하자 초파리의 운동능력이 현저히 떨어져 날지 못하고, 기어 올라가는 속도도 떨어지게 됐다. 초파리의 뇌를 조사해본 결과 도파민 신경세포의 수 또한 상당히 감소했다.

사람의 파킨슨병 치료제를 초파리에게 먹이자 회복돼, 사람의 파킨슨병을 거의 완벽하게 흉내 낸 파킨슨병 모델 초파리를 만드는 데 성공한 것이다. 파킨슨병 모델 초파리를 사용하여 추가적인 실험을 수행했다.

결국 파킨슨병 유전자인 핑크1(PINK1)이 다른 파킨슨병 유전자인 파킨(parkin)을 조절하여 미토콘드리아를 보호하고, 이들 유전자에 돌연변이가 일어나면 미토콘드리아가 보호 받지 못해 손상되면서 파킨슨병이 발병하게 된다는 사실이 밝혀졌다.

CHAPTER

13

2×3 분할표 데이터

CHAPTER 13 2×3 분할표 데이터

13.1 | 2×3 분할표에 대한 데이터

다음과 같은 형태의 데이터의 경우 어떠한 통계분석을 적용할 것인가?

표 13.1 데이터의 형태

	B_1	B_2	B_3
A_1	$x(1, 1)$	$x(1, 2)$	$x(1, 3)$
A_2	$x(2, 1)$	$x(2, 2)$	$x(2, 3)$

이 데이터 형식의 특징은 행에 두 개의 그룹 A_1, A_2에 대해서 각각 세 개의 카테고리 B_1, B_2, B_3에 대하여 측정하고 있다고 하는 점에 있다. 물론 A_1, A_2를 카테고리라고 생각해도 지장이 없다.

[예제 13-1]

다음의 데이터는 안락사에 관한 주민들의 여론을 알아보기 위해서 남자와 여자의 주민을 각각 표본추출하여 조사한 것이다. 이때 각 집단별로 안락사에 관하여 동일한 입장을 취하고 있는지를 5% 유의수준에서 검정하라.

표 13.2 안락사에 대한 여론조사

성 별	찬 성	반 대	기 타
남자	210	2500	110
여자	350	3800	230

이와 같은 때는 동질성검정을 실시한다.

두 개 이상의 다항분포의 동질성을 비교하는 데에도 카이제곱 검정이 이용된다. 검정과정은 독립성검정과 같지만 결과의 표현방법이나 분석목적에 따라 약간의 차이가 있다.

힌트

안락사(Euthanasia)는 'eu(good, well)'와 'thanasia(death)'가 합쳐진 용어로 아름답고 존엄한 죽음, 행복하고 품위 있는 죽음을 뜻한다. 그리스어로는 '쉬운 죽음'을 가리킨다. 좁은 의미의 안락사는 죽음에 임박해 극심한 육체적 고통에 시달리는 환자의 고통을 덜어주기 위해 죽음을 앞당기는 인위적 조치다.

안락사는 시술자의 입장에선 적극적(능동적) 안락사와 소극적(수동적) 안락사로 나뉜다. 환자의 입장에선 자신의 의지 표현 여부에 따라 자발적 안락사와 무자발적(의사 표시를 할 수 없는 상태) 안락사로 나뉘기도 한다.

적극적 안락사란 환자에게 직접 치사량의 독극물을 주사하는 등의 행위를 함으로써 죽음에 이르도록 하는 것이다. 좁은 의미의 안락사로 볼 수 있다. 소극적 안락사는 환자에게 필요한 의학적 조치를 하지 않거나 인위적인 생명 연장 장치를 제거함으로써 죽게 하는 일이다. 이와 비슷한 개념으로 '존엄사'란 개념을 쓰기도 한다. 보통 회복 가능성이 없는 식물인간 상태의 환자에게 단순한 연명 조치에 불과한 의료 행위(인공호흡 장치 등)를 중단해 인간으로서 존엄을 유지하면서 자연적으로 죽음을 맞도록 하는 것이다.

[예제 13-2]

다음의 데이터는 20대, 40대, 60대 여성에 대해서 불면증이 있는지 어떤지를 조사한 결과이다.

표 13.3 불면증에 대한 조사결과

	20대	40대	60대
불면증 있다	140	254	228
불면증 없다	394	530	215

이 데이터로부터 알고 싶은 것은,

"불면증은 여성의 연령과 관계가 있는 것인가?"

라고 하는 것이다.

이와 같은 때는 독립성검정을 실시한다.

제12장에서 언급한 바와 같이 카이제곱검정에는 다음과 같은 것이 있다.

- 두 개의 모비율에 대한 차의 검정
- 독립성의 검정
- 적합도검정
- 동질성검정
- Bartlett의 검정

13.2 | 그래프 표현

<표 13.2>의 데이터를 그래프로 표현해 보자.

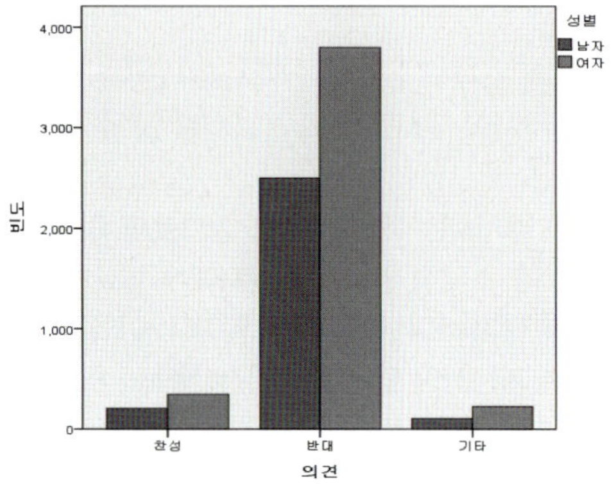

그림 13.1 막대그래프

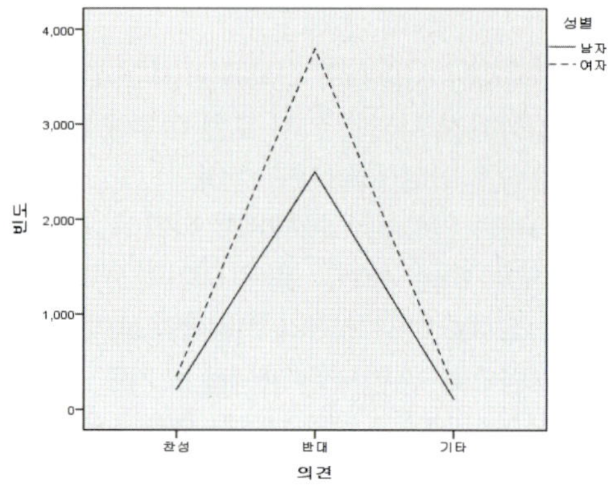

그림 13.2 꺾은선그래프

<표 13.3>의 데이터를 퍼센트로 변환하고 나서 그래프를 그려 보자.

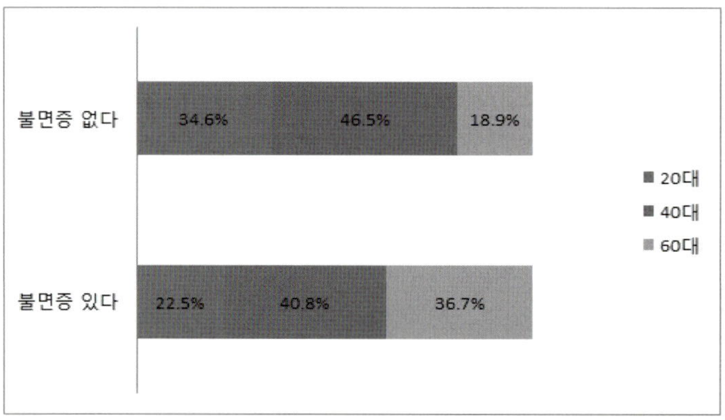

그림 13.3 띠그래프

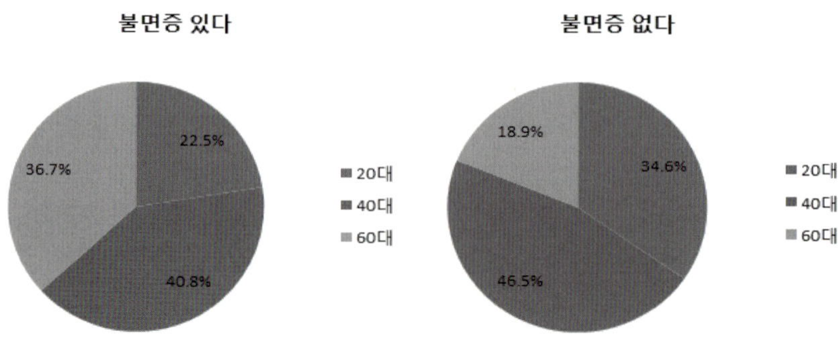

그림 13.4 원그래프

13.3 | 기초통계량

<표 13.2>의 데이터에서 남자, 여자에 대해서 각 카테고리의 퍼센트를 구해보자.

표 13.4 남자와 여자의 비율

성 별	찬 성	반 대	기 타	합 계
남자	7.4%	88.7%	3.9%	100.0%
여자	8.0%	86.8%	5.3%	100.0%

남자, 여자의 퍼센트를 비교하면, 위와 아래의 비율은 매우 비슷하다고 생각된다. 이 사실로부터, "남자, 여자의 안락사에 관한 여론은 같다"라고 생각해도 좋을까?

다음에 <표 13.3>의 불면증에 대한 퍼센트를 구해 보자. 퍼센트를 취하는 방법에 따라 두 가지가 있다.

표 13.5 연대별 불면증 여성의 비율

	20대	40대	60대
불면증 있다	26.2%	32.4%	51.5%
불면증 없다	73.8%	67.6%	48.5%
합 계	100%	100%	100%

표 13.6 불면증 여성의 각 연대의 비율

	20대	40대	60대	합계
불면증 있다	22.5%	40.8%	36.7%	100%
불면증 없다	34.6%	46.5%	18.9%	100%

13.4 | 동질성검정

<표 13.2>에 대해서 동질성검정을 실시해 보자.

■ SPSS에 의한 해법

〈순서 1〉 데이터의 입력

<표 13. 2>의 데이터를 다음과 같이 입력한다.

	사람수	성별	의견	변수	변수	변수	변수	변수	변수	변수	변수	변수
1	210	1	1									
2	2500	1	2									
3	110	1	3									
4	350	2	1									
5	3800	2	2									
6	230	2	3									

〈순서 2〉 빈도변수 설정

메뉴에서 [데이터]－[가중 케이스]를 선택하여 '사람수'를 빈도변수로 설정한다.

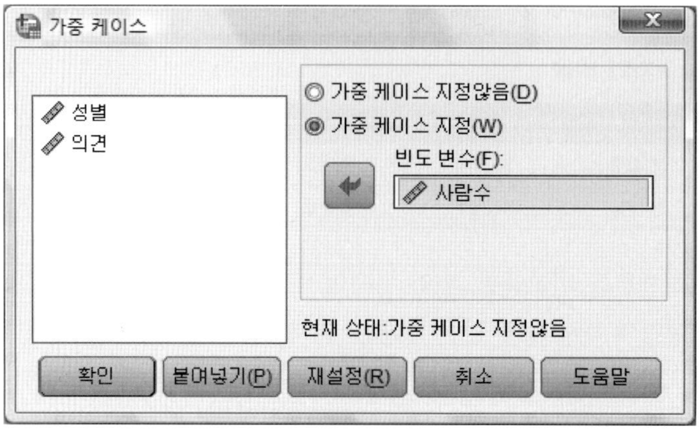

〈순서 3〉 분석수법의 선택

메뉴에서 [분석]-[기술통계량]-[교차분석]을 선택한다.

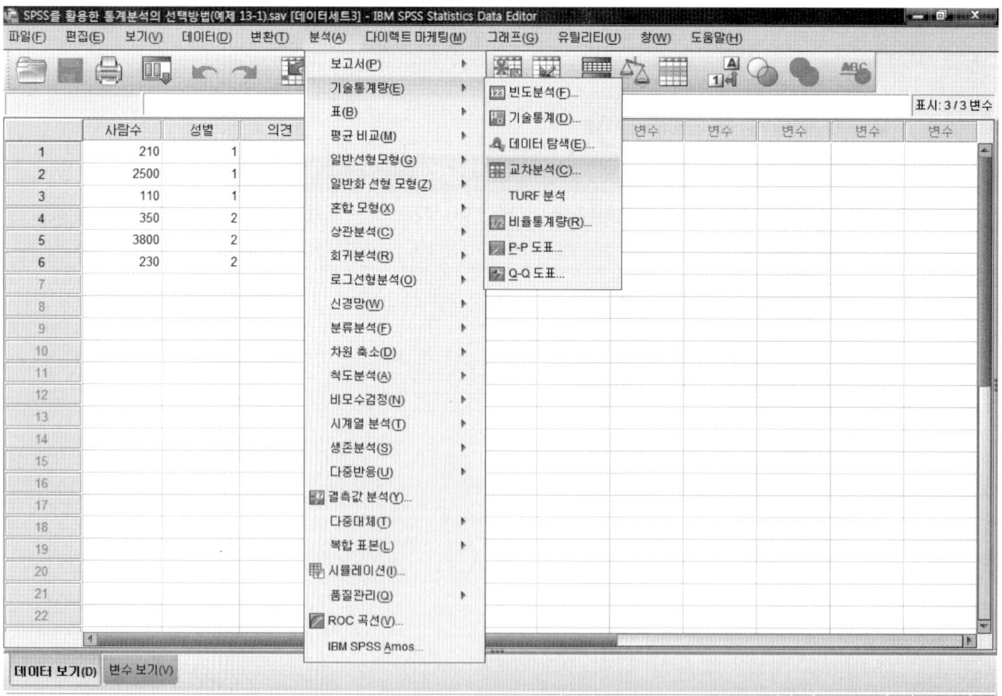

〈순서 4〉 변수의 선택

다음 화면에서 [행]에 '성별', [열]에 '의견'을 이동한다. [통계량]을 클릭한다.

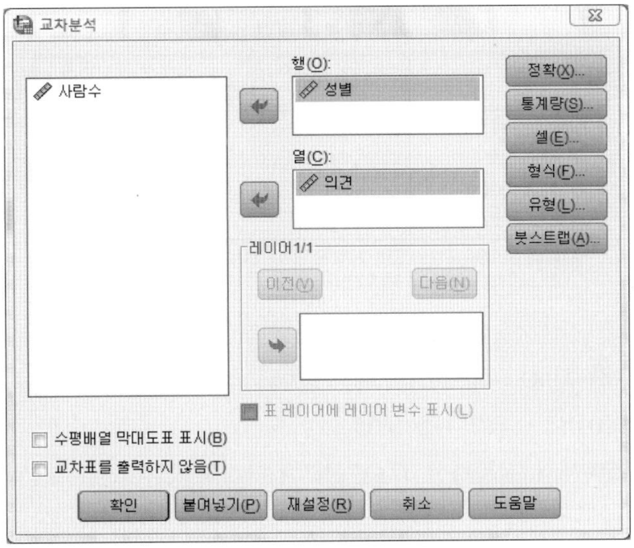

〈순서 5〉 통계량의 선택

다음 화면에서 [카이제곱]을 선택하고 [계속]을 클릭한다. [확인]을 클릭한다.

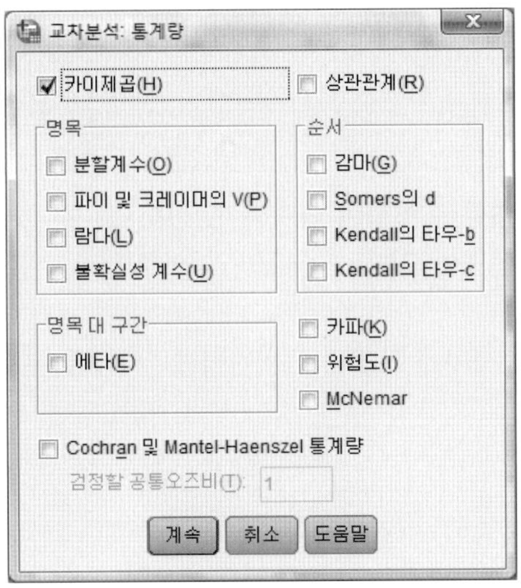

■ 분석결과

성별 * 의견 교차표

빈도

		의견			
		찬성	반대	기타	전체
성별	남자	210	2500	110	2820
	여자	350	3800	230	4380
전체		560	6300	340	7200

카이제곱 검정

	값	자유도	근사 유의확률 (양측검정)
Pearson 카이제곱	7.982[a]	2	.018
우도비	8.149	2	.017
선형 대 선형결합	.899	1	.343
유효 케이스 수	7200		

a. 0 셀 (0.0%)은(는) 5보다 작은 기대 빈도를 가지는 셀입니다. 최소 기대빈도는 133.17입니다.

따라서

$$\text{검정통계량 } 7.982 \geq \chi^2(2;0.05) = 5.99147$$

$$\text{유의확률 } 0.018 \leq \text{유의수준 } 0.05$$

이므로, 유의수준 5%에서 귀무가설 H_0는 기각된다.

다시 말하면,

"남자와 여자의 여론의 비율은 같지 않다"

고 할 수 있어서 남자와 여자의 안락사에 대한 찬반 의견은 다르다고 할 수 있다.

(주) SPSS의 정확확률검정을 사용하면 데이터 수가 적더라도 옳은 확률을 구할 수가 있다.

13.5 | 독립성검정

<표 13.3>의 데이터는 불면증은 여성의 연령과 관련이 있는지 어떤지에 관심이 있다. 만일 이 두 가지 속성 사이에 관련이 있다고 한다면, 불면증의 치료법은 연령의 문제를 빼놓고 생각할 수 없다.

이와 같이 두 가지 속성 사이에 무엇인가 관련이 있는지 어떤지를 알고 싶을 때는 독립성 검정을 실시한다.

■ SPSS에 의한 해법

〈순서 1〉 데이터의 입력

<표 13. 3>의 데이터를 다음과 같이 입력한다.

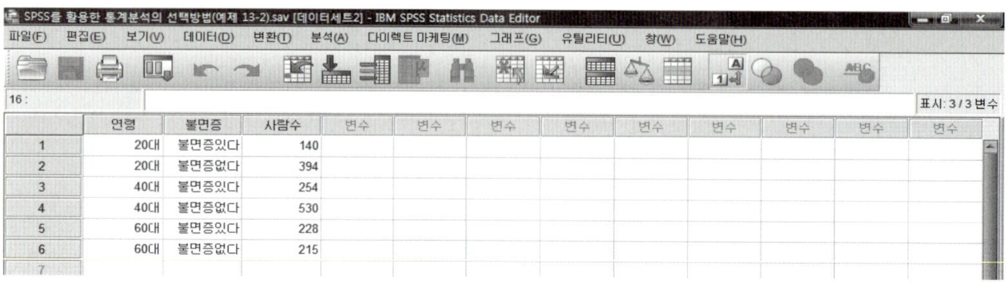

	연령	불면증	사람수
1	20대	불면증있다	140
2	20대	불면증없다	394
3	40대	불면증있다	254
4	40대	불면증없다	530
5	60대	불면증있다	228
6	60대	불면증없다	215

〈순서 2〉 빈도변수 설정

메뉴에서 [데이터]-[가중 케이스]를 선택하여 '사람수'를 빈도변수로 설정한다.

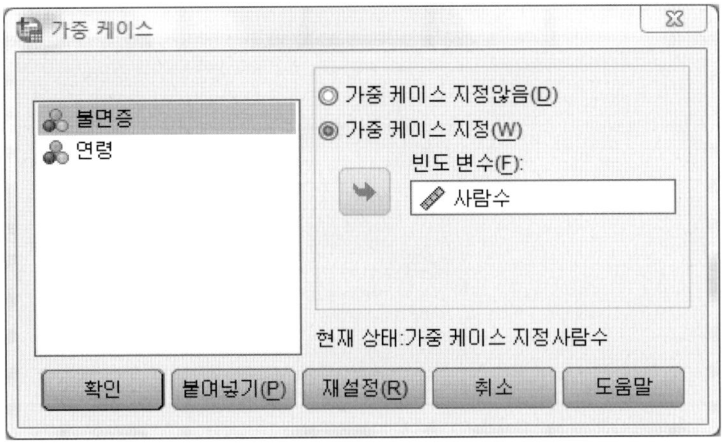

〈순서 3〉 분석수법의 선택

메뉴에서 [분석]-[기술통계량]-[교차분석]을 선택한다.

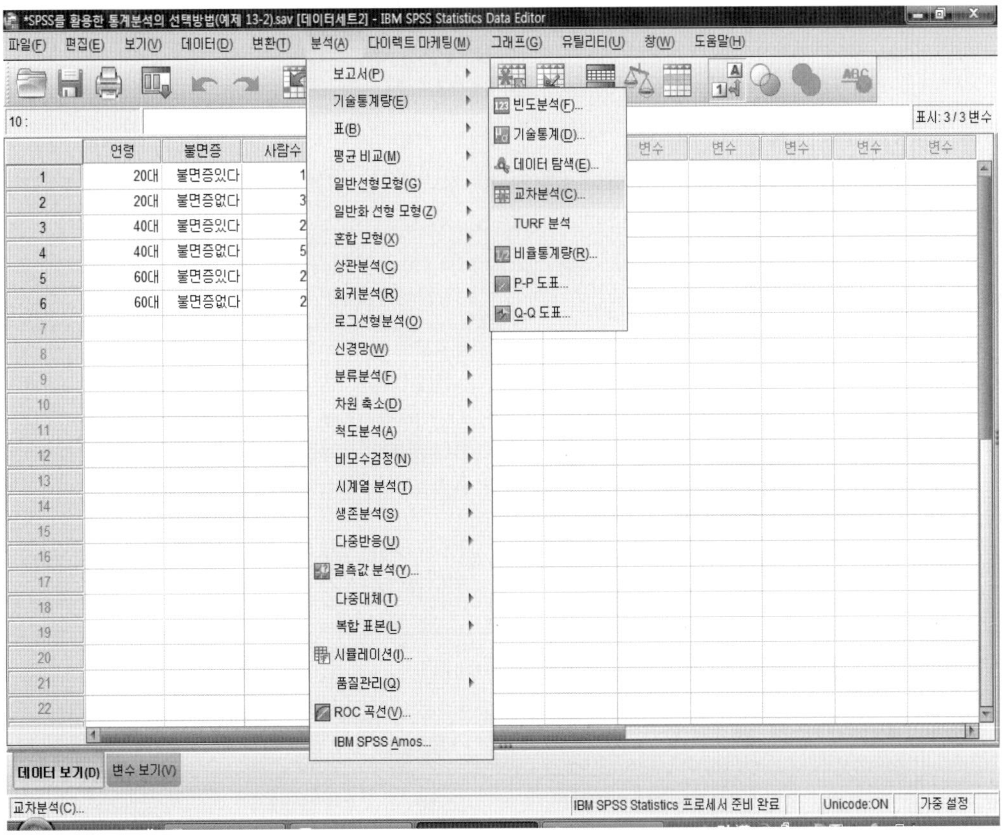

〈순서 4〉 변수의 선택

다음 화면에서 [행]에 '불면증', [열]에 '연령'을 이동한다. [통계량]을 클릭한다.

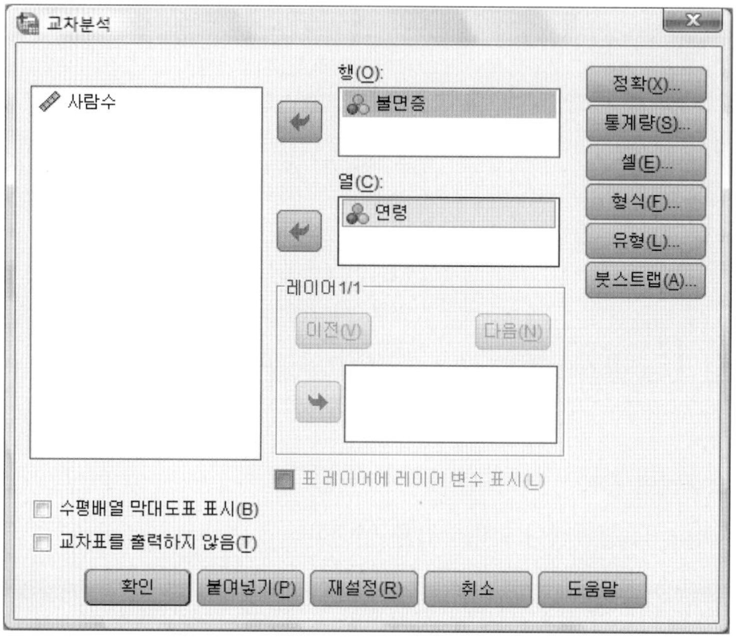

〈순서 5〉 통계량의 선택

다음 화면에서 [카이제곱]을 선택하고 [계속]을 클릭한다. [확인]을 클릭한다.

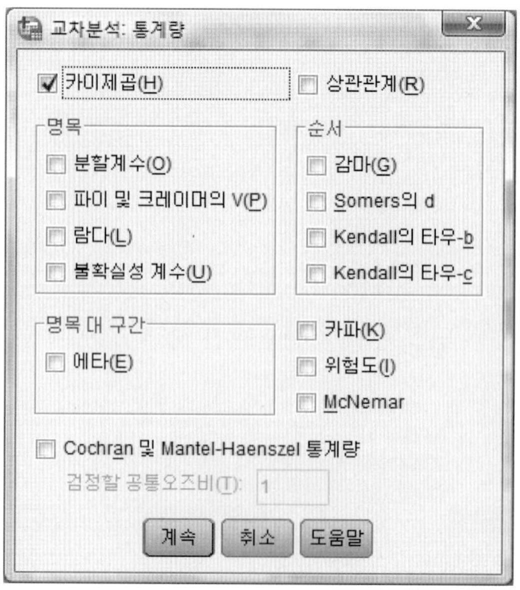

■ 분석결과

불면증 * 연령 교차표

빈도

		연령			전체
		20대	40대	60대	
불면증	불면증있다	140	254	228	622
	불면증없다	394	530	215	1139
전체		534	784	443	1761

카이제곱 검정

	값	자유도	근사 유의확률 (양측검정)
Pearson 카이제곱	72.858[a]	2	.000
우도비	71.460	2	.000
선형 대 선형결합	64.945	1	.000
유효 케이스 수	1761		

a. 0 셀 (0.0%)은(는) 5보다 작은 기대 빈도를 가지는 셀입니다. 최소 기대빈도는 156.47입니다.

출력결과를 보면

검정통계량 $72.858 \geq \chi^2 = 5.99147$

근사 유의확률 $0.000 \leq$ 유의수준 0.05

이므로 유의수준 5%에서 귀무가설 H_0가 기각된다. 따라서 여성의 불면증과 연령 사이에는 무엇인가 관련이 있다는 것을 알았다.

CHAPTER

14

$L \times M$ 분할표 데이터

CHAPTER 14 $L \times M$ 분할표 데이터

14.1 | $L \times M$ 분할표에 대한 데이터

다음과 같은 형태의 데이터의 경우 어떠한 통계분석을 적용할 것인가?

표 14.1 데이터의 형태

	B_1	B_2	B_3
A_1	$x(1,1)$	$x(1,2)$	$x(1,3)$
A_2	$x(2,1)$	$x(2,2)$	$x(2,3)$
A_3	$x(3,1)$	$x(3,2)$	$x(3,3)$

이 데이터 형식의 특징은

요인 A에 대한 처리 A_1, A_2, A_3와

요인 B에 대한 처리 B_1, B_2, B_3가

가로와 세로로 교차하고 있다고 하는 점에 있다. 이 표는 크로스 집계표, 분할표, 연관표 등으로 불리고 있다.

[예제 14-1]

어느 대기업에서 사원 450명을 표본추출하여 학력별 임금수준을 조사한 결과가 다음 <표 14.2>와 같다고 하자.

표 14.2 학력별 임금수준

임 금 수 준	고 졸	대 졸	대학원졸
100만 원 미만	34	36	10
100~200만 원	41	72	36
200~300만 원	10	78	58
300만 원 이상	4	26	45

<표 14.2>는 4개의 행과 3개의 열로 구성되어 있으므로 이것을 4×3의 분할표라고 한다. 이 표에서 학력과 임금수준이 상호 독립인지 혹은 종속인지를 알고자 한다면 카이제곱 검정을 이용하여 해결할 수 있다. **독립성검정**(independence test)이란 분할표에 있어서의 두 가지 분류기준이 서로 독립적인지 종속적인지를 파악하기 위한 검정이라고 할 수 있다. 이 표에서 학력과 임금수준이 상호 독립적이라면 두 변수 간에 아무런 관계가 없다는 것이며, 상호 종속적이라면 학력에 따라 임금수준이 달라진다는 것을 의미한다.

<표 14.2>에서 두 변수(학력과 임금수준)가 상호 독립적인지를 유의수준 5%에서 검정하라. 독립성검정을 위한 귀무가설과 대립가설은 다음과 같다.

귀무가설 H_0 : 두 변수는 독립적이다

대립가설 H_1 : 두 변수는 독립적이 아니다

[예제 14-2]

다음의 데이터는 미국의 대학생을 대상으로 실시한 출신지와 혼전교섭에 관한 앙케트 조사의 결과이다.

표 14.3 출신지와 혼전교섭

출신지	혼전교섭 찬성	어느 쪽이라고 말할 수 없음	혼전교섭 반대
동 부	82	121	36
남 부	201	373	149
서 부	169	142	28

알고 싶은 것은 출신지와 혼전교섭의 사고방식 사이에 어떤 관련이 있는지 어떤지라고 하는 것이다. 따라서 이 데이터 역시 독립성검정을 실시한다.

[예제 14-3]

다음의 데이터는 성형외과 의사에 대한 윤리관에 대한 앙케트 조사결과이다. 질문 내용은 윤리 서적을 얼마나 자주 보느냐 하는 것이다.

표 14.4 성형외과 의사의 윤리관

졸업년대	매일 읽는다	가끔 읽는다	이따금 읽는다	전혀 읽지 않는다
1980년대	38	144	144	38
1990년대	37	195	191	38
2000년대	34	194	173	44
2010년대	17	103	232	92

여기에서 알고 싶은 것은 의과대학의 졸업시기에 따라서 의사의 윤리관에 차가 있는지 어떤지라고 하는 것이다. 따라서 동질성검정을 실시한다.

[예제 14-4]

다음의 데이터는 약물투여에 대한 심박수(심장박동수)를 투여전, 1분후, 5분후, 10분후 4회 반복해서 측정한 것이다.

표 14.5 약물투여에 의한 심박수 (D. M. Fisher)

피험자	투여전	1분후	5분후	10분후
A	67	92	87	68
B	92	112	94	90
C	58	71	69	62
D	61	90	83	66
E	72	85	72	69

알고 싶은 것은 투여전, 1분후, 5분후, 10분후 사이에 심박수(心搏數)에 차가 있는지 어떤지라고 하는 것이다. 따라서 반복측정에 의한 일원배치 분산분석을 실시한다.

14.2 | 분할표 작성

앙케트 조사의 집계나 분석을 할 때는 빼놓을 수 없는 것이 분할표 또는 크로스 집계표이다. 예를 들면, 다음과 같은 앙케트 조사를 했을 때, 이것을 표로 정리하면 분할표가 만들어진다.

항목 A 귀하의 졸업년대는 언제입니까?
1. 1980년대 2. 1990년대 3. 2000년대 4. 2010년대

항목 B 귀하는 『의사의 윤리』에 관한 책을 읽습니까?
1. 매일 읽는다 2. 가끔 읽는다 3. 이따금 읽는다 4. 전혀 읽지 않는다

이 조사결과를 표로 정리하면 <표 14.4>와 같은 분할표가 만들어진다.

졸업년대	매일 읽는다	가끔 읽는다	이따금 읽는다	전혀 읽지 않는다
1980년대	38	144	144	38
1990년대	37	195	191	38
2000년대	34	194	173	44
2010년대	17	103	232	92

14.3 | 그래프 표현

이 분할표를 적당한 그래프로 나타낸 것이 다음과 같은 스테레오그램이다.

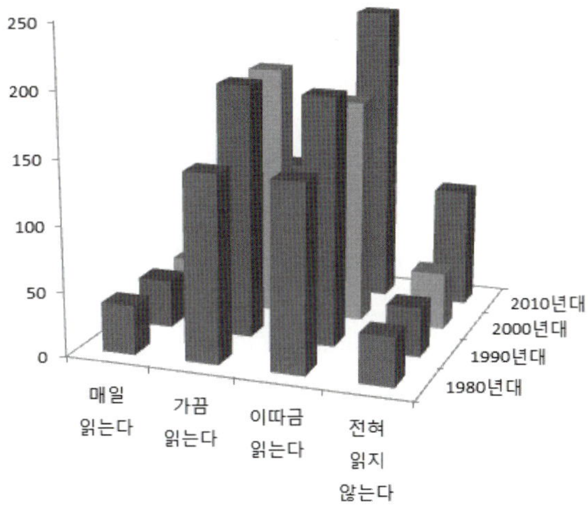

14.4 | 동질성검정

<표 14.4>의 데이터를 사용해서 졸업년대에 따라서 성형외과 의사의 윤리관에 차가 있는지 어떤지를 조사해 보자.

그것을 위해서 동질성검정이라고 하는 수법이 개발되었다.

■ SPSS에 의한 해법

〈순서 1〉 데이터의 입력

<표 14. 4>의 데이터를 다음과 같이 입력한다.

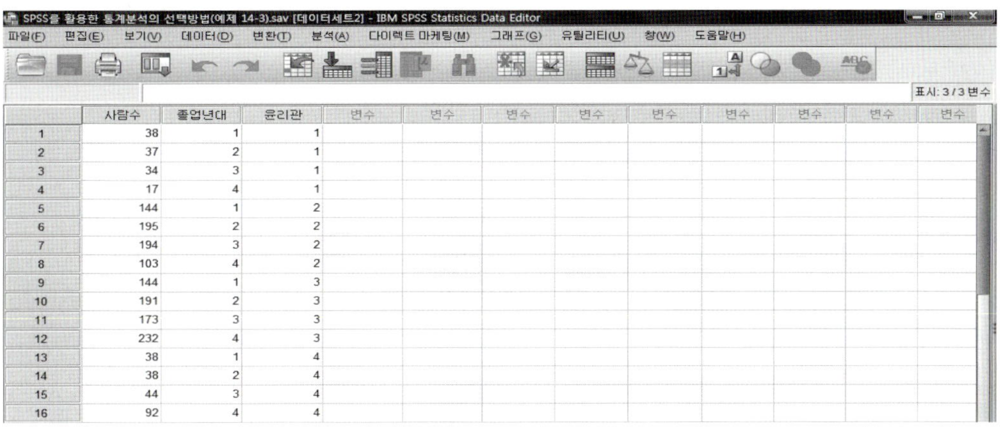

	사람수	졸업년대	윤리관
1	38	1	1
2	37	2	1
3	34	3	1
4	17	4	1
5	144	1	2
6	195	2	2
7	194	3	2
8	103	4	2
9	144	1	3
10	191	2	3
11	173	3	3
12	232	4	3
13	38	1	4
14	38	2	4
15	44	3	4
16	92	4	4

〈순서 2〉 빈도변수 설정

메뉴에서 [데이터]-[가중 케이스]를 선택하여 '사람수'를 빈도변수로 설정한다.

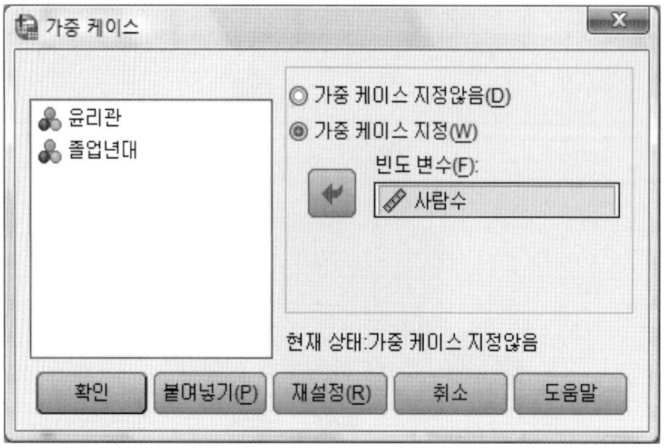

〈순서 3〉 분석수법의 선택

메뉴에서 [분석]-[기술통계량]-[교차분석]을 선택한다.

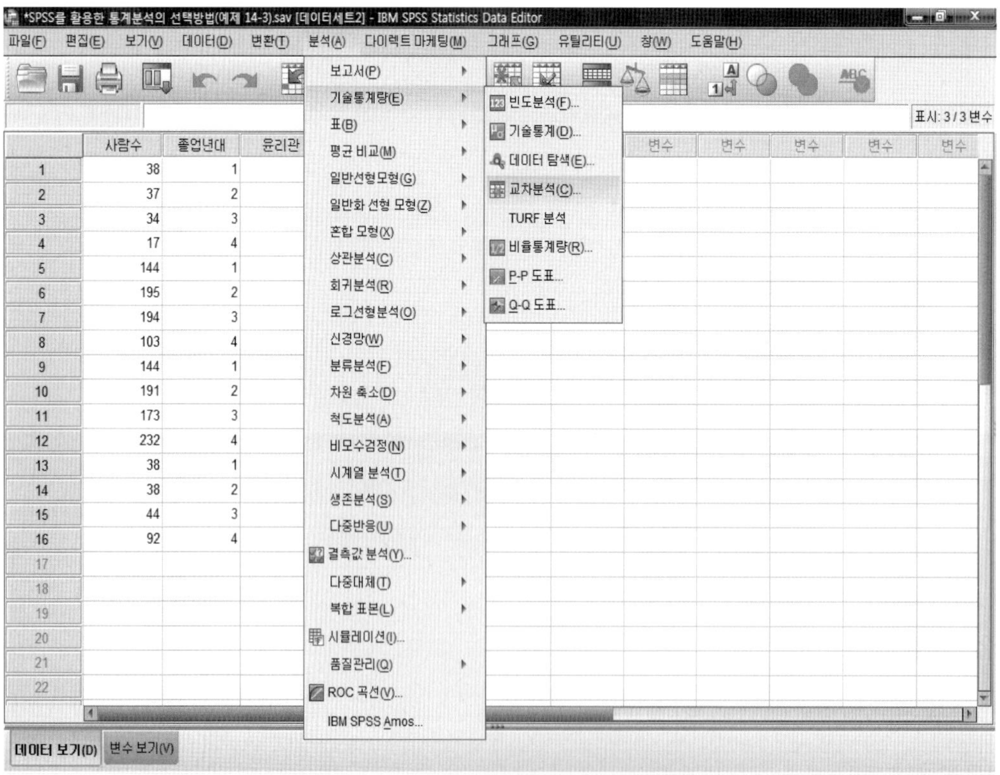

〈순서 4〉 변수의 선택

다음 화면에서 [행]에 '졸업년대', [열]에 '윤리관'을 이동한다. [통계량]을 클릭한다.

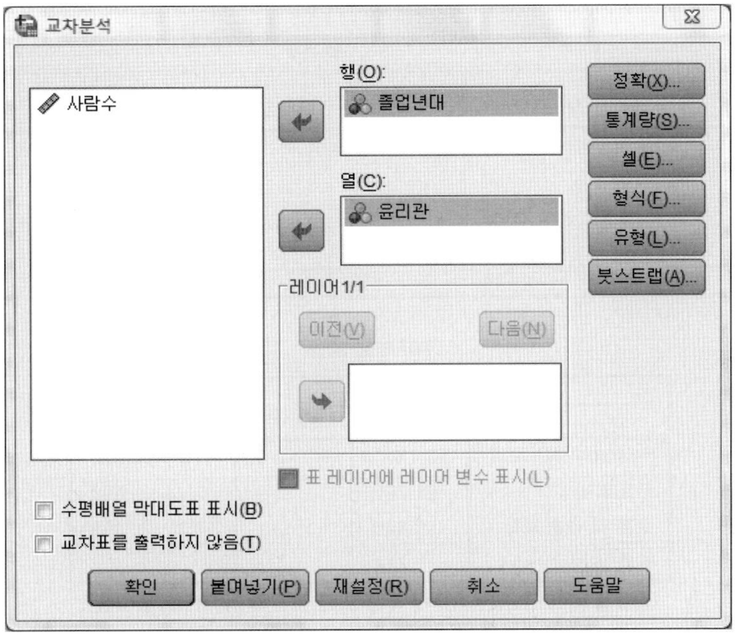

〈순서 5〉 통계량의 선택

다음 화면에서 [카이제곱]을 선택하고 [계속]을 클릭한다. [확인]을 클릭한다.

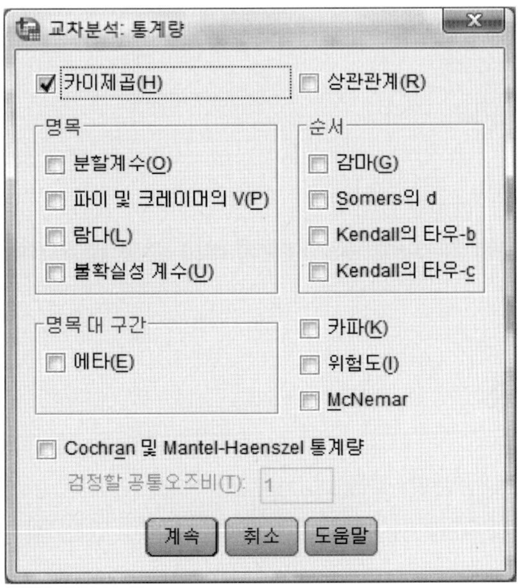

■ 분석결과

졸업년대 * 윤리관 교차표

빈도

		윤리관				전체
		매일 읽는다	가끔 읽는다	이따금 읽는다	전혀 읽지 않는다	
졸업년대	1980년대	38	144	144	38	364
	1990년대	37	195	191	38	461
	2000년대	34	194	173	44	445
	2010년대	17	103	232	92	444
전체		126	636	740	212	1714

카이제곱 검정

	값	자유도	근사 유의확률 (양측검정)
Pearson 카이제곱	91.189[a]	9	.000
우도비	91.780	9	.000
선형 대 선형결합	50.840	1	.000
유효 케이스 수	1714		

a. 0 셀 (0.0%)은(는) 5보다 작은 기대 빈도를 가지는 셀입니다.
최소 기대빈도는 26.76입니다.

출력결과를 보면

검정통계량 $91.189 \geq \chi^2(9;0.05) = 16.9190$

유의확률 $0.000 \leq$ 유의수준 0.05

이므로, 귀무가설은 기각된다.

이때의 귀무가설은 다음과 같다.

귀무가설 H_0 : "졸업년도에 따라 의사의 윤리관에 관한 책을 읽는 비율은 변하지 않는다"

따라서 성형외과 의사의 윤리관은 졸업년도에 따라 크게 변하고 있다는 것을 알 수 있다.

14.5 ㅣ 독립성검정

<표 14.2>와 같은 경우, 궁금한 것은

"임금수준과 학력 사이에는 무엇인가 관련이 있는 것은 아닌가"

라고 하는 것이다.

이와 같은 때는 독립성검정을 실시한다.

■ SPSS에 의한 해법

〈순서 1〉 데이터의 입력

<표 14. 2>의 데이터를 다음과 같이 입력한다.

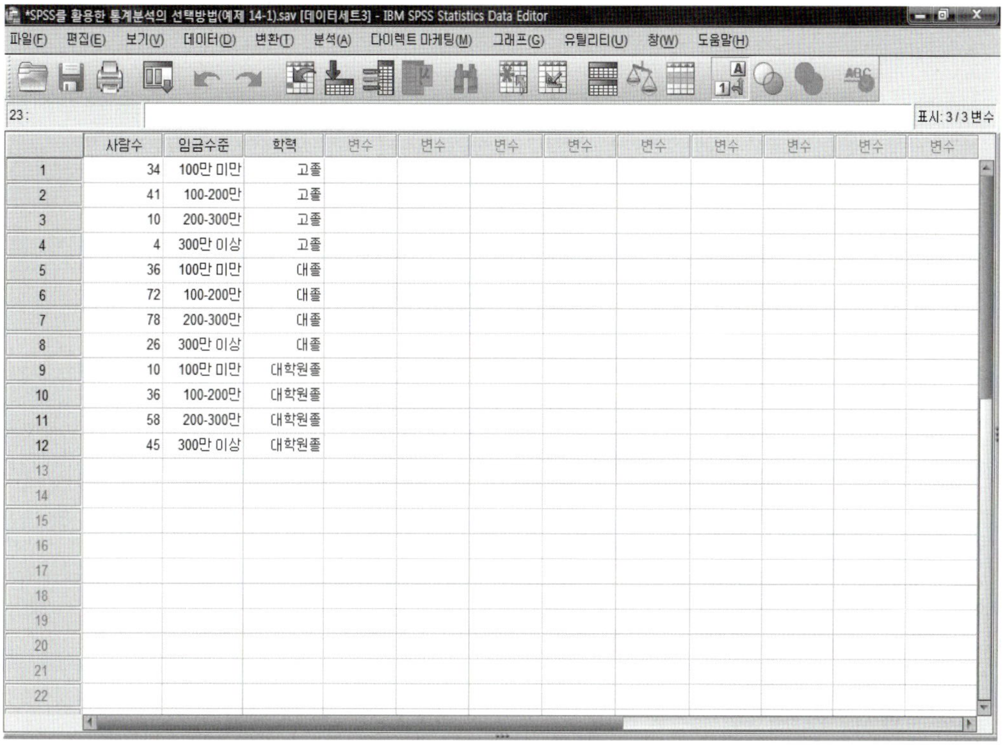

〈순서 2〉 빈도변수 설정

메뉴에서 [데이터]-[가중 케이스]를 선택하여 '사람수'를 빈도변수로 설정한다.

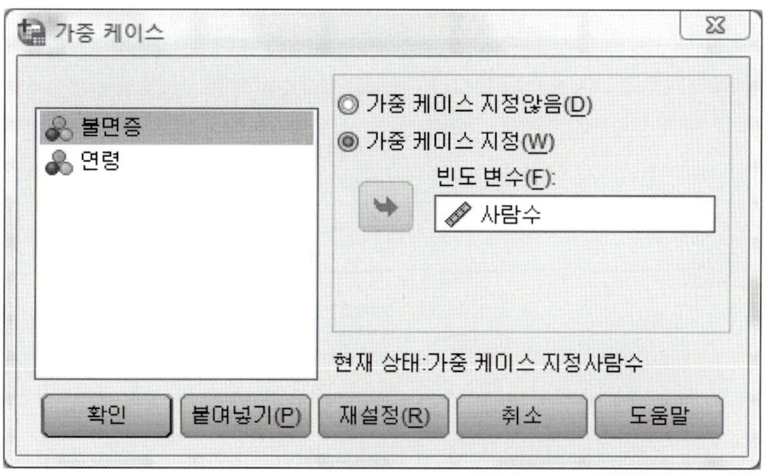

〈순서 3〉 분석수법의 선택

메뉴에서 [분석]-[기술통계량]-[교차분석]을 선택한다.

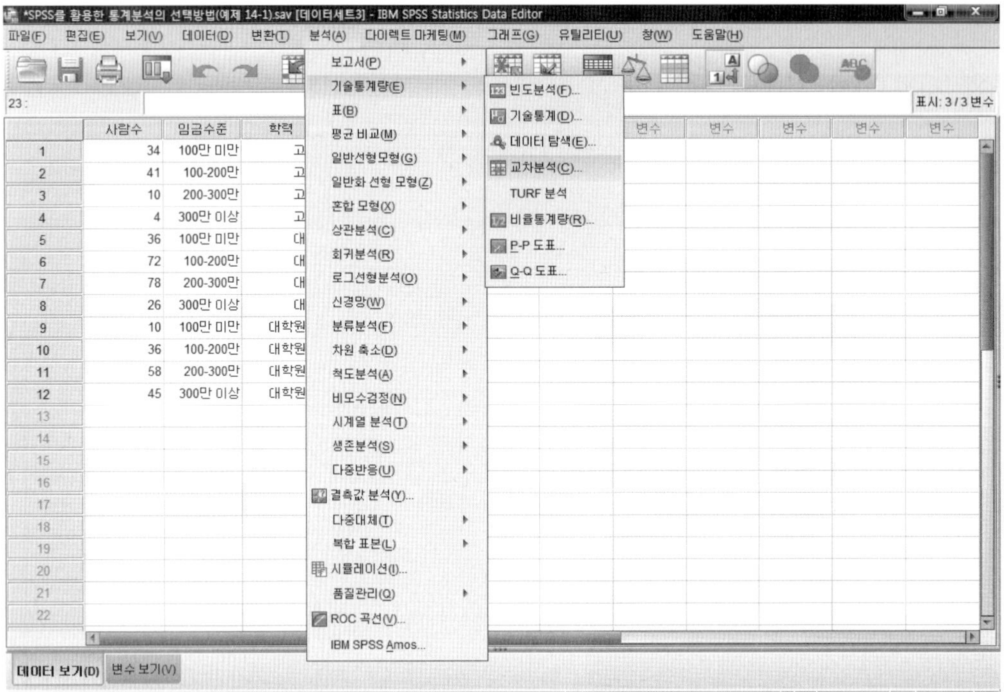

〈순서 4〉 변수의 선택

다음 화면에서 [행]에 '임금수준', [열]에 '학력'을 이동한다. [통계량]을 클릭한다.

〈순서 5〉 통계량의 선택

다음 화면에서 [카이제곱]을 선택하고 [계속]을 클릭한다. [확인]을 클릭한다.

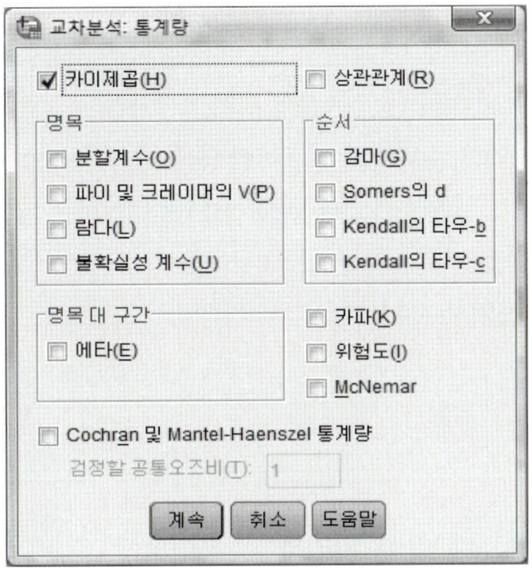

■ **분석결과**

임금수준 * 학력 교차표

빈도

		학력			전체
		고졸	대졸	대학원졸	
임금수준	100만 미만	34	36	10	80
	100-200만	41	72	36	149
	200-300만	10	78	58	146
	300만 이상	4	26	45	75
전체		89	212	149	450

카이제곱 검정

	값	자유도	근사 유의확률 (양측검정)
Pearson 카이제곱	81.645[a]	6	.000
우도비	83.885	6	.000
선형 대 선형결합	72.458	1	.000
유효 케이스 수	450		

a. 0 셀 (0.0%)은(는) 5보다 작은 기대 빈도를 가지는 셀입니다. 최소 기대빈도는 14.83입니다.

출력결과를 보면

$$\text{유의확률 } 0.000 \leq \text{유의수준 } 0.05$$

이므로 귀무가설 H_0는 기각된다.

즉, 임금수준과 학력은 독립적이라고 할 수 없다.

<표 14.3>을 보고 곧 생각나는 것은,

"학생의 출신지와 혼전교섭의 사고방식 사이에는 어떤 관련이 있는 것은 아닐까?"

라고 하는 것이다.

예를 들면,

"보수적인 지역으로부터의 출신 학생은 혼전교섭에 반대 입장을 취하는 경우가 많을 것이다"

라고 하는 식이다.

이와 같은 때도 독립성검정을 실시한다.

■ SPSS에 의한 해법

〈순서 1〉 데이터의 입력

<표 14. 3>의 데이터를 다음과 같이 입력한다.

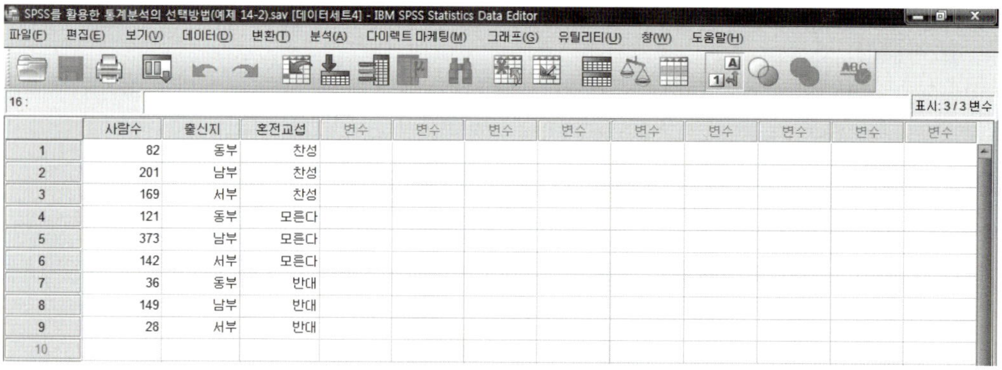

	사람수	출신지	혼전교섭	변수
1	82	동부	찬성	
2	201	남부	찬성	
3	169	서부	찬성	
4	121	동부	모른다	
5	373	남부	모른다	
6	142	서부	모른다	
7	36	동부	반대	
8	149	남부	반대	
9	28	서부	반대	
10				

〈순서 2〉 빈도변수 설정

메뉴에서 [데이터]-[가중 케이스]를 선택하여 '사람수'를 빈도변수로 설정한다.

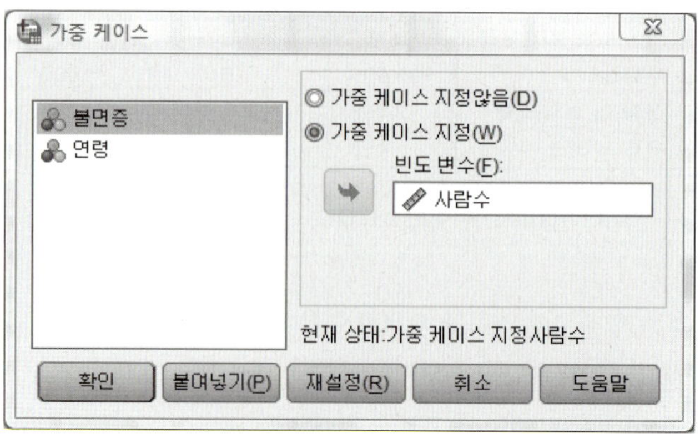

〈순서 3〉 분석수법의 선택

메뉴에서 [분석]-[기술통계량]-[교차분석]을 선택한다.

〈순서 4〉 변수의 선택

다음 화면에서 [행]에 '출신지', [열]에 '혼전교섭'을 이동한다. [통계량]을 클릭한다.

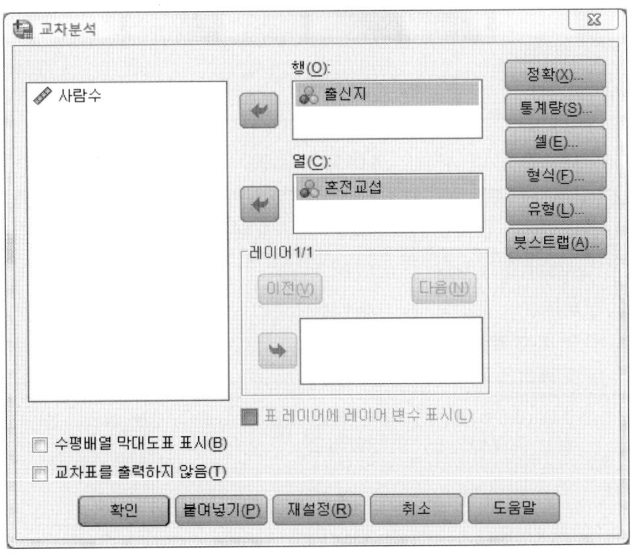

〈순서 5〉 통계량의 선택

다음 화면에서 [카이제곱]을 선택하고 [계속]을 클릭한다. [확인]을 클릭한다.

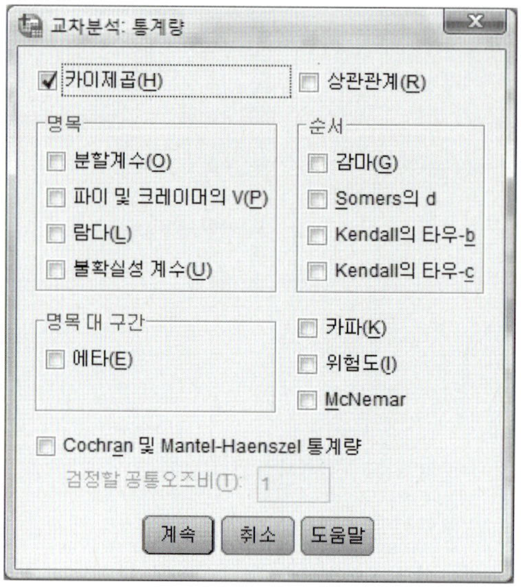

■ 분석결과

출신지 * 혼전교섭 교차표

빈도

		혼전교섭			전체
		찬성	모른다	반대	
출신지	동부	82	121	36	239
	남부	201	373	149	723
	서부	169	142	28	339
전체		452	636	213	1301

카이제곱 검정

	값	자유도	근사 유의확률 (양측검정)
Pearson 카이제곱	58.748[a]	4	.000
우도비	59.436	4	.000
선형 대 선형결합	21.551	1	.000
유효 케이스 수	1301		

a. 0 셀 (0.0%)은(는) 5보다 작은 기대 빈도를 가지는 셀입니다. 최소 기대빈도는 39.13입니다.

출력결과를 보면,

$$\text{검정통계량 } 58.748 \geq \chi^2(4;0.05) = 9.4877$$

유의확률 0.000 ≤ 유의수준 0.05

이므로, 귀무가설 H_0는 기각된다.

다시 말하면,

"학생의 출신지와 혼전교섭의 사고방식 사이에는 어떤 관련이 있다"

라고 하는 것을 알 수 있다.

14.6 | 반복측정에 의한 일원배치 분산분석

<표 14.5>의 데이터는 일원배치 분산분석을 실시하기로 한다. 반복측정에 의한 일원배치 분산분석에 대해서는 제5장에서 자세히 해설했다.

■ SPSS의 순서

〈순서 1〉 데이터의 입력

다음과 같이 <표 14.5>의 데이터를 SPSS에 입력한다.

대응이 있는 데이터이기 때문에 카테고리를 변수로 해서 가로 방향으로 입력한다.

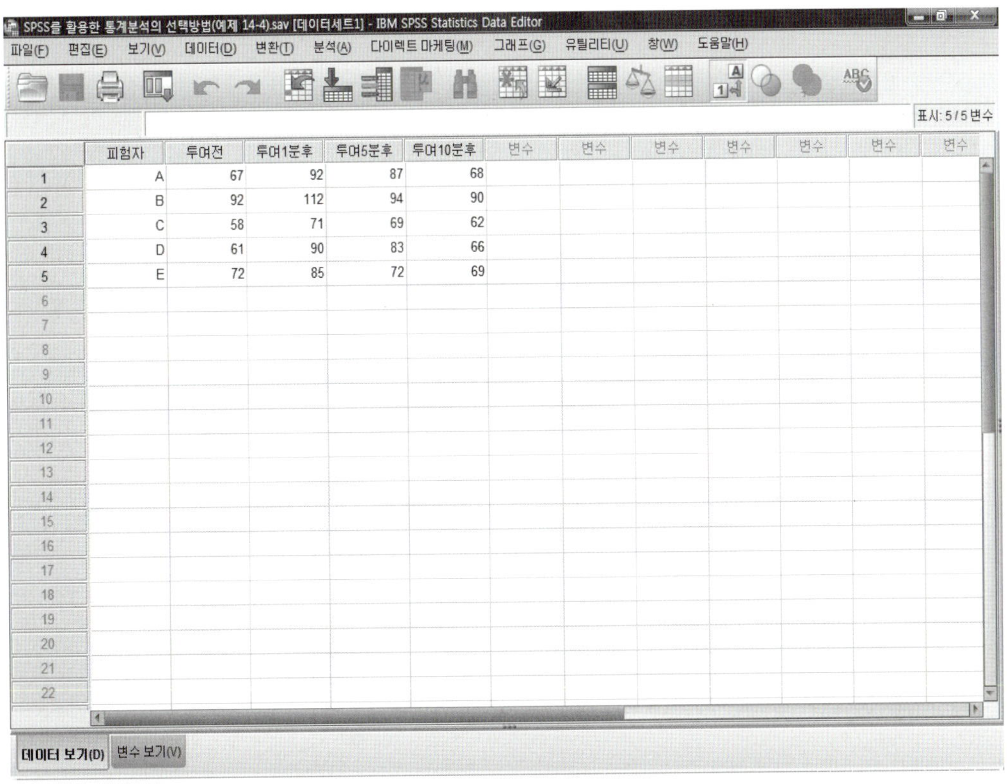

〈순서 2〉 분석수법의 선택

메뉴에서 [분석]-[일반선형모형]-[반복측도]를 선택한다.

〈순서 3〉 반복측도 요인 정의

① 다음 화면에서 [개체 내 요인이름]에 '시간'을 입력한다. [수준 수]에 '4'를 입력하고, [추가]를 클릭한다.

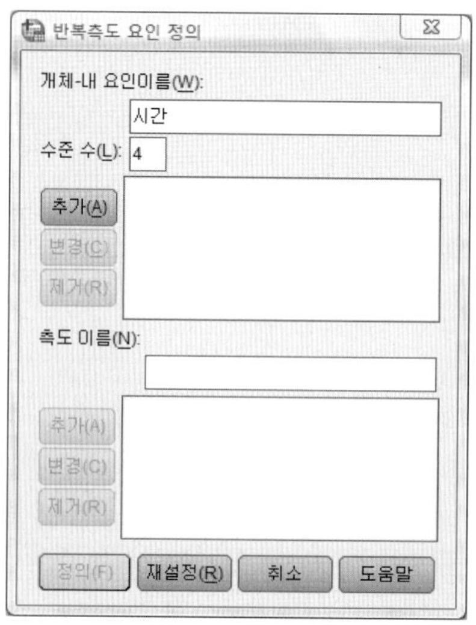

② 다음 화면에서 [정의]를 클릭한다.

③ 다음 화면에서 왼쪽에 있는 변수 '투여전', '투여1분후', '투여5분후', '투여10분후'를 차례대로 지정하여 [개체 내 변수]로 이동한다.

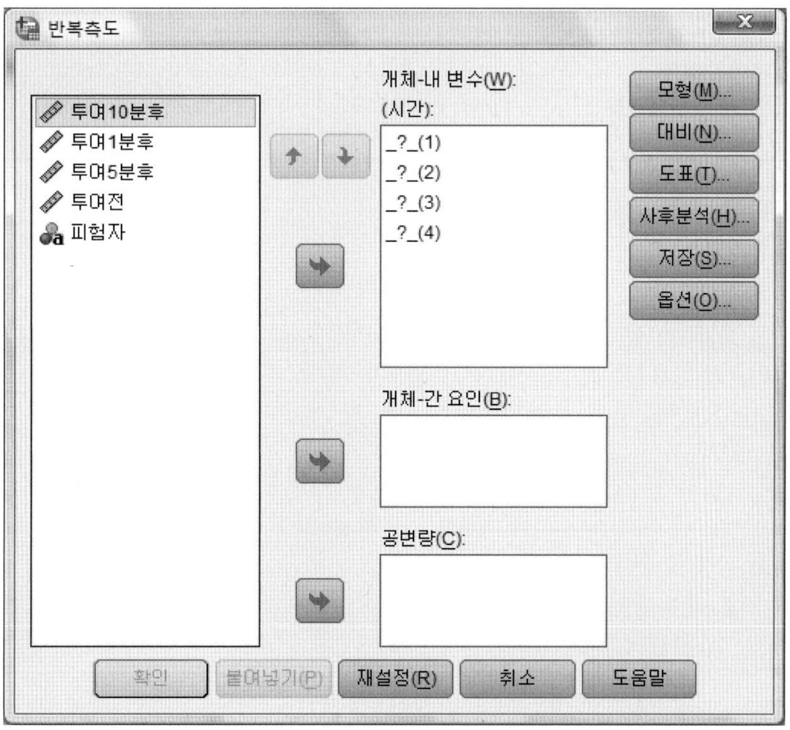

④ 다음 화면에서 [확인]을 클릭한다.

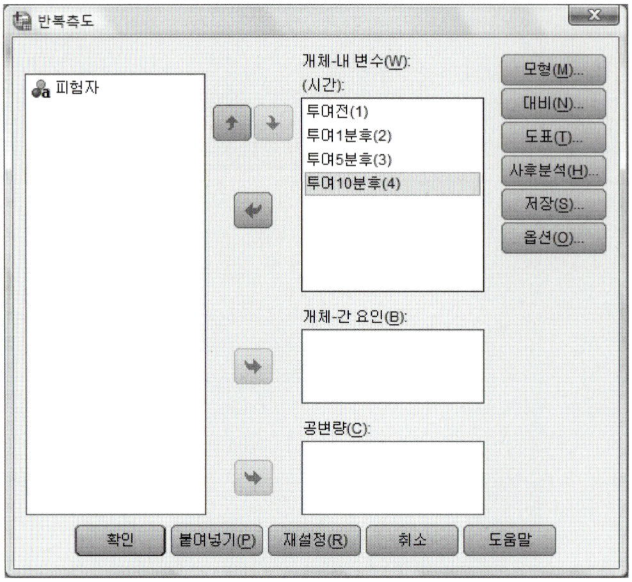

■ 분석결과

다변량 검정[a]

효과		값	F	가설 자유도	오차 자유도	유의확률
시간	Pillai의 트레이스	.933	9.236[b]	3.000	2.000	.099
	Wilks의 람다	.067	9.236[b]	3.000	2.000	.099
	Hotelling의 트레이스	13.854	9.236[b]	3.000	2.000	.099
	Roy의 최대근	13.854	9.236[b]	3.000	2.000	.099

a. Design: 절편
개체-내 계획: 시간

b. 정확한 통계량

다변량검정은 다음의 귀무가설 H_0를 검정하고 있다.

귀무가설 H_0 : (1분 후−투여 전, 5분 후−투여 전, 10분 후−투여 전) = (0, 0, 0)

따라서 귀무가설 H_0가 기각되지 않을 때는

1분 후−투여 전 = 0, 5분 후−투여 전 = 0, 10분 후−투여 전 = 0

이 되므로

투여 전 = 1분 후 = 5분 후 = 10분 후

즉, 심박수에 차가 없다고 하는 결론을 얻는다.

출력결과를 보면

유의확률 0.099 > 유의수준 0.05

이므로, 귀무가설 H_0는 기각되지 않는다. 따라서 약물투여에 의해서 심박수에 변화는 없었다고 생각된다.

Mauchly의 구형성 검정[a]

측도: MEASURE_1

개체-내 효과	Mauchly의 W	근사 카이제곱	자유도	유의확률	엡실런[b]		
					Greenhouse-Geisser	Huynh-Feldt	하한
시간	.101	6.246	5	.310	.555	.902	.333

정규화된 변형 종속변수의 오차 공분산행렬이 항등 행렬에 비례하는 영가설을 검정합니다.

a. Design: 절편
개체-내 계획: 시간

b. 유의성 평균검정의 자유도를 조절할 때 사용할 수 있습니다. 수정된 검정은 개체내 효과검정 표에 나타납니다.

Mauchly의 구형성 검정은 약간 복잡하다. 예를 들면, 이 데이터의 경우는 4변량 투여전·1분후·5분후·10분후로부터 정규직교변환에 의해서 만들어진 3변량 z_1, z_2, z_3의 분산공분산행렬을 Σ라고 했을 때,

$$\text{귀무가설 } H_0 \ : \ \Sigma = d^2 \begin{bmatrix} 1 & 0 & 0 \\ 0 & 1 & 0 \\ 0 & 0 & 1 \end{bmatrix}$$ ⬅ 구형성의 가정

이 성립되는지 어떤지를 검정하고 있다.

출력결과를 보면

$$\text{유의확률 } 0.310 > \text{유의수준 } 0.05$$

이므로 귀무가설 H_0는 기각되지 않는다. 즉, 구형성의 가정이 성립된다.

개체-내 효과 검정

측도: MEASURE_1

소스		제 III 유형 제곱합	자유도	평균제곱	F	유의확률
시간	구형성 가정	1330.000	3	443.333	17.500	.000
	Greenhouse-Geisser	1330.000	1.664	799.215	17.500	.003
	Huynh-Feldt	1330.000	2.706	491.515	17.500	.000
	하한	1330.000	1.000	1330.000	17.500	.014
오차(시간)	구형성 가정	304.000	12	25.333		
	Greenhouse-Geisser	304.000	6.657	45.669		
	Huynh-Feldt	304.000	10.824	28.087		
	하한	304.000	4.000	76.000		

개체 내 효과검정은 반복측정에 의한 분산분석의 주요 부분이다.

다음의 가설

귀무가설 H_0 : "투여전·1분후·5분후·10분후에 있어서의 심박수의 변화에 차이는 없다"

를 검정하고 있다. 출력결과를 보면 다음과 같다.

구형성 가정 하의 유의확률 $0.000 \leq$ 유의수준 0.05

이므로 귀무가설 H_0는 기각된다. 따라서 투여전·1분후·5분후·10분후에 있어서 심박수가 변화하고 있다는 것을 알 수 있다. 다시 말하면, 이 약물은 심박수에 영향을 미치고 있다고 할 수 있다.

14.7 ┃ 프리드만의 검정

<표 14.5>의 데이터에 프리드만의 검정을 적용해 보자. 프리드만의 검정은 반복측정에 의한 일원배치 분산분석의 비모수적 검정이라고 할 수 있다. 또는 반복이 없는 이원배치 분산분석의 비모수적 검정이라고 볼 수도 있다.

■ SPSS의 순서

〈순서 1〉 데이터의 입력

<표 14.5>의 데이터를 SPSS에 입력한다.

〈순서 2〉 분석수법의 선택

① 메뉴에서 [분석]-[비모수검정]-[대응표본]을 선택한다.

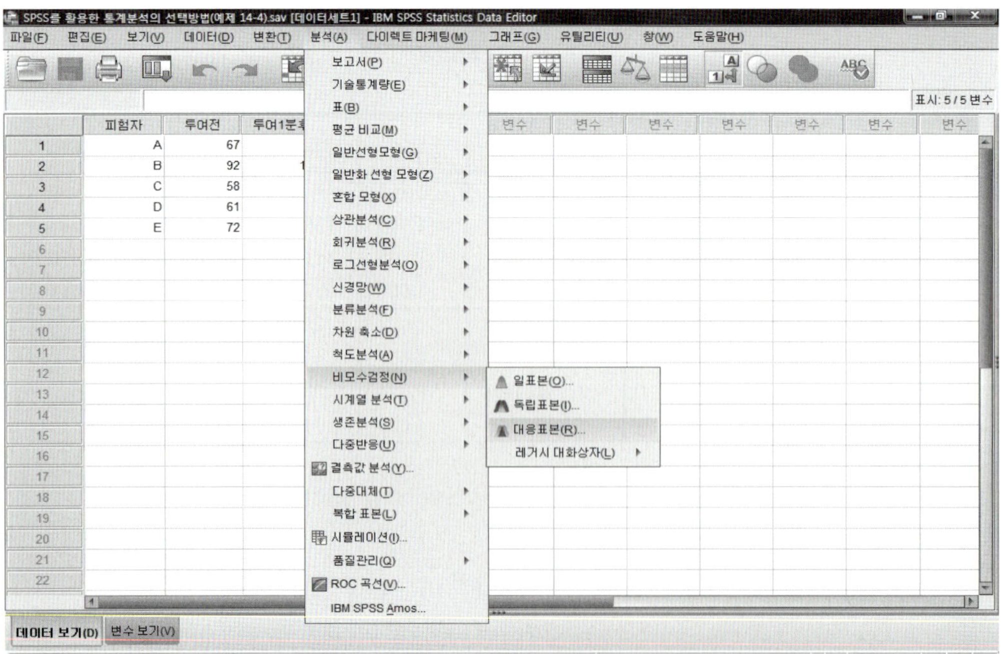

② 다음 화면에서 [사용자 정의에 의한 분석]을 체크하고 [필드]를 클릭한다.

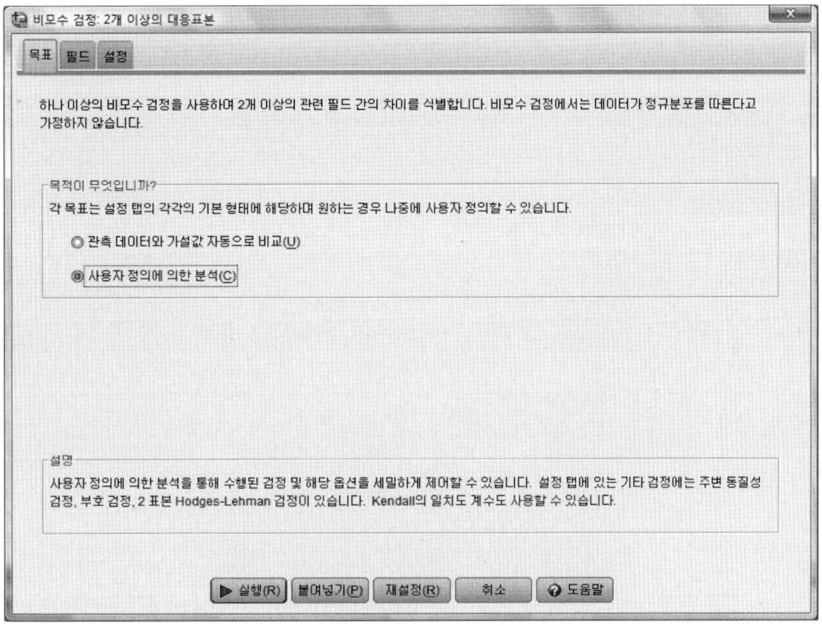

③ 다음 화면에서 반복측정의 순으로 '투여전', '투여1분후', '투여5분후', '투여10분후'를 [검정 필드]에 이동한다. 그리고 [설정]을 클릭한다.

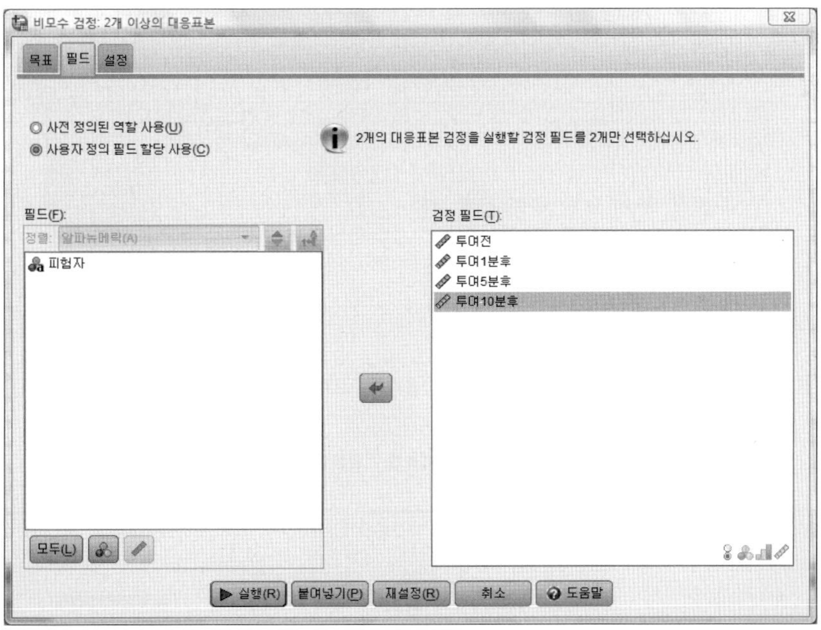

④ 다음 화면에서 [사용자 정의에 의한 검정]을 클릭하고, [Friedman의 순위 이원배치 분산분석(k표본)]을 체크한다. [다중비교]는 [없음]을 선택한다. 그리고 [실행]을 클릭한다.

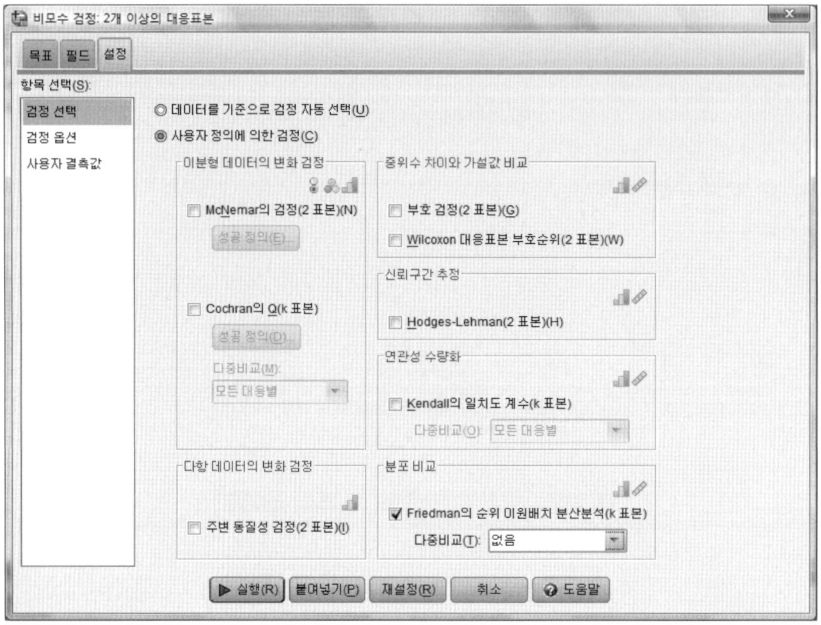

■ 분석결과

가설검정 요약

	영가설	검정	유의확률	의사결정
1	투여전, 투여1분후, 투여5분후 and 투여10분후의 분포가 같습니다.	대응표본 Friedman의 순위 이원분산분석	.005	영가설을 기각합니다.

근사 유의확률이 표시됩니다. 유의수준이 .05입니다.

출력결과의 표를 더블클릭하면 다음과 같은 표가 나타난다.

대응표본 Friedman의 순위 이원분산분석

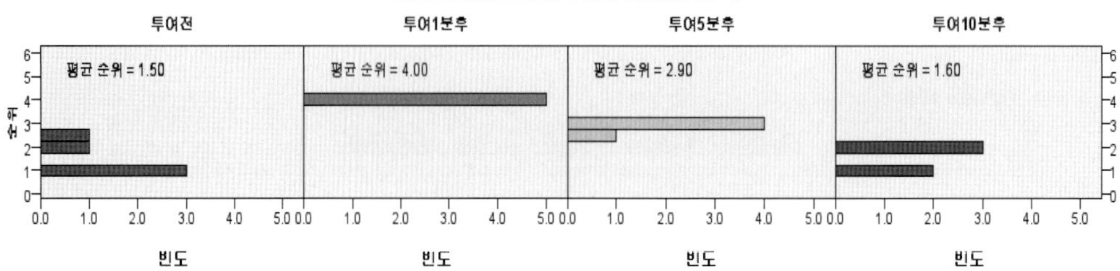

전체 N	5
검정 통계량	12.918
자유도	3
근사 유의확률 (양측검정)	.005

출력결과를 보면 검정통계량이 12.918이고, 근사 유의확률은 0.005이다.

다시 말하면, 근사 유의확률 0.005 ≤ 유위수준 0.05이므로 귀무가설은 기각된다.

따라서,

"투여전부터 10분후까지의 심박수에 차가 있다"

는 것을 알 수 있다. 이 사실은

"약물투여에 의해서 심박수가 변화하고 있다"

라고 하는 것을 의미한다.

■ 다중비교

〈순서 1〉 분석수법의 선택(1)

다중비교를 하고 싶을 때는 [설정] 탭에서, [다중비교]의 [모든 대응별]을 선택한다. 그리고 [실행]을 클릭한다.

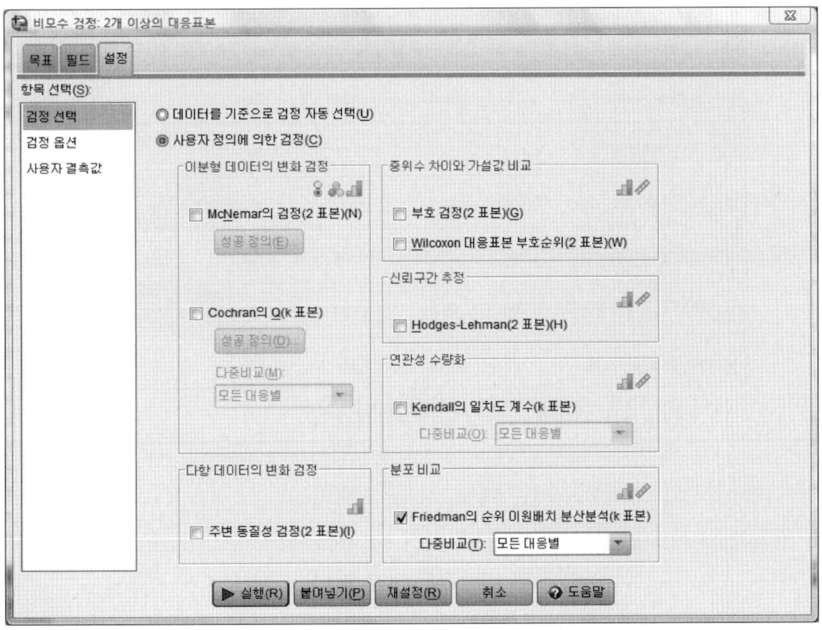

〈순서 2〉 분석수법의 선택(2)

[다중비교] 중에는 [단계별 하향]도 준비되어 있다.

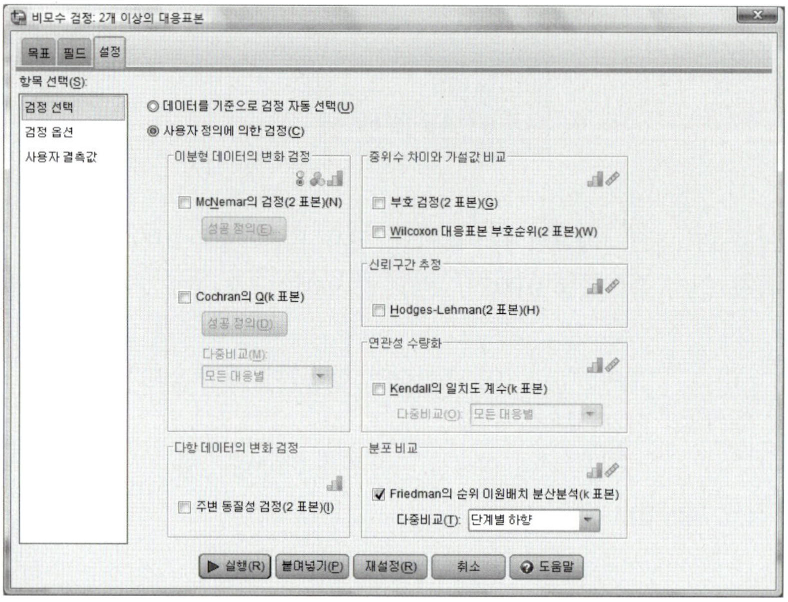

■ 분석결과(1)

[모든 대응별]의 경우

[모형 뷰어]에서 [대응별 비교]를 선택한다.

표본1-표본2	검정 통계량	표준 오차	표준 검정 통계량	유의확률	수정된 유의확률
투여전-투여10분후	-.100	.816	-.122	.903	1.000
투여전-투여5분후	-1.400	.816	-1.715	.086	.518
투여전-투여1분후	-2.500	.816	-3.062	.002	.013
투여10분후-투여5분후	1.300	.816	1.592	.111	.668
투여10분후-투여1분후	2.400	.816	2.939	.003	.020
투여5분후-투여1분후	1.100	.816	1.347	.178	1.000

각 행은 표본 1과 표본 2 분포가 동일한 영가설을 검정합니다.
근사 유의확률(양측검정)이 표시됩니다. 유의수준이 .05입니다.

네 개의 그룹이므로, 조합의 수는 여섯 가지가 된다.

수정된 유의확률이 0.05 이하인 조합은

{투여전　1분후}

{10분후　1분후}

가 된다.

■ 분석결과(2)

[단계별 하향]의 경우

[모형 뷰어]에서 [동질적 부분집합]을 선택한다.

동질적 부분집합

		부분집합		
		1	2	3
표본[1]	투여전	1.500		
	투여10분후	1.600	1.600	
	투여5분후		2.900	2.900
	투여1분후			4.000
검정 통계량		.200	5.000	5.000
유의확률 (2측검정)		.655	.025	.025
수정된 유의확률 (2측검정)		.881	.050	.050

동질적 부분집합은 근사 유의확률을 기반으로 합니다. 유의수준이 .05입니다.

[1]각 셀은 표본 평균 순위를 보여줍니다.

동질적 부분집합이므로, 유의차가 없는 그룹은

그룹 1 … {투여전 10분후}

그룹 2 … {10분후 5분후}

그룹 3 … {5분후 1분후}

로 되어 있다.

CHAPTER

15

반복이 있는 이원배치 실험 데이터

CHAPTER 15 반복이 있는 이원배치 실험 데이터

15.1 | 반복이 있는 이원배치 실험 데이터

다음과 같은 형태의 데이터의 경우 어떠한 통계분석을 적용할 것인가?

표 15.1 데이터의 형태

	B_1	B_2	B_3
A_1	$x(1,1,1)$ $x(1,1,2)$ $\vdots$ $x(1,1,n)$	$x(1,2,1)$ $x(1,2,2)$ $\vdots$ $x(1,2,n)$	$x(1,3,1)$ $x(1,3,2)$ $\vdots$ $x(1,3,n)$
A_2	$x(2,1,1)$ $x(2,1,2)$ $\vdots$ $x(2,1,n)$	$x(2,2,1)$ $x(2,2,2)$ $\vdots$ $x(2,2,n)$	$x(2,3,1)$ $x(2,3,2)$ $\vdots$ $x(2,3,n)$
A_3	$x(3,1,1)$ $x(3,1,2)$ $\vdots$ $x(3,1,n)$	$x(3,2,1)$ $x(3,2,2)$ $\vdots$ $x(3,2,n)$	$x(3,1,1)$ $x(3,3,2)$ $\vdots$ $x(3,3,n)$

이 데이터 형식의 특징은

> 두 개의 요인 A, B에 대해서
>
> 수준 A_1, A_2, A_3와 수준 B_1, B_2, B_3로 나누어지고,
> 그 수준의 모든 조합(A_i, B_j)에 대해서,
> n회 반복하여 측정되고 있다

라고 하는 점에 있다.

[예제 15-1]

다음의 데이터는 올챙이의 표피세포분열의 비율에 대해서 조사한 것이다. 약제시간과 약제량의 12개 조합에 대해서 3회씩 반복측정하고 있다. 각 수준 간에 차가 있다고 할 수 있을까? 또 두 요인 간에 교호작용(상호작용)은 존재하는가? 즉, 본 예제에서는 다음과 같은 세 가지의 질문이 있을 수 있다.

첫째, 두 요인 간에 교호작용은 존재하는가?

둘째, 약제시간에 따라 표피세포분열의 비율에 차가 발생하는가?

셋째, 약제량에 따라 표피세포분열의 비율에 차가 발생하는가?

표 15.2 약제의 효과를 조사한 데이터

약제시간 \ 약제량		요인B		
		100mg	600mg	2400mg
요인 A	3시간	13.2 15.7 11.9	16.1 15.7 15.1	9.1 10.3 8.2
	6시간	22.8 25.7 18.5	24.5 21.2 24.2	11.9 14.3 13.7
	12시간	21.8 26.3 32.1	26.9 31.3 28.3	15.1 13.6 16.2
	24시간	25.7 28.8 29.5	30.1 33.8 29.6	15.2 17.3 14.8

다시 말하면, 이 데이터는 약제시간이나 약제량을 여러 가지 바꾸어서 실험을 실시하였을 때,

"약제시간이나 약제량으로 표피세포분열에

차가 발생하는지 어떤지를 조사하고 싶다"

라고 하는 것이 연구목적이다.

15.2 | 그래프 표현 및 기초통계량

<표 15.2> 그대로는 그래프 표현이 어려우므로, 각각의 셀마다 평균을 취한다.

예를 들면, (3시간, 2400mg)첫 번째 셀의 평균은 다음과 같이 구한다.

$$\frac{9.1 + 10.3 + 8.2}{3} = 9.2$$

표 15.3 각 셀의 평균

약제시간 \ 약제량		요인B 100mg	600mg	2400mg	평균
요인A	3시간	13.6	15.6	9.2	12.8
	6시간	22.3	23.3	13.3	19.6
	12시간	26.7	28.8	15.0	23.5
	24시간	28.0	31.2	15.8	25.0
	평균	22.7	24.7	13.3	20.2

<표 15.3>을 사용해서 그래프로 표현해 보자.

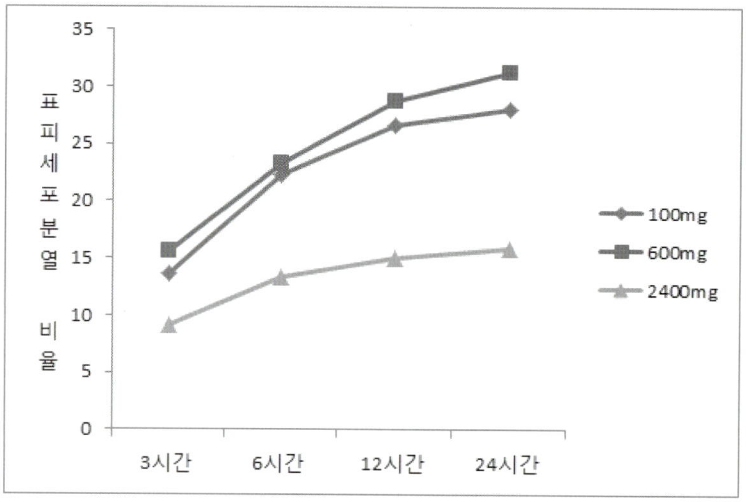

그림 15.1

그래프로부터 무엇인가 데이터의 특징을 파악할 수 있을까?

그래프를 보면, 약제량이 100mg과 600mg일 때의 꺾은선은 거의 평행으로 되어 있는 데 비해서, 약제량이 2400mg일 때의 꺾은선은 조금 밑으로 처져 있는 것처럼 보인다.

이것은 무엇을 의미하는 것일까?

15.3 | 이원배치 분산분석과 다중비교

<표 15.2>에 대해서 이원배치 분산분석을 적용해 보자.

■ SPSS에 의한 해법

〈순서 1〉 데이터의 입력

<표 15.2>의 데이터를 다음과 같이 입력한다.

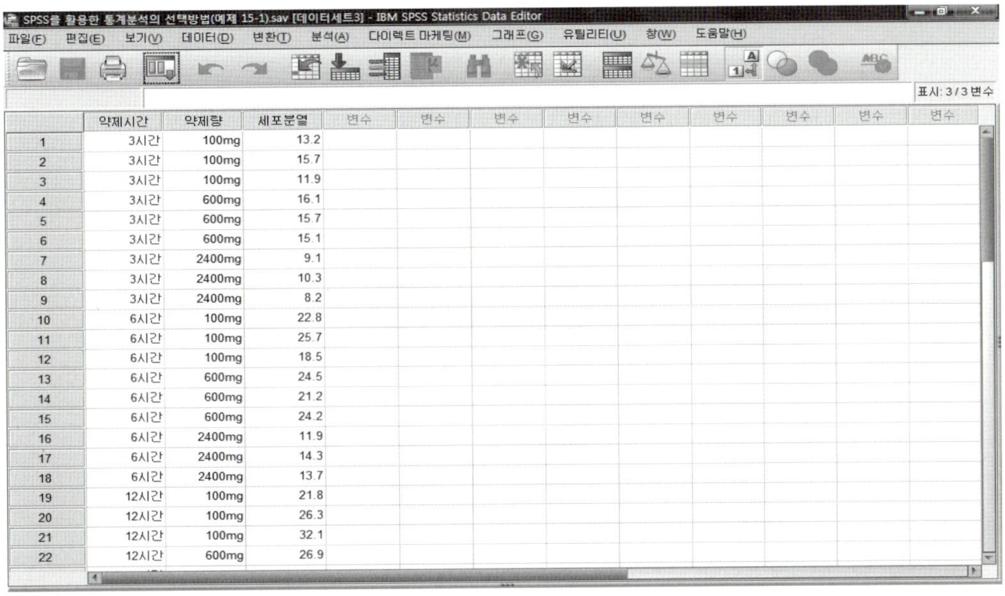

	약제시간	약제량	세포분열
1	3시간	100mg	13.2
2	3시간	100mg	15.7
3	3시간	100mg	11.9
4	3시간	600mg	16.1
5	3시간	600mg	15.7
6	3시간	600mg	15.1
7	3시간	2400mg	9.1
8	3시간	2400mg	10.3
9	3시간	2400mg	8.2
10	6시간	100mg	22.8
11	6시간	100mg	25.7
12	6시간	100mg	18.5
13	6시간	600mg	24.5
14	6시간	600mg	21.2
15	6시간	600mg	24.2
16	6시간	2400mg	11.9
17	6시간	2400mg	14.3
18	6시간	2400mg	13.7
19	12시간	100mg	21.8
20	12시간	100mg	26.3
21	12시간	100mg	32.1
22	12시간	600mg	26.9

〈순서 2〉 분석수법의 선택

메뉴에서 [분석]-[일반선형모형]-[일변량]을 선택한다.

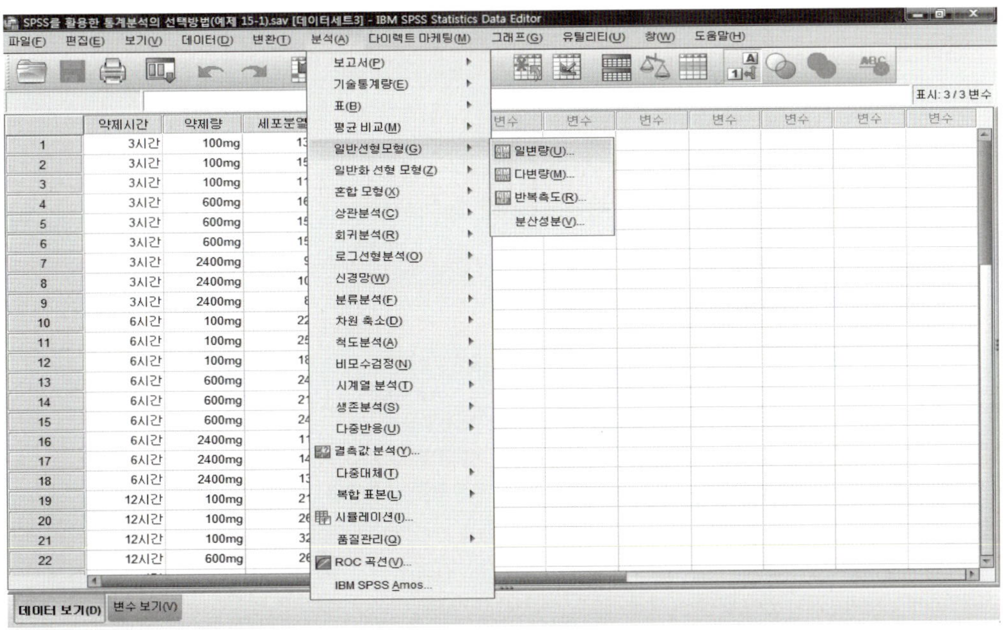

〈순서 3〉 변수의 선택

다음 화면에서 [종속변수]에 '세포분열', [고정요인]에 '약제시간'과 '약제량'을 이동한다. [옵션]을 클릭한다.

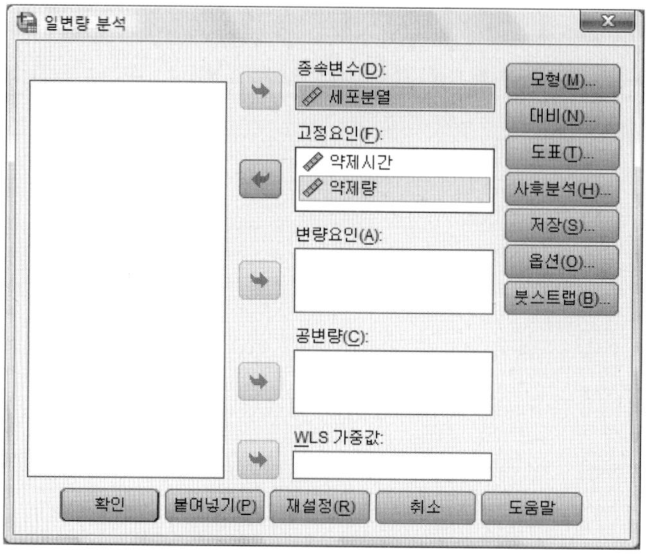

〈순서 4〉 옵션의 선택

다음 화면에서 [동질성검정]을 선택하고 [계속]을 클릭한다.

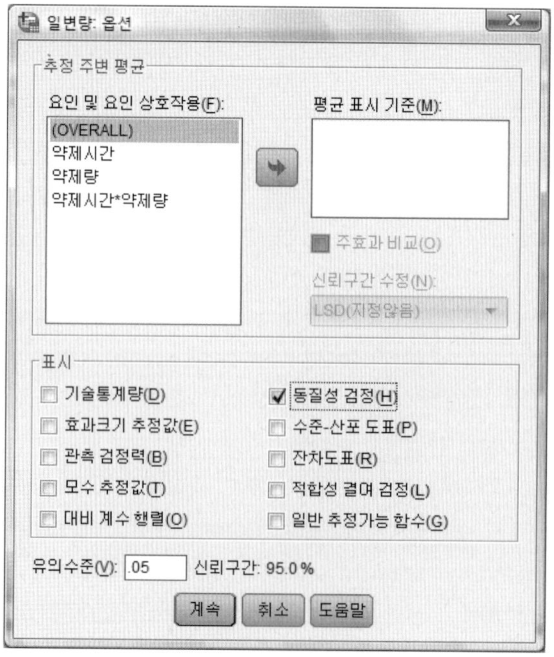

〈순서 5〉 모형의 선택

앞의 화면에서 [모형]을 클릭하면 다음 화면이 나타난다. [사용자 정의]를 클릭하고 다음과 같이 [모형]에 투입한다. [계속]을 클릭한다.

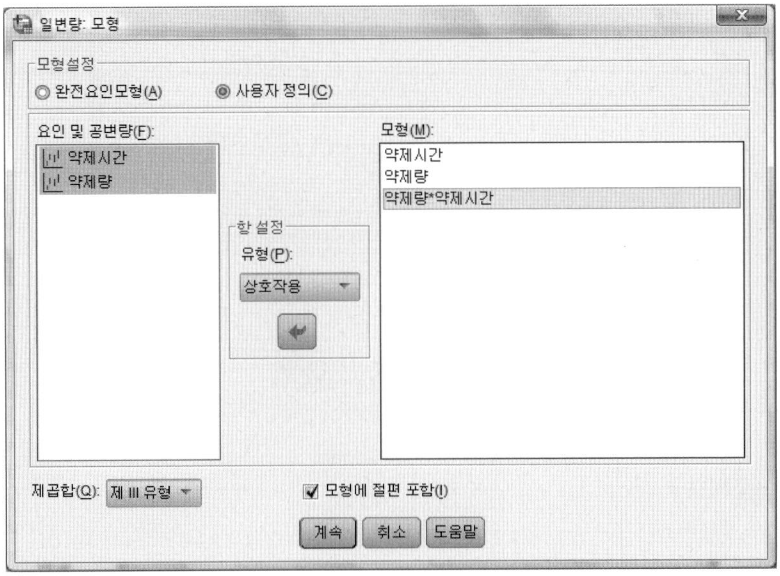

〈순서 6〉 프로파일 도표 작성

① 앞의 화면에서 [도표]를 클릭하면 다음 화면이 나타난다.
[수평축 변수]에 '약제시간', [선구분 변수]에 '약제량'을 투입한다.
[추가]를 클릭한다.

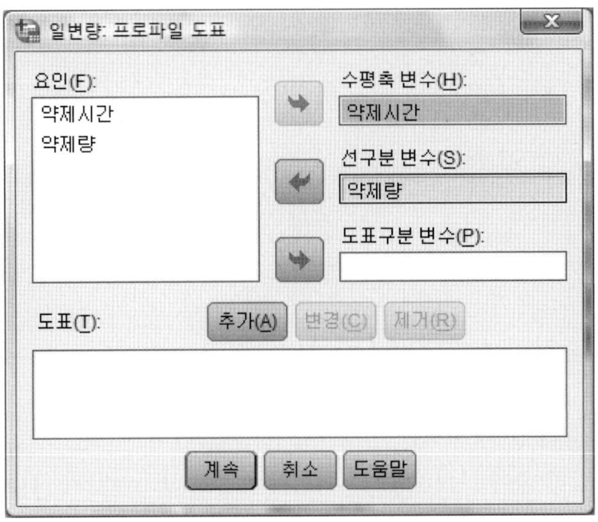

② 다음과 같이 되면서 프로파일 도표가 완성된다. [계속]을 클릭한다.

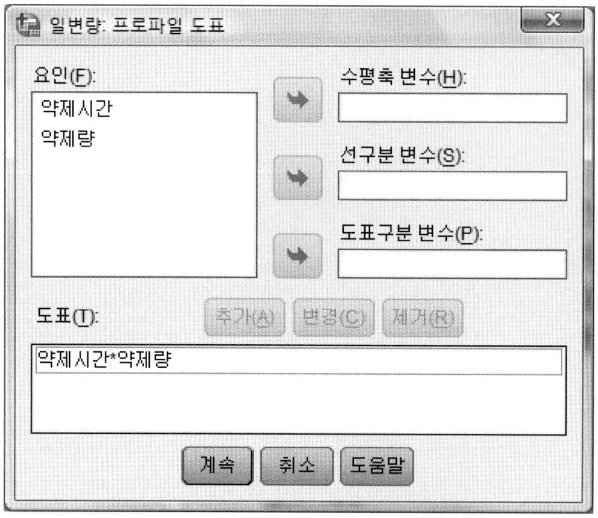

〈순서 7〉 다중비교

① 앞의 화면에서 [사후분석]을 클릭하면 다음과 같은 화면이 나타난다.

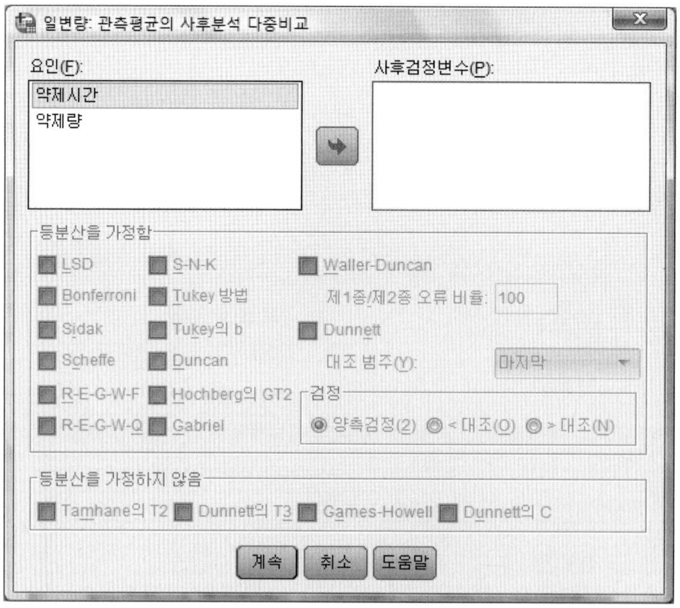

② [사후검정변수]에 '약제시간', '약제량'을 이동한다.
다중비교 방법 중에 [등분산을 가정함]에서 [Bonferroni]와 [Tukey의 방법]을 선택하고 [계속]을 클릭한다. 앞의 화면에서 [확인]을 클릭한다.

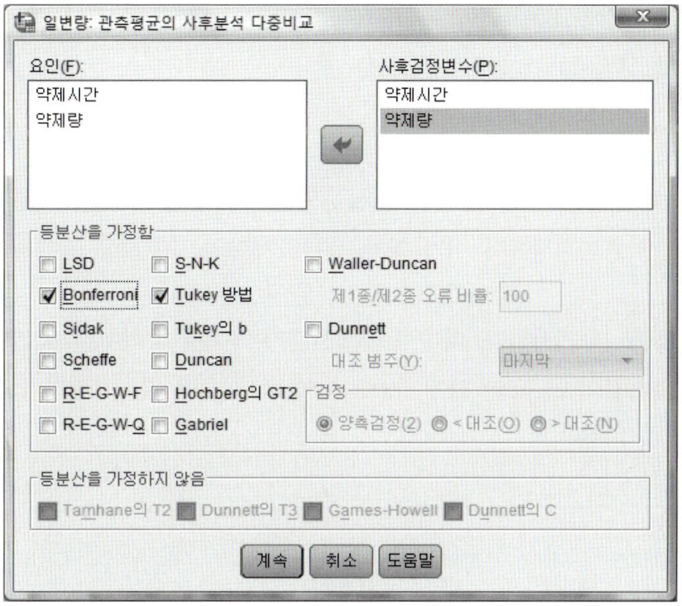

■ 분석결과(1)

오차 분산의 등일성에 대한 Levene의 검정[a]

종속변수: 세포분열

F	자유도1	자유도2	유의확률
1.760	11	24	.119

여러 집단에서 종속변수의 오차 분산이 동일한 영가설을 검정합니다.

a. Design: 절편 + 약제시간 + 약제량 + 약제시간 * 약제량

개체-간 효과 검정

종속변수: 세포분열

소스	제 III 유형 제곱합	자유도	평균제곱	F	유의확률
수정된 모형	1777.616[a]	11	161.601	28.651	.000
절편	14742.007	1	14742.007	2613.702	.000
약제시간	798.208	3	266.069	47.173	.000
약제량	889.521	2	444.760	78.854	.000
약제시간 * 약제량	89.888	6	14.981	2.656	.040
오차	135.367	24	5.640		
전체	16654.990	36			
수정된 합계	1912.983	35			

a. R 제곱 = .929 (수정된 R 제곱 = .897)

오차분산의 동일성에 대한 루빈(Levene)의 검정에서는 모든 수준의 편성($3 \times 4 = 12$)에 대해서 등분산이 성립되고 있는지 어떤지를 체크하고 있다.

검정통계량이 $F = 1.760$이며 그때의

$$\text{유의확률 } 0.119 > \text{유의수준 } 0.05$$

이므로 귀무가설 H_0는 채택된다. 따라서 등분산성이 성립되고 있다고 생각된다.

다음에 개체 간 효과검정에서 먼저 약제시간*약제량의 교호작용 검정결과를 보면,

$$\text{유의확률 } 0.040 \leq \text{유의수준 } 0.05$$

이므로 귀무가설 H_0는 기각된다. 따라서 약제시간과 약제량 사이에는 교호작용이 존재한다고 생각된다. 이와 같이 두 요인 간에 교호작용이 존재할 때에는 요인마다의 수준 간 차이 검정은 별로 의미가 없다.

■ 분석결과(2)

다중비교

종속변수: 세포분열

	(I) 약제시간	(J) 약제시간	평균차이(I-J)	표준오차	유의확률	95% 신뢰구간 하한	95% 신뢰구간 상한
Tukey HSD	3시간	6시간	-6.833*	1.1196	.000	-9.922	-3.745
		12시간	-10.700*	1.1196	.000	-13.788	-7.612
		24시간	-12.167*	1.1196	.000	-15.255	-9.078
	6시간	3시간	6.833*	1.1196	.000	3.745	9.922
		12시간	-3.867*	1.1196	.010	-6.955	-.778
		24시간	-5.333*	1.1196	.000	-8.422	-2.245
	12시간	3시간	10.700*	1.1196	.000	7.612	13.788
		6시간	3.867*	1.1196	.010	.778	6.955
		24시간	-1.467	1.1196	.566	-4.555	1.622
	24시간	3시간	12.167*	1.1196	.000	9.078	15.255
		6시간	5.333*	1.1196	.000	2.245	8.422
		12시간	1.467	1.1196	.566	-1.622	4.555
Bonferroni	3시간	6시간	-6.833*	1.1196	.000	-10.052	-3.615
		12시간	-10.700*	1.1196	.000	-13.919	-7.481
		24시간	-12.167*	1.1196	.000	-15.385	-8.948
	6시간	3시간	6.833*	1.1196	.000	3.615	10.052
		12시간	-3.867*	1.1196	.012	-7.085	-.648
		24시간	-5.333*	1.1196	.000	-8.552	-2.115
	12시간	3시간	10.700*	1.1196	.000	7.481	13.919
		6시간	3.867*	1.1196	.012	.648	7.085
		24시간	-1.467	1.1196	1.000	-4.685	1.752
	24시간	3시간	12.167*	1.1196	.000	8.948	15.385
		6시간	5.333*	1.1196	.000	2.115	8.552
		12시간	1.467	1.1196	1.000	-1.752	4.685

관측평균을 기준으로 합니다.
오차항은 평균제곱(오차) = 5.640입니다.

*. 평균차이는 .05 수준에서 유의합니다.

다중비교

종속변수: 세포분열

	(I) 약제량	(J) 약제량	평균차이(I-J)	표준오차	유의확률	95% 신뢰구간	
						하한	상한
Tukey HSD	100mg	600mg	-2.067	.9696	.105	-4.488	.355
		2400mg	9.358*	.9696	.000	6.937	11.780
	600mg	100mg	2.067	.9696	.105	-.355	4.488
		2400mg	11.425*	.9696	.000	9.004	13.846
	2400mg	100mg	-9.358*	.9696	.000	-11.780	-6.937
		600mg	-11.425*	.9696	.000	-13.846	-9.004
Bonferroni	100mg	600mg	-2.067	.9696	.130	-4.562	.429
		2400mg	9.358*	.9696	.000	6.863	11.854
	600mg	100mg	2.067	.9696	.130	-.429	4.562
		2400mg	11.425*	.9696	.000	8.930	13.920
	2400mg	100mg	-9.358*	.9696	.000	-11.854	-6.863
		600mg	-11.425*	.9696	.000	-13.920	-8.930

관측평균을 기준으로 합니다.
오차항은 평균제곱(오차) = 5.640입니다.

*. 평균차이는 .05 수준에서 유의합니다.

약제시간과 약제량에 대해서 Tukey의 방법과 Bonferroni 방법에 의한 다중비교의 결과를 보여 주고 있다. Tukey의 방법과 Bonferroni 방법에 의한 분석결과가 일치하고 있다.

약제시간에 대해서는 모든 편성에 대해서 유의차가 있는 것으로 되어 있다. 그리고 약제량에 대해서는 {100mg 2400mg}, {600mg 2400mg}의 두 가지 편성에 대해서 유의차가 있는 것으로 되어 있다.

그러나 실은 약제시간과 약제량 사이에는 교호작용이 존재하므로, 이들 각각에 대한 다중비교를 하는 데에 별로 의미가 없다.

■ 분석결과(3)

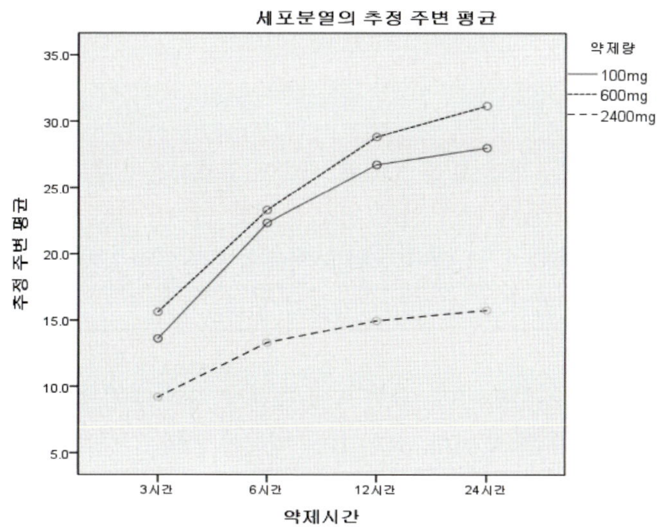

프로파일 도표를 보면 100mg과 600mg의 꺾은선은 거의 평행이므로, 이 두 수준에 관해서는 시간과의 사이에 교호작용은 없는 것으로 보인다.

그런데 2400mg의 꺾은선은 다른 두 선과 평행으로 되어 있지 않다. 따라서 여기에 교호작용이 숨어 있는 것으로 판단된다.

가로축을 약제량으로 하는 프로파일 도표를 작성해 보자.

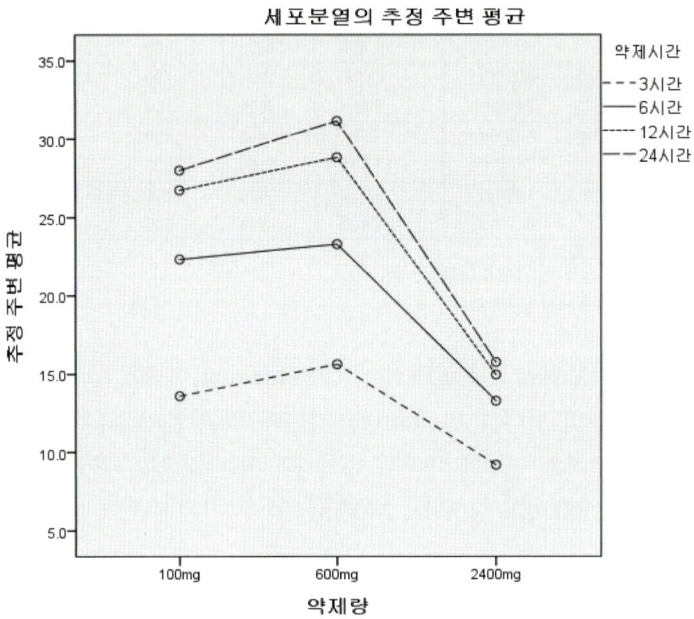

이 그래프도 100mg과 600mg 사이에서는 모든 시간의 꺾은선이 평행으로 되어 있으나, 600mg과 2400mg 사이에서는 그 평행성이 깨지고 있음을 알 수 있다.

15.4 | 하위검정

이원배치 분산분석에서 두 개의 요인 A와 B 사이에 교호작용이 존재할 때에는 요인 A에 대한 차의 검정이나 요인 B에 대한 차의 검정은 별로 의미가 없다.

따라서 교호작용이 존재하게 되면 이원배치로서의 분산분석은 거기에서 종료된다. 그런데 심리학 분야에서는 '하위검정'을 실시하는 경우가 있다.

하위검정이란

요인 B의 각 수준 B_i마다, 요인 A에 대해서 차의 검정을 실시한다

요인 A의 각 수준 A_j마다, 요인 B에 대해서 차의 검정을 실시한다

라고 하는 것으로 다음과 같은 절차로 진행된다.

■ SPSS에 의한 해법

〈순서 1〉 데이터의 입력

<표 15. 2>의 데이터를 다음과 같이 입력한다.

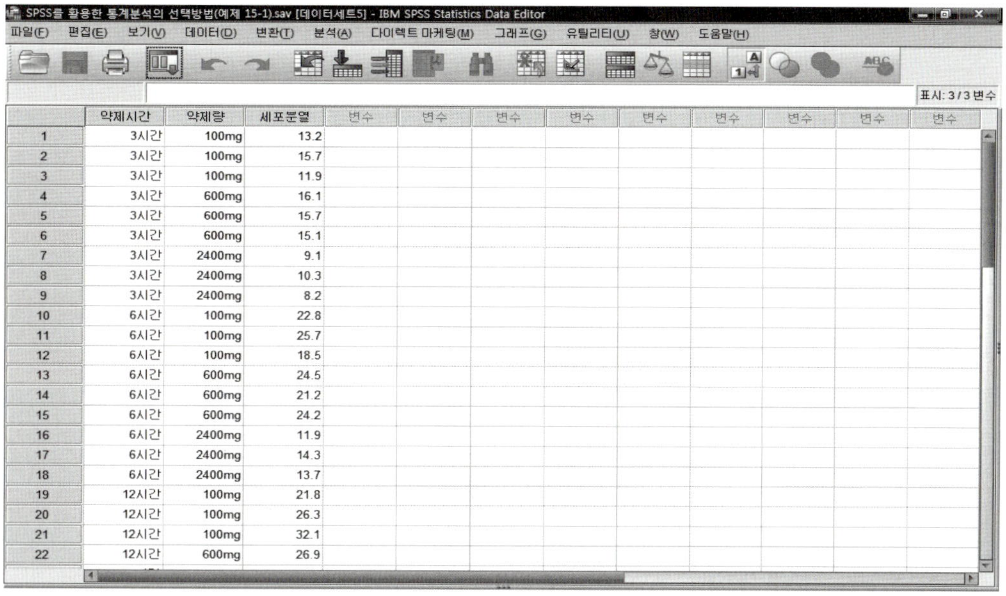

〈순서 2〉 분석수법의 선택

메뉴에서 [분석]-[일반선형모형]-[일변량]을 선택한다.

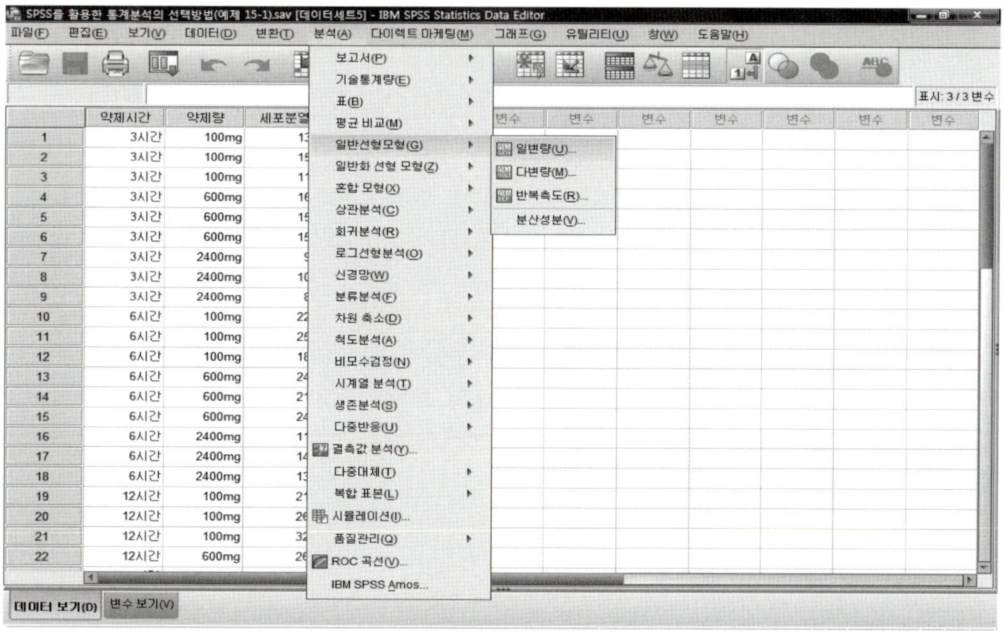

〈순서 3〉 변수의 선택

다음 화면에서 [종속변수]에 '세포분열', [고정요인]에 '약제시간'과 '약제량'을 이동한다. 화면 아래의 [붙여넣기]를 클릭한다.

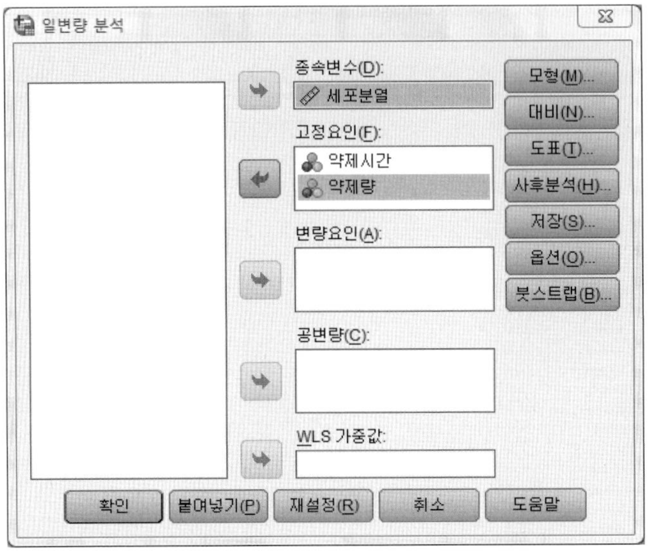

〈순서 4〉 다음과 같은 Syntax의 화면이 나타난다.

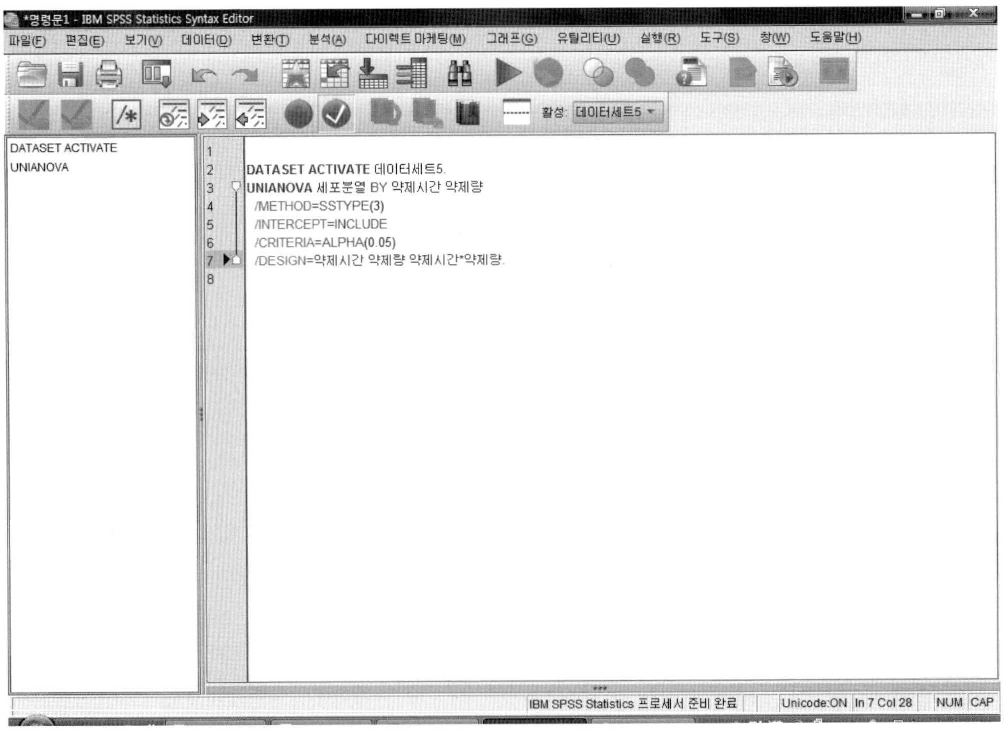

〈순서 5〉 하위검정을 위해서 다음의 명령문을 Syntax에 추가한다.

/EMMEAN=TABLE(약제시간*약제량)COMPARE(약제량)ADJ(BONFERRONI)

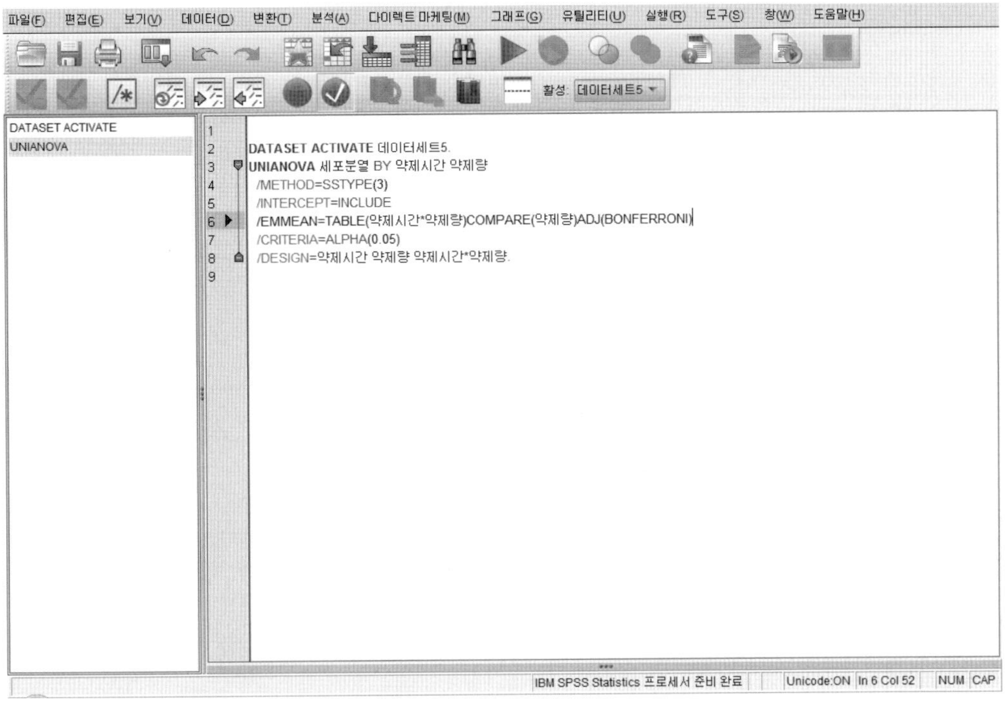

〈순서 6〉 다음과 같이 Syntax를 실행한다.

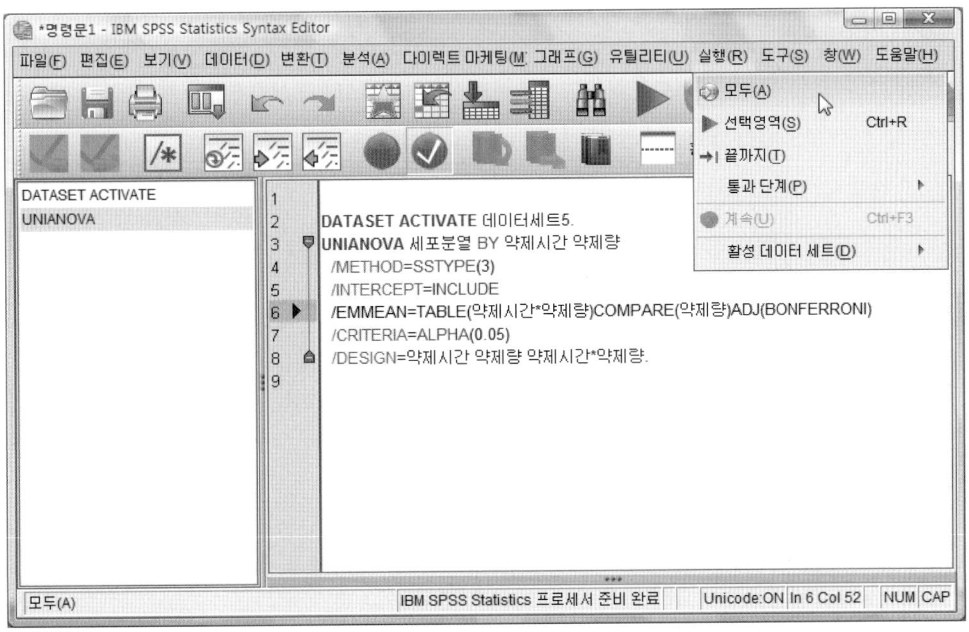

■ 분석결과(1)

개체-간 효과 검정

종속변수: 세포분열

소스	제 III 유형 제곱합	자유도	평균제곱	F	유의확률
수정된 모형	1777.616[a]	11	161.601	28.651	.000
절편	14742.007	1	14742.007	2613.702	.000
약제시간	798.208	3	266.069	47.173	.000
약제량	889.521	2	444.760	78.854	.000
약제시간 * 약제량	89.888	6	14.981	2.656	.040
오차	135.367	24	5.640		
전체	16654.990	36			
수정된 합계	1912.983	35			

a. R 제곱 = .929 (수정된 R 제곱 = .897)

일변량 검정

종속변수: 세포분열

약제시간		제곱합	자유도	평균제곱	F	유의확률
3시간	대비	64.882	2	32.441	5.752	.009
	오차	135.367	24	5.640		
6시간	대비	182.536	2	91.268	16.181	.000
	오차	135.367	24	5.640		
12시간	대비	335.149	2	167.574	29.710	.000
	오차	135.367	24	5.640		
24시간	대비	396.842	2	198.421	35.179	.000
	오차	135.367	24	5.640		

각 F-검정은 나타난 나머지 효과 간의 각 수준 조합에서 약제량의 단순효과를 검정합니다. 이 검정은 추정되는 주변 평균 사이의 선형독립의 대응별 비교에 기초합니다.

개체 간 효과검정은 앞에서도 출력되었다.

일변량 검정의 결과 약제시간의 각 수준 3시간, 6시간, 12시간, 24시간에 대한 약제량의 일원배치 분산분석을 실시하고 있다.

예를 들면, 수준 12시간에서는 다음과 같이 되어 있다.

귀무가설 H_0 : 수준 100mg, 600mg, 2400mg 사이에 차는 없다.

유의확률 $0.000 \leq$ 유의수준 0.05

이므로 귀무가설 H_0는 기각된다.

따라서 수준 12시간의 조건 하에서

약제량의 수준 100mg, 600mg, 2400mg 사이에 차가 있다

는 것을 알 수 있다.

■ **분석결과(2)**

대응별 비교

종속변수: 세포분열

약제시간	(I) 약제량	(J) 약제량	평균차이(I-J)	표준오차	유의확률[b]	차이에 대한 95% 신뢰구간[b] 하한	차이에 대한 95% 신뢰구간[b] 상한
3시간	100mg	600mg	-2.033	1.939	.914	-7.024	2.957
		2400mg	4.400	1.939	.098	-.591	9.391
	600mg	100mg	2.033	1.939	.914	-2.957	7.024
		2400mg	6.433*	1.939	.009	1.443	11.424
	2400mg	100mg	-4.400	1.939	.098	-9.391	.591
		600mg	-6.433*	1.939	.009	-11.424	-1.443
6시간	100mg	600mg	-.967	1.939	1.000	-5.957	4.024
		2400mg	9.033*	1.939	.000	4.043	14.024
	600mg	100mg	.967	1.939	1.000	-4.024	5.957
		2400mg	10.000*	1.939	.000	5.009	14.991
	2400mg	100mg	-9.033*	1.939	.000	-14.024	-4.043
		600mg	-10.000*	1.939	.000	-14.991	-5.009
12시간	100mg	600mg	-2.100	1.939	.869	-7.091	2.891
		2400mg	11.767*	1.939	.000	6.776	16.757
	600mg	100mg	2.100	1.939	.869	-2.891	7.091
		2400mg	13.867*	1.939	.000	8.876	18.857
	2400mg	100mg	-11.767*	1.939	.000	-16.757	-6.776
		600mg	-13.867*	1.939	.000	-18.857	-8.876
24시간	100mg	600mg	-3.167	1.939	.347	-8.157	1.824
		2400mg	12.233*	1.939	.000	7.243	17.224
	600mg	100mg	3.167	1.939	.347	-1.824	8.157
		2400mg	15.400*	1.939	.000	10.409	20.391
	2400mg	100mg	-12.233*	1.939	.000	-17.224	-7.243
		600mg	-15.400*	1.939	.000	-20.391	-10.409

추정 주변 평균을 기준으로

*. 평균차이는 0.05 수준에서 유의합니다.

b. 다중비교를 위한 수정: Bonferroni

약제시간 각 수준 3시간, 6시간, 12시간, 24시간에 대해서 약제량의 세 가지 수준 100mg, 600mg, 2400mg의 다중비교를 하고 있다.

예를 들면, 수준 12시간의 조건 하에서는 다음과 같다.

수준 100mg과 2400mg 사이에 차가 있다.

수준 600mg과 2400mg 사이에 차가 있다.

CHAPTER

16

시계열 데이터

CHAPTER 16 **시계열 데이터**

16.1 | 시계열 데이터

다음과 같은 형태의 데이터의 경우 어떠한 통계분석을 적용할 것인가?

표 16.1 데이터의 형태

시간 T	변수 X_1	변수 X_2	변수 X_3
$t(1)$	$x_1(1)$	$x_2(1)$	$x_3(1)$
$t(2)$	$x_1(2)$	$x_2(2)$	$x_3(2)$
$t(3)$	$x_1(3)$	$x_2(3)$	$x_3(3)$
⋮	⋮	⋮	⋮
$t(n)$	$x_1(n)$	$x_2(n)$	$x_3(n)$

이 데이터 형식의 특징은 데이터 안에 시간에 관한 변수가 있다고 하는 점에 있다. 이와 같이 시간과 함께 변화하는 데이터를 시계열 데이터라고 한다. 그런데 시계열 데이터의 경우, 다음과 같이 표현하는 경우가 많다.

시점	1	2	3	⋯	$t-2$	$t-1$	t
시계열 X	$x(1)$	$x(2)$	$x(3)$	⋯	$x(t-2)$	$x(t-1)$	$x(t)$

■ 시계열 데이터

시계열 데이터란 시간을 통해서 순차적으로 발생한 관측치의 집합이다. 시계열 데이터의 특징은 데이터가 시간에 관해서 순서가 매겨져 있다고 하는 사실, 그리고 연속한 관측치는 서로 관련이 있다고 기대된다는 사실이다. 실제로 어떤 시기와 다른 시기 사이의 상관은 신뢰에 대한 예측을 얻기 위해서 활용된다. 관측치의 순서는 첨자 t로 표현된다. 이번 시기의 관측치를 z_t라고 하면, 1시기 전의 관측치는 z_{t-1}, 다음 시기의 관측치는 z_{t+1}로 나타낸다.

여기에서 시계열과정과 시계열 데이터(실현치)를 구별하는 것이 중요하다. 관측된 시계열 데이터는 기본이 되는 시계열과정이 실제로 실현된 것이다. 여기에서 실현치라고 하는 것은 단일의 관측치가 아니라 관측치의 계열을 말한다. 시계열분석의 목적은 이론적인 시계열과정을 그 과정 자체와 같은 특징을 갖는 관측 가능한 모형의 형태로 간결하게 표현하는 것이다.

보통은 미리 정해진 등간격 혹은 대부분 등간격, 예를 들면, 일, 월 혹은 4분기마다의 실현치에 대한 기록을 분석한다. 달력상의 월은 관측치 사이의 간격이 완전히 일정하지 않은 예이다. 이와 같이 이산적인 시간 간격으로 관측된 시계열 데이터는 이산형 시계열 데이터라고 불리며, 시간의 모든 점에서 존재하는 연속형 시계열 데이터와는 대조를 이루고 있다. 연속형 시계열 데이터의 예는 특정한 장소의 기온이다.

이산형 시계열 데이터는 여러 가지 방법으로 관측할 수 있다. 연속형 시계열과정이 주어져 있을 때, 같은 시간 간격으로 계측함으로써 이산형 시계열 데이터를 얻을 수 있다. 이와 같은 시계열 데이터를 즉시기록형 계열이라고 정의한다.[1] 이러한 형태의 시계열 데이터의 예는 매일 오후 3시에 기록되는 기온, 매일의 다우존스 주식지수의 종가(終價) 등이다. 여기에서 유의하지 않으면 안 될 것은 뉴욕 주식시장은 주말에는 닫혀 있으므로, 연속된 다우존스 평균주가는 시간 간격이 같지 않다고 하는 사실이다. 이것과는 별도로 이산형 시계열 데이터는 미리 정해진 기간에 대해서 실현치(實現値)를 누적 혹은 집계함으로써도 얻을 수 있다. 이것들은 Granger and Newbold(1977)에 의해서 누적계열(累積系列)이라고 불렸던 것이다. 예를 들면, 월간 강수량, 4분기별 공업생산, 비행기의 매일 운행거리, 월간 교통사고사망자 수 등이다. 월간 교통사고사망자 수는 실제로는 이산적인 사상의 집계라는 사실에 주의를 요한다. 연속형 데이터도 이산형 데이터로 변화할 수 있다.

대부분의 경우 이산형 데이터는 수많은 곤란한 문제를 일으킨다. 1개월의 길이의 차이는 그와 같은 한 예이다. 1개월에 포함되는 주(週)의 수가 4회인가 아니면 5회인가의 차이는 관측치에 영향을 미칠 것이다. 특히, 부활절은 해에 따라서 제1사분기에 속하는 경우도 있고 제2사분기에 속하는 경우도 있기 때문에 데이터에 번거로운 문제를 일으킨다. 파업(strike)도 시계열과정으로부터의 일탈이다.

대부분의 경우에 형식적인 분석을 실시하기 전에 원시 데이터를 손질하여 다듬을 필요가 있다. 다음에 기술하는 것은 이와 같은 문제를 해결하기 위한 약간의 방법이다.

1. 비교하는 데 적절한 척도는 달력상으로 정한 한 달의 생산 데이터를 표준일수 30일에 대응하도록, 예를 들면 2월이라면 생산량에 30/28을 곱함으로써 얻어진다.
2. 단기효과는 때로는 집계에 의해서 제거된다. 예를 들면, 부활절이 이동함에 의한 변동은 3개월 데이터가 아니라 6개월 데이터를 사용함으로써 제거할 수 있다.
3. 명목치의 데이터는 화폐가치의 변동을 나타내는 어떠한 지수로 나눔으로써 불변가치 계열(즉, 실질치의 데이터)로 고칠 수 있다.

언제, 어떻게 해서 데이터를 손질하여 다듬을 것인가 혹은 예비적인 처리를 할 것인가, 그리고 어떠한 때에 원시 데이터를 사용해야 할 것인가에 관해서는 확고한 규칙은 없다. 그것을 판단하려면 분석자는 분석의 목적을 생각하지 않으면 안 된다. 4분기 예측이 필요한 때에 부활절의 문제를 제거하기 위하여 반 년 데이터를 사용하는 데에는 의미가 없을 것이다. 또한 분석하고자 하는 모든 데이터를 손질할 필요는 없다. 월차 매상 데이터의 달력상으로 정한 한 달 길이의 상위를 조정하지 않고, 계절지수에 매월 길이의 차이에서 생기는 효과를 포함시켜 두고 싶은 경우도 있다.

경우에 따라서는 시계열분석의 결과를 망칠 특이치(特異値)에 분석자는 직면할지도 모른다. 파업이라든가 휴일의 영향과 같이 그 원인이 기지(旣知)일 때에는 특이치는 식별할 수

1) Granger, C. W. J., and P. Newbold, *Forecasting Economic Time Series*, New York : Academic Press, 1977.

있다. 그러나 특이치를 식별할 수 없기 때문에 분석자가 불안감을 느끼는 경우도 있다.

■ 시계열분석의 목적

어떠한 목적으로 시계열 데이터를 연구할 것인가에 따라서 이용할 기법도 달라진다. 여기에서 몇 가지의 연구목적을 개관하기로 한다.

1. 어떤 특정한 시계열과정의 특징을 간결하게 기술하는 것.
2. 모형을 구축해서 시계열 데이터의 행동을 다른 변수에 의해서 설명하고, 그 시계열 데이터를 그 행동에 관한 구조적 규칙과 관련시키는 것.
3. **1.** 혹은 **2.**의 분석결과를 이용하여, 과거에 관한 지식에 의거해서 미래에 대한 시계열과정의 행동을 예측하는 것. **1.**에 있어서는 과거와 장래에 대한 행동이 같다는 것을 보증하는 데에 충분한 안정성이 시스템에 있다고 가정되고 있다. **2.**로부터 시계열과정을 지배하고 있는 규칙에 대해서 보다 깊은 통찰을 얻을 수 있고, 이것들을 사용해서 보다 정확한 예측을 실시할 수 있다.
4. 모형의 모수(parameter)를 몇 개 바꾸었을 때에 무엇이 일어나는지를 조사한다거나, 그 과정이 어떤 한도 이상으로 크게 목표로부터 괴리가 생겼을 때만 개입한다고 하는 정책을 수립함으로써 시계열 데이터의 발생과정을 제어하는 것.

16.2 ㅣ 그래프 표현

시계열분석에는 이동평균법, 지수평활법, ARIMA 모형, 계절분해 등 많은 기법이 알려져 있다. 그러나 어느 기법을 사용해서 분석하더라도 먼저 처음에 하지 않으면 안 될 기본적인 절차가 있다. 그것은 다음과 같은 내용이다.

기본 절차 1. 시계열 그래프를 그린다.
기본 절차 2. 시계열 데이터를 변환해 본다.
기본 절차 3. 자기상관 플롯을 본다.

시계열 데이터의 그래프 타입은 여러 가지가 있다. 대표적인 것을 들면 다음과 같다.

(1) 정상시계열인가?

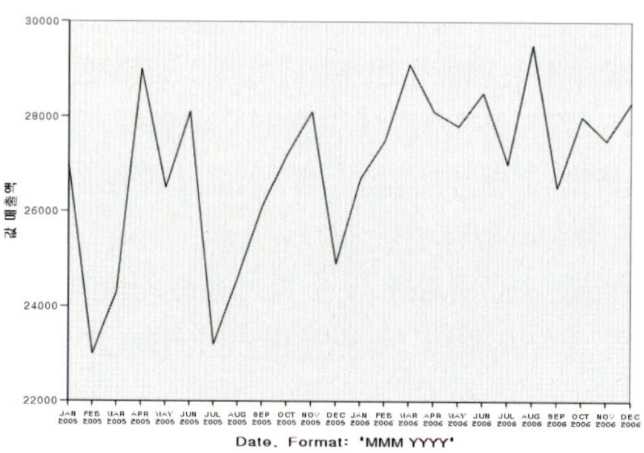

(2) 비정상시계열인가?

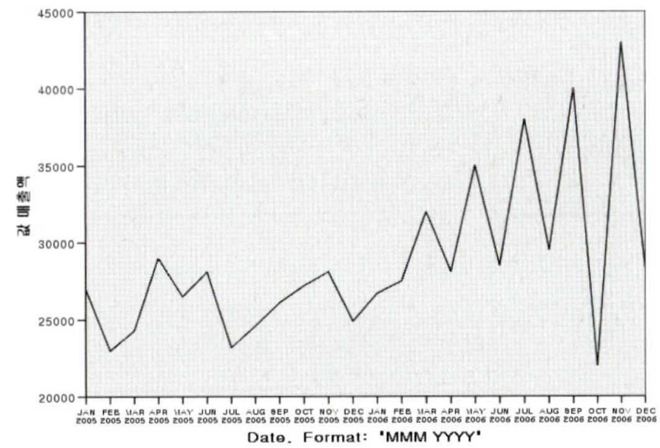

(3) 계절성이 없는 시계열인가?

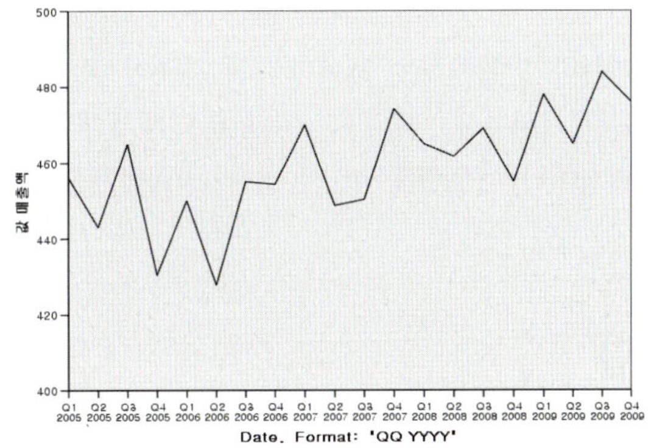

(4) 계절성이 있는 시계열인가?

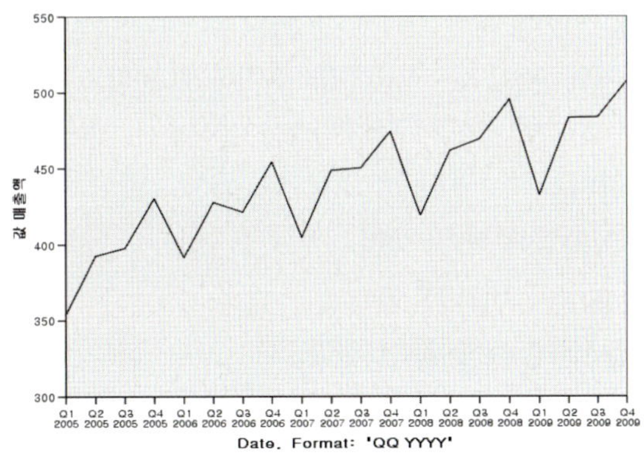

16.3 | 이동평균법

시계열 데이터로부터 우연오차에 의한 변동을 제거하고, 시간 $t_j(j=1,2,...,n)$에 관한 매끄러운 트렌드(trend)를 얻기 위한 방법을 이동평균법(moving average method)이라고 한다. 트렌드가 t_{i-k}와 t_{i+k}의 구간에서 선형이라고 가정할 수 있을 때, 이동평균 m_i는

$$m_i = \frac{1}{2k+1}\sum_{j=i-k}^{i+k} x_j$$

에 의해서 주어진다. 단, x_j는 시간 t_j에 있어서의 관측치이다. 또 트렌드가 t_{i-k}로부터 t_{i+k}의 구간에서 비선형일 때는 가중이동평균

$$m_i = \sum_{j=-k}^{k} a_{j+k+1}x_{i+j}$$

가 이용된다. a_j는 $\sum_{j=1}^{2k+1} a_j = 1$의 제약에 따르는 가중치이며, 다항식 모형 등에 의해서 미리 결정된다. 가중이동평균법은 최근의 수치에 더 비중을 주기 위해서 이동평균법을 수정한 것이다.

그리고 이동평균을 계산하기 위해서는 $2k+1$개의 관측이 필요하므로, 처음 k개의 관측과 마지막 k개의 관측을 제거한 $k+1 \leq i \leq n-k$에 대해서만 계산할 수 있다. 또한 다항식 모형에 의한 a_j의 결정이나 이동평균 m_j의 분산·신뢰한계에 대해서도 연구되고 있다.

16.4 | 지수평활법

지수평활법(exponential smoothing method)은 일종의 가중이동평균법과 같다고 할 수 있으나 가중치를 부여하는 방법이 다르다. 지수평활법에서 예측값을 계산하기 위하여 기간에 부여하는 가중치는 과거로 거슬러 올라갈수록 지수함수적으로 감소한다. 그러므로 지수평활법에서는 가장 가까운 과거에 제일 큰 가중치를 부여하게 된다.

지수평활법은 시계열분석 방법 중에서 단기예측을 실시하는 데에 가장 많이 이용되어 왔는데, 그 이유는 다음과 같다.

1. 지수적 모형은 정확성이 매우 높다.
2. 지수적 모형의 설정이 비교적 쉽다.
3. 사용자가 모형을 쉽게 이해할 수 있다.
4. 모형을 사용하는 데 필요한 계산이 많지 않다.
5. 제한된 역사적 데이터의 사용으로 컴퓨터 기억장소를 많이 요구하지 않는다(이동평균법에서는 장기간의 실제값을 저장할 필요가 있다).
6. 모형이 잘 기능하고 있는지 정확성을 시험하기가 쉽다.

지수평활법을 사용하기 위해서는 세 개의 데이터가 필요하다. 즉 이번 달의 수요를 예측한다면 지난 달의 예측값과 실제값 그리고 지수평활계수이다. 단순지수평활법(simple exponential smoothing method)을 사용하여 예측값을 구하는 식은 다음과 같다.

$$F_t = (1-\alpha)F_{t-1} + \alpha D_{t-1}$$

여기에서 F_t : 기간 t의 예측값

F_{t-1} : 기간 $(t-1)$의 예측값

D_{t-1} : 기간 $(t-1)$의 실제값

α : 지수평활계수($0 < \alpha < 1$)

16.5 | 자기상관 및 편자기상관

시계열 데이터의 상관계수에는 자기상관계수, 편자기상관계수, 교차상관계수 등이 있다.

■ 자기상관계수

시계열 데이터 $\{x(t)\}$에 있어서 다음의 상관계수를 1기 떨어진 자기상관계수 또는 1차의 자기상관계수(autocorrelation coefficient) ρ_1이라고 한다.

…	$x(t-1)$	$x(t)$	$x(t+1)$	$x(t+2)$	…
…	$x(t-2)$	$x(t-1)$	$x(t)$	$x(t+1)$	…

시계열 데이터 $\{x(t)\}$에 있어서 다음의 상관계수를 2기 떨어진 자기상관계수 또는 2차의 자기상관계수 ρ_2라고 한다.

…	$x(t-1)$	$x(t)$	$x(t+1)$	$x(t+2)$	…
…	$x(t-3)$	$x(t-2)$	$x(t-1)$	$x(t)$	…

시계열 데이터 $\{x(t)\}$에 있어서 다음의 상관계수를 k기 떨어진 자기상관계수 또는 k차의 자기상관계수 ρ_k라고 한다.

…	$x(t-1)$	$x(t)$	$x(t+1)$	$x(t+2)$	…
…	$x(t-k-1)$	$x(t-k)$	$x(t-k+1)$	$x(t-k-2)$	…

k차의 자기상관계수 $$\rho_k = \frac{\sum_{i=1}^{N-k}\left[(x(i)-\bar{x})\right]\left[x(i+k)-\bar{x}\right]}{\sum_{i=1}^{N}\left[x(i)-\bar{x}\right]^2}$$

일반적으로 m차의 표본자기상관계수를 ρ_m, m차의 모자기상관계수를 $\rho(m)$이라고 표기한다.

자기상관계수를 그래프로 표현한 것을 자기상관 플롯 또는 코레로그램(correlogram)이라고 한다. 시계열분석에서는 없어서는 안 될 도구의 하나이다.

■ 여러 가지 자기상관 ACF의 그래프

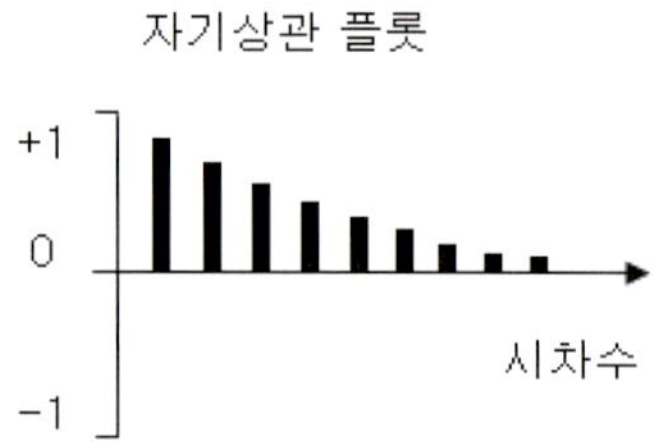

그림 16.1

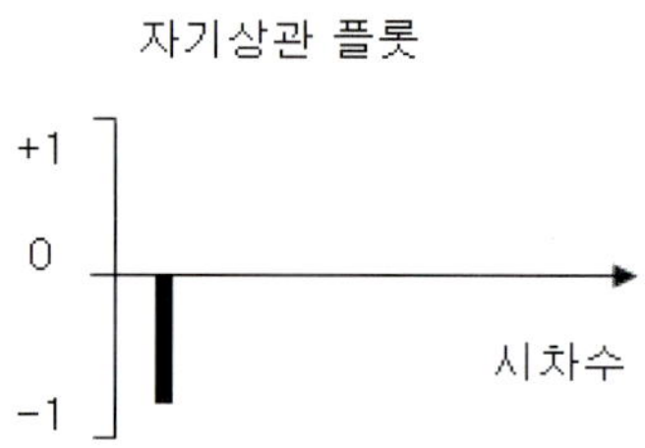

그림 16.2

■ 편자기상관계수

편자기상관계수(partial autocorrelation coefficient)의 정의는 그렇게 간단하지는 않다. ρ_1, ρ_2, ρ_3를 각각 1차, 2차, 3차의 자기상관계수라고 하면,

$$\text{1차의 편자기상관계수} \quad \phi_{11} = \frac{|\rho_1|}{|1|} = \rho_1$$

$$\text{2차의 편자기상관계수} \quad \phi_{22} = \frac{\begin{vmatrix} 1 & \rho_1 \\ \rho_1 & \rho_2 \end{vmatrix}}{\begin{vmatrix} 1 & \rho_1 \\ \rho_1 & 1 \end{vmatrix}}$$

$$\text{3차의 편자기상관계수} \quad \phi_{33} = \frac{\begin{vmatrix} 1 & \rho_1 & \rho_1 \\ \rho_1 & 1 & \rho_2 \\ \rho_2 & \rho_1 & \rho_3 \end{vmatrix}}{\begin{vmatrix} 1 & \rho_1 & \rho_2 \\ \rho_1 & 1 & \rho_1 \\ \rho_2 & \rho_1 & 1 \end{vmatrix}}$$

여기에서 | |은 행렬식을 의미한다.

요컨대, k차의 편자기상관계수는 1기부터 $k-1$기까지의 영향을 제거한 다음의 상관계수를 의미한다.

편자기상관계수의 그래프 표현을 편자기상관 플롯이라고 한다. 자기상관 플롯과 마찬가지로 시계열분석의 필수 도구이다.

■ **여러 가지 편자기상관 PACF의 그래프**

일반적으로 편자기상관 플롯은 자기상관 플롯과 쌍으로 이용한다.

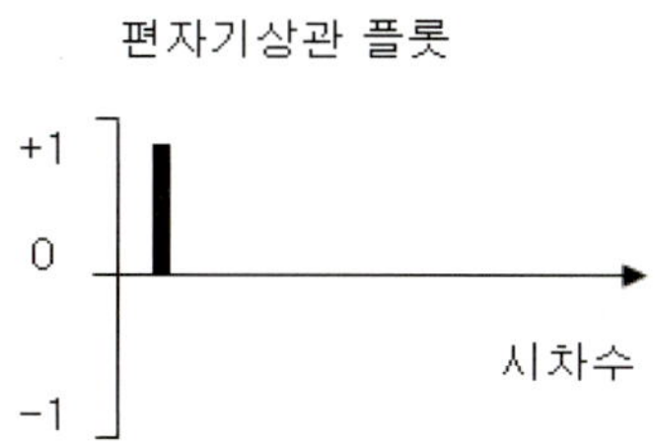

그림 16.3

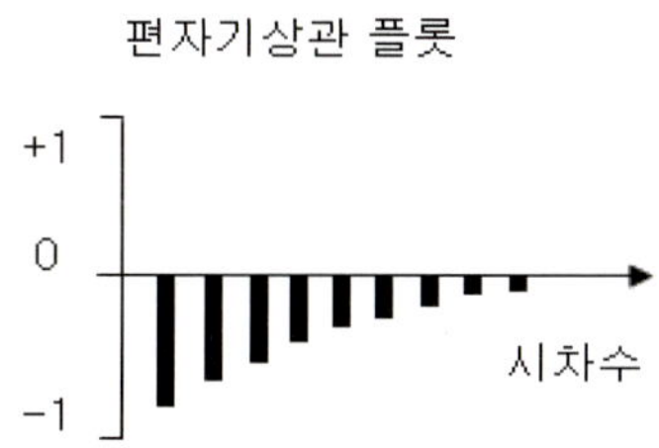

그림 16.4

16.6 | 교차상관

두 개의 시계열 데이터 $\{x(t)\}$, $\{y(t)\}$에 있어서

$\cdots$	$x(t-2)$	$x(t-1)$	$x(t)$	$x(t+1)$	$\cdots$
$\cdots$	$y(t-2)$	$y(t-1)$	$y(t)$	$y(t+1)$	$\cdots$

의 상관을 조사하고 싶은 경우가 있다. 이와 같은 때에 유효한 방법이 교차상관계수(cross correlation coefficient)이다.

■ **교차상관계수**

시계열 데이터 $\{x(t)\}$, $\{y(t)\}$에 있어서 다음의 상관계수를 1기 떨어진 교차상관계수 또는 1차의 교차상관계수라고 한다.

$\cdots$	$x(t-1)$	$x(t)$	$x(t+1)$	$x(t+2)$	$\cdots$
$\cdots$	$y(t-2)$	$y(t-1)$	$y(t)$	$y(t+1)$	$\cdots$

시계열 데이터 $\{x(t)\}$, $\{y(t)\}$에 있어서 다음의 상관계수를 2기 떨어진 교차상관계수 또는 2차의 교차상관계수라고 한다.

$\cdots$	$x(t-1)$	$x(t)$	$x(t+1)$	$x(t+2)$	$\cdots$
$\cdots$	$y(t-3)$	$y(t-2)$	$y(t-1)$	$y(t)$	$\cdots$

시계열 데이터 $\{x(t)\}$, $\{y(t)\}$에 있어서 다음의 상관계수를 k기 떨어진 교차상관계수 또는 k차의 교차상관계수라고 한다.

$\cdots$	$x(t-1)$	$x(t)$	$x(t+1)$	$x(t+2)$	$\cdots$
$\cdots$	$y(t-k-1)$	$y(t-k)$	$y(t-k+1)$	$y(t-k-2)$	$\cdots$

■ 선행지수

예를 들면, 두 개의 시계열 데이터 $\{x(t)\}$, $\{y(t)\}$에 있어서,

$\cdots$	$x(t-1)$	$x(t)$	$x(t+1)$	$x(t+2)$	$\cdots$
↑	↑	↑	↑	↑	↑
$\cdots$	$y(t-4)$	$y(t-3)$	$y(t-2)$	$y(t-1)$	$\cdots$

와 같이 3차의 교차상관계수가 클 때, 시계열 $\{x(t)\}$에 대해서 시계열 $\{y(t)\}$를

시차 + 3의 선행지수

라고 한다. $y(t)$는 $x(t)$의 선행지표라고도 한다.

16.7 | 자기회귀 AR(p) 모형

■ 자기회귀모형

정상시계열 데이터

$$\cdots,\ x(t-p),\ \cdots,\ x(t-2),\ x(t-1),\ x(t),\ \hat{x}(t,1),\ \hat{x}(t,2)$$

$x(t-p)$	$x(t-2)$	$x(t-1)$	$x(t)$	$\hat{x}(t,1)$	$\hat{x}(t,2)$
‖	‖	‖	‖	‖	‖
p기 전	2기 전	1기 전	현재	예측값	예측값

에 있어서

"시점 t에 있어서의 변동은 시점 $t-1$로부터 $t-p$까지의 영향을 받고 있는 것은 아닌가?"

라고 생각할 수 있다.

그래서 $u(t)$를 백색잡음(white noise)이라고 했을 때, 시점 $t-1$로부터 $t-p$까지의 영향을

$$x(t) = a_1x(t-1) + a_2x(t-2) + \ \cdots\ + a_px(t-p) + u(t)$$

와 같이 표현한 식을 자기회귀 AR(p) 모형이라고 한다.

실제로는 $p=1$ 또는 $p=2$까지이므로,

AR(1) 모형, AR(2) 모형

을 취급하는 경우가 많다.

특히, $a_1=1$의 AR(1) 모형

$$x(t) = x(t-1) + u(t)$$

를 난보(random walk)라고 한다.

AR(1) 모형의 성질

성질 1. AR(1) 모형의 식

$$x(t) = a_1 x(t-1) + u(t)$$

성질 2. 1기 앞의 예측값 $\hat{x}(t,1)$

$$\hat{x}(t,1) = a_1 x(t)$$

성질 3. m차의 자기상관계수 ρ_m

$$\rho_m = {a_1}^m \qquad (m \geq 1)$$

이것들은 상수항을 포함하고 있지 않은 모형이다.

(예 1) AR(1) 모형의 자기상관 · 편자기상관 플롯 … $a_1 > 0$의 경우

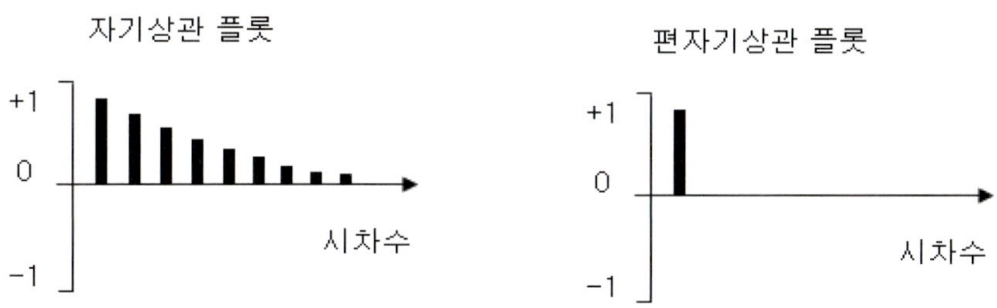

그림 16.5

(예 2) AR(1) 모형의 자기상관 · 편자기상관 플롯 … $a_1 < 0$의 경우

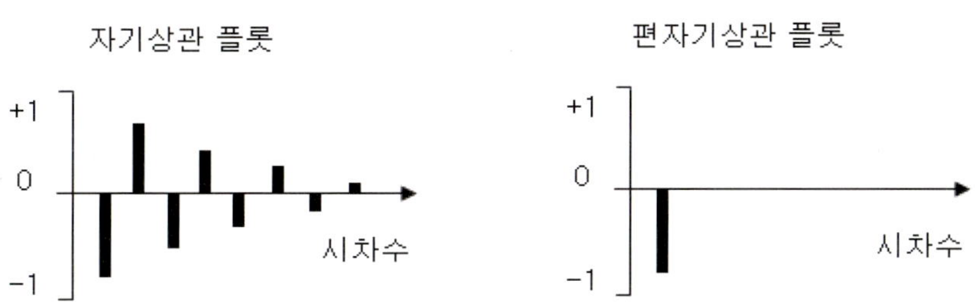

그림 16.6

■ AR(2) 모형의 성질

성질 1. AR(2) 모형의 식

$$x(t) = a_1 x(t-1) + a_2 x(t-2) + u(t)$$

성질 2. 1기 앞의 예측값 $\hat{x}(t, 1)$

$$\hat{x}(t, 1) = a_1 x(t) + a_2 x(t-1)$$

성질 3. 2기 앞의 예측값 $\hat{x}(t, 2)$

$$\hat{x}(t, 2) = a_1 \hat{x}(t, 1) + a_2 x(t)$$

성질 4. 1차의 자기상관계수 ρ_1

$$\rho_1 = \frac{a_1}{1-a_2}$$

성질 5. 2차의 자기상관계수 ρ_2

$$\rho_2 = \frac{{a_1}^2}{1-a_2} + a_2$$

이것들은 상수항을 포함하고 있지 않은 모형이다.

(예 3) AR(2) 모형의 자기상관·편자기상관 플롯의 예

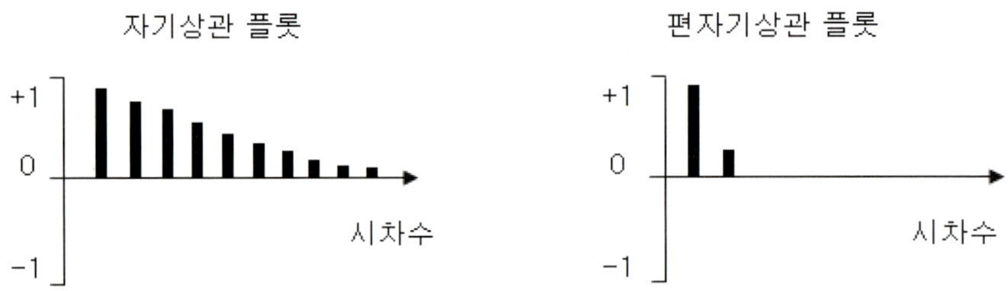

그림 16.7

■ AR(p) 모형 작성의 절차

AR(p) 모형에서 문제가 되는 것은

"p의 값을 어떻게 결정할 것인가?"

라고 하는 점이다.

〈순서 1〉 시계열 데이터의

"자기상관 플롯, 편자기상관 플롯"

을 작도하고, 그 두 개의 그림을 보면서 "p의 값을 결정"한다.

p의 값으로서는 보통은 p = 1 또는 p = 2이므로,

AR(1) 모형, AR(2) 모형

중 어느 쪽인가를 채택하게 된다. 모형의 동정(同定) 단계이다.

〈순서 2〉 다음에 AR(p) 모형의

"모수(parameter) a_1, a_2, ⋯를 추정"

한다. 모형의 추정 단계이다. 이 방법으로서는 '최우법(最尤法)' 등이 알려져 있다.

〈순서 3〉 마지막으로

"추정한 모형은 옳았는가?"

를 Ljung−Box 검정 등으로 체크한다. 소위 모형의 진단이다.

■ 백색잡음(white noise)의 검정

시계열 데이터

$$\{x(1), x(2), \cdots, x(t-1), x(t)\}$$

에 대해서 다음의 가설 H_0가 성립하는지 어떤지를 조사하는 검정방법을 **Ljung−Box 검정**이라고 한다.

$$\text{가설 } H_0 \quad : \rho(1) = \rho(2) = \rho(3) = \cdots = \rho(m) = 0$$

여기에서 $\rho(1), \rho(2), \cdots, \rho(m)$은 모자기상관계수이다.

그러므로 표본자기상관계수 ρ_1, ρ_2, ⋯, ρ_m 과 구별할 필요가 있다. 이 표본자기상관계수 ρ_1, ρ_2, ⋯, ρ_m 을 사용하면, Ljung−Box의 검정통계량 Q^*는

$$Q^* = t(t+2)\left\{\frac{{\rho_1}^2}{t-1} + \frac{{\rho_2}^2}{t-2} + \cdots + \frac{{\rho_m}^2}{t-m}\right\}$$

이 된다.

이 검정통계량은 자유도 m의 카이제곱 분포에 따르기 때문에 유의수준을 $\alpha = 0.05$로 하면, 기각역은

$$\text{임계치 } \chi^2(m\,;\,0.05) < \text{검정통계량 } Q^*$$

이 된다.

16.8 | ARIMA(p, d, q) 모형

정상시계열 데이터

$$\begin{array}{cccccccccccc} \cdots, & x(t-p), & \cdots, & x(t-2), & x(t-1), & x(t), & \hat{x}(t,1), & \hat{x}(t,2) \\ & \| & & \| & \| & \| & \| & \| \\ & p\text{기 전} & & 2\text{기 전} & 1\text{기 전} & \text{현재} & \text{예측값} & \text{예측값} \end{array}$$

에 대해서 차분을 다음과 같이 정의한다.

1차의 차분 $\Delta x(t) = x(t) - x(t-1)$

2차의 차분 $\Delta^2 x(t) = \Delta x(t) - \Delta x(t-1)$

$$= x(t) - 2x(t-1) + x(t-2)$$

이 d차의 차분 $\Delta^d x(t)$에 대해서 ARMA(p, q) 모형을 적용했을 때,

자기회귀통합이동평균 ARIMA(p, d, q) 모형

이라고 한다.

실제로는, 차분은 1회 또는 2회까지이므로

ARIMA(p, 1, q) 모형

ARIMA(p, 2, q) 모형

을 취급하는 것이 보통이다.

차분을 취하면 비정상시계열이 정상시계열이 된다.

■ ARIMA(p, d, q) 모형 작성의 절차

다음의 절차를 **박스-젠킨스 법(Box-Jenkins method)**이라고 한다.

〈순서 1〉 ARIMA(p, d, q) 모형의 동정(同定)

① 비정상시계열의 경우
d차의 차분을 취함으로써 추세(trend)를 제거하고, 정상시계열로 변환한다.

② 자기상관 플롯, 편자기상관 플롯를 보고
"p와 q의 값을 결정"
한다.

〈순서 2〉 ARIMA(p, d, q) 모형의 추정

최우법(最尤法) 등으로 모수(parameter) a_i, b_j를 추정한다.

〈순서 3〉 ARIMA(p, d, q) 모형의 진단

잔차에 대해서 Ljung－Box 검정을 실시하여, 추정한 모형이 적당한지 어떤지를 진단한다.

☞ 정상시계열 모형 ARMA(*p*, *q*)

$$x(t) = a_1 x(t-1) + a_2 x(t-2) + \cdots + a_p x(t-p)$$
$$+ u(t) - b_1 u(t-1) - b_2 u(t-2) - \cdots - b_q u(t-q)$$

를 작성하기 위한 세 가지 절차를 박스－젠킨스 법이라고 한다.

① 동정 … 자기상관, 편자기상관으로부터 *p*, *q*를 정한다.

② 추정 … 최우법(最尤法) 등으로 a_i, b_j 를 추정한다.

③ 진단 … Ljung－Box 통계량 등으로 모형이 옳은지 어떤지를 체크한다.

☞ 비정상시계열 ARIMA(*p*, *d*, *q*) 모형의 경우에는 차분 *d*를 취하여 정상시계열에 접근시킨다.

[예제 16-1]

다음의 데이터는 ARIMA(*p*, *d*, *q*) 모형을 이해하기 위해서 작성되었다. 이 시계열 데이터를 이용해서 ARIMA(*p*, *d*, *q*) 모형을 구해 보자.

표 16.2 ARIMA(p, d, q) 모형을 위한 시계열 데이터

No.	년 월	데이터	No.	년 월	데이터	No.	년 월	데이터
1	2001년 1월	1.17	25	2003년 1월	7.16	49	2005년 1월	8.15
2	2001년 2월	4.06	26	2003년 2월	-1.99	50	2005년 2월	1.62
3	2001년 3월	0.40	27	2003년 3월	8.63	51	2005년 3월	6.59
4	2001년 4월	6.77	28	2003년 4월	0.22	52	2005년 4월	4.87
5	2001년 5월	-0.48	29	2003년 5월	6.21	53	2005년 5월	3.99
6	2001년 6월	3.41	30	2003년 6월	-1.44	54	2005년 6월	6.55
7	2001년 7월	5.23	31	2003년 7월	9.73	55	2005년 7월	6.51
8	2001년 8월	4.93	32	2003년 8월	-4.14	56	2005년 8월	5.62
9	2001년 9월	4.52	33	2003년 9월	7.99	57	2005년 9월	5.32
10	2001년 10월	5.58	34	2003년 10월	-1.70	58	2005년 10월	8.02
11	2001년 11월	4.04	35	2003년 11월	7.61	59	2005년 11월	6.65
12	2001년 12월	5.18	36	2003년 12월	-2.07	60	2005년 12월	5.78
13	2002년 1월	5.62	37	2004년 1월	5.87	61	2006년 1월	9.07
14	2002년 2월	3.48	38	2004년 2월	7.19	62	2006년 2월	4.10
15	2002년 3월	5.93	39	2004년 3월	0.63	63	2006년 3월	11.13
16	2002년 4월	4.88	40	2004년 4월	9.03	64	2006년 4월	5.22
17	2002년 5월	4.90	41	2004년 5월	0.11	65	2006년 5월	11.99
18	2002년 6월	4.39	42	2004년 6월	7.17	66	2006년 6월	6.43
19	2002년 7월	8.46	43	2004년 7월	4.10	67	2006년 7월	10.22
20	2002년 8월	1.51	44	2004년 8월	3.69	68	2006년 8월	11.92
21	2002년 9월	6.76	45	2004년 9월	4.74	69	2006년 9월	7.99
22	2002년 10월	1.44	46	2004년 10월	3.09	70	2006년 10월	10.60
23	2002년 11월	5.16	47	2004년 11월	8.28	71	2006년 11월	10.06
24	2002년 12월	3.21	48	2004년 12월	0.35	72	2006년 12월	13.44

■ SPSS에 의한 해법

〈순서 1〉 모형의 동정

데이터 변수를 정의한 다음에 <표 16.2>의 데이터를 입력한다.

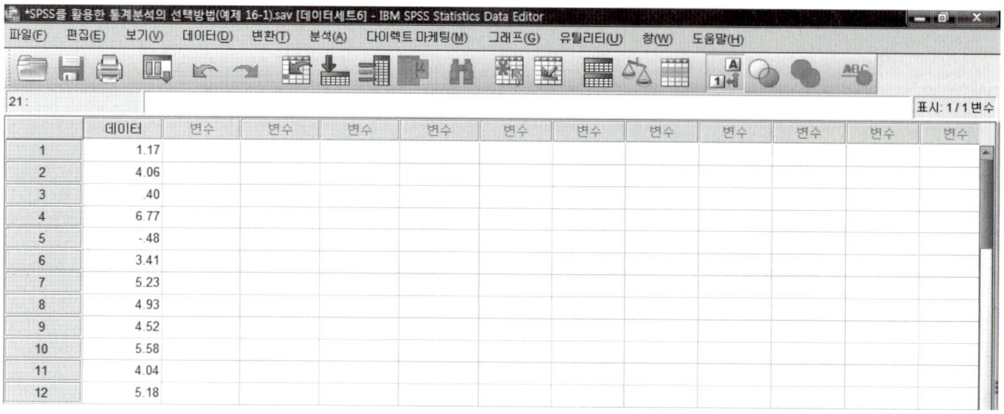

〈순서 2〉 날짜 정의

① 마우스 포인트를 1행 2열에 놓고 메뉴에서 [데이터]-[날짜 정의(E)]를 선택한다.

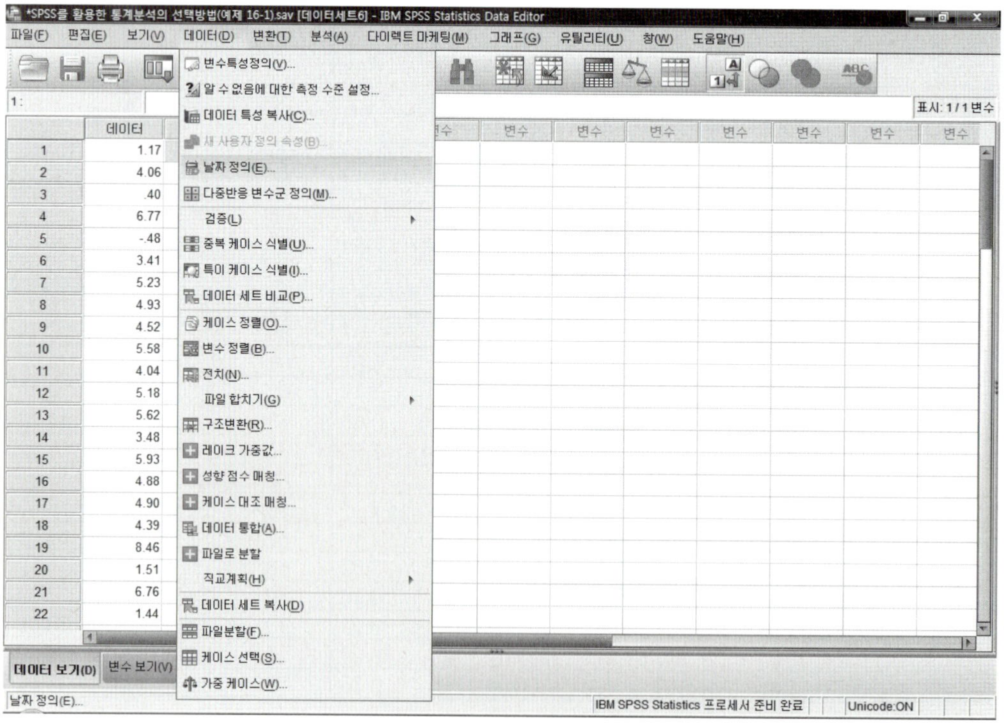

② [날짜 정의] 대화상자에서
[케이스의 날짜]에서 '년, 월'을 선택한다.
[첫 번째 케이스]에 [년] '2001', [월] '1'을 입력하고 [확인]을 클릭한다.

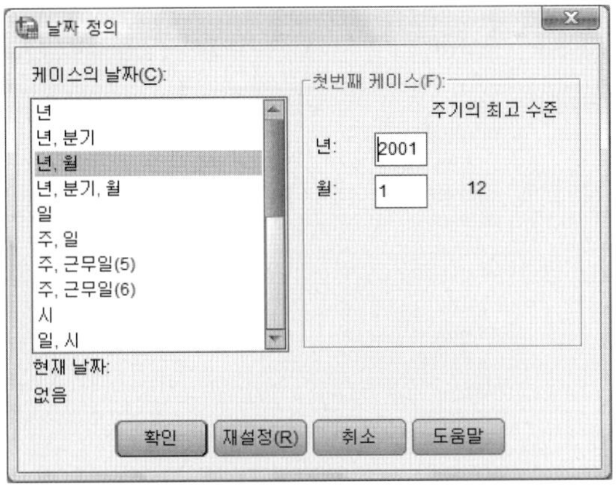

③ 2001년 1월부터 2006년 12월까지 년월을 입력한다.

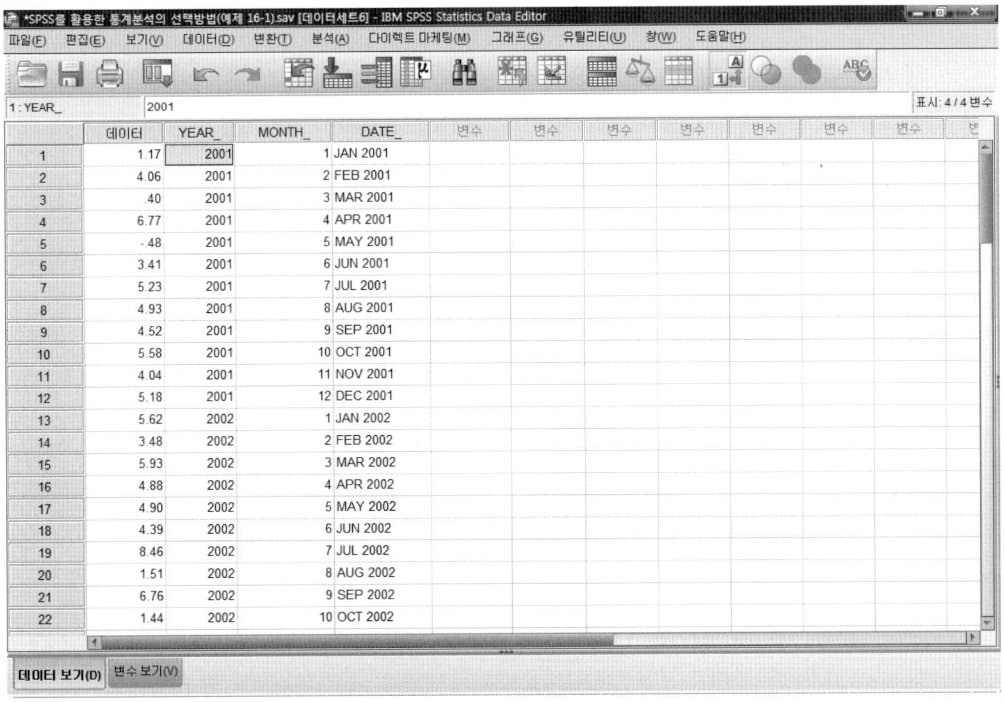

	데이터	YEAR_	MONTH_	DATE_
1	1.17	2001	1	JAN 2001
2	4.06	2001	2	FEB 2001
3	.40	2001	3	MAR 2001
4	6.77	2001	4	APR 2001
5	-.48	2001	5	MAY 2001
6	3.41	2001	6	JUN 2001
7	5.23	2001	7	JUL 2001
8	4.93	2001	8	AUG 2001
9	4.52	2001	9	SEP 2001
10	5.58	2001	10	OCT 2001
11	4.04	2001	11	NOV 2001
12	5.18	2001	12	DEC 2001
13	5.62	2002	1	JAN 2002
14	3.48	2002	2	FEB 2002
15	5.93	2002	3	MAR 2002
16	4.88	2002	4	APR 2002
17	4.90	2002	5	MAY 2002
18	4.39	2002	6	JUN 2002
19	8.46	2002	7	JUL 2002
20	1.51	2002	8	AUG 2002
21	6.76	2002	9	SEP 2002
22	1.44	2002	10	OCT 2002

2007년 1월의 데이터를 ARIMA(p, d, q) 모형으로 예측하고 싶다.

〈순서 3〉 모형의 동정

① 메뉴에서 [분석]－[시계열분석]-[순차도표]를 선택한다.

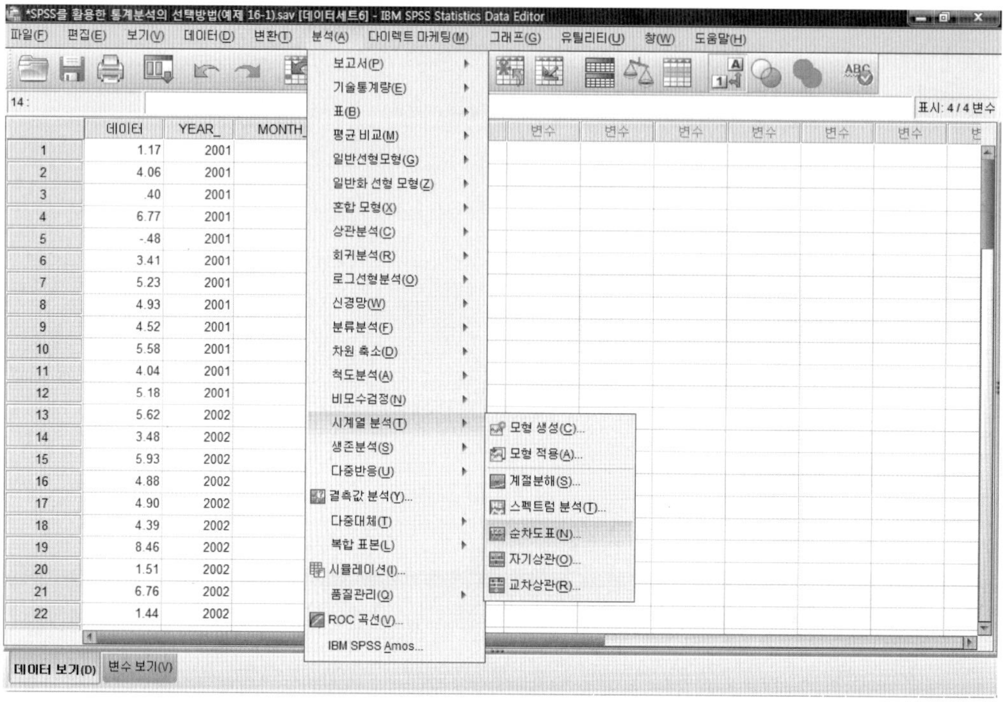

모형의 동정이란 ARIMA(p, d, q)의 p, d, q의 값을 정하는 것이다.

② 다음의 대화상자에서 '데이터'를 [변수(V)]로 이동한다. [확인] 버튼을 클릭한다.

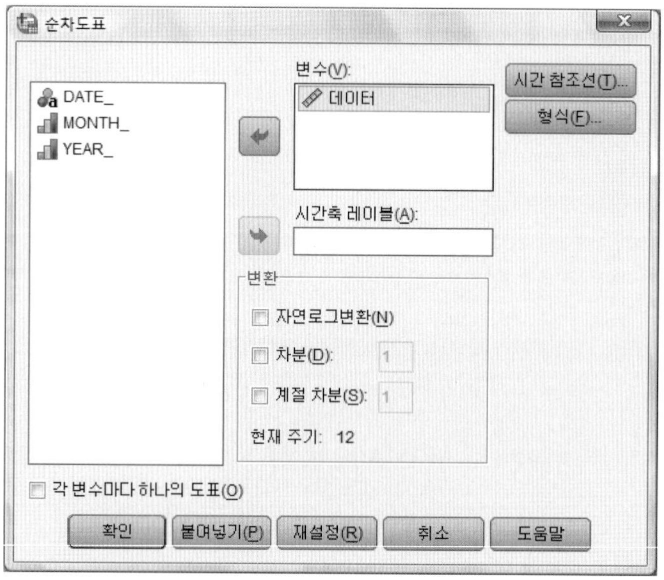

■ 분석결과 및 결과의 해석방법-(1)

모형 설명

모형 이름	MOD_1
계열 또는 순차 1	데이터
변환	지정않음
비계절 차분	0
계절 차분	0
계절 주기의 길이	12
수평축 레이블	날짜_
개입 시작	지정않음
참조선	지정않음
곡선 아래 영역	채워지지 않음

MOD_1에서 지정된 모형을 적용

케이스 처리 요약

		데이터
계열 또는 순차 길이		73
도표의 결측값 수	사용자 결측	0
	시스템 결측	1

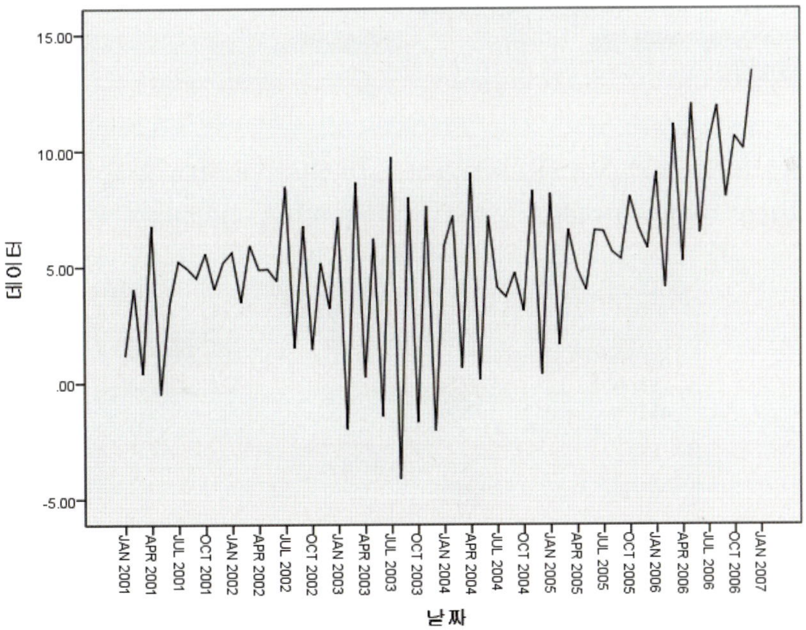

이 시계열 그래프를 보면, 오른쪽 위로 올라가는 추세가 있다는 것을 알 수 있다. 이와 같은 때는 차분을 취함으로써 "비정상시계열을 정상시계열로 변환한다"고 하는 것이 가능하다.

〈순서 4〉 차분을 취한다

① 메뉴에서 [분석]-[시계열분석]－[순차도표]를 선택한다.

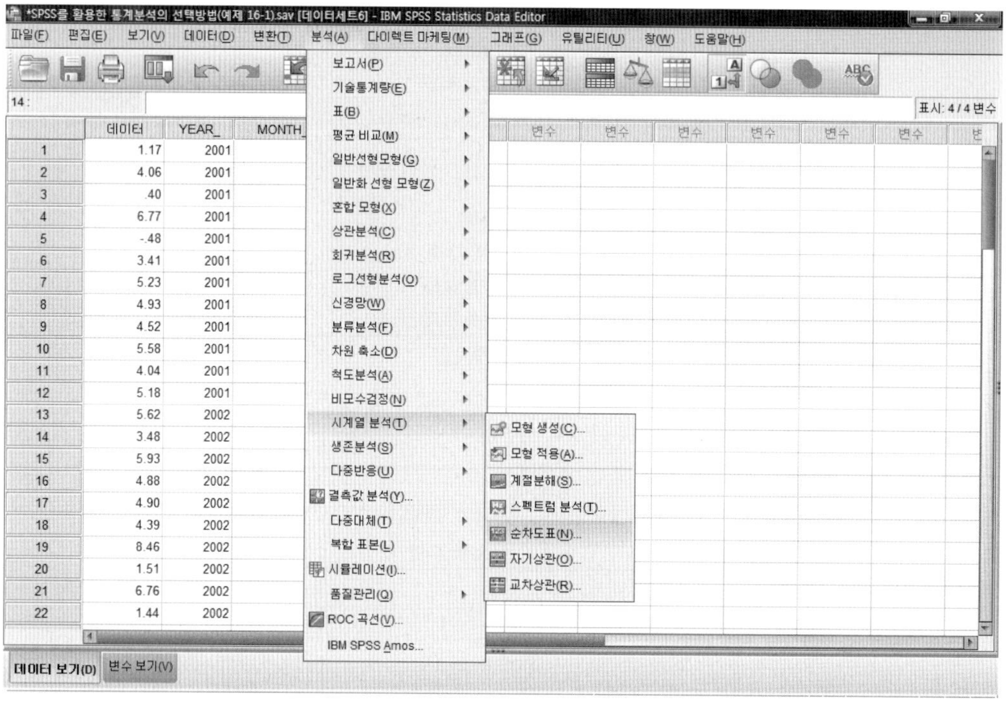

② '데이터'를 [변수(V)] 난으로 이동하고, [변환]의 '차분(D)'을 체크한다. 이어서 '차분(D)' 난에는 '1'이라고 입력하고 [확인] 버튼을 클릭한다.

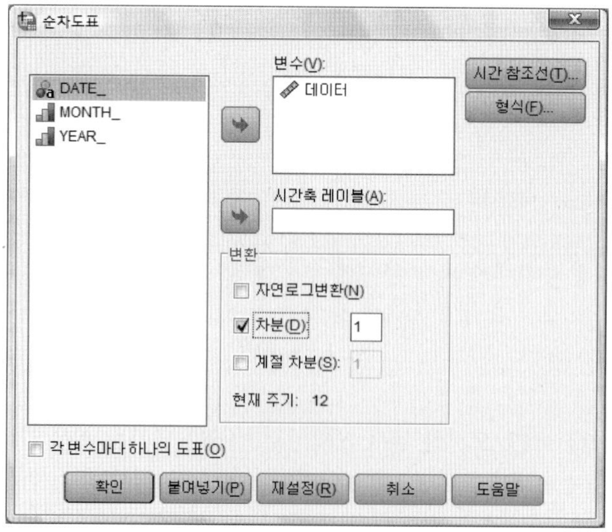

■ 분석결과 및 결과의 해석방법-(2)

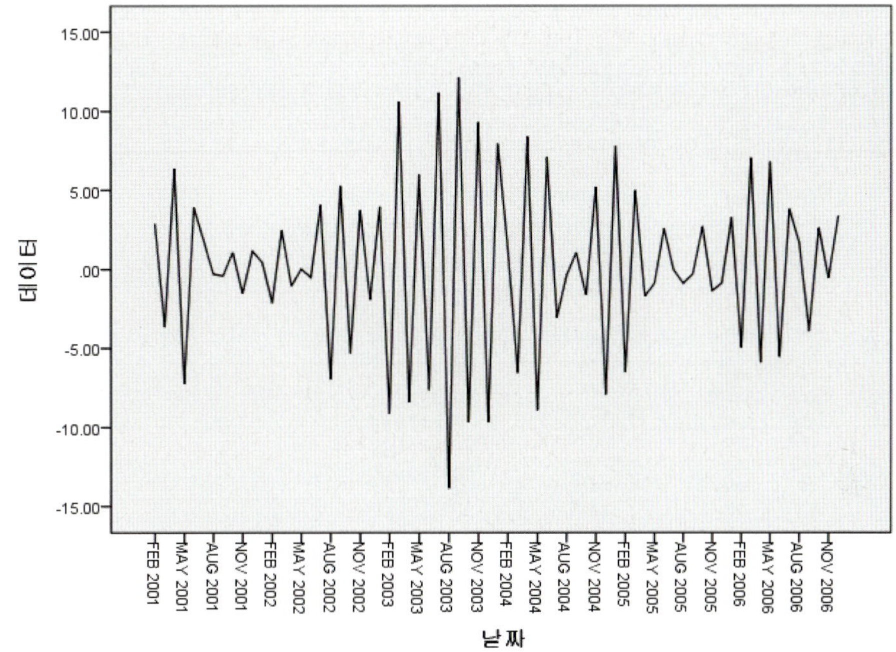

변환: 차분(1)

이 그래프를 보면, 차분을 1회 취함으로써 추세가 제거되었다는 것을 알 수 있다.

이와 같이 ARIMA(p, d, q) 모형에서는 차분을 d회 취함으로써 ARMA(p, q) 모형으로 변환할 수 있다. 즉,

"비정상시계열을 정상시계열로 변환한다."

고 하는 것이다.

> ARIMA(p, d, q) 모형은 비정상시계열에 적용되는 경우가 많다. 차분을 취함으로써 비정상시계열이 정상시계열이 된다.
>
> 정상시계열 → ARMA(p, q)
>
> 비정상시계열 → ARIMA(p, d, q)

〈순서 5〉 자기상관 플롯, 편자기상관 플롯의 작도

① 메뉴에서 [분석]-[시계열분석]-[자기상관]을 선택한다.

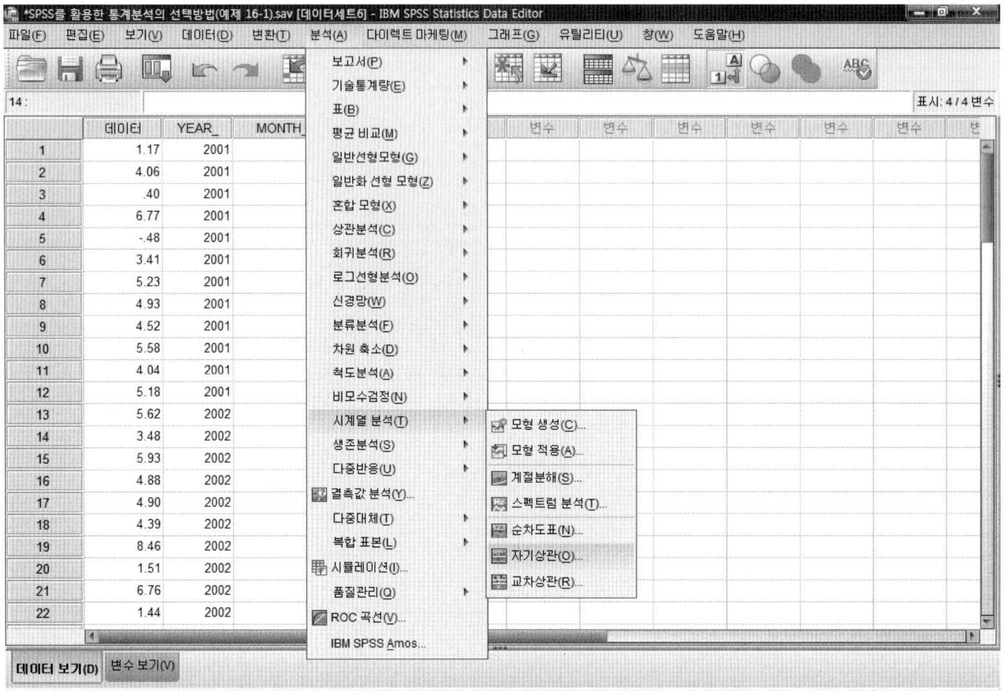

② '데이터'를 [변수(V)] 난으로 이동하고, [변환]의 '차분(D)'을 체크한다. 이어서 '차분(D)' 난에는 '1'이라고 입력하고, [표시]에서 [자기상관]과 [편자기상관]에 체크한다. [확인] 버튼을 클릭한다.

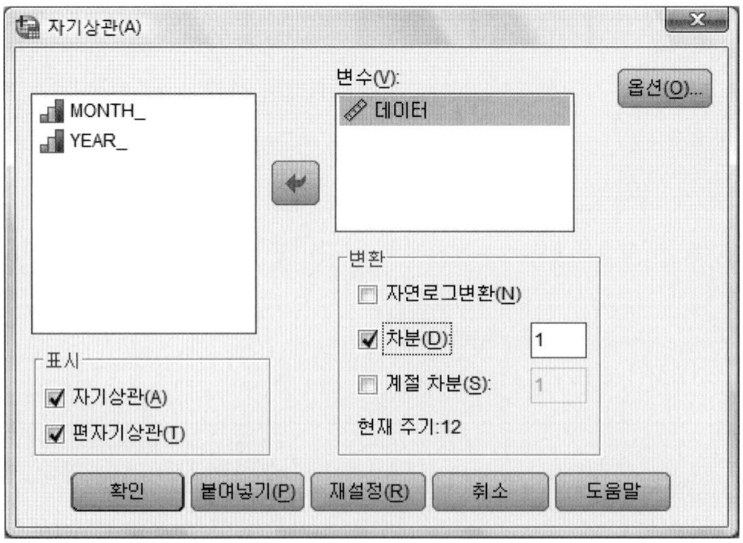

■ 분석결과 및 결과의 해석방법-(3)

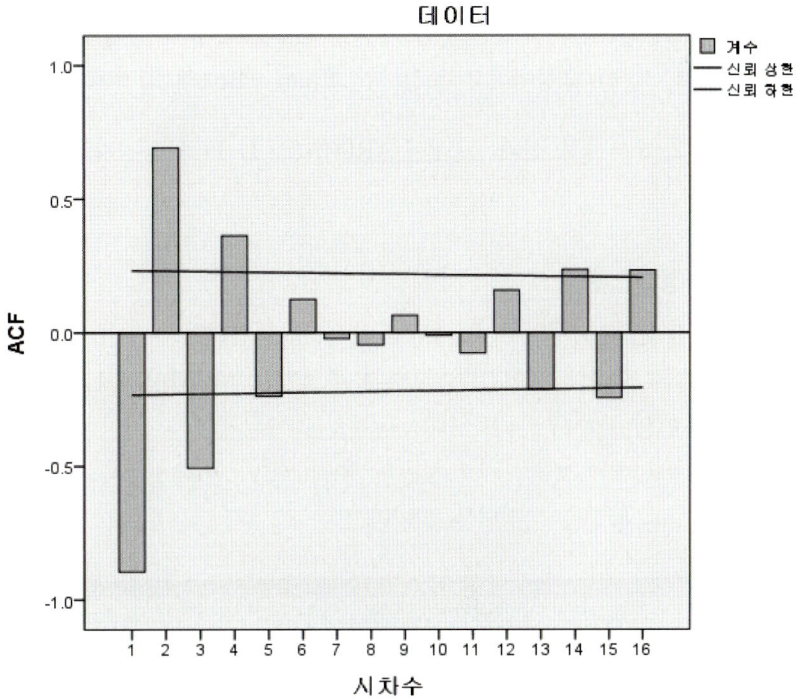

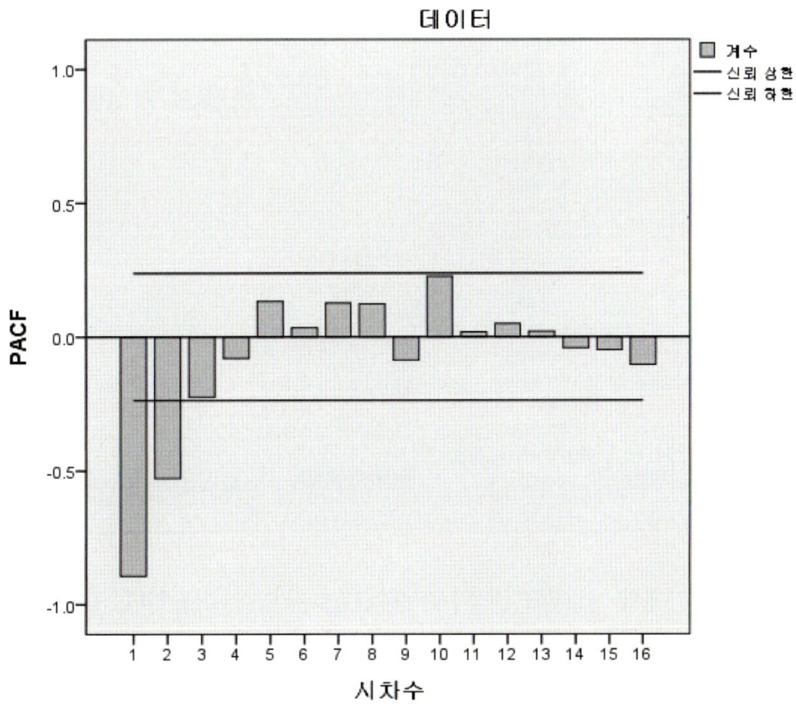

출력된 자기상관 플롯과 편자기상관 플롯을 보면서, 대표적인 자기상관 플롯 · 편자기상관 플롯 유형과 비교해 보고 비슷한 패턴이 있는지 어떤지 찾아본다.

대표적인 ARMA(1, 1) 모형 중에 비슷한 패턴이 있으므로, p = 1, q = 1로 하고 싶다.
그러나 ARIMA(1, 1, 1) 모형이라고 동정하면, Ljung−Box의 검정에서 기각된다.

여기에서는 p = 2, q = 1로 한다. 그래서 ARIMA(2, 1, 1) 모형이라고 동정해 보기로 한다.

〈순서 6〉 모형의 추정과 진단

① 메뉴에서 [분석]−[시계열분석]−[모형 생성]을 선택한다.
다음에 모형의 추정에 들어간다. 모형의 추정이란 ARIMA(2, 1, 1) 모형의 식

$$y(t) = x(t) - x(t-1)$$
$$y(t) = a_1 y(t-1) + a_2 y(t-2) + u(t) - b_1 u(t-1)$$

의 모수 a_1, a_2, b_1 을 추정하는 것이다.

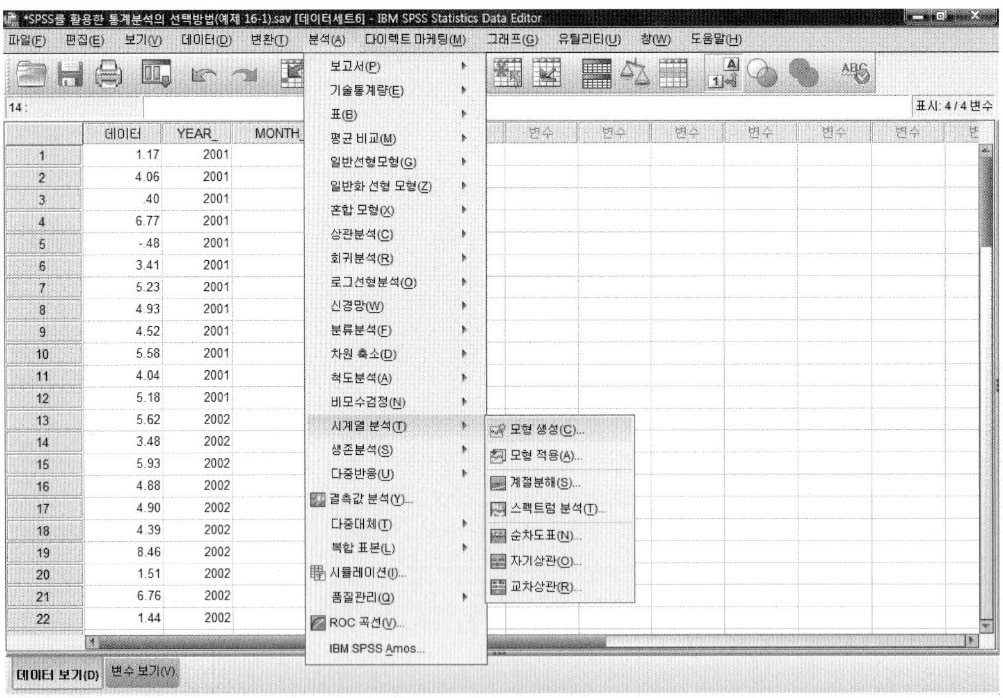

② 다음의 화면에서 '데이터'를 [종속변수(D)] 난으로 이동한다. [방법(M)] 중에서 'ARIMA'를 선택하고 [기준(C)]을 클릭한다.

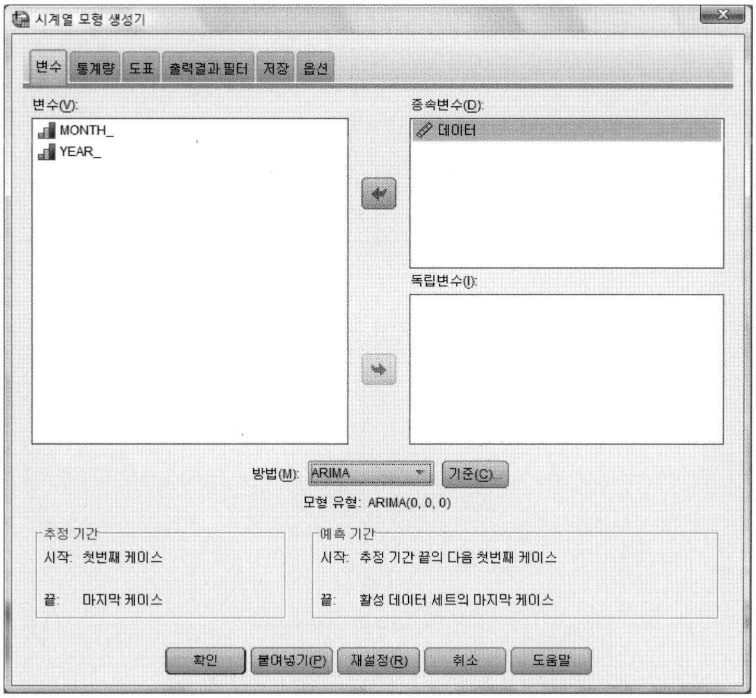

③ 모형의 동정에서 p = 2, d = 1, q = 1로 결정했으므로, 다음과 같이 입력하고 [계속] 버튼을 클릭한다.

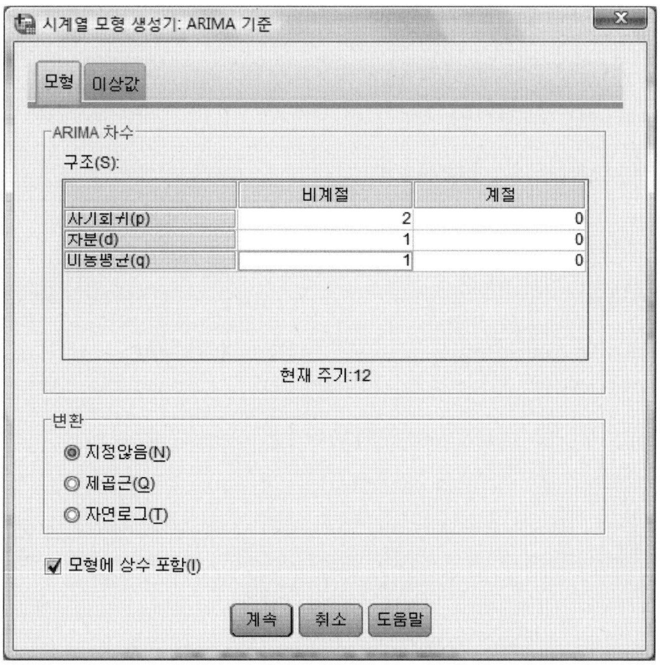

④ 다음의 화면으로 되돌아오면 [통계량] 탭을 클릭한다.

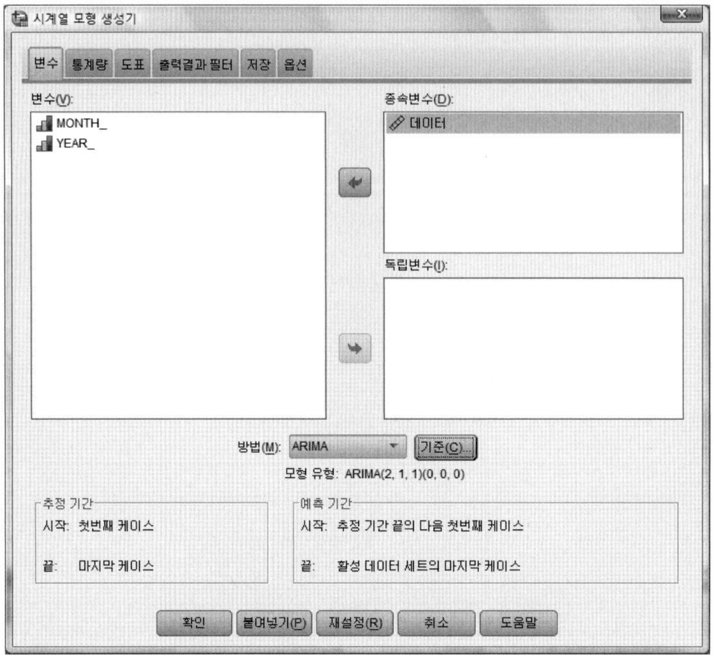

⑤ 다음의 화면에서 [개별 모형의 통계량] 중에서 '모수 추정값(M)'과 '예측값 표시(S)'를 추가로 체크한다. '예측값 표시(S)'를 체크하면 예측값과 예측구간을 표시해 준다.

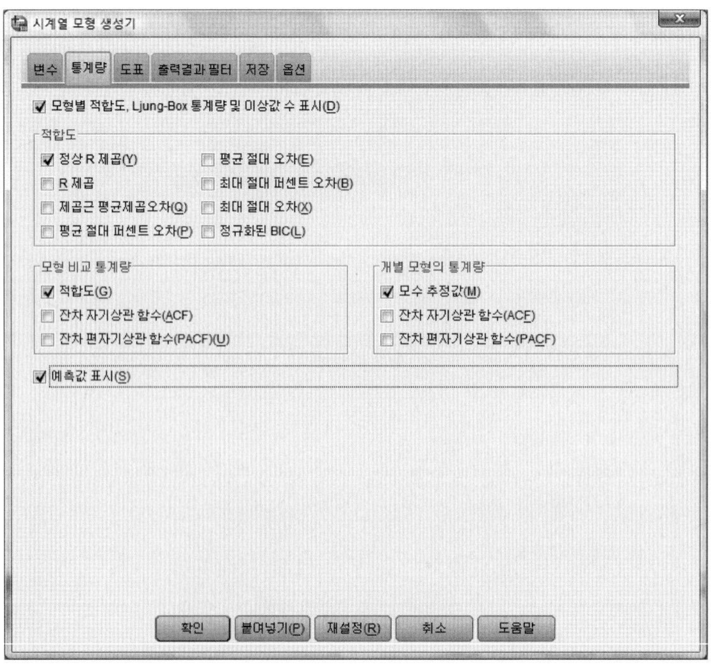

⑥ [도표] 탭을 클릭하면, 다음의 화면이 된다. 이하와 같이 선택하여 체크한다.

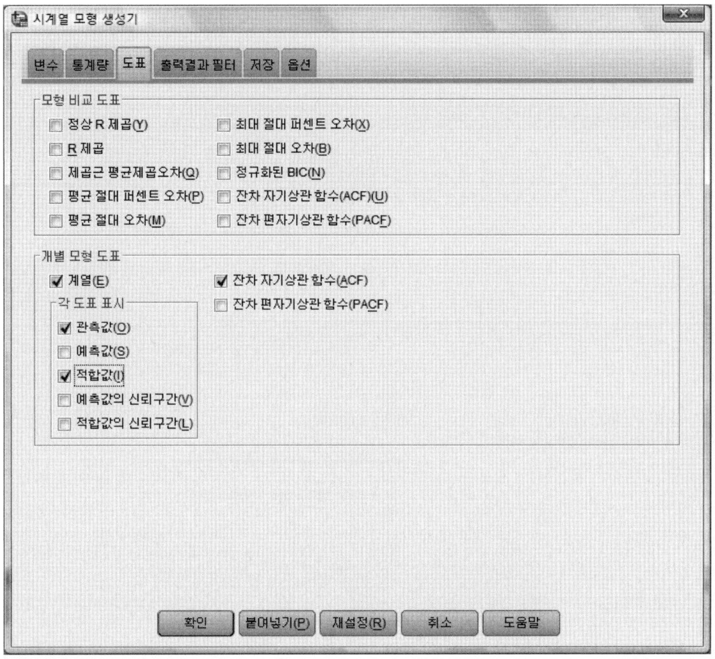

⑦ [저장] 탭을 클릭하면, 다음의 화면이 된다. 이하와 같이 선택하여 체크한다.

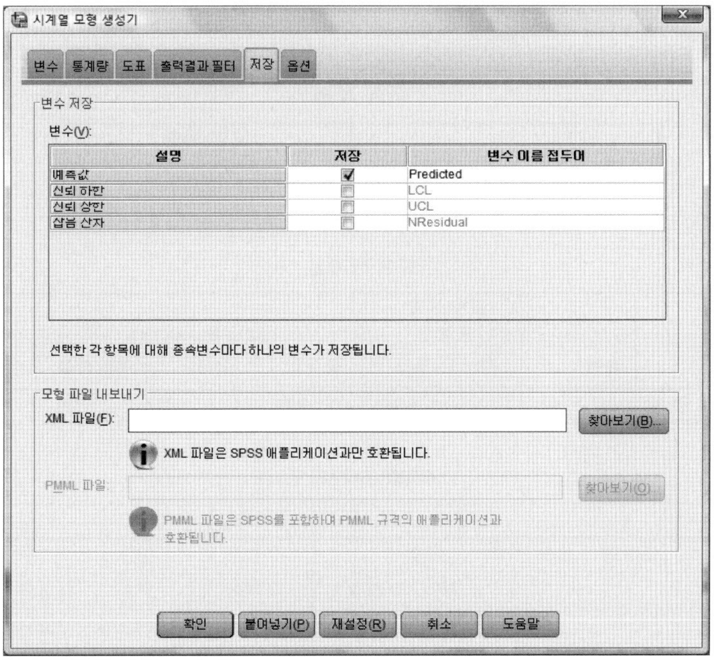

⑧ [옵션] 탭을 클릭하면, 다음의 화면이 된다. 이하와 같이 선택하여 체크한다. 여기에서 [확인] 버튼을 클릭한다.

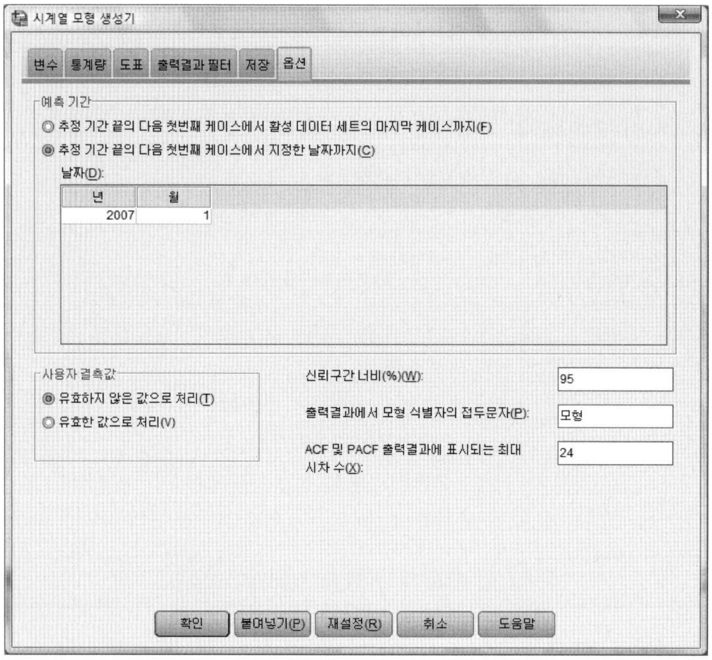

■ 분석결과 및 결과의 해석방법-(4)

모형 설명

			모형 유형
모형 ID	데이터	모형_1	ARIMA(2,1,1)(0,0,0)

모형 통계량

모형	예측자 수	모형 적합 통계량	Ljung-Box Q(18)			이상값 수
		정상 R-제곱	통계량	자유도	유의확률	
데이터-모형_1	0	.878	11.338	15	.728	0

ARIMA 모형 모수

					추정값	SE	t	유의확률
데이터-모형_1	데이터	변환 안 함	상수항		.120	.053	2.251	.028
			AR	시차 1	-1.138	.175	-6.517	.000
				시차 2	-.331	.169	-1.964	.054
			차분		1			
			MA	시차 1	.454	.169	2.683	.009

'모형 설명'을 보면,

ARIMA(*p*, *d*, *q*)(P, *D*, *Q*)

	비계절	계절
자기회귀	$p = 2$	$P = 0$
차분	$d = 1$	$D = 0$
이동평균	$q = 1$	$Q = 0$

ARIMA(2, 1, 1)(0, 0, 0)은 ARIMA(2, 1, 1)과 같다.

'모형 통계량'은 잔차에 관한 Ljung－Box의 검정이다.

$$\text{가설 } H_0 \ : \ \rho(1) = \rho(2) = \rho(3) = \cdots = \rho(m) = 0$$

유의확률 0.728 > 유의수준 0.05이므로, 가설 H_0는 기각되지 않는다. 따라서 이 잔차는 백색잡음(white noise)이라고 생각해도 좋을 것 같다.

[모형의 추정 결과]

상수항을 포함한 ARIMA(2, 1, 1) 모형은 다음 두 개의 식

$$y(t) = x(t) - x(t-1)$$

$$y(t) - \text{상수} = a_1 \times \{y(t-1) - \text{상수}\} + a_2 \times \{y(t-2) - \text{상수}\} + u(t) - b_1 \times u(t-1)$$

을 사용해서 표현되므로,

$$\{x(t) - x(t-1)\} - 0.120 = -1.138 \times [\{x(t-1) - x(t-2)\} - 0.120] - 0.331 \times [\{x(t-2) - x(t-3)\} - 0.120] + u(t) - 0.454 \times u(t-1)$$

이 된다.

■ 분석결과 및 결과의 해석방법－(5)

예측값

모형		1월 2007
데이터-모형_1	예측값	8.50
	UCL	12.46
	LCL	4.55

각 모형에서 예측은 요청한 추정 주기의 범위에서 결측이 없는 마지막 값 다음에 시작하고 모든 예측자의 결측이 없는 값의 마지막 주기 또는 요청한 예측 주기의 끝 날짜 중 먼저 나온 시점에서 끝납니다.

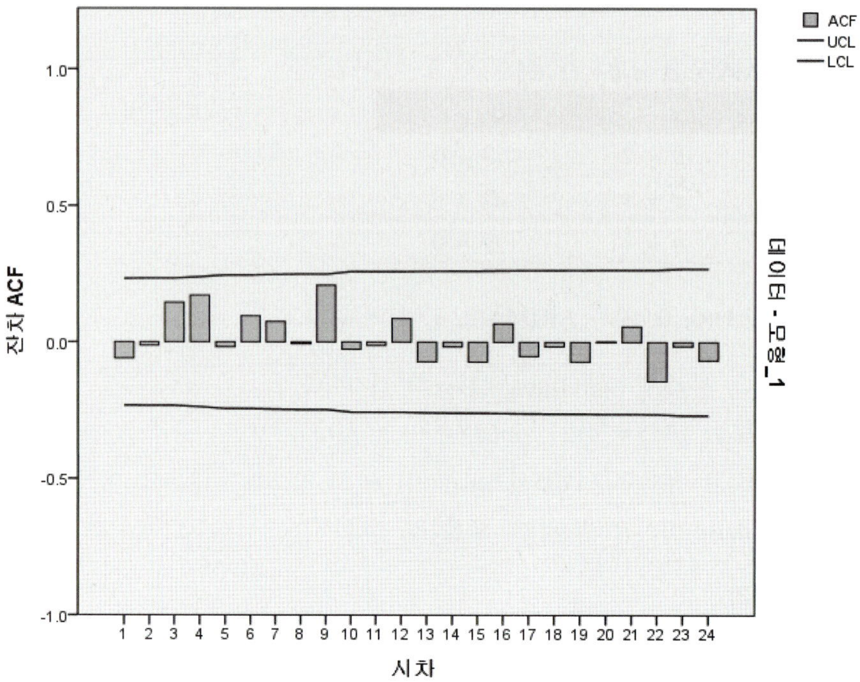

2007년 1월의 예측값이다.

$$\hat{x}(t, 1) = 8.50$$

[모형의 진단 결과]

잔차의 자기상관계수에 대한 코레로그램(correlogram)과 그 신뢰한계이다. 모든 *m*차의 자기상관계수($m = 1,\ 2,\ 3,\ \cdots$)가 신뢰한계에 들어 있으므로, 이 잔차는 백색잡음이라고 생각된다. 즉, 자기회귀 ARIMA(*p*, *d*, *q*) 모형의 조건

"$u(t)$는 백색잡음"

을 충족시키고 있다고 말할 수 있다.

힌트

백열발광체로부터의 백색광의 연속 에너지 분포로부터 유추해서, 광역진동영역에 포함되는 각 진동구간에서 일정한 파워를 갖는 공분산정상확률과정을 백색잡음(white noise)이라고 한다.

시계열 $\{x(t)\}$가, $x(t)$의 평균이 0, 분산이 σ^2인 분포에 따르고 있고 모든 t에 대해서 자기상관이 0를 만족시킬 때, 백색잡음(white noise)이라고 한다. 불규칙변동이나 우연변동을 백색잡음이라고 부르는 경우도 있다.

■ 분석결과 및 결과의 해석방법-(6)

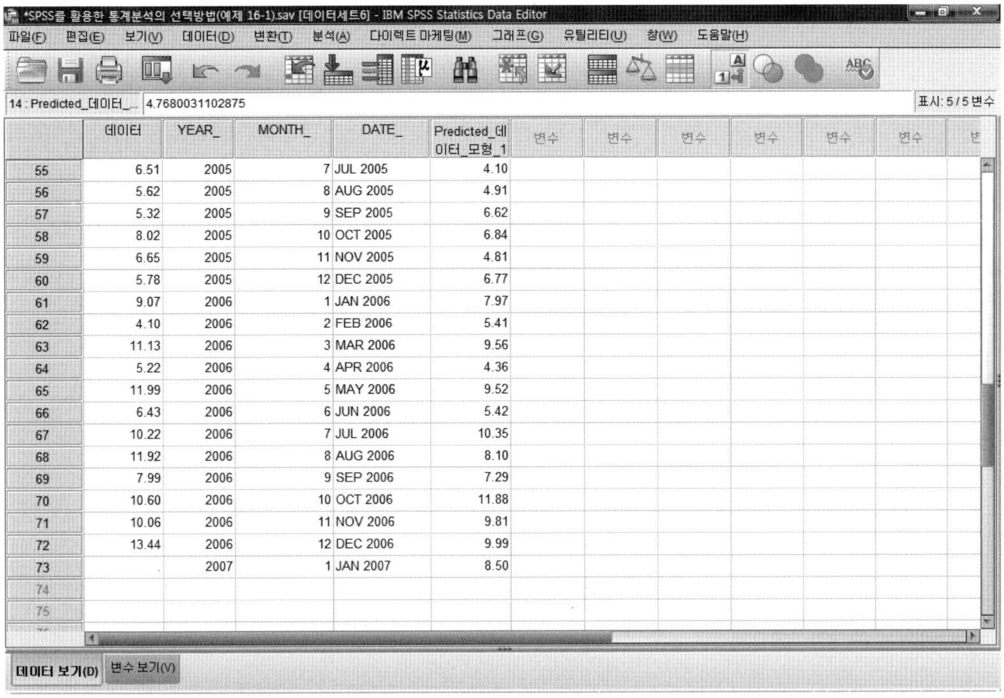

	데이터	YEAR_	MONTH_	DATE_	Predicted_데이터_모형_1
55	6.51	2005	7	JUL 2005	4.10
56	5.62	2005	8	AUG 2005	4.91
57	5.32	2005	9	SEP 2005	6.62
58	8.02	2005	10	OCT 2005	6.84
59	6.65	2005	11	NOV 2005	4.81
60	5.78	2005	12	DEC 2005	6.77
61	9.07	2006	1	JAN 2006	7.97
62	4.10	2006	2	FEB 2006	5.41
63	11.13	2006	3	MAR 2006	9.56
64	5.22	2006	4	APR 2006	4.36
65	11.99	2006	5	MAY 2006	9.52
66	6.43	2006	6	JUN 2006	5.42
67	10.22	2006	7	JUL 2006	10.35
68	11.92	2006	8	AUG 2006	8.10
69	7.99	2006	9	SEP 2006	7.29
70	10.60	2006	10	OCT 2006	11.88
71	10.06	2006	11	NOV 2006	9.81
72	13.44	2006	12	DEC 2006	9.99
73	.	2007	1	JAN 2007	8.50

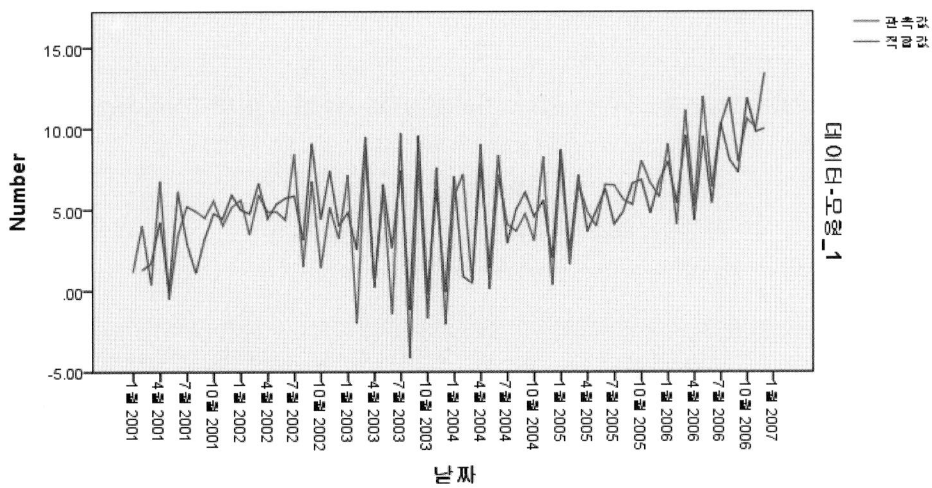

2007년 1월의 예측값이다. 1기 앞의 예측값 $\hat{x}(t,1)=8.50$ 은 다음과 같이 구하고 있다. $x(t)$에 대한 1기 앞의 예측값을 $\hat{x}(t,1)$ 이라고 하면,

$$\{x(t,1)-x(t)\}-0.120=-1.138\times[\{x(t)-x(t-1)\}-0.120]$$

$$- 0.331 \times [\{x(t-1) - x(t-2)\} - 0.120]$$
$$- 0.454 \times \{x(t) - \hat{x}(t-1, 1\}$$

이 된다. 여기에서 $x(t), x(t-1), x(t-2), \hat{x}(t-1, 1)$에

$$x(t) = 13.44, x(t-1) = 10.06, x(t-2) = 10.60, \hat{x}(t-1, 1) = 9.99$$

를 대입하면

$$\hat{x}(t,1) = 13.44 + 0.120 - 1.138 \times \{(13.44 - 10.06) - 0.120\}$$
$$- 0.331 \times \{(10.06 - 10.60) - 0.120\}$$
$$- 0.454 \times \{13.44 - 9.99\}$$
$$= 8.50$$

이 되어 구하는 1기 앞의 예측값 8.50을 얻는다.

아래는 관측값과 적합값의 그래프를 나타내고 있다.

ARIMA(*p*, *d*, *q*) 모형(autoregressive integrated moving average model)

☞ ARIMA(*p*, *d*, *q*) 모형은 다음의 세 가지로 이루어지는 시계열모형을 말한다.

*p*차의 자기회귀모형 ··· AR(*p*)
*d*계(階)의 차분(계분) ··· I(*d*) ⬅ difference
*q*차의 이동평균모형 ··· MA(*q*)

자기회귀통합이동평균모형(自己回歸統合移動平均模型)이라고 하는 긴 이름이 붙어 있다.

☞ 비정상시계열에 적용되는 경우가 많다. 차분(差分)을 취함으로써 비정상시계열이 정상시계열로 된다.

정상시계열 → ARMA(*p*, *q*)
비정상시계열 → ARIMA(*p*, *d*, *q*)

CHAPTER

17

앙케트 조사 데이터

CHAPTER 17 앙케트 조사 데이터

17.1 | 앙케트 조사 데이터

다음과 같은 형태의 데이터의 경우 어떠한 통계분석을 적용할 것인가?

표 17.1 데이터의 형태

조사대상자 No.	변수 X_1	변수 X_2	변수 X_3
A_1	$x_1(1)$	$x_2(1)$	$x_3(1)$
A_2	$x_1(2)$	$x_2(2)$	$x_3(2)$
A_3	$x_1(3)$	$x_2(3)$	$x_3(3)$
⋮	⋮	⋮	⋮
A_n	$x_1(n)$	$x_2(n)$	$x_3(n)$

이 데이터 형식의 특징은 데이터 안에 조사대상자라고 하는 변수가 포함되어 있다고 하는 점에 있다.

이와 같은 데이터는 앙케트 조사에 의해서 얻어지는 경우가 많다.

17.2 | 대응분석

[예제 17-1]

알콜 음료의 기호에 관한 다음과 같은 앙케트 조사를 실시했다.

[질문 X] 가장 좋아하는 알콜 음료를 다음 중에서 하나 고르시오.
1. 청주 2. 맥주 3. 포도주 4. 소주

[질문 Y] 해당하는 연령을 다음 중에서 하나 고르시오.
1. 20~29 2. 30~39 3. 40~49 4. 50~59 5. 60 이상

이 앙케트 조사의 결과 <표 17.1>과 같은 형태의 데이터표를 크로스 집계하면, 다음과 같은 분할표(크로스 집계표)가 얻어진다. 분할표 안의 숫자는 사람 수를 나타내고, 총회답자 수는 n = 500(명)이다.

표 17.2 앙케트 조사결과에 대한 분할표

	청주	맥주	포도주	소주	합계
20~29	15	45	27	23	110
30~39	17	30	48	45	120
40~49	20	10	26	44	100
50~59	36	10	20	24	90
60 이상	40	5	8	27	80
합계	128	100	129	143	500

<표 17.2>의 분할표를 남녀로 층별함으로써 다음 <표 17.3>과 같은 3원 분할표가 얻어졌다.

표 17.3 앙케트 조사결과에 대한 분할표

		청주	맥주	포도주	소주
남	20~29	10	28	11	15
	30~39	13	21	19	14
	40~49	12	6	6	30
	50~59	20	8	13	13
	60 이상	25	3	7	15
여	20~29	5	17	16	8
	30~39	4	9	29	11
	40~49	8	4	20	14
	50~59	16	2	7	11
	60 이상	15	2	1	12

이 3원 분할표를 대응분석으로 처리한다.

(1) 2원화한 분할표의 분석

본 예제와 같은 분할표를 3원 분할표라고 부른다. 대응분석은 2원표에 한정되어 있으므로, 이와 같은 3원 분할표를 다루는 경우는 변수(성별, 연령, 음료)를 편성해서 하나의 변수를 작성하여 3원 분할표를 2원화한 표로 변환하고 나서 대응분석을 적용하는 방법을 생각할 수 있다.

■ 변수의 편성과 이원화

변수의 편성은 다음의 세 가지를 생각할 수 있다.

① 성별과 연령　　② 성별과 음료　　③ 연령과 음료

①의 성별과 연령을 편성한 2원표란 다음의 <표 17.4>과 같은 분할표이다.

표 17.4　(연령·성별)과 음료의 분할표

	청주	맥주	포도주	소주
20~29(남)	10	28	11	15
30~39(남)	13	21	19	14
40~49(남)	12	6	6	30
50~59(남)	20	8	13	13
60 이상(남)	25	3	7	15
20~29(여)	5	17	16	8
30~39(여)	4	9	29	11
40~49(여)	8	4	20	14
50~59(여)	16	2	7	11
60 이상(여)	15	2	1	12

②의 성별과 음료를 편성한 2원표란 다음의 <표 17.5>와 같은 분할표이다.

표 17.5　(음료·성별)과 연령의 분할표

	20~29	30~39	40~49	50~59	60 이상
청　주(남)	10	13	12	20	25
맥　주(남)	28	21	6	8	3
포도주(남)	11	19	6	13	7
소　주(남)	15	14	30	13	15
청　주(여)	5	4	8	16	15
맥　주(여)	17	9	4	2	2
포도주(여)	16	29	20	7	1
소　주(여)	8	11	14	11	12

③의 연령과 음료를 편성한 2원표란 다음의 <표 17.6>과 같은 분할표이다.

표 17.6　(음료·연령)과 성별의 분할표

	남	여
청　주(20~29)	10	5
청　주(30~39)	13	4
청　주(40~49)	12	8
청　주(50~59)	20	16
청　주(60 이상)	25	15
맥　주(20~29)	28	17
맥　주(30~39)	21	9
맥　주(40~49)	6	4
맥　주(50~59)	8	2
맥　주(60 이상)	3	2
포도주(20~29)	11	16
포도주(30~39)	19	29
포도주(40~49)	6	20
포도주(50~59)	13	7
포도주(60 이상)	7	1
소　주(20~29)	15	8
소　주(30~39)	14	11
소　주(40~49)	30	14
소　주(50~59)	13	11
소　주(60 이상)	15	12

이 분할표의 경우에 열의 수가 2열로 되고 만다. 대응분석에서는 행과 열의 수가 모두 3 이상이 아니면 적용하는 의미가 없으므로, 이와 같은 분할표에는 대응분석을 적용하지 않는다.

성별과 연령을 편성해서 하나의 변수로 한 분할표 <표 17.4>에 대응분석을 적용한다.

■ SPSS에 의한 해법

〈순서 1〉 데이터의 입력

<표 17.4>의 데이터를 다음과 같이 입력한다. 사람 수는 빈도변수 설정을 한다.

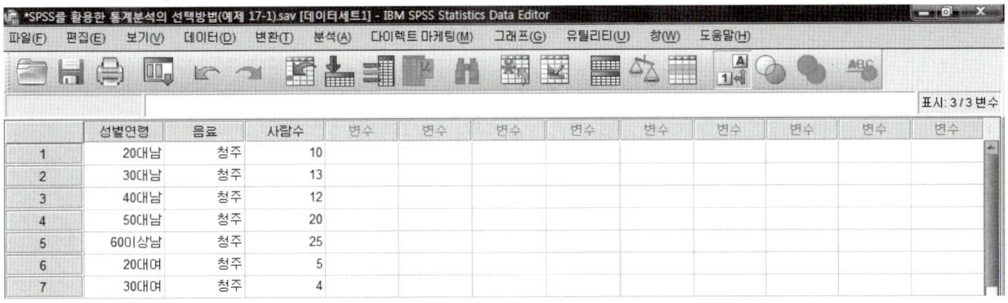

〈순서 2〉 분석수법의 선택

메뉴에서 [분석]-[차원 축소]-[대응일치분석]을 선택한다.

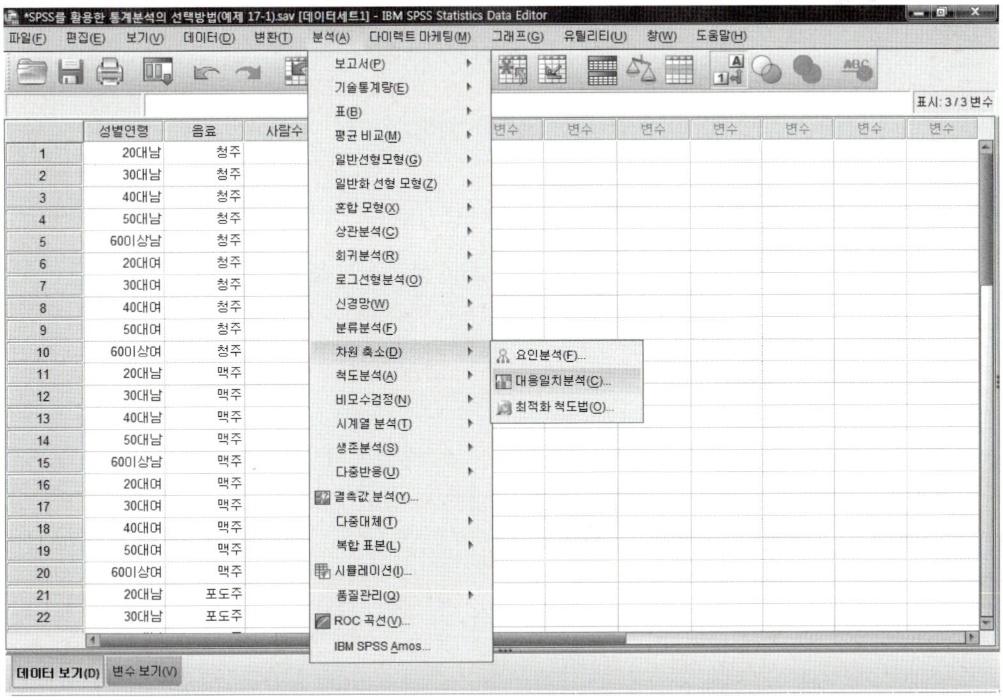

〈순서 3〉 변수의 선택

① 다음 화면에서 [행(W)]에 '성별연령', [열(C)]에 '음료'를 이동한다. '성별연령(??)' 밑에 있는 [범위지정]을 클릭한다.

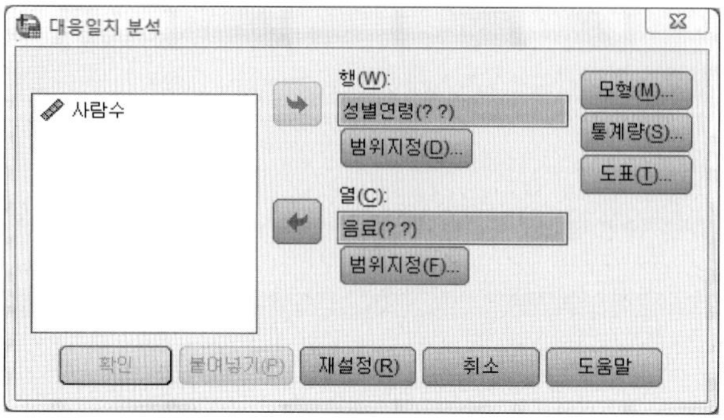

② [최소값]에 '1', [최대값]에 '10'을 입력하고 [업데이트]를 클릭한다.

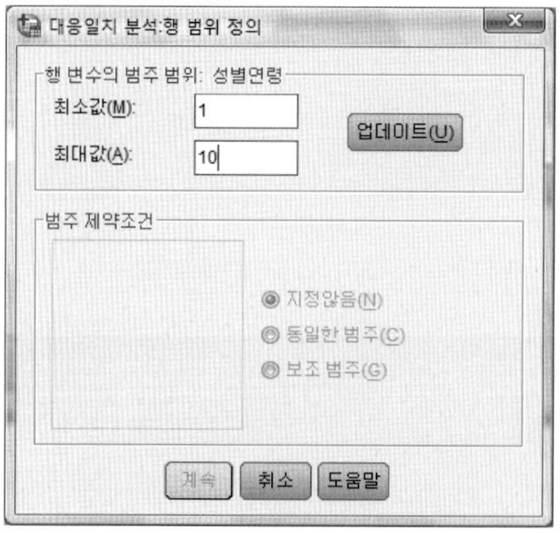

③ 다음 화면에서 [계속]을 클릭한다. 같은 방법으로 '음료(??)'이 대해서도 범위지정한다.

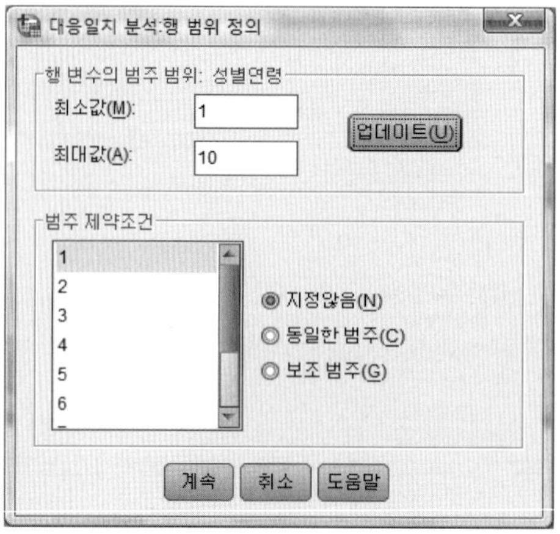

④ 다음 화면에서 [모형]을 클릭한다.

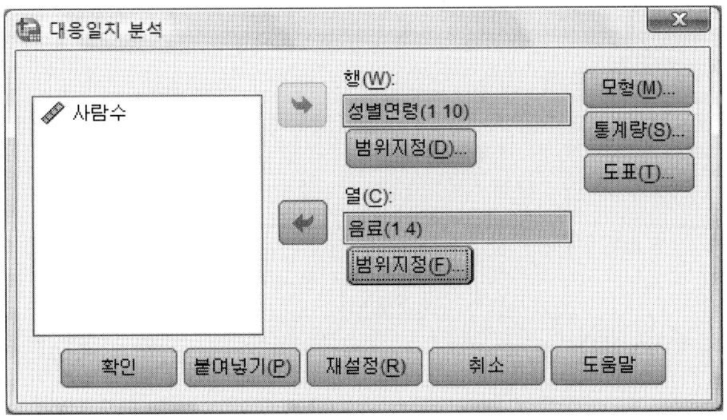

〈순서 4〉 모형의 선택

다음의 초기설정상태를 유지하고 [계속]을 클릭한다. 앞의 화면에서 [통계량]을 클릭한다.

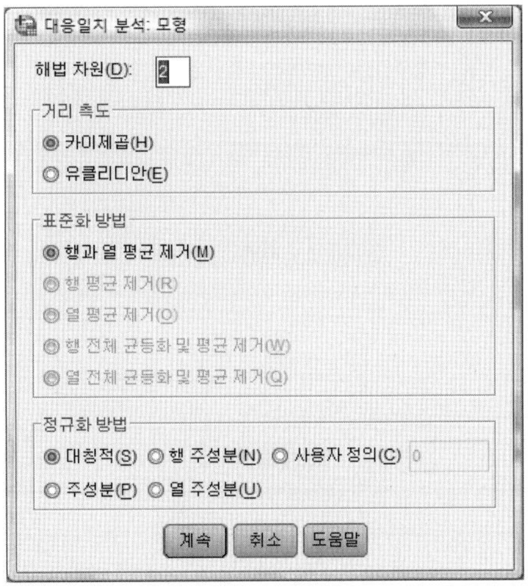

〈순서 5〉 통계량의 선택

다음과 같이 지정하고 [계속]을 클릭한다. 앞의 화면에서 [도표]를 클릭한다.

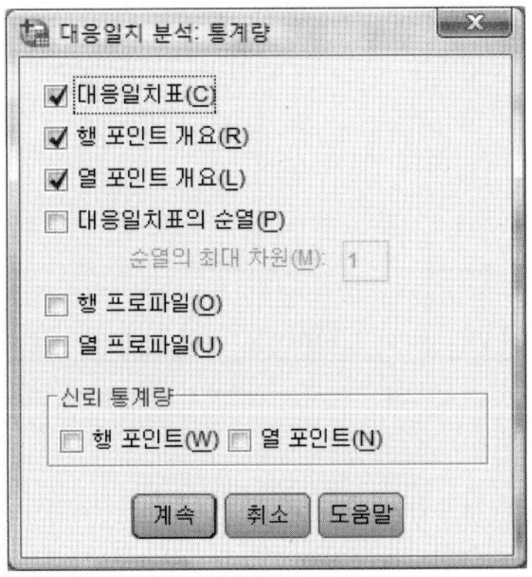

〈순서 6〉 도표의 선택

다음과 같이 지정하고 [계속]을 클릭한다. 앞의 화면에서 [확인]을 클릭한다.

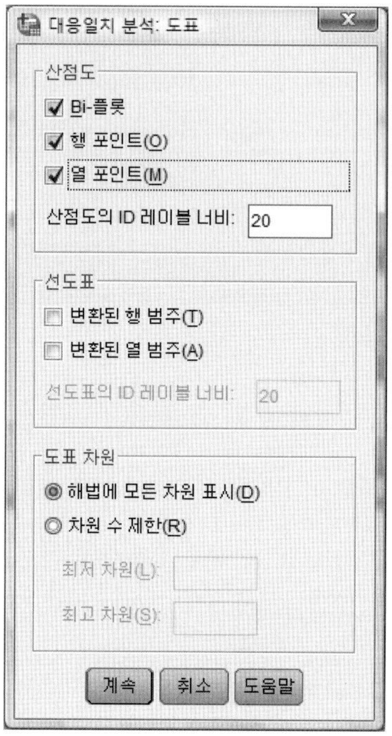

분석결과

대응일치표

성별연령	음료				
	청주	맥주	포도주	소주	주변 합
20대남	10	28	11	15	64
30대남	13	21	19	14	67
40대남	12	6	6	30	54
50대남	20	8	13	13	54
60이상남	25	3	7	15	50
20대여	5	17	16	8	46
30대여	4	9	29	11	53
40대여	8	4	20	14	46
50대여	16	2	7	11	36
60이상여	15	2	1	12	30
주변 합	128	100	129	143	500

<표 17.4>의 입력 데이터를 그대로 재현하고 있다.

요약

차원	비정칙값	요약 관성	카이제곱	유의확률	관성비율		신뢰 비정칙값	
								상관관계
					설명됨	누적	표준편차	2
1	.428	.183			.614	.614	.038	.111
2	.278	.077			.259	.873	.047	
3	.194	.038			.127	1.000		
전체		.298	148.945	.000[a]	1.000	1.000		

a. 자유도 27

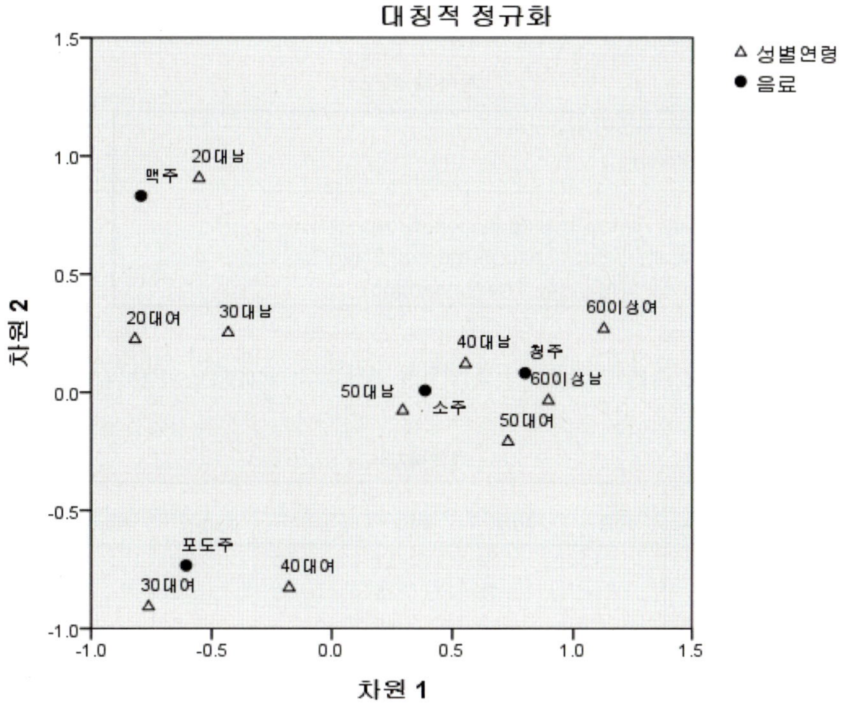

배치도로부터 다음과 같은 사실을 간파할 수 있다.

1. 30대와 40대 남녀가 떨어진 위치에 있다.
2. 50대와 60 이상에서는 남녀가 가깝게 위치하고 있다.
3. 차원 1축의 왼쪽에 젊은 연령이 위치하고 있다.
4. 차원 1축의 왼쪽에서 오른쪽을 향해서 여성은 연령순으로 늘어서 있다.
5. 차원 2축의 위쪽에서 아래쪽을 향해서 남성은 대개 연령순으로 늘어서 있다.

성별과 음료를 편성한 분할표의 분석

성별과 음료를 편성해서 하나의 변수로 한 분할표 <표 17.5>에 대응분석을 적용한다. 변수선택과 분석결과는 다음과 같다.

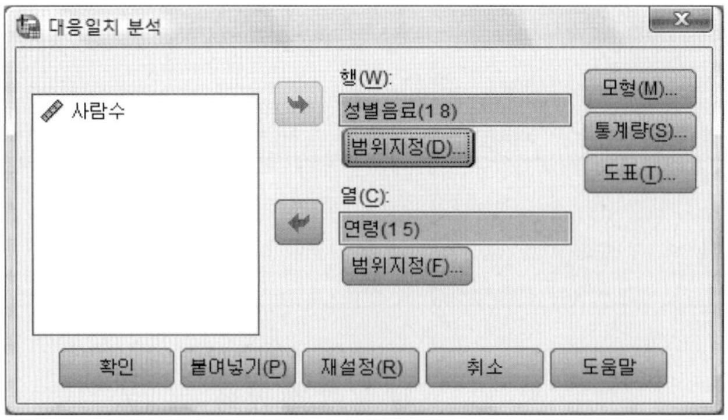

제작자 정보

CORRESPONDENCE
Version 1.1
by
Data Theory Scaling System Group (DTSS)
Faculty of Social and Behavioral Sciences
Leiden University, The Netherlands

프랑스의 대응분석 기법을 네덜란드 Leiden 대학에서 프로그램 개발한 것이다.

대응일치표

	연령					
성별음료	20대	30대	40대	50대	60 이상	주변 합
청주(남)	10	13	12	20	25	80
맥주(남)	28	21	6	8	3	66
포도주(남)	11	19	6	13	7	56
소주(남)	15	14	30	13	15	87
청주(여)	5	4	8	16	15	48
맥주(여)	17	9	4	2	2	34
포도주(여)	16	29	20	7	1	73
소주(여)	8	11	14	11	12	56
주변 합	110	120	100	90	80	500

요약

					관성비율		신뢰 비정칙값	
								상관관계
차원	비정칙값	요약 관성	카이제곱	유의확률	설명됨	누적	표준편차	2
1	.420	.176			.680	.680	.038	.090
2	.234	.055			.212	.892	.044	
3	.158	.025			.097	.989		
4	.053	.003			.011	1.000		
전체		.259	129.426	.000[a]	1.000	1.000		

a. 자유도 28

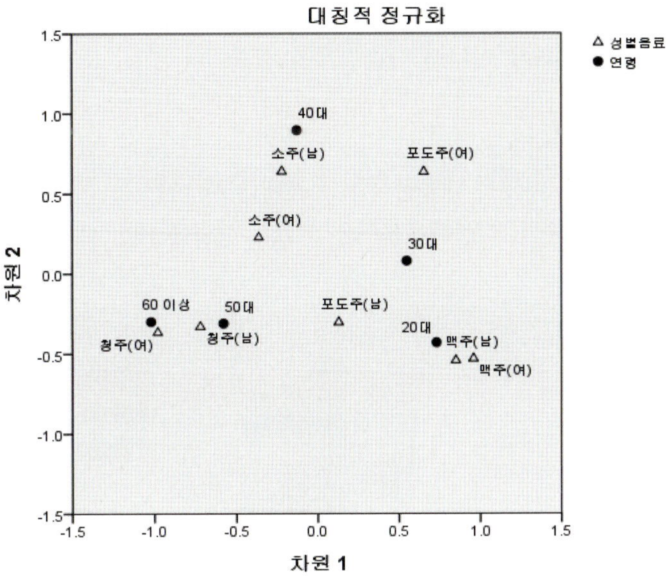

배치도로부터 다음과 같은 사실을 간파할 수 있다.

1. 30대와 40대 남녀가 떨어진 위치에 있다.
2. 50대와 60 이상에서는 남녀가 가깝게 위치하고 있다.
3. 차원 1축의 왼쪽에 젊은 연령이 위치하고 있다.

(2) 분할표 행렬의 대응분석

■ 분할표 행렬

대상으로 하고 있는 변수에 대해서 두 개씩 변수를 채택하여 모든 편성에 대해서 분할표를 작성하는 것을 생각한다. 이들 모든 분할표를 일람할 수 있도록 합병한 표를 분할표 행렬(다원 크로스 집계표)이라고 한다. [예제 17-1]의 3원 분할표의 경우에는 <표 17.7>과 같은 분할표 행렬이 된다.

표 17.7 분할표 행렬

	남	여	20~29	30~39	40~49	50~59	60 이상	청 주	맥 주	포도주	소 주
남	289	0	64	67	54	54	50	80	66	56	87
여	0	211	46	53	46	36	30	48	34	73	56
20~29	64	46	110	0	0	0	0	15	45	27	23
30~39	67	53	0	120	0	0	0	17	30	48	5
40~49	54	46	0	0	100	0	0	20	10	26	44
50~59	54	36	0	0	0	90	0	36	10	20	24
60 이상	50	30	0	0	0	0	80	40	5	8	27
청 주	80	48	15	17	20	36	40	128	0	0	0
맥 주	66	34	45	30	10	10	5	0	100	0	0
포도주	56	73	27	48	26	20	8	0	0	129	0
소 주	87	56	23	25	44	24	27	0	0	0	143

<표 17.7>은 행과 열이 같은 항목으로 되는 대칭행렬의 형태가 된다. 대각선상의 제로(0)의 숫자는 크로스 집계의 결과가 아니라 단순집계의 결과이다.

■ 대응분석의 적용

이와 같은 분할표 행렬에 대해서 대응분석을 적용해 보자. 이것은 분할표 행렬을 11×11의 분할표로 보고 적용하면 된다. 다중대응분석은 분할표 행렬에 대한 대응분석을 행하고 있는 것과 같다.

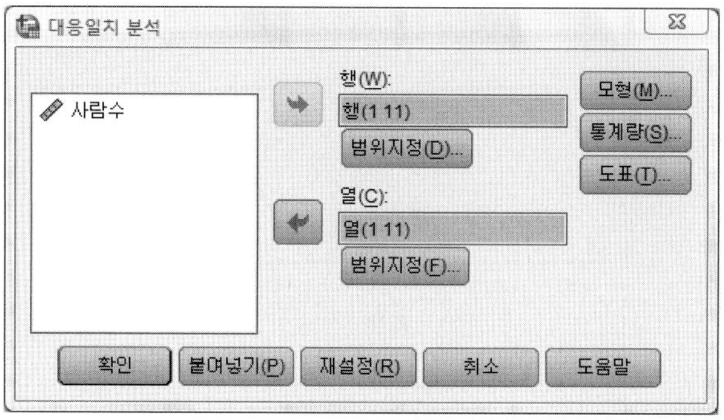

행 포인트 개요[a]

		차원의 점수			기여도				
					차원의 관성에 대한 포인트		포인트의 관성에 대한 차원		
행	매스	1	2	요약 관성	1	2	1	2	전체
남	.193	-.162	.445	.048	.011	.090	.049	.333	.382
여	.141	.222	-.610	.066	.015	.124	.049	.333	.382
20대	.073	.888	.955	.094	.122	.158	.291	.301	.592
30대	.080	.755	-.409	.089	.096	.032	.242	.064	.306
40대	.067	-.217	-.858	.092	.007	.116	.016	.225	.241
50대	.060	-.660	.008	.094	.055	.000	.132	.000	.132
60 이상	.053	-1.340	.364	.101	.203	.017	.447	.029	.476
청주	.085	-1.083	.334	.092	.212	.022	.516	.044	.560
맥주	.067	1.054	1.224	.099	.157	.237	.354	.427	.782
포도주	.086	.702	-.949	.089	.090	.183	.226	.368	.594
소주	.095	-.401	-.299	.083	.032	.020	.088	.044	.131
전체 합	1.000			.947	1.000	1.000			

a. 대칭적 정규화

요약

					관성비율		신뢰 비정칙값	
								상관관계
차원	비정칙값	요약 관성	카이제곱	유의확률	설명됨	누적	표준편차	2
1	.472	.223			.236	.236	.012	.259
2	.422	.178			.188	.424	.014	
3	.383	.147			.155	.580		
4	.333	.111			.117	.697		
5	.326	.106			.112	.809		
6	.275	.076			.080	.889		
7	.257	.066			.070	.959		
8	.197	.039			.041	1.000		
전체		.947	4259.506	.000[a]	1.000	1.000		

a. 자유도 100

분할표 행렬은 행과 열이 같은 항목의 대칭행렬이므로, 대칭적 정규화 혹은 주성분 정규화를 이용해서 점수(스코어)를 구한 경우에 행 점수와 열 점수는 완전히 같은 값이 된다. 위의 행 점수는 대칭적 정규화에 의한 점수이다.

배치도는 다음과 같이 된다.

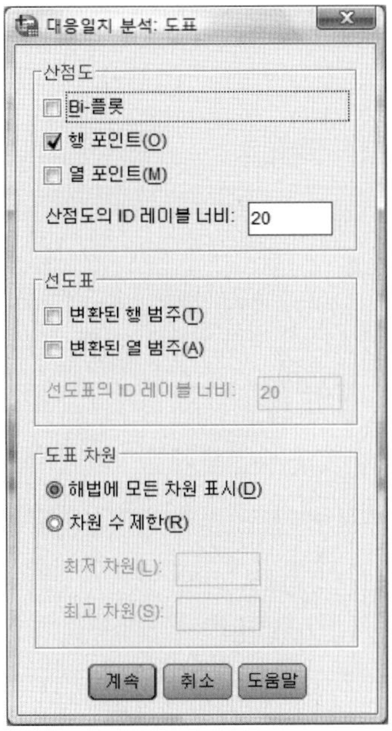

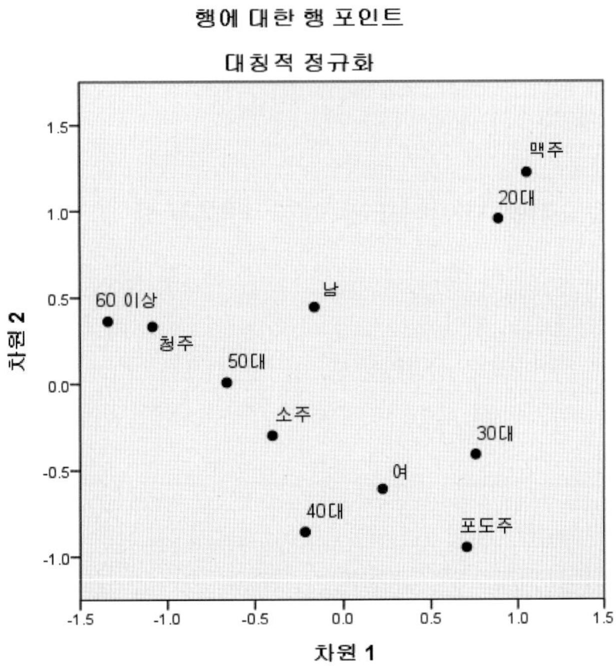

17.3 | 다중대응분석

▪ 아이템 · 카테고리형 데이터표의 분석

[예제 17-2]

음식의 기호에 관한 다음과 같은 앙케트 조사를 실시했다. 여섯 개의 질문을 하고 있다.

Q1. 어느 알콜 음료를 가장 좋아하십니까?

1. 청주　　2. 맥주　　3. 포도주

Q2. 어느 식사를 가장 좋아하십니까?

1. 한식　　2. 중화　　3. 양식

Q3. 알콜류를 마실 때의 안주로서 어느 것을 가장 좋아하십니까?

1. 채소　　2. 초콜릿　　3. 치즈

Q4. 어느 차를 가장 좋아하십니까?

1. 녹차　　2. 커피　　3. 홍차

Q5. 맛의 기호는 어느 쪽이십니까?

1. 연한 맛　　2. 진한 맛

Q6. 저녁식사는 어디에서 드시는 일이 많습니까?

1. 자택　　2. 외출처

이 앙케트 조사를 25명에게 실시한 회답결과를 일람표로 한 것이 <표 17.8>이다. 이 데이터표에 대해서 다중대응분석을 적용해 보자.

1. 아이템 · 카테고리형 데이터표에 대한 대응분석

본 예제와 같이 복수의 질문이 있고, 각 질문은 단일 회답형식(복수의 선택지 중에서 하나의 선택지만을 고르게 한다)으로 되어 있는 앙케트 조사에 있어서, 회답자를 행, 질문항목을 열로 배치해서 회답결과를 데이터표로 정리했을 때, 이 데이터표를 아이템 · 카테고리형 데이터표라고 부른다. 아이템 · 카테고리형 데이터표에 대한 대응분석에는 **다중대응분석**이 적용된다.

> **힌트**
>
> 아이템(item)이란 앙케트의 질문을 가리키고, 카테고리(category)란 질문의 답, 즉 선택지를 가리킨다. 따라서 아이템 · 카테고리형 데이터란 앙케트의 일반적인 설문지 형식으로 회답결과를 데이터표로 정리한다. 다중대응분석은 모든 변수가 다중명목 변수로 되어 있고 변수군의 수는 단일 군일 경우 적용되는 최적화척도법의 일종이다.

표 17.8 아이템 · 카테고리형 데이터표

회답자	Q1	Q2	Q3	Q4	Q5	Q6
1	1	1	1	1	1	2
2	2	3	3	2	2	2
3	2	1	1	3	1	1
4	1	2	1	2	1	2
5	3	3	2	1	2	1
6	3	2	2	2	2	2
7	3	3	3	2	2	2
8	3	2	1	2	2	1
9	3	3	3	3	2	2
10	1	1	1	2	1	1
11	3	3	2	1	2	1
12	1	1	1	2	1	2
13	2	2	2	2	1	1
14	2	2	3	3	2	2
15	1	1	2	2	1	2
16	3	2	1	2	2	1
17	2	2	1	1	1	1
18	1	1	2	2	1	1
19	1	1	3	3	1	2
20	3	3	3	3	2	2
21	1	2	1	1	1	1
22	2	2	1	1	1	1
23	3	3	3	3	2	2
24	1	1	3	3	1	2
25	2	3	2	2	2	1

SPSS에 의한 다중대응분석

〈순서 1〉 데이터의 입력

<표 17.8>의 데이터표를 SPSS 데이터 편집기에 입력한다. 각 아이템의 각 카테고리별로 변수값 설명을 해 놓는다.

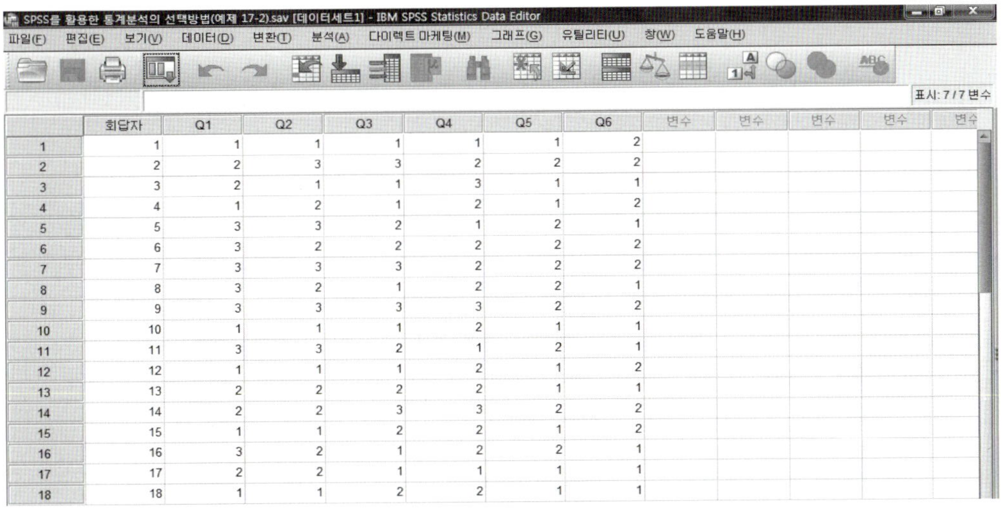

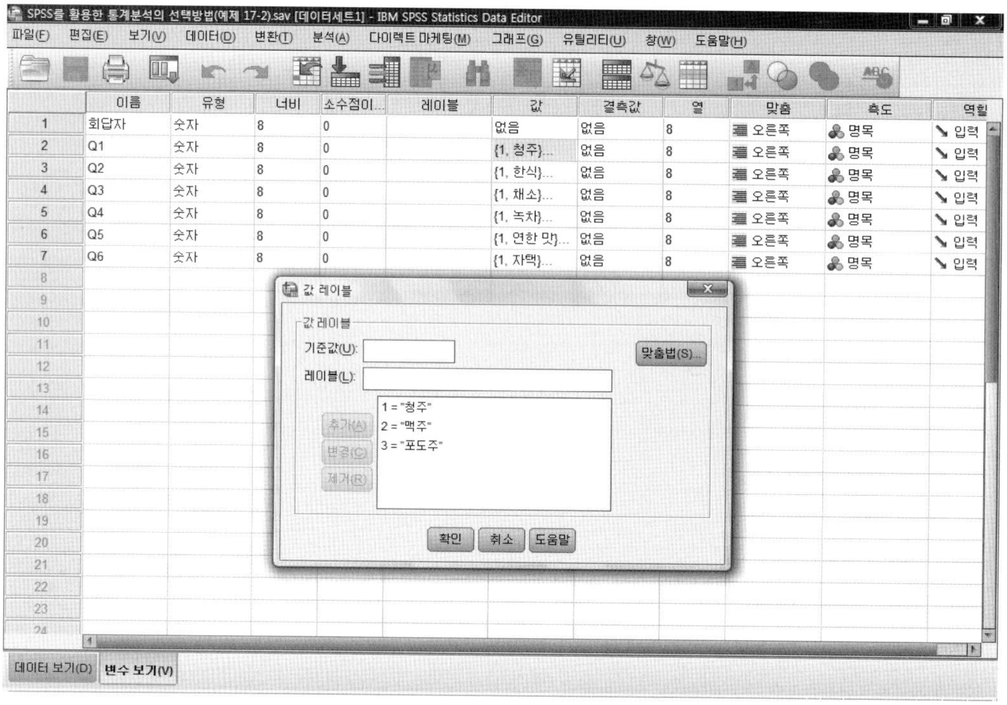

〈순서 2〉 최적화 척도법의 선택

메뉴에서 [분석(A)]－[차원축소(D)]－[최적화 척도법(O)]을 선택한다.

〈순서 3〉 다중대응분석의 선택

[최적화 척도법] 대화상자에서 다음과 같이 선택하면 다중대응분석(다중 대응일치분석)이 된다. 그리고 [정의] 버튼을 클릭한다.

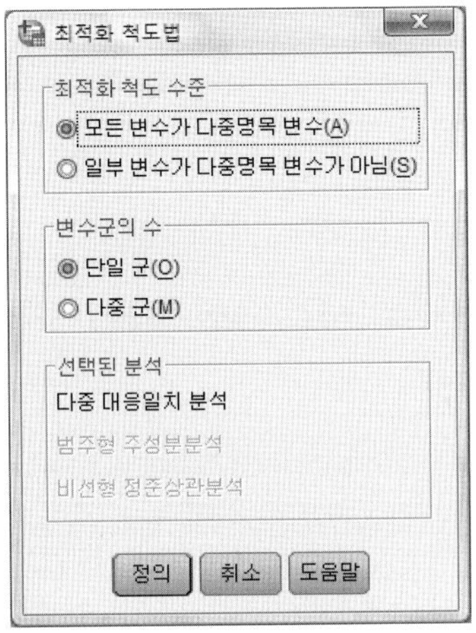

〈순서 4〉 변수의 선택

① 다음의 화면이 되면 ‘Q1’을 [분석변수(A)] 난에 이동하고, 그 밑에 있는 [변수 가중값 정의(D)] 버튼을 클릭한다.

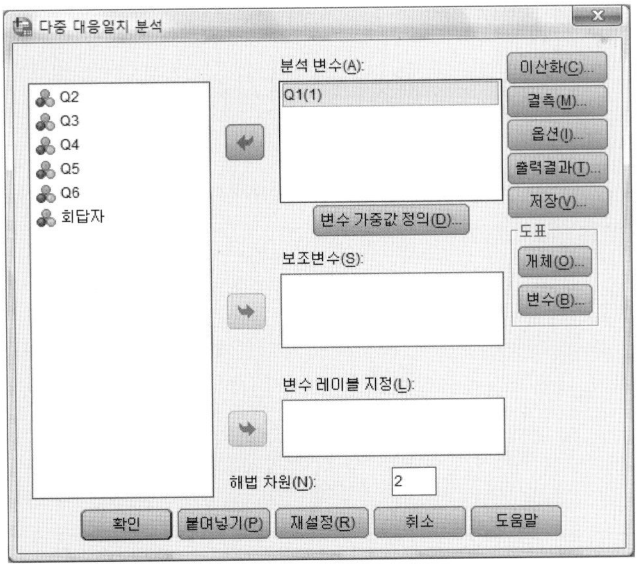

② 변수 가중값을 정의하고 싶을 때는 다음의 화면에서 [변수 가중값(V)]의 난에 가중값을 입력한다. 여기에서는 ‘1’을 그대로 유지한다.

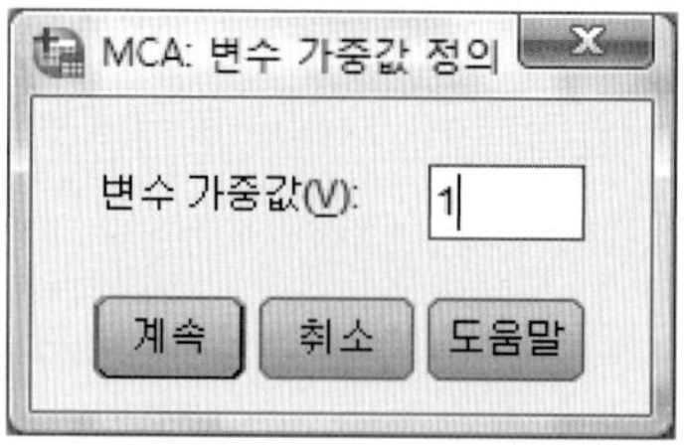

여기에서 [계속] 버튼을 클릭한다.

③ 다음의 화면으로 되돌아오면 'Q2', 'Q3', 'Q4', 'Q5', 'Q6',을 각각 클릭해서 [분석 변수(A)] 난에 이동한다.

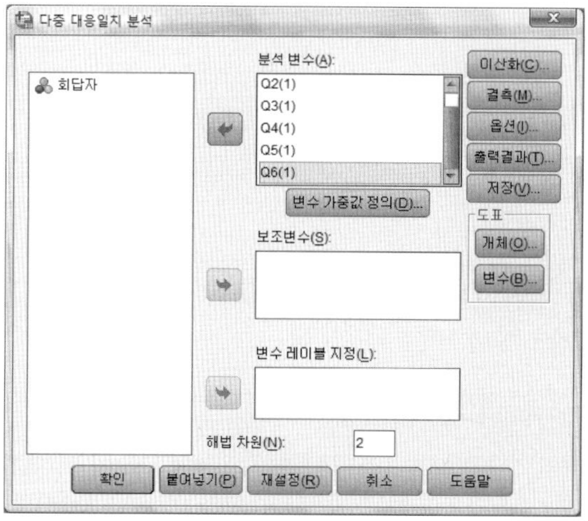

④ 계속해서 '회답자'를 [변수 레이블 지정(L)]의 난으로 이동하고, [출력결과(T)] 버튼을 클릭한다.

〈순서 5〉 출력결과 설계

[출력결과] 화면이 되면 [개체점수(O)], [판별측도(S)], [변환된 변수간 상관관계(E)]를 선택한다. 이어서 'Q1'~'Q6'을 [범주 수량화 및 기여도(T)] 난과 [다음 범주 포함(N)] 난으로 이동하고, '회답자'를 [개체점수 레이블 기준(B)]의 난으로 이동하고 [계속] 버튼을 클릭한다.

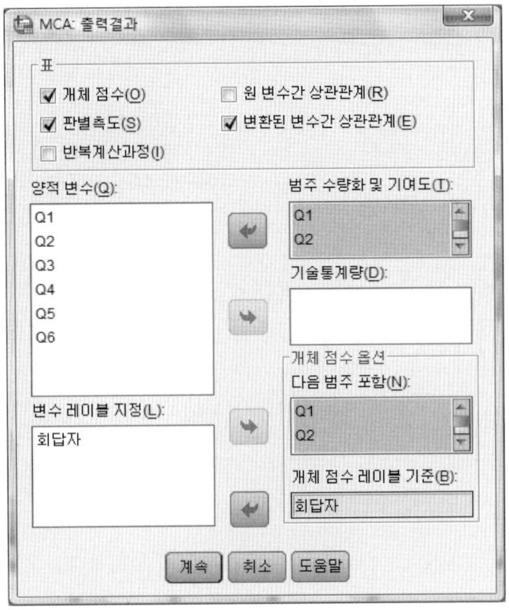

〈순서 6〉 다음의 화면이 되면 [도표] 중의 [개체(O)]를 클릭한다.

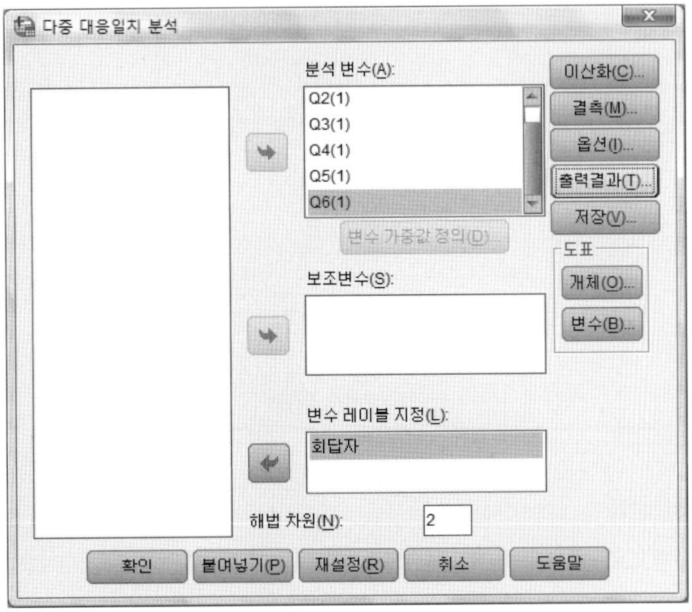

〈순서 7〉 개체도표 설계

[개체도표] 화면이 되면 다음과 같이 선택하고, '회답자'를 [선택(E)]의 난으로 이동하고 [계속] 버튼을 클릭한다.

〈순서 8〉 변수도표 설계

<순서 6>의 화면으로 되돌아오면 [도표] 중의 [변수(B)]를 클릭한다. 다음의 [변수도표] 화면이 되면 'Q1'~'Q6'을 [결합범주도표(J)]의 난으로 이동하고 [계속] 버튼을 클릭한다.

〈순서 9〉 옵션의 선택

<순서 6>의 화면으로 되돌아오면 [옵션(I)]을 클릭한다. 다음의 [옵션] 화면이 되면 그대로 유지하고 [계속] 버튼을 클릭한다.

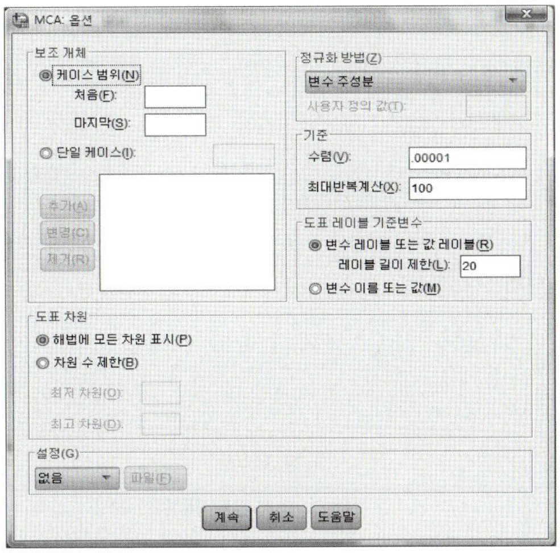

[정규화 방법(Z)]에서는 개체점수나 변수의 정규화를 실시하는 5가지의 옵션을 지정한다.

- 변수 주성분: 이 옵션을 사용하면 변수 간의 관련이 최적화된다. 변수 간의 상관에 주로 관심이 있는 경우에 도움이 된다.
- 개체 주성분: 이 옵션을 사용하면 개체 간의 거리가 최적화된다. 개체 간의 상위 또는 유사성에 주로 관심이 있는 경우에 도움이 된다.
- 대칭적 : 개체와 변수의 관계에 주로 관심이 있는 경우는 이 정규화 옵션을 사용한다.
- 독립적 : 개체 간의 거리 및 변수 간의 상관을 따로따로 조사하는 경우는 이 정규화 옵션을 사용한다.
- 사용자 정의 : 폐구간 [-1, 1] 내의 임의의 실수치(實數値)를 지정할 수 있다. 1은 '개체 주성분' 방법에 상당하고, 0은 '대칭적' 방법에 상당하며, -1은 '변수 주성분' 방법에 상당한다. 이 방법은 목적에 따른 바이 플롯 또는 트리 플롯의 작성에 도움이 된다.

〈순서 10〉 이산화

<순서 6>의 화면으로 되돌아오면 [이산화(C)]를 클릭한다. 여기에서는 '지정되지 않음'인채 [취소] 버튼을 클릭한다. <<순서 6>>의 화면으로 되돌아오면 [확인] 버튼을 클릭한다.

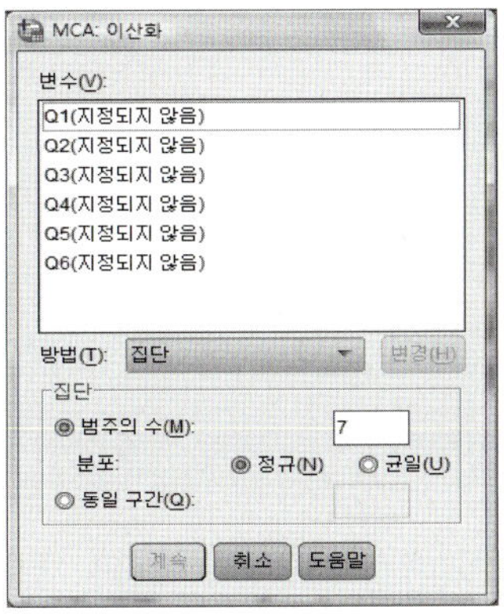

[이산화]란 변수 값의 재할당을 말한다.

[방법(T)]에는 '지정되지 않음', '집단', '순위', '곱하기'가 있다.

'지정되지 않음'의 경우에 변수는 '정규분포에 따르는 7가지 범주'에 할당된다.

문자형 변수는 문자의 오름차순에 따르고, 플러스의 정수(整數)에 범주를 할당한다.

■ 분석결과와 결과의 해석방법

다중대응분석을 적용하면 다음과 같은 결과가 얻어진다.

(1) 관성

모형 요약

차원	Cronbach의 알파	설명된 분산		
		전체(고유값)	요약 관성	% 분산
1	.803	3.026	.504	50.436
2	.675	2.287	.381	38.119
전체		5.313	.886	
평균	.748[a]	2.657	.443	44.278

a. 평균 Cronbach의 알파는 평균 고유값에 기준합니다.

여기에서 차원의 수는 2로 되어 있지만, 다중대응분석에 있어서의 최대 차원 수는

카테고리의 총수 − 아이템의 수(질문 수)

가 된다. 따라서 본 예제에 있어서의 최대 차원 수는 $(3+3+3+3+2+2)-6=10$이 된다. 최대 차원 수까지 구하기 위해서는 다음의 화면에서 [해법 차원(N)] 난에 '10'을 입력한다.

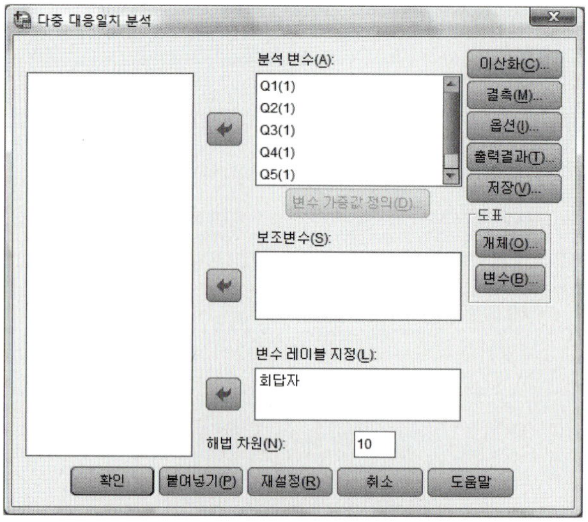

최대 차원 수까지 구했을 때의 관성의 값은 다음과 같이 된다.

모형 요약

차원	Cronbach의 알파	설명된 분산		
		전체(고유값)	요약 관성	% 분산
1	.803	3.026	.504	50.436
2	.675	2.287	.381	38.119
3	.295	1.326	.221	22.107
4	.011	1.010	.168	16.828
5	-.057	.955	.159	15.913
6	-1.063	.530	.088	8.838
7	-1.374	.466	.078	7.770
8	-4.809	.200	.033	3.328
9	-9.927	.108	.018	1.797
10	-11.878	.092	.015	1.529
전체		10.000	1.667	
평균	.000[a]	1.000	.167	16.667

a. 평균 Cronbach의 알파는 평균 고유값에 기준합니다.

요약관성의 총계

$$\text{카테고리의 총수 / 아이템 수} - 1$$

이 된다. 따라서 본 예제에 있어서의 총계는 $(3+3+3+3+2+2)/6-1=1.667$로 된다.

(2) 범주의 수량화(열 점수 = 변수 점수)

Q1

포인트: 좌표

범주	빈도	중심값 좌표	
		차원	
		1	2
청주	9	-.819	-.829
맥주	7	-.169	.519
포도주	9	.951	.425

변수 주 정규화

Q2

포인트: 좌표

범주	빈도	중심값 좌표	
		차원	
		1	2
한식	8	-.750	-.998
중화	9	-.384	.664
양식	8	1.182	.251

변수 주 정규화

Q3

포인트: 좌표

범주	빈도	중심값 좌표	
		차원	
		1	2
채소	10	-.832	.185
초콜릿	7	.004	.656
치즈	8	1.036	-.805

변수 주 정규화

Q4

포인트: 좌표

범주	빈도	중심값 좌표	
		차원	
		1	2
녹차	6	-.512	.801
커피	12	-.165	.149
홍차	7	.722	-.942

변수 주 정규화

Q5

포인트: 좌표

범주	빈도	중심값 좌표 차원 1	중심값 좌표 차원 2
연한 맛	13	-.837	-.349
진한 맛	12	.906	.378

변수 주 정규화

Q6

포인트: 좌표

범주	빈도	중심값 좌표 차원 1	중심값 좌표 차원 2
자택	12	-.430	.747
외출처	13	.397	-.689

변수 주 정규화

(3) 범주의 배치도

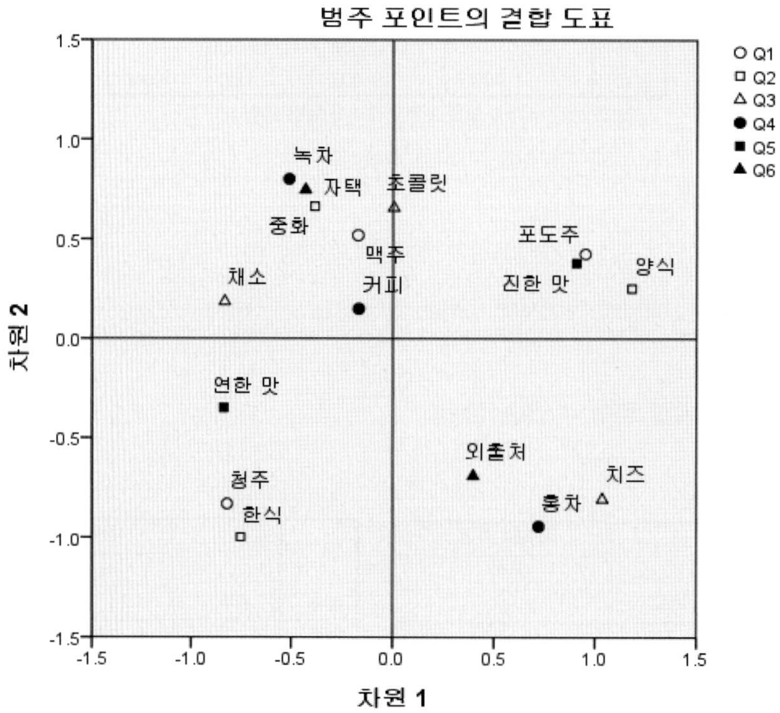

변수 주 정규화

예를 들면,

- ▶ 청주를 좋아하는 사람은 한식을 좋아한다
- ▶ 포도주를 좋아하는 사람은 양식을 좋아한다
- ▶ 맥주를 좋아하는 사람은 중화를 좋아한다

라고 하는 경향을 간파할 수 있다.

(4) 변환된 변수 간의 상관계수

변환된 변수간 상관관계

차원: 1

	Q1	Q2	Q3	Q4	Q5	Q6
Q1	1.000	.676	.278	.090	.850	-.053
Q2	.676	1.000	.529	.067	.769	.098
Q3	.278	.529	1.000	.639	.465	.590
Q4	.090	.067	.639	1.000	.148	.481
Q5	.850	.769	.465	.148	1.000	.122
Q6	-.053	.098	.590	.481	.122	1.000
차원	1	2	3	4	5	6
고유값	3.026	1.771	.551	.389	.149	.114

점수를 적용한 변수 간(열 간)의 상관계수를 봄으로써 어느 변수와 어느 변수의 관계가 강한지를 파악할 수 있다.

(5) 개체 점수(행 점수)

개체 점수

회답자	차원 1	차원 2	Q1	Q2	Q3	Q4	Q5	Q6
1	-1.108	-.822	청주	한식	채소	녹차	연한 맛	외출처
2	1.053	-.086	맥주	양식	치즈	커피	진한 맛	외출처
3	-.759	-.366	맥주	한식	채소	홍차	연한 맛	자택
4	-.872	-.381	청주	중화	채소	커피	연한 맛	외출처
5	.694	1.425	포도주	양식	초콜릿	녹차	진한 맛	자택
6	.565	.692	포도주	중화	초콜릿	커피	진한 맛	외출처
7	1.423	-.128	포도주	양식	치즈	커피	진한 맛	외출처
8	.015	1.113	포도주	중화	채소	커피	진한 맛	자택
9	1.716	-.604	포도주	양식	치즈	홍차	진한 맛	외출처
10	-1.267	-.479	청주	한식	채소	커피	연한 맛	자택
11	.694	1.425	포도주	양식	초콜릿	녹차	진한 맛	자택
12	-.993	-1.107	청주	한식	채소	커피	연한 맛	외출처
13	-.654	1.043	맥주	중화	초콜릿	커피	연한 맛	자택
14	.829	-.383	맥주	중화	치즈	홍차	진한 맛	외출처
15	-.717	-.901	청주	한식	초콜릿	커피	연한 맛	외출처
16	.015	1.113	포도주	중화	채소	커피	진한 맛	자택
17	-1.045	1.122	맥주	중화	채소	녹차	연한 맛	자택
18	-.990	-.273	청주	한식	초콜릿	커피	연한 맛	자택
19	-.083	-2.016	청주	한식	치즈	홍차	연한 맛	외출처
20	1.716	-.604	포도주	양식	치즈	홍차	진한 맛	외출처
21	-1.260	.532	청주	중화	채소	녹차	연한 맛	자택
22	-1.045	1.122	맥주	중화	채소	녹차	연한 맛	자택
23	1.716	-.604	포도주	양식	치즈	홍차	진한 맛	외출처
24	-.083	-2.016	청주	한식	치즈	홍차	연한 맛	외출처
25	.439	1.181	맥주	양식	초콜릿	커피	진한 맛	자택

변수 주 정규화

(6) 대상의 배치도

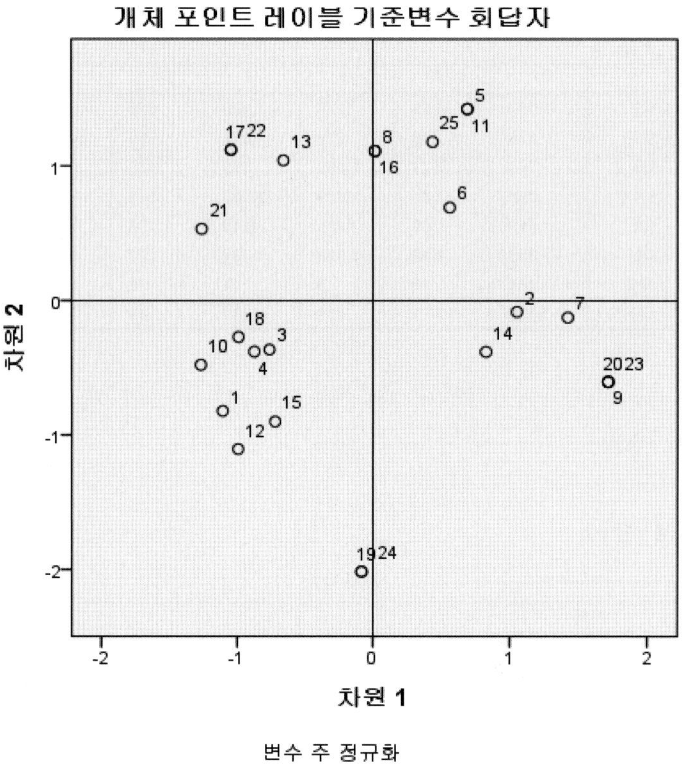

회답의 방식이 비슷한 사람끼리 가까이 위치한다.

(7) 판별 측도

판별측도

	차원		평균
	1	2	
Q1	.575	.388	.482
Q2	.680	.497	.588
Q3	.620	.342	.481
Q4	.222	.413	.317
Q5	.758	.132	.445
Q6	.171	.515	.343
전체 합	3.026	2.287	2.657
% 분산	50.436	38.119	44.278

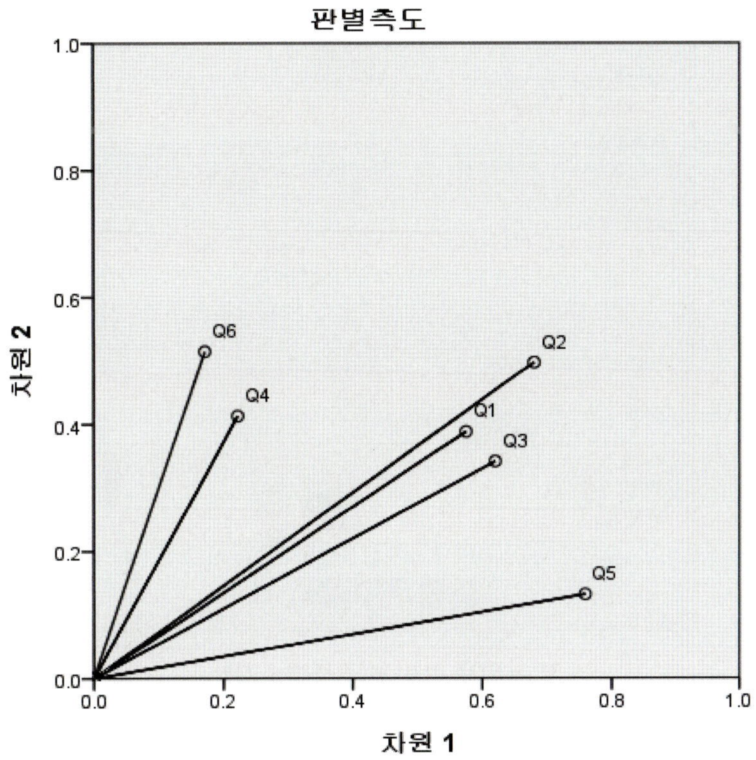

변수 주 정규화

이 그래프로부터는 원래의 정보가 각 차원에서 설명되는 정도를 볼 수 있다. Q4와 Q6의 정보는 차원 2로 설명되는 비율이 많고, Q5의 정보는 차원 1로 설명되는 비율이 많다는 것을 알 수 있다. 한편, Q1, Q2의 정보는 차원 1과 차원 2로는 충분히 설명할 수 없다는 것을 알 수 있다.

2. 식별 방법에 대한 다른 관점에서의 검증

식별 방법의 결과를 다른 관점에서 검증해 본다. 그러기 위해서 대상 점수의 배치도를 각 질문의 회답결과로 표시하게 한다. 배치도상에서 범주의 구별이 가능한지 어떤지를 봄으로써 어느 차원이 원래의 정보를 잘 설명하고 있는지를 검증할 수 있다.

각 설명 기준변수의 대상 점수에 대한 배치도를 그리기 위해서는 다음과 같이 진행한다.

[개체도표] 대화상자에서 [사용가능(V)] 난에 있던 'Q1'~'Q6'를 [선택(E)] 난으로 이동한 다음에 [계속] 버튼을 누른다.

알 수 있다.

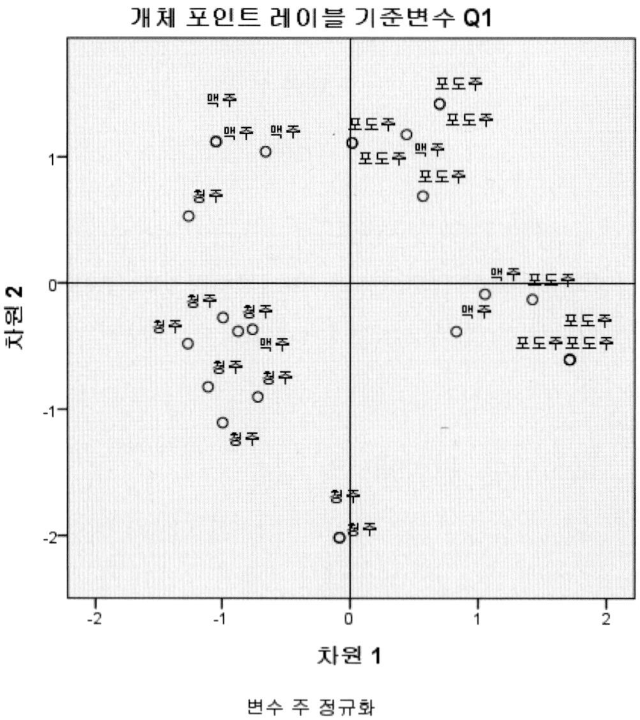

차원 1과 차원 2로는 Q1에 대한 세 개의 카테고리(범주)의 구별(판별)이 충분하지 않음을 알 수 있다.

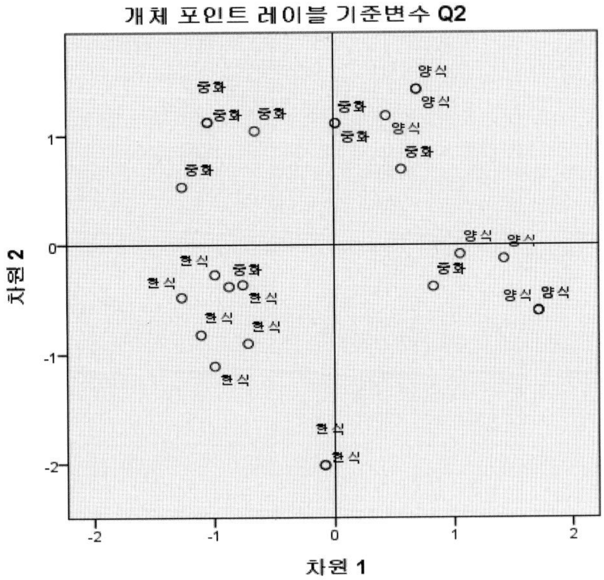

변수 주 정규화

마찬가지로 차원 1과 차원 2로는 Q2에 대한 세 개의 카테고리(범주)의 구별(판별)이 충분하지 않음을 알 수 있다.

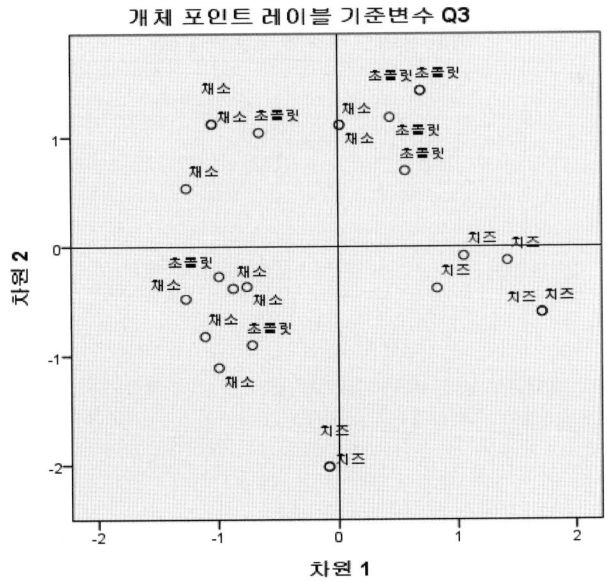

변수 주 정규화

마찬가지로 차원 1과 차원 2로는 Q3에 대한 세 개의 카테고리(범주)의 구별(판별)이 충분하지 않다.

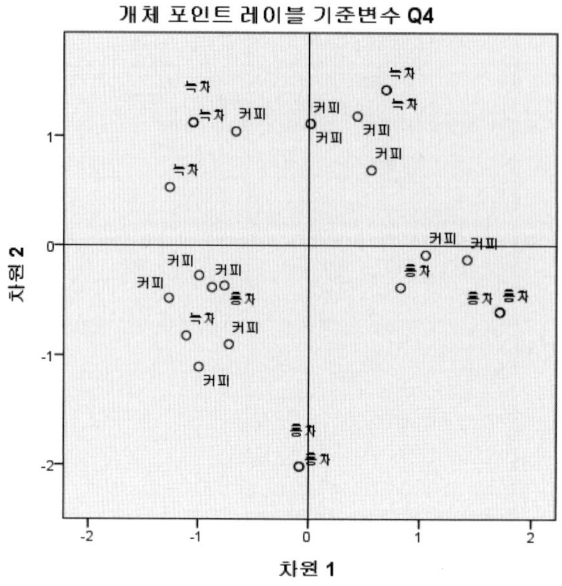

변수 주 정규화

차원 1로는 세 개의 카테고리를 충분히 구별(판별)할 수 없지만, 차원 2로는 홍차가 아래측에 위치하고 있어, 홍차와 다른 차를 구별할 수 있다는 것을 알 수 있다.

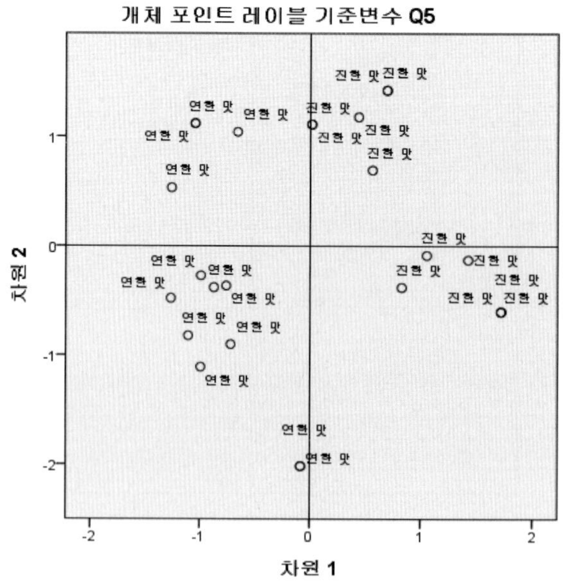

변수 주 정규화

차원 1로는 연한 맛이 왼쪽에 위치하고, 진한 맛이 오른쪽에 위치하고 있어서 잘 구별되고 있지만, 차원 2로는 두 개의 카테고리를 충분히 구별할 수 없다.

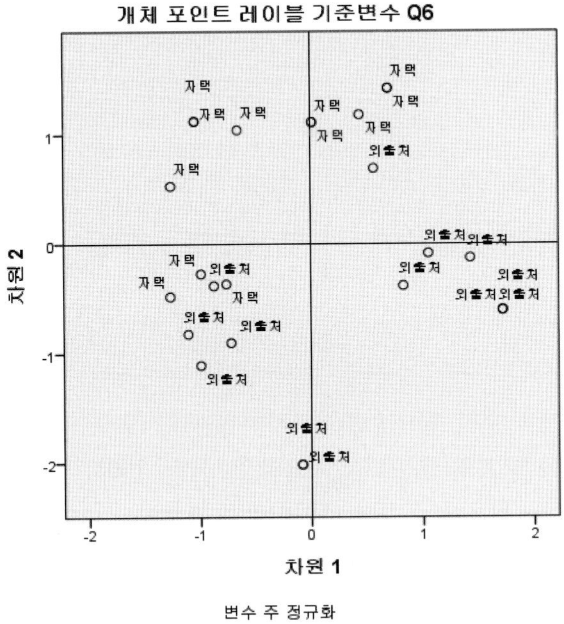

차원 1로는 두 개의 카테고리를 충분히 구별(판별)할 수 없지만, 차원 2로는 대체적으로 외출처가 아래쪽에 위치하고 있고 자택이 위쪽에 위치하고 있어, 비교적 잘 구별되고 있다는 것을 알 수 있다.

참고문헌

[국내문헌]

1. 강병서. 「인과분석을 위한 연구방법론」. 무역경영사, 1999.
2. 강병서 · 김계수. 「사회과학 통계분석」. 고려정보산업, 1998.
3. 노형진. 「EXCEL을 활용한 유형별 데이터의 통계분석」. 학현사, 2010.
4. 노형진. 「SPSS를 활용한 정성적 데이터의 통계분석」. 학현사, 2010.
5. 노형진. 「SPSS를 활용한 조사방법 및 통계분석」(제2판). 학현사, 2014.
6. 노형진 외 2인. 「SPSS를 활용한 일반선형모형 및 일반화선형혼합모형」. 학현사, 2013.
7. 노형진. 「SPSS를 활용한 분할표의 분석 및 대응분석」. 학현사, 2011.
8. 노형진 · 정한열. 「SPSS에 의한 통계분석 입문」. 한올출판사, 2008.
9. 노형진. 「SPSS를 활용한 주성분분석과 요인분석」. 한올출판사, 2014.
10. 노형진. 「SPSS를 활용한 회귀분석과 일반선형모형」. 한올출판사, 2014.
11. 노형진. 「다변량해석－질적 데이터의 수량화－」. 석정, 1990.
12. 송문섭 · 김계수. 「비모수통계학개론」. 자유아카데미, 1994.
13. 양병화. 「다변량 데이터 분석법의 이해」. 커뮤니케이션북스, 2006.
14. 이주일 옮김. Nicola Brace, Richard Kemp & Rosemary Snelgar. 「SPSS를 활용한 심리연구분석」(제2판). 시그마프레스, 2005.

[일본문헌]

1. 石村貞夫. 「SPSSによる統計処理の手順」. 東京圖書, 1995.
2. 石村貞夫. 「SPSSによる多變量データ解析の手順」. 東京圖書, 1998.
3. 石村貞夫. 「SPSSによる分散分析と多重比較の手順」. 東京圖書, 1997.
4. 石村貞夫. 「SPSSによる時系列分析の手順」. 東京圖書, 1999.
5. 石村貞夫. 「SPSSによるカテゴリカルデータ分析の手順」. 東京圖書, 2001.
6. 石村貞夫·石村光資郎. 「すぐわかる統計處理の選び方」. 東京圖書, 2010.
7. 內田治. 「SPSSによるアンケートのコレスポンデンス分析」. 東京圖書, 2006.
8. 內田治. 「SPSSによるノンパラメトリック検定」. Ohmsha, 2014.
9. 內田治. 「SPSSでやさしく學ぶアンケート處理」. 東京圖書, 2015.
10. 芳賀·橋本. 「回歸分析と主成分分析」. 日科技連出版, 1980.
11. 林知己夫, 「數量化の方法」. 東洋經濟新報社, 1974.
12. 柳井·高木 編者. 「多變量解析ハンドブック」. 現代數學社, 1986.

[서양문헌]

1. Akaike, H. (1973). Information theory and an extension of the maximum likelihood principle. In Petrov, B. N. and Csaki, F.[Eds.], *Proceedings of the 2nd International Symposium Theory*. Budapest: Akademiai Kiado, 267~281.
2. Akaike, H. (1987). Factor analysis and AIC. *Psychometrika*, 52, 317~332.
3. Anderson, T. W. (1957). Maximun likelihood estimates for a multivariate normal distribution when some observations are missing. *Journal of the American Statistical Association*, 52. 200 ~203.
4. Anderson, T. W. (1984). *An introduction to multivariate statistical analysis*. New York: Wiley.
5. Beale, E. M. L. and Little, R. J. A. (1975). Missing values in multivariate analysis. *Journal of the Royal Statistical Society Series B*, 37, 129~145.
6. Bentler, P. M. (1980). Multivariate analysis with latent variables: Causal modeling. *Annual Review of Psychology*, 31, 419~456.
7. Diaconis, P. and Efron, B. (1993). Computer-intensive methods in statistics. *Scientific American*, 248(5), 116~130.

8. Kendall, M. G. and Stuart, A. (1973). *The advanced theory of statistics*. (vol. 2nd, 3rd edition). New York: Hafner.
9. Little, R. J. A. and Rubin, D. B. (1987). *Statistical analysis with missing data*. New York: Wiley.
10. Little, R. J. A. and Rubin, D. B. (1989). The analysis of social science data with missing values. *Sociological Methods and Research*, 18, 292~326.
11. Little, R. J. A. and Schenker, N. (1995). Missing data. In G. Arminger, C.C. Clogg and M.E. Sobel [Eds.] *Handbook of statistical modeling for the social and behavioral sciences*. New York: Plenum.
12. Mardia, K. V. (1970). Measures of multivariate skewness and kurtosis with applications. *Biometrika*, 57, 519~530.
13. Mardia, K. V. (1974). Applications of some measures of multivariate skewness and kurtosis in testing normality and robustness studies. *Sankhya*, Series B, 36, 115~128.
14. McDonald, R. P. and Marsh, H. W. (1990). Choosing a multivariate model: Noncentrality and goodness of fit. *Psychological Bulletin*, 107, 247~255.
15. Rubin, D. E. (1976). Inference and missing data. *Biometrika*, 63, 581~592.
16. Rubin, D. E. (1987). *Multiple imputation for nonresponse in surveys*. New York: Wiley
17. Schafer, J. L. (1997). *Analysis of incomplete multivariate data*. London, UK: Chapman and Hall.
18. Wothke, W. (1993). Nonpositive definite matrices in structural modeling. In Bollen, K.A. and Long, J.S. [Eds.], *Testing structural equation models* (pp. 256~293). Newbury Park, California: Sage.
19. Wothke, W. (1999). Longitudinal and multi-group modeling with missing data. In T.D. Little, K.U. Schnabel and J. Baumert [Eds.] *Modeling longitudinal and multiple group data: Practical issues, applied approaches and specific examples*. Mahwah, New Jersey: Lawrence Erlbaum Associates.

찾아보기

저/자/소/개

노형진

- 서울대학교 공과대학 졸업(공학사)
- 고려대학교 대학원 수료(경영학박사)
- 일본 쓰쿠바대학 대학원 수료(경영공학 박사과정)
- 일본 문부성 통계수리연구소 객원연구원
- 일본 동경대학 사회과학연구소 객원교수
- 러시아 극동대학교 한국학대학 교환교수
- 중국 중국해양대학 관리학원 객좌교수
- 국방과학연구소 연구원 역임
- 현재, 경기대학교 경상대학 경영학과 교수
  전공, 품질경영·기술경영·다변량분석(조사방법 및 통계분석)
- 중소기업청 Single-PPM 심의위원
- 대한상공회의소 심사위원·지도위원
- Single-PPM 품질경영연구회 회장
- 한중전략경영연구회 회장
- 한국제안활동협회 회장

▸ 주요저서

- EXCEL을 활용한 앙케트 조사 및 분석(학현사)
- Amos로 배우는 구조방정식모형(학현사)
- SPSS를 활용한 분할표의 분석 및 대응분석(학현사)
- SPSS/Excel을 활용한 알기쉬운 시계열분석(학현사)
- SPSS를 활용한 정성적 데이터의 통계분석(학현사)
- SPSS를 활용한 조사방법 및 통계분석(제2판)(학현사)
- SPSS를 활용한 일반선형모형 및 일반화선형혼합모형(학현사)
- EXCEL에 의한 경영과학(한올출판사)
- SPSS를 활용한 회귀분석과 일반선형모형(한올출판사)
- SPSS를 활용한 주성분분석과 요인분석(한올출판사)
- Excel 및 SPSS를 활용한 다변량분석 원리와 실천(한올출판사)
- SPSS를 활용한 비모수통계분석 및 대응분석(지필미디어)

e-mail: hjno@kyonggi.ac.kr

SPSS를 활용한
통계분석의 선택방법

Selection Method of Statistical Analysis using SPSS

발 행 일 2015년 11월 20일 초판 인쇄
저　　자 노형진
발 행 인 김성남
발 행 처 (주)지필미디어
주　　소 서울 서대문구 충정로6안길 29, 101호
전　　화 (02) 362-4504
팩　　스 (02) 393-4509
이 메 일 book@jiphil.co.kr
홈페이지 www.jiphil.co.kr
등록번호 제 312-1997-000043호 (1997년 07월 16일)
I S B N 979-11-86674-25-3 93310
편　　집 디자인 콤마
가　　격 25,000원